天基探测与应用前沿技术丛书

主 编 杨元喜

双星跟飞海洋测高原理及应用

Principle and Application of
Twin-Satellites Tandem Ocean Altimetry

▶ 孙中苗 翟振和 管 斌 欧阳明达 著

国防工业出版社

·北京·

内容简介

本书首先系统介绍了传统微波雷达高度计和合成孔径雷达高度计的测量原理及 GNSS-R 海面高测量原理。然后，全面阐述双星跟飞卫星测高原理及海面高差测量误差模型，在对测高卫星绝对定标与相对定标的理论和方法进行系统性介绍后，着重给出了利用卫星测高数据反演海洋重力场进而反演海底地形的基本理论和方法。最后，探讨了海洋重力场在潜载惯性导航系统重力场补偿、水下重力辅助导航等领域中的应用。

本书可供从事大地测量、海洋测量等生产和科研的工程技术人员与研究人员阅读参考，也可作为高等院校大地测量学、海洋学等相关专业高年级本科生和研究生的教材。

图书在版编目（CIP）数据

双星跟飞海洋测高原理及应用 / 孙中苗等著.
北京：国防工业出版社，2024.7. --（天基探测与应用前沿技术丛书 / 杨元喜主编）. -- ISBN 978-7-118-13309-7

Ⅰ. P228.3

中国国家版本馆 CIP 数据核字第 20241BW365 号

审图号：GS 京（2024）1897 号

※

国防工业出版社出版发行

（北京市海淀区紫竹院南路 23 号　邮政编码 100048）
雅迪云印（天津）科技有限公司印刷
新华书店经售

*

开本 710×1000　1/16　插页 10　印张 25　字数 462 千字
2024 年 7 月第 1 版第 1 次印刷　印数 1—1500 册　定价 168.00 元

（本书如有印装错误，我社负责调换）

国防书店：(010) 88540777　　　书店传真：(010) 88540776
发行业务：(010) 88540717　　　发行传真：(010) 88540762

天基探测与应用前沿技术丛书
编审委员会

主　　　编　杨元喜

副 主 编　江碧涛

委　　　员　（按姓氏笔画排序）

　　　　　　　王　密　王建荣　巩丹超　朱建军

　　　　　　　刘　华　孙中苗　肖　云　张　兵

　　　　　　　张良培　欧阳黎明　罗志才　郭金运

　　　　　　　唐新明　康利鸿　程邦仁　楼良盛

丛 书 策 划　王京涛　熊思华

丛 书 序

天高地阔、水宽山远、浩瀚无垠、目不能及，这就是我们要探测的空间，也是我们赖以生存的空间。从古人眼中的天圆地方到大航海时代的环球航行，再到日心学说的确立，人类从未停止过对生存空间的探测、描绘与利用。

摄影测量是探测与描绘地理空间的重要手段，发展已有近200年的历史。从1839年法国发表第一张航空像片起，人们把探测世界的手段聚焦到了航空领域，在飞机上搭载航摄仪对地面连续摄取像片，然后通过控制测量、调绘和测图等步骤绘制成地形图。航空遥感测绘技术手段曾在120多年的时间长河中成为地表测绘的主流技术。进入20世纪，航天技术蓬勃发展，而同时期全球地表无缝探测的需求越来越迫切，再加上信息化和智能化重大需求，"天基探测"势在必行。

天基探测是人类获取地表全域空间信息的最重要手段。相比传统航空探测，天基探测不仅可以实现全球地表感知（包括陆地和海洋），而且可以实现全天时、全域感知，同时可以极大地减少野外探测的工作量，显著地提高地表探测效能，在国民经济和国防建设中发挥着无可替代的重要作用。

我国的天基探测领域经过几十年的发展，从返回式卫星摄影发展到传输型全要素探测，已初步建立了航天对地观测体系。测绘类卫星影像地面分辨率达到亚米级，时间分辨率和光谱分辨率也不断提高，从1:250000地形图测制发展到1:5000地形图测制；遥感类卫星分辨率已逼近分米级，而且多物理原理的对地感知手段也日趋完善，从光学卫星发展到干涉雷达卫星、激光测高卫星、重力感知卫星、磁力感知卫星、海洋环境感知卫星等；卫星探测应用技术范围也不断扩展,从有地面控制点探测与定位,发展到无需地面控制点支持的探测与定位,从常规几何探测发展到地物属性类探测;从专门针对地形测量,发展到动目标探测、地球重力场探测、磁力场探测,甚至大气风场探测和海洋环境探测;卫星探测载荷功能日臻完善,从单一的全色影像发展到多光谱、高光谱影像,实现"图谱合一"的对地观测。当前,天基探测卫星已经在国土测绘、城乡建设、农业、林业、气象、海洋等领域发挥着重要作用,取得了系列理论和应用成果。

任何一种天基探测手段都有其鲜明的技术特征,现有天基探测大致包括几何场探测和物理场探测两种,其中诞生最早的当属天基光学几何探测。天基光学探测理论源自航空摄影测量经典理论,在实现光学天基探测的过程中,前人攻克了一系列技术难关,《光学卫星摄影测量原理》一书从航天系统工程角度出发,系统介绍了航天光学摄影测量定位的理论和方法,既注重天基几何探测基础理论,又兼顾工程性与实用性,尤其是低频误差自补偿、基于严格传感器模型的光束法平差等理论和技术路径,展现了当前天基光学探测卫星理论和体系设计的最前沿成果。在一系列天基光学探测工程中,高分七号卫星是应用较为广泛的典型代表,《高精度卫星测绘技术与工程实践》一书对高分七号卫星工程和应用系统关键技术进行了总结,直观展现了我国1:10000光学探测卫星的前沿技术。在光学探测领域中,利用多光谱、高光谱影像特性对地物进行探测、识别、分析已经取得系统性成果,《高光谱遥感影像智能处理》一书全面梳理了高光谱遥感技术体系,系统阐述了光谱复原、解混、分类与探测技术,并介绍了高光谱视频目标跟踪、高光谱热红外探测、高光谱深空探测等前沿技术。

天基光学探测的核心弱点是穿透云层能力差,夜间和雨天探测能力弱,而且地表植被遮挡也会影响光学探测效能,无法实现全天候、全时域天基探测。利用合成孔径雷达(SAR)技术进行探测可以弥补光学探测的系列短板。《合成孔径雷达卫星图像应用技术》一书从天基微波探测基本原理出发,系统总结了我国SAR卫星图像应用技术研究的成果,并结合案例介绍了近年来高速发展的高分辨率SAR卫星及其应用进展。与传统光学探测一样,天基微波探测技术也在不断迭代升级,干涉合成孔径雷达(InSAR)是一般SAR功能的延伸和拓展,利用多个雷达接收天线观测得到的回波数据进行干涉处理。《InSAR卫星编队对地观测技术》一书系统梳理了InSAR卫星编队对地观测系列关键问题,不仅全面介绍了InSAR卫星编队对地观测的原理、系统设计与数据处理技术，而且介绍了双星"变基线"干涉测量方法，呈现了当前国内最前沿的微波天基探测技术及其应用。

随着天基探测平台的不断成熟，天基探测已经广泛用于动目标探测、地球重力场探测、磁力场探测，甚至大气风场探测和海洋环境探测。重力场作为一种物理场源，一直是地球物理领域的重要研究内容，《低低跟踪卫星重力测量原理》一书从基础物理模型和数学模型角度出发，系统阐述了低低跟踪卫星重力测量理论和数据处理技术，同时对低低跟踪重力测量卫星设计的核心技术以及重力卫星反演地面重力场的理论和方法进行了全面总结。海洋卫星测高在研究地球形状和大小、海平面、海洋重力场等领域有着重要作用，《双星跟飞海洋测高原理及应用》一书紧跟国际卫星测高技术的最新发展，描述了双星跟飞卫星测高原理，并结合工程对双星跟飞海洋测高数据处理理论和方法进行了全面梳理。

天基探测技术离不开信息处理理论与技术，数据处理是影响后期天基探测产品成果质量的关键。《地球静止轨道高分辨率光学卫星遥感影像处理理论与技术》一书结合高分四号卫星可见光、多光谱和红外成像能力和探测数据，侧重梳理了静止轨道高分辨率卫星影像处理理论、技术、算法与应用，总结了算法研究成果和系统研制经验。《高分辨率光学遥感卫星影像精细三维重建模型与算法》一书以高分辨率遥感影像三维重建最新技术和算法为主线展开，对三维重建相关基础理论、模型算法进行了系统性梳理。两书共同呈现了当前天基探测信息处理技术的最新进展。

本丛书成体系地总结了我国天基探测的主要进展和成果，包含光学卫星摄影测量、微波测量以及重力测量等，不仅包括各类天基探测的基本物理原理和几何原理，也包括了各类天基探测数据处理理论、方法及其应用方面的研究进展。丛书旨在总结近年来天基探测理论和技术的研究成果，为后续发展起到推动作用。

期待更多有识之士阅读本丛书，并加入到天基探测的研究大军中。让我们携手共绘航天探测领域新蓝图。

2024 年 2 月

前　言

海洋卫星测高技术自 20 世纪 70 年代发展以来，全世界已成功发射 20 多颗海洋测高卫星，在大地测量学、海洋学、冰川学、气候研究、水文学、生物学和导航等领域得到广泛应用。在大地测量学中，卫星测高主要用于研究地球形状和大小、海平面、海洋重力场、构造板块运动、测深等。通过网络学术搜索统计，截至 2021 年初，有 8 万余份出版物讨论或包含微波雷达高度计数据、技术或产品，与大地测量相关的有 3 万多份，足见卫星测高技术 50 年来的蓬勃发展。

卫星测高技术随着各领域应用需求的增加不断向前发展，雷达高度计测距精度从半米量级提高至优于 2cm，卫星径向轨道精度也从几米提高至 2cm 以内。然而，每年亚毫米级精度平均海平面的连续监测、海洋环流小尺度变化探测及甚高频海洋重力场和海底地形信息获取等，都对海洋卫星测高技术提出新的需求。近十年来，合成孔径雷达高度计、Ka 频段高度计和合成孔径干涉雷达高度计等高精度仪器呈现并行发展趋势，全球卫星导航系统（GNSS）海面散射信号的测高应用以及测高卫星组网从概念提出到逐步实现，卫星测高技术展现出历久弥新的美好前景。本书作者团队紧跟这些卫星测高技术的发展，创新性地提出双星跟飞卫星测高原理并已付诸实施与应用。本书期望对这些发展成果做全面提炼和总结，尤其是将双星跟飞卫星测高的最新研究成果及未来应用呈现给读者。

全书共分 9 章：第 1 章是绪论，介绍卫星测高技术发展历程、应用领域和发展趋势；第 2 章是卫星测量海面高原理，包括卫星测高基本原理、误差改正模型和卫星测高误差改正项的时空特性;第3章是微波雷达高度计测量原理,分为传统雷达高度计和合成孔径雷达高度计测量原理及其相应的波形重跟踪算法两部分;第4章是GNSS-R海面高测量原理,包括GNSS-R基本理论、GNSS-R接收机发展现状、镜面反射点确定方法以及GNSS-R干涉测高和载波相位测高原理;第5章是双星跟飞卫星测高基本原理,包括双星跟飞卫星测高模式设计、星间相对定轨技术、海面高差的误差模型以及基于海面高的垂线偏差计算;第6章是卫星测高绝对定标与相对定标,包括卫星高度计绝对定标方法、GNSS浮标定标原理以及综合绝对定标方法和双星跟飞模式相对定标方法;第7章是卫星测高反演海洋重力场的基本理论和方法,包括海洋重力异常反演、海洋扰动重力反演、海洋重力场反演的精确快速方法和大地水准面计算等;第8章是海底地形反演理论和方法,包括海底地形和重力数据的相关关系研究以及频域、空域和迭代反演方法;第9章是高分辨率、高精度海洋重力场应用,主要包括海洋重力场在低空扰动重力场赋值、潜载惯性导航系统重力场补偿、水下重力辅助导航以及全球高程基准统一等领域中的应用。

本书由孙中苗统稿,第1章和第4章主要由孙中苗撰写,第2章、第3章、第5章主要由孙中苗、翟振和撰写,第6章、第7章、第8章分别由管斌、翟振和、欧阳明达撰写,第9章主要由孙中苗、翟振和、管斌撰写,管斌和欧阳明达对全书进行了校对。

本书涉及的成果是作者所在研究团队共同取得的,团队其他同志为本书的撰写提供了诸多帮助和许多有益资料。诚挚感谢杨元喜院士给予本书的指点和指正,感谢中国科学院国家空间科学中心的许可研究员和孙越强研究员、北京航空航天大学的杨东凯教授和王峰教授以及山东科技大学的郭金运教授给本书提出的宝贵建议。

鉴于作者水平有限,书中难免存在错误和不足之处,恳请读者给予批评指正。

作　者

2023年9月于北京

目 录

第1章 绪论 ··· 1

1.1 卫星测高技术发展历程 ··· 1
1.1.1 美国测高卫星 ··· 3
1.1.2 美欧合作测高卫星 ··· 6
1.1.3 欧洲测高卫星 ··· 9
1.1.4 中国 HY-2 系列测高卫星 ··· 15
1.1.5 其他测高卫星 ··· 16

1.2 海洋微波卫星测高在大地测量中的应用 ··· 16
1.2.1 全球海洋重力场精化 ··· 16
1.2.2 全球海底地形模型构建 ··· 19

1.3 海洋测高卫星发展趋势 ··· 21
1.3.1 先进微波测高技术 ··· 21
1.3.2 组网卫星测高 ··· 27

参考文献 ··· 30

第2章 卫星测量海面高原理 ··· 39

2.1 卫星测高基本原理 ··· 39

2.2 卫星测高误差改正模型 ··· 40
2.2.1 卫星轨道径向误差 ··· 40

2.2.2　高度计测距误差 ·· 43
　　2.2.3　干对流层误差改正 ·· 52
　　2.2.4　湿对流层误差改正 ·· 55
　　2.2.5　电离层延迟改正 ·· 61
　　2.2.6　潮汐改正 ··· 63
　　2.2.7　逆气压效应 ·· 69
　　2.2.8　海况偏差改正 ··· 69
2.3　卫星测高误差改正项特性分析 ·· 76
　　2.3.1　对流层误差改正特性 ··· 77
　　2.3.2　电离层延迟改正特性 ··· 78
　　2.3.3　潮汐改正特性 ··· 81
　　2.3.4　逆气压和高频起伏改正特性 ·· 85
　　2.3.5　海况偏差改正特性 ·· 86
　　2.3.6　各项误差改正特性的综合分析 ··· 88
2.4　海面高数据交叉点平差 ··· 88
参考文献 ··· 90

第3章　微波雷达高度计测量原理

3.1　传统微波雷达高度计测量原理 ··· 96
　　3.1.1　雷达测量方程 ··· 96
　　3.1.2　雷达高度计观测频段和观测方式 ·· 98
　　3.1.3　线性调频信号和全去斜技术 ·· 102
　　3.1.4　波形描述 ··· 103
　　3.1.5　波形模型 ··· 105
　　3.1.6　传统测高局限性 ·· 109
　　3.1.7　沿海测高回波模型 ·· 109
3.2　传统微波雷达高度计波形重跟踪 ·· 111
　　3.2.1　基于布朗模型的重跟踪方法 ·· 112
　　3.2.2　基于经验模型的重跟踪方法 ·· 113
3.3　合成孔径微波雷达高度计测量原理 ··· 117
　　3.3.1　合成孔径原理 ··· 117

    3.3.2 合成孔径雷达高度计基本原理 …………………………………… 118
    3.3.3 合成孔径雷达高度计的分辨率 …………………………………… 119
    3.3.4 回波模型 ………………………………………………………… 120
    3.3.5 反射功率 ………………………………………………………… 123
    3.3.6 多视处理 ………………………………………………………… 123
3.4 合成孔径微波雷达高度计数据处理 …………………………………… 126
    3.4.1 去斜处理 ………………………………………………………… 126
    3.4.2 海面采样位置计算 ……………………………………………… 127
    3.4.3 CZT 波束锐化 …………………………………………………… 129
    3.4.4 二维波数域相关 ………………………………………………… 130
    3.4.5 波形重跟踪 ……………………………………………………… 131
3.5 合成孔径微波雷达高度计 ……………………………………………… 132
    3.5.1 Cryosat-2 卫星高度计 …………………………………………… 132
    3.5.2 Sentinel-3 卫星高度计 …………………………………………… 136
    3.5.3 Sentinel-6 卫星 Poseidon-4 高度计 …………………………… 138
参考文献 …………………………………………………………………………… 143

第4章 GNSS-R 海面高测量原理 …………………………………………… 146

4.1 引言 ……………………………………………………………………… 146
4.2 GNSS-R 基本理论 ……………………………………………………… 147
    4.2.1 GNSS 反射信号特点 …………………………………………… 147
    4.2.2 GNSS-R 多基雷达 ……………………………………………… 148
    4.2.3 GNSS-R 观测量 ………………………………………………… 156
    4.2.4 GNSS-R 接收机数据采集技术 ………………………………… 158
    4.2.5 热噪声、散斑和相干时间 ……………………………………… 162
4.3 GNSS-R 接收机 ………………………………………………………… 163
    4.3.1 硬件设计考虑 …………………………………………………… 163
    4.3.2 接收机现状 ……………………………………………………… 165
4.4 确定镜面反射点 ………………………………………………………… 168
    4.4.1 球近似镜面反射点计算 ………………………………………… 168
    4.4.2 最小路径长度法 ………………………………………………… 171

    4.4.3 密切球法 ·· 174
    4.4.4 基于双基地矢量的梯度函数 ··· 176
4.5 GNSS-R 干涉测高 ·· 177
    4.5.1 星载 GNSS-R 原始中频数据和处理 ·· 177
    4.5.2 前沿斜率计算 ·· 182
    4.5.3 海面粗糙度反演 ·· 183
    4.5.4 有效波高计算 ·· 185
    4.5.5 延迟距离计算 ·· 185
    4.5.6 延迟改正 ·· 188
    4.5.7 海面高度反演 ·· 189
4.6 GNSS-R 载波相位测高 ··· 190
    4.6.1 GNSS-R 载波相位测高条件 ··· 190
    4.6.2 成功率计算 ··· 191
    4.6.3 相位解缠 ·· 191
    4.6.4 延迟距离计算 ·· 191
    4.6.5 开环估计 ·· 192
4.7 GNSS-R 综述 ··· 194
参考文献 ··· 197

第 5 章 双星跟飞卫星测高基本原理 ·· 205

5.1 双星跟飞卫星测高模式 ··· 205
    5.1.1 卫星测高组网模式比较 ··· 205
    5.1.2 海面高差观测模型 ··· 207
5.2 星间相对定轨技术 ·· 208
    5.2.1 单点定位/绝对定轨 ·· 208
    5.2.2 相对定位/相对定轨 ·· 209
    5.2.3 历元间位置差 ·· 210
    5.2.4 相对定位和历元位置差分的轨道径向精度比较 ························· 211
5.3 海面高差误差模型 ·· 212
    5.3.1 对流层改正差值误差 ·· 212
    5.3.2 电离层改正差值误差 ·· 213

5.3.3　海况偏差改正差值误差 …………………………………… 220

　　5.3.4　潮汐改正差值误差 ……………………………………… 222

　　5.3.5　逆气压改正差值误差 …………………………………… 223

　　5.3.6　海面高差的总误差 ……………………………………… 223

　　5.3.7　海面高差误差实例分析 ………………………………… 224

5.4　基于海面高的垂线偏差计算 ……………………………………… 227

　　5.4.1　垂线偏差定义 …………………………………………… 227

　　5.4.2　黄金维求解法 …………………………………………… 228

　　5.4.3　桑德韦尔法 ……………………………………………… 229

　　5.4.4　奥尔贾蒂法 ……………………………………………… 230

　　5.4.5　海面高至垂线偏差的差分方法比较 …………………… 231

5.5　卫星测高数据与重力异常的误差传播关系 ……………………… 232

　　5.5.1　海面高与重力异常的误差传播关系 …………………… 233

　　5.5.2　垂线偏差与重力异常误差传播的球谐分析 …………… 236

　　5.5.3　重力异常阶方差模型的构建 …………………………… 236

　　5.5.4　误差传播的量化分析 …………………………………… 241

　　5.5.5　海面高与重力异常误差传播关系的仿真计算 ………… 242

5.6　不同运行模式下的重力场反演精度分析 ………………………… 243

参考文献 …………………………………………………………………… 244

第6章　卫星测高绝对定标与相对定标 …………………………… 248

6.1　引言 ………………………………………………………………… 248

　　6.1.1　高度计定标意义 ………………………………………… 248

　　6.1.2　主要定标场概况 ………………………………………… 249

6.2　卫星高度计绝对定标 ……………………………………………… 256

　　6.2.1　基本原理 ………………………………………………… 256

　　6.2.2　固定平台法 ……………………………………………… 257

　　6.2.3　GNSS 浮标法 …………………………………………… 258

　　6.2.4　验潮站法 ………………………………………………… 258

　　6.2.5　锚泊阵列法 ……………………………………………… 259

　　6.2.6　微波应答器法 …………………………………………… 260

6.2.7　绝对定标方法比较 ··· 261
6.3　GNSS 浮标定标原理 ··· 262
　　　6.3.1　GNSS 浮标典型结构与测量原理 ······································· 262
　　　6.3.2　海水温度、盐度对定标影响 ·· 263
　　　6.3.3　海浪对 GNSS 浮标定标影响 ·· 268
　　　6.3.4　海面高滤波处理 ·· 273
6.4　综合绝对定标 ·· 275
　　　6.4.1　综合定标设备配置 ··· 275
　　　6.4.2　定标基准建立与统一 ·· 278
　　　6.4.3　卫星海面高拟合插值 ·· 282
　　　6.4.4　综合定标数据处理 ··· 283
6.5　双星跟飞模式相对定标 ··· 284
　　　6.5.1　相对定标计算模型 ··· 284
　　　6.5.2　对地观测任务阶段相对定标实现 ····································· 285
参考文献 ·· 286

第7章　卫星测高反演海洋重力场 ··· 289

7.1　引言 ··· 289
7.2　海洋重力异常反演 ··· 290
　　　7.2.1　逆斯托克斯法 ··· 290
　　　7.2.2　逆维宁曼尼兹法 ·· 292
　　　7.2.3　最小二乘配置法 ·· 294
7.3　海洋扰动重力反演 ··· 295
　　　7.3.1　大地水准面高反演扰动重力 ··· 295
　　　7.3.2　垂线偏差反演扰动重力 ··· 296
　　　7.3.3　海洋扰动重力反演的频域形式 ·· 298
7.4　海洋重力场反演的精确快速方法 ··· 299
7.5　海洋重力场反演计算 ·· 301
　　　7.5.1　海洋重力场仿真计算 ·· 301
　　　7.5.2　海洋重力场实测数据反演计算 ·· 303
7.6　大地水准面计算 ·· 307

        7.6.1　基于赫尔默特第二压缩法的大地水准面计算 ……………………… 307
        7.6.2　大地水准面计算的解析延拓算法 …………………………………… 309
    参考文献 ……………………………………………………………………………… 311

第8章　海底地形反演理论与方法 …………………………………………………… 313

8.1　海底地形和重力数据的相关关系 ………………………………………………… 313
        8.1.1　海底地形和重力数据的相关性 ………………………………………… 313
        8.1.2　帕克公式 ………………………………………………………………… 314
        8.1.3　奥尔登堡公式 …………………………………………………………… 316
        8.1.4　海底地形和重力梯度异常 ……………………………………………… 316

8.2　频域反演法 ………………………………………………………………………… 319
        8.2.1　重力异常导纳 …………………………………………………………… 320
        8.2.2　垂直重力梯度异常导纳 ………………………………………………… 325
        8.2.3　导纳法的改进 …………………………………………………………… 326

8.3　空域反演法 ………………………………………………………………………… 327
        8.3.1　重力地质法 ……………………………………………………………… 327
        8.3.2　配置法 …………………………………………………………………… 330

8.4　迭代反演法 ………………………………………………………………………… 334
        8.4.1　垂直重力梯度异常的解析算法 ………………………………………… 334
        8.4.2　模拟退火算法 …………………………………………………………… 337

    参考文献 ……………………………………………………………………………… 341

第9章　高分辨率、高精度海洋重力场应用 ………………………………………… 344

9.1　低空扰动重力场赋值 ……………………………………………………………… 344
        9.1.1　基于虚拟场元的赋值模式 ……………………………………………… 344
        9.1.2　非奇异直接法赋值模式 ………………………………………………… 346
        9.1.3　赋值模式比较 …………………………………………………………… 351

9.2　潜载惯性导航系统重力场补偿 …………………………………………………… 352
        9.2.1　扰动重力对惯性导航系统定位影响 …………………………………… 352
        9.2.2　基于惯性导航解算的扰动重力位置误差影响分析 …………………… 356
        9.2.3　惯性导航系统重力场补偿精度需求 …………………………………… 358

9.2.4　惯性导航系统解算的扰动重力补偿编排 …………………… 359
9.3　重力匹配辅助惯性导航 …………………………………………… 362
　　9.3.1　传统重力匹配算法 …………………………………………… 363
　　9.3.2　序列相关极值匹配算法 ……………………………………… 364
　　9.3.3　改进的序列相关极值匹配算法 ……………………………… 365
　　9.3.4　重力基准图质量对重力辅助惯性导航精度的贡献 ………… 366
9.4　全球高程基准统一 ………………………………………………… 370
　　9.4.1　大地水准面重力位确定 ……………………………………… 373
　　9.4.2　局部区域大地水准面重力位确定 …………………………… 376
　　9.4.3　全球大地水准面重力位确定 ………………………………… 380
参考文献 …………………………………………………………………… 381

第1章 绪 论

本章结合正在开展的大地测量类测高卫星的研究与发展,扼要介绍海洋微波测高卫星发展历程及卫星测高在全球海洋重力场反演和海底地形构建等方面的应用现状,重点评述海洋测高卫星的发展趋势。

1.1 卫星测高技术发展历程

卫星测高技术于 1969 年的威廉斯敦固体地球和海洋物理会议上提出后[1],自 20 世纪 70 年代以来,全世界已成功发射 20 多颗测高卫星,在大地测量学、海洋学、冰川学、气候研究、大气、风、波浪、生物学和导航等领域得到广泛应用[2-5]。根据采用的不同技术手段,卫星测高技术大致分为 3 个发展阶段。

第一阶段从第一颗测高实验卫星 Skylab[6] 到 Topex/Poseidon (简称 T/P)[7] 卫星发射前,即 1973 年至 1991 年。期间,顺利入轨运行的测高卫星还包括 Geos-3、Seasat、Geosat 和 ERS-1[8-11]。该阶段,卫星测高技术不断取得进步、逐渐趋于成熟,测高技术领域的研究与投入也不断得到激发,卫星测高精度接近分米量级。

第二阶段以 T/P 卫星测高任务在 1992 年的成功发射为起始标志。在此之前,测高卫星的径向轨道确定误差是卫星测高的最大误差源,得益于星载全球定位系统(GPS)、星基多普勒轨道和无线电定位组合(DORIS)系统定轨技术的发展与应用,通过联合多种精密定轨手段,T/P 卫星的径向轨道精度达到约 3.5cm[12]。另外,T/P 卫星首次搭载了用于改正电离层延迟的双频(Ku/C 频段)雷达高度计以及用于改正对流层水汽延迟的微波辐射计,这使得海面高测量精度优于分米级。该阶段的卫星任务还包括 T/P 卫星延续任务 Jason-1

和 Jason-2、Geosat 后续卫星（GFO）以及欧洲遥感卫星（ERS）-1 后续卫星 ERS-2 和 Envisat[13-17]，这些任务使用的高度计均为有限脉冲雷达高度计。

第三阶段以 Cryosat-2 卫星在 2010 年的成功发射为起始标志，该卫星首次成功采用合成孔径雷达高度计，提高了沿轨道方向空间分辨率和卫星测高精度[18]。2015 年发射的 SARAL（Satellite with ARgos and ALtika）卫星采用 Ka 频段雷达高度计，有效降低电离层变化对测量的影响[19]。该阶段的测高任务还包括采用传统高度计的 Jason-3（2016 年发射）[20]和我国的 HY-2A/B/C/D、采用合成孔径雷达高度计的 Sentinel-3A/3B（2016 年/2018 年发射）[21]和 Sentinel-6（2020 年发射）[22]，以及 2022 年发射的载有 Ka 频段雷达干涉仪的地表水和海洋地形（SWOT）卫星。

如果按卫星发射或管理机构大致可分为以下几种[23]：美国测高卫星，包括 Skylab、Geos-3、Seasat、Geosat、GFO 和 SWOT；美欧合作测高卫星，包括 T/P、Jason-1、Jason-2 和 Jason-3 等；欧洲测高卫星，包括 ERS-1、ERS-2、Envisat、Cryosat-2、Sentinel-3A/3B 和 Sentinel-6；中国测高卫星，包括 HY-2A/B/C/D；其他机构测高卫星，如法国和印度合作的 SARAL 卫星等。

表 1.1 简要列出了上述微波测高卫星的主要性能参数。

表 1.1 微波测高卫星发展简况

卫星名称	发射时间（年份）	轨道高度/km	轨道倾角/(°)	重复周期/天	频带	频率/GHz
Skylab	1973	435	50		Ku	13.9
Geos-3	1975	845	115		Ku	13.9
Seasat	1978	800	108	3/17	Ku	13.5
Geosat	1985	800	108	23.07	Ku	13.5
ERS-1/2	1991/1995	785	98.5	3/35/168	Ku	13.8
T/P Jason-1/2/3 Sentinel-6	1992 2001/2008/2016 2020	1336	66	10	Ku/C	13.6/5.3
GFO	1998	785	108	17	Ku	13.5
Envisat	2002	799.8	98.5	35	Ku/S	13.6/3.2
Cryosat-2	2010	717	92	30	Ku	13.6
HY-2A/2B	2011/2018	971	99.34	14/168	Ku/C	13.6/5.3
SARAL	2013	800	98.5	35	Ka	35
Sentinel-3A/3B	2016/2018	814	98.6	27	Ku/C	13.6/5.3
HY-2C/2D	2020/2021	957	66	10/400	Ku/C	13.6/5.3
SWOT	2022	890	77.6	11	Ka	35.75

1.1.1 美国测高卫星

1.1.1.1 Skylab

Skylab 是美国第一个实验性空间站（图 1.1），于 1973 年 5 月发射升空，轨道高度为 435km，轨道倾角为 50°。Skylab 携带称为 S-193 的微波高度计，主要演示测高概念，获取设计精密高度计所需信息，获得海洋大地水准面粗糙特征[6]。高度计使用 0.1μs 脉冲宽度，获得的分辨率为 15m。它仅在短轨道段上运行，但能够验证海洋大地水准面粗糙特征的测量，如主要海沟。1973 年和 1974 年总计执行 3 次任务：SL-2 任务从 1973 年 5 月 25 日开始，为期 28 天；SL-3 任务从 1973 年 7 月 28 日开始，为期 60 天；最后一次任务 SL-4 于 1973 年 11 月 10 日开始，为期 84 天。

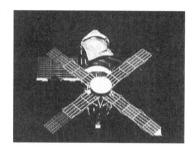

图 1.1 Skylab 概念图

1.1.1.2 Geos-3

Geos-3（地球动力学实验海洋卫星）于 1975 年 4 月发射，于 1978 年 12 月结束任务。轨道高度为 845km，轨道倾角为 115°。Geos-3 载有首台可有效测量海平面及其变化的高度计并首次使用脉冲压缩技术，测高总体精度达 50cm[8]。

Geos-3 卫星的概念图如图 1.2 所示。卫星结构由一个八面体组成，顶部是一个截锥体。八面体在平面上长为 122cm，高为 55cm，包括截锥体和雷达高度计天线在内的卫星体总高度为 131cm。向下看，对地观测天线安装在八面体的宽平面上。三排激光后向反射器安装在朝地表面外缘附近的圆环上，后向反射器表面法线与卫星垂直轴外侧成 45°角。太阳能电池安装在八面体的 8 个侧面和截锥体的 8 个侧面。Geos-3 卫星

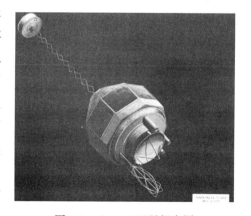

图 1.2 Geos-3 卫星概念图

的总质量为345.91kg。

Geos-3实验载荷包括雷达高度计、C波段雷达转发器（相干和非相干）、激光后向反射器阵列、多普勒信标和S波段雷达转发器（用于直接对地或卫星对卫星的跟踪）。

Geos-3雷达高度计属精密多模雷达系统，具有两种不同的数据采集模式（全球和加密型）和两种相应的自检/校准模式，用于在轨功能测试和仪器校准。其主要性能特点是：提供精确的卫星到海面高度测量（全球模式下为50cm，加密模式下为20cm，输出速率为1次/s），提供估计有效波高的观测数据，精度高于25%。关键技术包括：①具有160MHz时钟和1.56ns分辨率的四相分频的高频逻辑电路；②压缩比为1:100和压缩脉冲宽度为12.5ns的宽带（100MHz线性调频）脉冲压缩系统；③高速采样和保持电路，用于对宽带（50MHz）噪声视频返回信号进行精确采样；④采用高压（12kV）电源设计和封装。

1.1.1.3 Seasat

海洋卫星（Seasat）由美国国家航空航天局（NASA）于1978年6月发射（图1.3），1978年10月因故障而结束。Seasat轨道高度为800km，倾角为108°。Seasat实验仪器包括：合成孔径雷达，从太空拍摄了首张非常详细的海洋和陆地表面雷达图像；雷达散射计，用于测量近地表风速和风向；雷达高度计，用于测量海面和波高；扫描式多通道微波辐射计，用于测量地表温度、风速和海冰覆盖。

Seasat所用雷达高度计的测高精度达到10cm，首次采用全去斜技术，分辨率得到显著提升[9]。Seasat配有星载磁带记录仪，因故障仅运行99天获得的约1684h测高数据，相当于

图1.3 Seasat概念图

Geos-3卫星3年半累计运行小时数的90%。Seasat提供首张海洋环流、波浪和风的全球视图，为驱动气候变化的海洋和大气之间的联系提供了新视角。首次可以看到整个海洋的全部状态。Seasat高度计绘制了海面地形图，使科学家能够确定海洋环流和热储量，还揭示了有关地球重力场和海底地形的新信息。

1.1.1.4 Geosat

Geosat（图1.4）由美国海军于1985年3月15日发射，主要为美国海军测量海洋大地水准面，并提供海军作战所需海况和海风测量，是首个提供长期高质量测高数据的任务，标志着卫星测高技术趋于成熟[10]。Geosat轨道倾角为108°，高度为800km。在1985年3月至1986年9月，卫星执行大地测量任务（GM），其在设计的轨道上进行漂移，故在海面形成的轨迹并不重复。GM共计运行25个周期，近似周期为23.07天，绕地球运行330圈，

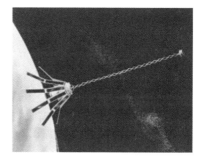

图1.4 Geosat概念图

平均轨迹距离约6km，在纬度60°处仅为2~3km。出于军事考虑，起初数据只有南纬30°以南向公众开放，GM数据直到1995年才全部公开，但在公开版本中没有直接给出海面高，用户可以通过每秒的10个观测记录得出。Geosat完成大地测量任务后，自1986年11月8日起，执行周期为17.05天的精密重复任务（ERM），每周期绕地球运行244圈，数据在赤道上的间距为160km，在纬度60°处为75km，该任务持续时间总计3年左右（68个周期）。Geosat全部任务于1989年结束，累计运行时间约5年。Geosat/ERM数据主要用于海洋学目的，美国国家海洋与大气管理局（NOAA）于1991年将该数据全部开放。

最初，Geosat轨道是由美国海军海面武器中心利用国家地理空间情报局（NGA）46个跟踪站的数据计算得到的，精度在60cm左右，径向精度更差，达2~3m。后由美国国家航空航天局（NASA）用改进的重力场模型GEM-T2代替了原GEM-10模型重新解算，使局部地区精度可达10~25cm。1997年公布的经过重新处理的Geosat测高数据，采用了1993年多普勒跟踪数据和基于当时最新的JGM3重力位模型改进的卫星轨道，径向轨道精度提高到10cm水平。

1.1.1.5 GFO

Geosat Follow-On（GFO）是Geosat后续卫星（图1.5），1998年2月发射。GFO延续Geosat的17天重复轨道，主要是向美国海军提供实时海洋地形数据。科学和商业用户可以通过NOAA访问这些数据。有效载荷包括雷达高

度计、水汽辐射计、多普勒信标、4 台 GPS 接收机和后向反射器阵列[16]。

图 1.5 GFO 卫星示意图

GFO 发射后不久，发现 4 个星载 GPS 接收机无法得到业务化精确轨道，GFO 任务只能依赖卫星激光测距（SLR）的精密定轨。大约 2008 年 9 月 25 日，GFO 进入安全模式，处于非天底指向姿态。卫星团队试图恢复卫星，但因为电池和其他航天器系统的老化，卫星不可能恢复和回归至正常运行状态，于 2008 年 11 月退役。

1.1.2 美欧合作测高卫星

1.1.2.1 Topex/Poseidon（T/P）

T/P 卫星于 1992 年 8 月 10 日发射升空，轨道高度为 1336km，倾角为 66°（图 1.6）。T/P 卫星数据彻底改变了全球海洋的研究方式。首次在南北纬 66°范围内以高精度确定海洋的季节性周期和其他时间变化，为检验海洋环流模型提供基本的重要信息。

T/P 卫星搭载有两个雷达高度计和包括 DORIS 在内的精密轨道测定系统。NASA 双频雷达高度计 NRA 是主要载荷。它向地球发送 13.6GHz 和 5.3GHz 的无线电脉冲，并测量回波特性。将此观测值与微波辐射计数据以及卫星和地面的其他信息相结合，获得的海面高精度在 4.3cm 以内。法国国家太空研究中心（CNES）的单频高度计 Poseidon-1 与 GPS 接收机一样，属于实验性传感器，

图 1.6 T/P 卫星示意图

它是一种固态、低功耗、小重量传感器，工作方式与 NASA 高度计基本相同。它与 NRA 共用同一天线，故在轨运行期间只有一个高度计处于工作状态。

T/P 卫星相比以前的测高系统（Seasat、Geosat）作了许多改进，包括专门设计的卫星平台、传感器套件、卫星跟踪系统和轨道配置，以及开发用于精密定轨的最佳重力场模型和用于任务运行的专用地面系统，为从太空对海洋进行长期监测奠定基础。每 10 天，就以前所未有的精度提供全球海面地形或海面高度。

2002 年 9 月 15 日，T/P 卫星进入其原始地面轨道之间的新轨道，原始地面轨迹由其后续卫星 Jason-1 接续飞越，该串联任务验证了优化测高卫星星座的科学能力。由于俯仰反作用轮发生故障，T/P 卫星于 2005 年 10 月获得最后一次数据，于 2006 年 1 月 18 日结束任务。

1.1.2.2 Jason-1/2

Jason-1 卫星是 T/P 卫星的后续卫星，继承了 T/P 卫星主要特征（轨道、仪器、测量精度等），由 CNES 和 NASA 联合开发，如图 1.7（a）所示。卫星控制和数据处理运行由新的地面段执行。Jason-1 卫星于 2001 年 11 月发射，延续 T/P 卫星产生的重要海洋学数据的时间序列，2013 年 7 月退役[13]。

Poseidon-2 高度计是 Jason-1 任务的主要仪器，由 T/P 卫星的 Poseidon-1 高度计改进而来，可测量海平面、波浪高度和风速。采用双频（Ku 波段 13.6GHz，C 波段 5.3GHz）测高体制，以确定影响雷达信号路径延迟的大气电子含量，并用于测量大气中的降雨量。

Jason-2 卫星于 2008 年 6 月 20 日发射，也称为海洋表面地形任务（OSTM），接续 T/P、Jason-1 卫星开启的海洋学项目，继续监测全球海洋环流，发现海洋和大气之间的联系，改进全球气候预测，监测厄尔尼诺现象和海洋涡旋等事件，如图 1.7（b）所示。有效载荷、轨道与 T/P、Jason-1 卫星几乎相同。Jason-3 卫星搭载 Poseidon-3 高度计（频率 13.575GHz 和 5.3GHz），Poseidon-3 具有与 Poseidon-2 相同的一般特征，但具有较低的仪器噪声和能够更好地跟踪陆地和冰的处理算法，测量精度为 2.5cm 左右。

Jason-2 卫星搭载的主要仪器还包括高级三频段微波辐射计、DORIS 接收机、GPS 接收机、后向反射器阵列、激光链路时间传递（T2L2）设备等[14]。其中 T2L2 可对 DORIS 的超稳定振荡器进行精确驾驭。依靠这一时钟，T2L2 还可通过单向激光测距对 Jason-2 轨道进行独特恢复。Jason-2 轨道精度高，

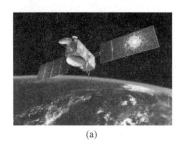 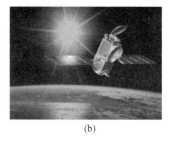

(a)　　　　　　　　　　　　(b)

图 1.7　Jason-1/2 卫星示意图

可在大多数陆地链路共视模式下进行长时间积分，实现时间传递。

2009 年 2 月中旬（第 262 周开始时），Jason-1 轨道移至其原始地面轨迹之间（对应于 2002 年后的 T/P 轨道），而 OSTM/Jason-2 仍然保持原始地面轨道（2002 年前 T/P 轨道和 2009 年 2 月前 Jason-1 轨道）。OSTM/Jason-2 和 Jason-1 有大约 5 天的时延。这种新的串联配置更适合实时应用。

1.1.2.3　Jason-3

2016 年 1 月发射的 Jason-3（图 1.8）是美欧系列卫星任务中测量海面高的第四个任务，是 Jason-1 和 OSTM/Jason-2 任务的延续，继续延长 1992 年 T/P 卫星任务的海面地形测量时间序列。这些测量提供了有关海洋环流模式、全球和区域海平面变化以及全球变暖对气候影响的关键信息。Jason-3 卫星的主要仪器是 Poseidon-3B 雷达高度计。高度计采用混合模式，允许在二极管/数字高程模型（DEM）模式和采集/跟踪模式之间就卫星位置进行星载自动转换，以非常高的精度（3.3cm，目标是达到 2.5cm）测量全球海洋的海平面变化，生成连续、长期、可靠的海面地形变化数据，由科学家和运营机构（NOAA、欧洲气象机构、海洋运营商等）用于科学研究和业务海洋学。

图 1.8　JASON-3 卫星示意图（见彩图）

1.1.2.4 Sentinel-6（Jason-CS）

Sentinel-6（早期称为 Jason-CS）旨在使用两颗连续、相同的卫星 Sentinel-6A 和 Sentinel-6B，在 2020—2030 年间继续进行高精度海洋高度测量，并收集高分辨率的垂直温度剖面，利用 GNSS 无线电掩星探测技术，评估对流层和平流层的温度变化，支持数值天气预报。

Sentinel-6A 卫星于 2020 年 11 月 21 日发射（图 1.9），Sentinel-6B 卫星计划于 5 年后发射。卫星采用非太阳同步轨道，平均高度为 1336km，倾角为 66°，重复周期为 10 天，与 Jason-3 轨道重叠，以确保在该轨道上获得的长期高度计数据记录持续到 21 世纪 30 年代。

图 1.9　Sentinel-6A 卫星示意图

Sentinel-6A 卫星有效载荷包括：Ku/C 波段天底指向合成孔径雷达（SAR，仅 Ku 波段）高度计 Poseidon-4；气候多频先进微波辐射计，包括 1 台用于增强沿海地区大气参数测量的实验性高分辨率微波辐射计；精密轨道测量设备 GNSS 接收机、激光反射器和 DORIS 接收机；测量大气垂直剖面信息的 GNSS 无线电掩星测量仪；辐射环境监测器，用于现场测量空间辐射环境（因为与其他近地轨道航天器相比，卫星空间辐射环境更为重要）。

1.1.3　欧洲测高卫星

1.1.3.1　ERS-1

1991 年 7 月发射的 ERS-1（图 1.10）是欧洲空间局（ESA）基于法国地球观测系统（SPOT）系列影像卫星而设计的第一颗遥感卫星，其轨道倾角为 98°，高度为 780km，用于对全球环境作重复性监测，包括全球海面风场及其变化、海浪动态情况及全球海平面变化等[11]。

图 1.10 ERS-1 卫星效果图

ERS-1 卫星主要载荷包括主动式微波雷达测高仪、被动式沿轨向雷达仪（包括用于测量海面温度的红外线雷达仪）、激光后向反射器、精密距离和距离变率测量设备（PRARE）。ERS-1 卫星主要用于全球范围的重复性环境监测，包括全球海面风场及其变化、海浪动态情况、大洋环流、两极冰山及全球海平面变化、海洋及陆地影像。由于采用了先进的微波技术，ERS-1 卫星在多云和强烈阳光环境下仍能正常获取观测数据和影像。

由于其上搭载的 PRARE 跟踪系统失效，它的轨道精度比预想的要低，但仍达到 0.15m。根据工作模式需要，先后采用 3 种运行周期：3 天周期，对极地冰盖进行监测；35 天周期，对全球海洋、特别是北大西洋环流进行多手段监测，赤道处轨道间距 79km；168 天周期，绘制全球大地水准面，赤道处轨道间距约 8km。

按照时间顺序和执行的任务排列，ERS-1 可分为 7 个阶段，其中包含两个大地测量任务阶段，时间跨度是 1994 年 4 月至 1995 年 3 月，回归周期是 168 天。

1.1.3.2 ERS-2

ERS-2 卫星是 ERS-1 的后续任务，于 1995 年 4 月发射，如图 1.11 所示[17]。ERS-2 卫星主要载荷包括合成孔径雷达、风散射计、雷达高度计、沿航迹扫描辐射计、微波测深仪、全球臭氧监测实验设备、PRARE 和激光后向反射器。ERS-2 于 1995 年至 1998 年继续 ERS-1 的工作，新任务是测量大气中的臭氧含量并更有效地监测植被覆盖的变化。ERS-2 与 ERS-1 在 1995 年 8 月至 1996 年 6 月期间串联使用，其轨道相同（35 天），但有一天的偏移。自 2003 年 6 月 22 日起，用于记录高度计数据的 ERS-2 星载磁带记录器发生多

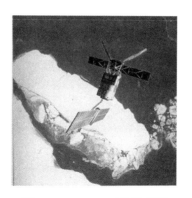

图 1.11 ERS-2 卫星示意图

次故障。因此,除了卫星位于欧洲、北大西洋、北极和北美西部欧空局地面站的可视范围内,高度计测量数据无法从卫星下传。ERS-2 在 16 多年时间内收集了大量数据,彻底改变人们对地球的理解,于 2011 年 7 月 4 日结束(轨道 84719)任务。在退役后不久轨道开始下降,到 9 月初,进行多次长时间机动,耗尽燃料,最后断开电池和通信设备。

1.1.3.3 Envisat

Envisat(欧洲环境卫星)是 ERS-1 和 ERS-2 的后续卫星(图 1.12),于 2002 年 3 月 1 日发射,继续致力于环境研究,特别是气候变化,其任务是观测地球大气层和表面。Envisat 由 ESA 建造,搭载 10 个辅助仪器,用于观测从海洋大地水准面到高分辨率气体排放的各种参数。

图 1.12 Envisat 示意图

Envisat 轨道周期是 35 天,与 ERS-2 和 ERS-1 某些阶段一样。Envisat 纳

入全球海洋观测系统和全球海洋资料同化实验等国际气候研究计划，构成业务海洋学的一部分，提供近实时数据访问。

Envisat 从 2010 年 10 月 22 日开始改变其轨道，以确保额外的 3 年寿命。在这些轨道机动之后，地面轨迹发生变化，因此重复周期也变化至 30 天，每个周期 431 轨，而不是 35 天，每个周期 501 轨。

1.1.3.4 Cryosat-2

Cryosat-2 卫星（图 1.13）由 ESA 建造，专门用于极地观测，于 2010 年 4 月 8 日发射，开始为期 3 年半的任务，以确定地球大陆冰盖和海洋冰盖厚度的变化，测试由于全球变暖导致北极冰层变薄的预报。

图 1.13　Cryosat-2 卫星示意图

Cryosat-2 轨道倾角约 92°，高度 717km，几乎覆盖所有极地地区。Cryosat-2 卫星主要载荷包括 SAR/干涉雷达高度计（SIRAL）、DORIS 接收机、激光后向反射器和 3 个用于测量基线方向的星跟踪器。SIRAL 是 Ku 波段仪器（13.575GHz），有以下 3 种工作模式（详见第 3 章）。

（1）低分辨率模式（LRM）。天底指向高度计模式，测量卫星与地球表面之间的距离。

（2）合成孔径雷达（SAR）模式。与脉冲间隔约为 500ms 的传统雷达高度计不同，Cryosat 高度计发送脉冲簇，脉冲间隔仅为 50ms。对回波进行相关处理，可一次性处理整个脉冲簇，通过将波束前视和后视部分作少量频率偏移（由多普勒效应引起），将回波分离成跨轨排列的条带。SAR 模式主要在海冰上进行高分辨率测量。

（3）合成孔径干涉（SARIn）模式。为了测量到达角，启动第二个接收天线，两个天线同时接收雷达回波。当回波来自非星下点时，所测雷达波路径长度存在差异。利用简单的几何关系,就可得到天线基线和回波方向之间的角度。该模式工作于粗糙表面,如海冰/陆地边界。

1.1.3.5 Sentinel-3A/3B

Sentinel-3 是由 3 颗多功能卫星(Sentinel-3A/3B/3C)组成的欧洲地球观测卫星任务,继 ERS、Envisat 和 SPOT 卫星后提供观测数据的连续性。Sentinel-3 任务的主要目标是以高精度和高可靠性测量海面地形、海面和陆地表面温度以及海洋和陆地表面颜色,以支持海洋预报系统、环境监测和气候监测。

Sentinel-3 卫星采用太阳同步轨道,轨道高度 814.5km、倾角 98.65°,重复周期为 27 天。卫星携带如下主要仪器:海洋和陆地颜色仪器,海洋和陆地表面温度仪器,SAR 雷达高度计,微波辐射计以及 3 种精密轨道测定仪器(DORIS 接收机、GNSS 接收机和激光后向反射器)。其中合成孔径雷达高度计(SRAL)工作于 Ku/C 频段,有低分辨率 LRM 和 SAR(在轨 100%SAR 模式运行)两种测量模式以及闭环和开环两种跟踪模式,脉冲重复频率为 1.9kHz(LRM)和 17.8kHz(SAR)。

Sentinel-3A/3B 卫星分别于 2016 年 2 月和 2018 年 4 月发射升空,如图 1.14 所示。

图 1.14 Sentinel-3A/3B 卫星示意图

1.1.3.6 Geo-IK

苏联(后期俄罗斯)于 1985 年至 1996 年间发射了 10 颗带有雷达高度计的 Geo-IK 卫星,目的是确定基本大地测量常数、地心参考系、地球形状参数和地球重力场[24]。卫星位于约1500km高的近圆轨道，轨道倾角为74°或83°。雷达高度计工作频率为9.5GHz，仪器精度对于1s和10~12s平均值的均方误差分别为0.4~0.5m和0.1m。卫星运行时间从几周到18个月，有时两颗卫星同时在轨运行，累计获得382万次测量，产出36阶EP-90和200阶EP-200重力位模型、大地测量坐标以及全球海洋大地水准面高等产品。最初，卫星数据列为机密级，需由俄罗斯联邦国防部地形局批准使用，1992年解密大部分数据，以地球物理数据记录形式开放使用。

苏联于1982年开始研发称为Geo-IK-2的第三代大地测量卫星系统，旨在精确测量地球形状及其引力场，支撑高精度大地坐标系建立，服务于制图和导弹制导等军民应用领域[25]。Geo-IK-2几经周折于2001年重新开始实施，计划发射2颗即Geo-IK-2-11L和Geo-IK-2-12L卫星构建俄罗斯新的大地测量网。Geo-IK-11L的主要仪器是法国研制的Sadko高度计（以中世纪俄罗斯史诗中的一位虚构旅行者命名），由Jason-1卫星的Poseidon-2高度计改装而成。Geo-IK-2-11L载荷还包括多普勒系统、时间同步器、激光后向反射器和测距仪。据称还搭载俄罗斯自研的Ka频段接收和发射复杂双模天线，可在极端空间条件下保持几何形状。

Geo-IK-2-11L卫星于2011年2月1日发射升空，但未能进入预设轨道，于2013年7月坠入大气层。Geo-IK-2-12L卫星于2016年6月成功发射（图1.15），轨道高度约1000km，倾角为99.4°，其主要载荷与11L相同，高度计升级为Sadko-2，可能还携有俄罗斯自研的Miram微波无线电高度计，以进一步提高大地测量精度。2019年8月成功发射Geo-IK-2-13L卫星，与Geo-IK-2-12L卫星组网串联运行[25]。

图1.15 Geo-IK-2-12L卫星示意图

1.1.4 中国 HY-2 系列测高卫星

我国自主的测高卫星计划相对偏晚。2011 年发射的 HY-2A 是我国首颗海洋动力环境卫星[26]，目标是利用微波传感器监测海洋动态环境，以探测海面风场、海面高度和海面地形。HY-2A 有效载荷包括 Ku/C 波段双频高度计、DORIS 接收机、散射计和微波成像仪。雷达高度计用于测量海面高度、有效波高和风速等海洋基本要素，微波散射计主要用于全球海面风场观测，扫描微波辐射计主要用于获取全球海面温度、海面风场、大气水汽含量、云中水含量、海冰和降雨量等，校正微波辐射计主要用于为高度计提供大气水汽校正服务。

HY-2A 卫星如图 1.16 所示，轨道为太阳同步轨道，倾角为 99.34°，降交点地方时为 6:00，卫星在寿命前期采用重复周期为 14 天的回归冻结轨道，高度为 971km，周期为 104.46min，每天运行 13+11/14 圈；在寿命后期采用重复周期为 168 天的回归轨道，卫星高度为 973km，周期为 104.50min，每天运行 13+131/168 圈。卫星设计寿命为 3 年。卫星尺寸为 8.56m×4.55m×3.185m，质量不大于 1575kg。三轴指向精度小于 0.1°，姿态稳定度小于 0.003(°)/s，测量精度小于 0.03°。卫星输出功率为 1550W。

图 1.16　HY-2A 卫星飞行状态图

我国于 2018 年、2020 年、2021 年分别发射了第二颗、第三颗、第四颗海洋动力环境卫星 HY-2B/2C/2D。HY-2B 卫星前期采用回归周期为 14 天、倾角为 99.34°的太阳同步冻结轨道，后期变轨至回归周期为 168 天的轨道。HY-2C/2D 卫星前期采用回归周期为 10 天、倾角为 66°的回归冻结轨道，后期变轨至回归周期为 400 天的轨道。3 颗卫星均采用相同的有限脉冲测高技术体制，目前已进入三星组网阶段，它们将在海洋动力环境探测与分析等领域贡献丰富的观测数据，为我国海洋防灾减灾、气象等领域应用提供重要支撑。

1.1.5 其他测高卫星

2013 年发射的 SARAL/AltiKa 卫星是法国国家空间研究中心和印度空间研究组织的合作任务，轨道高度为 800km，倾角为 98.55°，如图 1.17 所示。该卫星是对 Jason-2 的补充，主要目标是：对海面高、波高和风速进行全球精确、重复测量；顺延 Jason-1/-2 卫星和 Envisat 测高服务的连续性；为全球海洋和气候研究，建立全球海洋观测系统做出贡献。

图 1.17　SARAL/AltiKa 卫星示意图

SARAL/AltiKa 目标是将高度计搭载在设计、制造和发射成本较低的微型卫星上，以较低成本实现尽可能详细和准确的海洋观测。但测高平台必须包括高度计、辐射计和精确轨道确定系统，具有足够冗余度，以及足够燃料，以保持卫星在地面重复轨道上运行——至少在执行"常规"测高任务时是如此。SARAL/AltiKa 卫星主要载荷包括 Ka 频段高度计/辐射计（AltiKa）、DORIS 接收机、激光后向反射器和 ARGOS-3 仪器。其中，AltiKa 高度计工作频率为 35.75GHz，质量小于 20kg，功耗小于 50W。

1.2　海洋微波卫星测高在大地测量中的应用

1.2.1　全球海洋重力场精化

1995 年，Geosat/GM 数据全面解禁前，大地测量学界对海洋重力场技术理论进行了丰富的尝试与探索,其间涌现出许多不同的技术方法。在1985年Geosat发射之前,文献[27-33]利用Seasat及Geos-3卫星数据开展了海洋重力场反演研究,这些研究对于早期低阶重力场位系数模型的研制提供了重要支撑。在Geosat南半球GM任务数据分批次公开后,学者们利用GM数据获取了更为精细的区域和全球重力场[34]。该阶段,基于逆斯托克斯公式的反演方法与基于逆威宁尼兹公式的反演方法分别得到了尝试与应用,快速傅里叶变换(FFT)技术在海洋重力场反演中得到应用,海洋重力场反演有了初步雏形。

从1995年Geosat/GM数据公开到2010年Cryosat-2卫星发射前,海洋重力场构建中深度应用了Geosat/GM与ERS-1数据,开始建立全球最高$1'\times1'$分辨率的海洋重力场。Geosat与ERS-1卫星GM数据的发布,大大提高了海洋重力场反演的分辨率,同时,针对GM数据反演海洋重力场的技术得到快速发展并不断趋于稳定。2000年前后,国际上较有代表性的海洋重力场模型包括:美国加利福尼亚大学圣迭戈分校斯克利普斯海洋研究所(SIO)的S&S模型[35];丹麦技术大学(DTU)的KMS98[36]以及KMS02模型[37];美国雷声咨询公司的GSFC00模型[38];台湾交通大学的NCTU模型[39]。这些模型首次达到了$1'\times1'$或$2'\times2'$分辨率。之后,SIO与DTU进一步对Seasat、Geosat卫星数据进行了重跟踪处理,得到了新一代海洋重力场。这两个机构的SIO SS V17与DNSC07海洋重力场模型均应用于地球重力场位系数模型EGM2008的研制[40]。

2010年始,Cryosat-2卫星的发射使得海洋重力场构建有了全新、更高精度的数据源,后续Jason-1、Jason-2以及SARAL/AltiKa各自GM数据又为海洋重力场反演注入更多的高质量观测数据,这些丰富的观测数据,使得海洋重力场模型不断得到精化,以SIO与DTU为代表的科研机构持续迭代发布分辨率为$1'\times1'$的海洋重力场模型。Cryosat-2作为近极轨卫星,使得卫星测高几乎覆盖了全球所有海域,重力场模型逐步实现了全球海域覆盖,同时,其测距精度与定轨精度相较于Geosat与ERS-1大为提升,对于海洋重力场反演具有重要意义。Jason-1与Jason-2卫星在寿命末期分别执行了14个月和2年的GM任务,轨道重复周期分别为178天与378天[41]。SARAL卫星在2016年初开始运行至倾角为98°的漂移轨道,其观测数据对于海洋重力场反演同样具有重要的贡献。根据文献[42-43]的研究,SARAL卫星在轨运行多年后,它对于海洋重力场反演的贡献在上述卫星之中占比最大。

我国诸多机构也持续跟踪着区域或全球海洋重力场的反演研究，文献[39，44-51]分别利用不同测高卫星观测资料反演了中国海及邻近海域海洋重力异常。在Cryosat-2卫星成功发射之后，我国具有代表性的研究工作主要包括：文献[52-53]使用Cryosat-2、SARAL/AltiKa、HY-2A等卫星数据，通过逆威宁曼尼兹方法反演得到了南海海域（0°N~30°N，105°E~125°E）$1'\times1'$分辨率重力场 SCSGA V1.0，使用船载重力测量数据评估的标准差约为 2.8mGal（$1\text{mGal}=10^{-5}\text{m/s}^2$），略优于其他重力场模型在该海域的精度；文献[54-55]分别反演得到了$1'\times1'$分辨率中国近海和全球海洋重力场，在全球范围内，与 SIO V23.1 模型的格网点差值均方根约为 1.8mGal，船载重力测量数据检核的均方根约为 4mGal。

2010年后，在国际上发布的诸多海洋重力场模型中，以SIO与DTU为代表持续更新发布的$1'\times1'$分辨率全球海洋重力场模型最为典型。

DTU发布的海洋重力场模型主要包括DTU10、DTU13[56]、DTU15[57]及DTU17[42]。DTU10在DNSC08基础上，对所有ERS-2和Envisat数据进行了重跟踪，并将该系列模型更名为DTU模型。DTU13融合了Cryosat-2以及Jason-1/GM观测数据，所用GM测高数据较DTU10增加了3倍。DTU15模型对Cryosat-2 1B级波形数据进行了重跟踪。该模型使用了五年的Cyrosat-2以及Jason-1/GM数据，进一步提高了模型在北冰洋海域的精度。DTU17模型专注于海岸及北冰洋重力场的改进，它融合了2016年SARAL/AltiKa漂移轨道数据，并改进了Cryosat-2在北极区域的处理。通过评估发现受精度影响，相对于后续GM卫星，Geosat/GM、ERS-1对于海洋重力场的构建几乎无贡献，因此，DTU17摒弃了Geosat/GM与ERS-1的数据。

2010年后，SIO海洋重力场模型的主要版本包括 SS V23.1[58]、V28.1[43]，2021年发布的版本为V31.1。SS V23.1主要使用了Geosat/GM、ERS-1、Cryosat-2以及Jason-1/GM数据。V28.1模型主要融合的GM数据包括Cryosat-2、Jason-1/GM、Jason-2/GM与SARAL数据。相似地，V28.1模型研制中比较了Geosat、ERS-1、Cryosat-2、Jason-1/2、SARAL各自GM对于海洋重力场模型构建的贡献，发现相较于后续的任务数据，Geosat与ERS-1对于海洋重力场模型的贡献很小，在V28.1及后续模型中未包含这两颗卫星的数据。

表1.2给出了通过NGA提供的西北大西洋处约140万个高质量船载重力测量数据对DTU、SIO两个系列海洋重力场模型的评估结果[42]。

表1.2　西北大西洋海域海洋重力场模型与船载重力比较结果

单位：mGal

海洋重力场模型	标 准 差	平 均 值	最 大 值
DTU17	2.51	0.5	32.4
DTU15	2.51	0.5	32.3
DTU13	2.83	0.5	32.3
SS 23	3.13	0.7	43.4
SS 24	3.11	0.7	41.9

1.2.2　全球海底地形模型构建

海底深度对于地球和生物科学研究极其重要。然而，仅有约20%的海洋区域利用船载探测方法进行了精细空间分辨率（<800m）测绘[59]，鉴于重力异常变化与海底地形在某些频段存在高度相关性，卫星测高成为全球海域海底地形探测的最有效手段。Seasat数据发布后，众多学者对卫星测高数据反演海底地形的可行性做了研究[60-61]，文献［62］继而开发出卫星测高海面坡度与海底预测深度的转换模型，构建了首个空间分辨率近乎统一（约15km）和±72°纬度间的海洋深度网格。此后，随着卫星测高数据的不断丰富，结合船载测深等多源深度数据，形成基于测高数据的多个系列海底地形模型。

（1）Sandwell模型。SIO的Sandwell教授团队自1994年和1997年发布SIO-V5.2/V7.2以后，模型不断更新。2008年，基于V16.1全球海域重力模型，反演发布了SIO V11.1海底地形模型。2011年，利用V20.1全球重力场模型（包括近2年Cryosat-2测量数据、1年半Envisat数据以及120多天Jason-1数据）反演构建了V14.1海底地形模型。2013年，基于新V22重力场模型（含Cryosat2，Jason-1和Envisat所有新数据，重力精度提高约2倍）反演海底地形，建成V16.1版本。2014年，利用V23全球重力场模型反演海底地形，新增大约111个多波束测线数据，形成V18.1；2020年，使用V29.1版本重力数据，进一步优化向下延拓滤波器参数，发布V20.1；最新的V23.1模型于2021年11月发布，是截至目前公认的精度最高的全球海底地形模型。

（2）ETOPO模型。2001年，美国国家地球物理数据中心（NGDC）发布2′×2′网格的全球地形模型ETOPO2[63]，其中64°N~72°S海底地形数据源自海底地形模型SIO V8.2[64]。2008年，NGDC基于大量相关模型和实测区域数据，通过融合全球陆地地形和海洋深度数据，建成 1′×1′ 网格 ETOPO1 海底地形模型[65]，模型中所用测高反演地形与 ETOPO2 相同。

（3）SRTM 模型。2009 年，SIO 等联合发布了 30″ 格网的全球地形模型 SRTM30+[66]，其中海洋区域水深信息主要利用水深测量数据和 SIO V11.1 版本的重力场模型获取的重力/地形比例因子，采用回归技术反演获得。2014 年发布的 SRTM15+V1.0，格网分辨率为 15″，它基于 V24.1 测高反演海底地形，包括源自 Cryosat-2 和 IceSat 的格陵兰和南极洲冰地形，以及源于 Cryosat-2 和 Jason-1 的海洋测深[67]。2019 年，SRTM15+V1.0 升级为 SRTM15+V2.0[68]，采用的测高反演海底地形模型版本为 V27.1，新增测高数据包括 48 个月的 Cryosat-2、14 个月的 SARAL 和 12 个月的 Jason-2 观测数据，使海面重力异常恢复的最小波长提高 1.4km，且测高预测深度精度略有提高。

（4）GEBCO 模型。大洋深度图（GEBCO）是联合国教科文组织下属的大洋水深制图项目。2008 年，发布包含 SRTM30+ 模型和 SIO V11.1 海底地形模型的 GEBCO_2008 模型，格网分辨率为 30″。2014 年，基于多波束数据格网化和卫星测高重力反演水深融合生成 GEBCO_2014 模型，格网大小为 30″，其中约 18% 的格网数据基于多波束和单波束水深控制数据[69]。2019 年，以 SRTM15+V1.0 版本作为先验模型，构制了格网为 15″ 的海底地形模型 GEBCO_2019[70]。2020 年，发布 GEBCO_2020 网格，以 SRTM15+V2.0 版本[68]为基础，是全球海洋和陆地地形相衔接的地形模型，空间分辨率为 15″。最新发布的是 GEBCO_2021 模型，格网分辨率仍为 15″，由 43200 行×86400 列组成，共计 373248000 个数据点，覆盖 89°59′52.5″N、179°59′52.5″W～89°59′52.5″S、179°59′52.5″E。

（5）武汉大学模型。由武汉大学李建成院士团队构建的系列模型。2014 年，利用 1′×1′ 的 SIO V20.1 重力异常垂直梯度数据，联合 NGDC 发布的船测水深数据，构建了 75°S～70°N 范围 1′×1′ 的海底地形模型 BAT_VGG17[71]。2020 年，基于新构建的全球卫星测高重力异常模型 Grav_Alti_WHU[72]，使用回归分析方法，联合水深测量资料，建立了 75°S～70°N 范围 1′×1′ 的海底地形模型 BAT_WHU2020[73]，精度较 BAT_VGG17 模型提高约 30%。

基于卫星测高数据构建的全球海底地形模型还有很多，以上所列系列模型也并不全面，我国在这方面也还有不少研究成果，限于篇幅，连同对模型的比较和评估本书均不再赘述。

1.3 海洋测高卫星发展趋势

1.3.1 先进微波测高技术

1.3.1.1 合成孔径雷达高度计

合成孔径雷达高度计继承传统底视高度计的有限脉冲工作方式，测量过程中发射并接收一系列回波，并对其进行合成孔径处理。相比传统高度计，主要优势包括[74]：方位向分辨率从 2km 提高至 200~300m；信噪比得以提高，利用合成孔径技术以及相应距离校正可实现对同一目标的多次观测，信噪比定性提高 10dB 左右，有利于系统降低功耗，使仪器变小、变轻；测量精度得以提高，方位向独立观测数的增加和信噪比的提高，使测高精度可以提高 1 倍以上；天线指向偏角对测量的影响得到减弱，使得对平台姿态稳定性的要求降低；波浪对测距精度的影响降低，这得益于合成孔径技术使方位向的足迹变窄。

2010 年发射的 Cryosat-2 卫星采用了首款合成孔径雷达高度计，称为 SIRAL，专注于极地观测[18]。SIRAL 在 Ku 频段以 3 种模式运行：LRM 模式、SAR 模式和 SARIn 模式。

分别于 2016 年和 2018 年发射的 Sentinel-3A/3B 卫星的主要载荷为合成孔径雷达高度计（SRAL）[21]。SRAL 工作于 Ku/C 双频段，包括测量模式、定标模式和支持模式。测量模式又分为 LRM 和 SAR 模式。LRM 是传统雷达高度计测距模式，每 6 个 Ku 脉冲之间有 1 个 C 脉冲（表示为 3Ku/1C/3Ku），旨在充分校正电离层偏差；SAR 模式采样脉冲簇方式，簇周期为 12.5ms，每个簇有 64 个 Ku 频段脉冲，两端各有 1 个 C 脉冲。两种测量模式均有闭环跟踪模式和开环跟踪模式。闭环跟踪模式通过接收回波并捕获锁定实现跟踪，开环跟踪模式适用于海岸带、海冰冰层边缘或河流域湖泊等区域，跟踪窗口根据 GNSS 实时导航信息来设置。定标模式用于内部脉冲响应和增益方向图的定标。支持模式主要用于仪器自检，以确定仪器有否错误或发生不正常状态。

2020 年发射的 Sentinel-6 卫星搭载 Poseidon-4 合成孔径雷达高度计[22]。Poseidon-4 采用 Ku/C 双频观测（SAR 模式只有 Ku 频段工作），脉冲重复频率（PRF）为 9kHz。Poseidon-4 具有开环和闭环两种跟踪模式，结合使用采集时序和交替时序拥有 9 种独立测量模式。其中 SAR（开环簇）交替时序优势更为突出，它强制将接收回波排列在发射脉冲之间，以增加目标观测次数（样本数是 Sentinel-3 的 2 倍），再通过沿轨道以约 300m 进行平均，减少热噪声和散斑噪声，提高信噪比。交替时序使 SAR 模式可用观测数加倍，重要的是可与 LRM 同时进行，即 LRM 和 SAR 之间无须仪器转换。Poseidon-4 为开环跟踪命令分配了约 9Mb 内存，比 Jason-3 的 1Mb 和 Sentinel-3A/B 的 4Mb 大得多，由此观测目标可以包括更复杂的河流和湖泊，Poseidon-4 校准策略也有改进。

3 款合成孔径雷达高度计已呈现出色的测高能力。文献 [75] 以 ERS-1 数据为基础，结合使用 3 个月 Cryosat-2 数据，所得巴芬湾海洋重力场与 5000 个船载观测值之差的标准偏差约为 5.5mGal，精度比仅用 ERS-1 数据提高 0.7mGal，且沿航迹分辨率提高 5 倍；文献 [76] 利用 2 年 SAR 模式 Cryosat-2 数据计算的海面高变化均方根（RMS）为 5.9cm，比 Jason-2 LRM 的 7.8cm 小 40%；文献 [43] 对 6 项 GM 任务作了比较，Cryosat-2 测高精度仅次于 AltiKa，高于 Jason-1/2 等传统高度计，并对所有纬度的重力场恢复均有贡献。文献 [77] 利用 7 项测高任务（ERS-2、Envisat、SARAL、Jason-1/2/3 和 Sentinel-3A）分别计算了内尼日尔三角洲的水位，表明测高水位与验潮站现场水位总体非常一致，但 SARAL 和 Sentinel-3A 的一致性更好。文献 [22] 将 Poseidon-4 SAR/LRM、Sentinel-3A SAR 和 Jason-3 LRM 在 3 颗卫星前后飞行阶段前 2 周的测距精度作了比较，依次为 3.2cm/6.2cm、5.0cm 和 7.0cm。我国于 2014 年研制成功合成孔径雷达高度计工程样机并进行机载试验，其测高精度比传统高度计可提高 1 倍[78]，在本书论述的双星跟飞卫星测高中将应用该型高度计。总体上，合成孔径雷达高度计性能显著优于传统雷达高度计，也将成为未来测高任务的主流载荷。

1.3.1.2 Ka 频段微波雷达高度计

2013 年发射的印度与法国合作卫星 SARAL 的主要有效载荷即为一种 Ka 频段雷达高度计，称为 AltiKa 高度计[79]。AltiKa 仍采用底视高度计的技术体制，但它只有单一 Ka 工作频段。与常见的 Ku 频段或 Ku/C 双频高度计相比，其主要技术优势包括[19]：更宽的带宽（480MHz，Jason-2 为 320MHz）使测距分辨率从 Ku 频段的 0.45m 提高到 0.3m；较短的波长使地面足迹尺寸变小（直径为 8km，Jason-2 为 20km，Envisat 为 15km），具有更好的空间分辨率；Ka 频段受电离层影响较小，通常为 0.02ns，相当于 3mm 延迟，基本可以忽略；较高的 PRF（4kHz，Jason-2 为 2kHz）可更好地沿轨道对表面进行采样；海面电磁（EM）偏差效应小，有利于提高仪器测量精度；回波信噪比增加，可采用较低的发射功率；回波在上升之后迅捷衰减，具有更尖锐的形状；海洋回波的去相关时间更短，使得每秒的独立回波数目比 Ku 频段更多，从而可以采用更高的 PRF。然而，Ka 频段高度计的缺点也不容忽视：Ka 频段对降雨敏感，较大降雨会导致 Ka 频段测量失效，虽然从海洋降雨的时空分布统计，测量失效一般在 5% 以下，但多少会造成测量空白；Ka 频段对误指向角更敏感，误指向角回波功率衰减以及对波形的影响更大，要求平台指向角为 $\pm 0.2°$。

值得注意的是，AltiKa 高度计与 K/Ka 双频（23.8GHz 和 37GHz）辐射计一体设计，它们以相同频率工作，共用一座天线，并且地面足迹大小相同，两种仪器的测量值完全并置。这种新颖设计有利于卫星结构布局的优化，对于提高湿对流层改正精度也有裨益。

SARAL 发射后到 2016 年 7 月，采用周期为 35 天的重复轨道。2015 年 3 月，因反作用轮出现技术问题，遂于 2016 年 7 月起进入漂移阶段，转入熟知的"GM 采样模式"。通常，大地测量轨道具有非常长的精确重复周期（如 Jason-1 或 Jason-2 的长重复轨道阶段）。SARAL 漂移阶段由于轨道高度不断衰减，因而地面轨迹没有形成精确重复，但大地测量采样仍然比较密集。至 2018 年 12 月，采样形成的 4km 大地测量网格约占全球海域的 75%[79]。鉴于 SARAL 具有更窄波束波形和更高 PRF，其测距精度约是 Envisat 和 Jason-2 的 2 倍、早期 Geosat 和 ERS-1 GM 精度的 2.5 倍，比 Cryosat SAR 测高精度高 50%[80]。若采用双弧段重跟踪，测距精度可以进一步提高 1.7 倍[81]。SARAL 因其不均匀漂移限制了地面空间分辨率（至 2019 年，最大可达 20km）。然而，将 SARAL 数据与 Jason-1/2 或 Cryosat 等常规 GM 合并，反而可以充分利用高精度测距的全部潜力。

文献［80］使用 SARAL 初始精确重复任务单周期 40Hz 海面高数据识别出小至 1.35km 高的海山。文献［82］对选定区域 32 个重复周期（约 3 年）的 40Hz SARAL 数据剖面进行叠加，识别出高度小于 720m 甚至 500m 高的海山。文献［83］对全球叠加的 SARAL 海面剖面应用海山检测滤波器，揭示了 75000 多个可能海山。SARAL 因其地面足迹较小，相比 Jason-1 等其他任务，沿海地区的数据覆盖率较高，这对于恢复沿海和北极地区的海洋重力场和平均海平面尤为重要。文献［43］表明，AltiKa 沿轨道测高噪声相比其他高度计为最小，所用 32 个月数据的噪声比 Cryosat-2 小，而且这些数据在恢复重力场中的作用比96个月的Cryosat-2数据更重要。总之，AltiKa类Ka频段微波雷达高度计就恢复大地水准面、重力异常和平均海平面的短波特征而言表现优异。

1.3.1.3 合成孔径雷达干涉仪

合成孔径雷达干涉技术属于一项比较成熟的技术，已经机载平台多次验证。著名的航天飞机雷达地形任务（SRTM）即采用该项技术获得了全球范围几米精度的地形数据。美国于2022年12月发射的地表水和海洋地形（SWOT）卫星系统，主要用于高分辨率测量海面地形和陆地水位，其主要设备是一台Ka频段雷达干涉仪（KaRIn）[84]。

KaRIn工作在Ka频段（35.75GHz），天线子系统由2个5m长、0.3m宽的可展开天线组成，位于10m长的干涉基线两端（图1.18）。其中，1个天线发射，带宽为200MHz，2个天线同时接收雷达回波。干涉仪采用双刈幅系统，交替照亮天底轨迹两侧的左右刈幅（宽度约50km），跨轨方向上的地面分辨率约为70m（刈幅近边缘）到约10m（刈幅远端）；通过合成孔径处理，沿航迹方向的空间分辨率理论上约为基线长度的一半，即2.5m，但受天线方向图和其他设计参数影响，一般接近2.63m[85]。KaRIn的期望测高精度为50cm，在1km×1km海面网格内平均之后达到2~3cm。

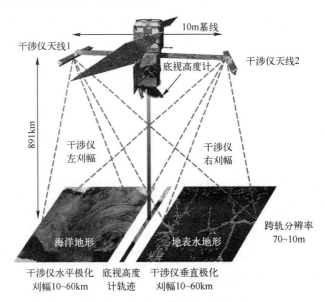

图1.18 SWOT任务测量概念图

KaRIn有2种工作模式：海洋低分辨率模式，具有在轨处理功能，以减少数据量；陆地区域高分辨率模式，专注于水文学研究。KaRIn在天底点轨迹的左右刈幅之间存在测量空白，因此SWOT配备1台传统底视高度计测量空白区的高度。为解决底视高度计覆盖范围和KaRIn刈幅覆盖范围之间的数据空白，搭载近天底点干涉测量试验组件，接收从近天底点表面反射的KaRIn信号，并与KaRIn天线接收信号执行干涉测量。

SWOT以其宽刈幅可覆盖地球上所有的湖泊、河流、水库和海洋，每21天至少覆盖2次。但要达到厘米量级测高精度，相比于SRTM，必须精细考虑各项误差修正，如卫星横滚角误差引起的高程误差、相位误差、传播介质误差、系统延迟误差、基线误差、有限方位足迹偏差、径向速度误差和标定误差等[86]。文献[87]利用SWOT模拟工具，在孟加拉湾对SWOT和传统底视高度计测量海面异常的性能作了比较，表明SWOT在海况变化较大区域优于1个或2个高度计但稍差于3个高度计；SWOT沿航迹观测的海面异常功率谱与底视高度计相比更接近模型功率谱，表明其小尺度灵敏度更高。文献[88]利用SWOT模拟数据研究表明，多周期SWOT观测相比传统底视高度计可以得到更高质量的海洋重力异常。我国2016年9月随天宫二号空间实验室发射升空的三维成像微波高度计，是国际上第1个采用小入射角短干涉基线实现宽刈幅海面高度测量的高度计[89]。总体而言，SWOT类任务的显著优势为，可以同时提供高时空分辨率、高精度的二维海面高和海面粗糙度测量。

1.3.1.4　GNSS-R反射信号测高

GNSS-R是利用地球表面反射的GNSS信号进行对地遥感探测的新技术，具有全球快速覆盖和重访的技术优势。文献[90]率先提出利用GNSS-R技术测量海面高度的设想，用于改进传统天底雷达高度计的时空采样率。随后开展的多次岸基、机载和气球实验证实GNSS-R测高和散射测量的可行性[91-94]。

文献[95]从1994年发射的星载成像雷达-C卫星采集数据中首次提取到经地球表面反射的GPS信号，开启了GNSS-R技术星载验证和应用的新篇章。2003年，英国萨里卫星技术有限公司（SSTL）将灾害监测星座卫星的GPS接收机进行改装，配以天底指向高增益天线，证实了星载接收机接收海面、冰面、陆面GPS反射信号的可行性，并利用接收到的少量原始采样数据对海面风场、土壤湿度、海冰的敏感性进行探索性研究[96]。英国于2014年6

月发射了搭载 SSTL 接收机的 TechDemoSat-1，首次在轨获取了 GPS L1 C/A 码延迟多普勒映射（DDM）数据集，主要验证了 GNSS-R 海面风速及粗糙度测量的可行性[97]，并对数字高程模型[98]、海洋测高[99]和冰面高度测量[100]的可行性等进行了验证。NASA 于 2015 年 1 月发射的土壤水分主动/被动卫星任务，因 L 波段雷达发射机出现故障，利用星上硬件设备进行了土壤水指数和地上生物量评估等 GNSS-R 试验[101]。2016 年 8 月发射的加泰罗尼亚理工大学研发的 6U 立方卫星 3Cat-2[102]，旨在收集多卫星星座反射信号，提高对不同目标双基地散射特性的理解。NASA 于 2016 年 12 月发射了一个由 8 颗卫星组成的飓风 GNSS-R 星座（CYGNSS），主要用于研究热带气旋和热带对流[103]。文献［104］利用 CYGNSS 星座采集的原始数据集，评估了 GNSS-R 海洋测高性能，表明采用 1s GPS 和 Galileo 群延迟观测量，测距精度可达 3.9m 和 2.5m。我国于 2019 年 5 月发射的捕风-1A/B 双星和 2021 年 7 月发射的风云-3E 卫星均搭载了 GNSS-R 测风设备[105-106]，其中捕风-1 卫星 GNSS-R 测风结果与散射计、系泊浮标测量结果之差的 RMS 在中等以下风速分别为 2.04m/s 和 2.63m/s。2019—2021 年发射的 Spire、3Cat-4、3Cat-5 A/B 和 PRETTY 卫星（星座）均搭载有 GNSS-R 测量设备，可进一步为 GNSS-R 测高研究和试验提供丰富样本数据[107-110]。

GNSS-R 测高技术通过测量地球表面反射的 GNSS 信号与 GNSS 直达信号之间时延差，反演反射面相对于参考椭球面高度。该技术发展至今，根据时延观测量的不同可分为群延迟测高技术和载波相位测高技术，其中群时延测高技术又分为传统群延迟测高技术和干涉测高技术。GNSS-R 传统群延迟测高技术利用同一公开的民用码与 GNSS 直达、反射信号分别相关，从而获取二者时延差。该技术受限于码信号的带宽，且只能跟踪导航系统公开且测量精度较差的码型，其星载测高精度为米级[104]。干涉测高技术将 GNSS 直射信号与反射信号直接相关，利用生成的干涉相关功率波形计算二者的时延差。由于 GNSS 直射与反射信号均调制有相同的高精度 P（Y）码，干涉测高技术的星载测高精度仿真结果为分米级，ESA 原计划于 2020 年开展 GEROS-ISS 项目计划对该技术进行星载验证，后因故推迟，目前国际上尚没有对该技术进行星载验证。

载波相位测高技术利用 GNSS 反射信号与直射信号的相位跟踪结果计算二者的时延差，星载 GNSS-R 载波相位测高精度可以达到厘米级，文献［111］使用 CYGNSS 卫星的 GPS 和 Galileo 观测数据进行了掠射载波相位海面测高，精度在 20Hz 采样时为 3cm/4.1cm（中值/平均值），在 1Hz 采样时为厘米级，与专用雷达高度计相当；包括系统误差在内的综合精度在 50ms 积分时为 16cm/20cm（中值/平均值），在 1s 时为几厘米。文献［107］利用 Spire 卫星观测的初始掠射角（GA）GNSS 反射数据，采用双频相位测量值进行测高反演，海冰区域在消除偏差后与海面高模型之差的 RMS 为 3cm，开阔海域的 RMS 在 14cm 以内。GNSS 反射信号载波相位连续跟踪条件极为苛刻，要求 GNSS 反射信号以相干分量为主，应用中通常利用低仰角 GNSS 信号降低海面粗糙度对 GNSS 反射信号载波相位连续跟踪的影响，且风和浪应低于 6m/s 和 1.5m 有效波高，这极大地限制了应用领域。尽管如此，通过卫星轨道和 GNSS-R 接收机硬件的优化设计，结合应用其他反演技术，GNSS-R 厘米量级测高精度具有诱人的发展前景。我国相关单位正为此努力并已取得诸多成果[112-113]。

1.3.2 组网卫星测高

测高卫星组网的目的是提供高时间分辨率、高空间分辨率的高精度测高产品。迄今真正意义的天底雷达高度计测高卫星组网未曾实施，可能是由于小卫星难以容纳雷达高度计天线或大型星座成本过高。类似 T/P 和 Jason-1 卫星、Jason-1 和 Jason-2 卫星、ERS-1 和 ERS-2 卫星的同轨串联运行阶段只能认为是一种非刻意的简单组网。

美国约翰·霍普金斯大学应用物理实验室曾提出水面坡度地形和技术实验（WITTEX）测高卫星星座计划，星座由 3 颗位于同一轨道面相距几十至几百千米的小卫星组成[114]，如图 1.19 所示。每颗卫星搭载雷达高度计等测高载荷，其地面轨迹因地球自转呈跨轨向排列，轨迹间距取决于卫星之间的距离，由此可以实现跨轨道和沿轨道海面高梯度的二维测量，极大地丰富了海面高观测信息。WITTEX 星座按有利于密集空间覆盖、相对紧密时间覆盖或其他优先级建立了 4 种测量模式：①高空间分辨率模式，卫星轨道间隔约 200km，时间间隔小于 1min，地面轨迹间距为 24km，支持以大约相同的分辨率测量沿轨道和跨轨道的海面梯度；②均匀密集空间覆盖模式，卫星轨道间隔约 900km，时间间隔约 4min，地面轨迹间距为 53km，是观测海洋涡旋场的最佳间距；③高时间分辨率模式，卫星轨道间隔 2600km，后一卫星轨迹严格覆盖前一卫星轨迹，重访周期为 3 天和 6 天；④特殊覆盖模式，一个高度计执行固定的精确重复任务，其他高度计按需移动到指定的科学、军事或自然灾害应用区域。

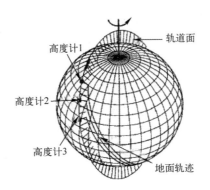

图 1.19　WITTEX 卫星星座示意图

法国国家空间研究中心提出小型水文测高卫星星座计划[115]，旨在近实时监测全球河流和湖泊水位变化供气候预报和研究。星座由 10 颗 50kg/50W/27U 级小卫星组成，位于太阳同步轨道。每颗卫星搭载天底高度计和精密定轨系统，获取 10cm 精度海面高。星座能够监测窄至 50m 宽的河流和小至 100m×100m 湖泊。该星座与 SWOT 等宽刈幅测高任务高度互补，共同以较短时间提供几乎完整的空间覆盖。

文献［116］提出采用两个宽刈幅高度计的组网计划，以极大地提高海洋监测和预报能力。模拟分析表明，与目前 3 个天底高度计（Sentinel 6 和 Sentinel 3A/B）同时在轨运行相比，海面高分析和 7 天预报误差在全球范围内减少约 50%，分辨率从约 250km 提高至接近 100km。

文献［117-118］对微纳卫星组网测高进行了探讨，认为要达到厘米级精度面临众多难题，但通过减少有效载荷功能、优化载荷结构降低重量和功率、引入在轨处理降低数据速率、最小化或抑制平台冗余等措施，可将整个卫星质量和功耗降至 45kg、70W，其中的精度损失则通过增加观测量予以弥补。其实，微纳卫星组网在 GNSS-R 中已得到诸多应用，如 CYGNSS、Spire 和 PRETTY 等。

我国学者根据实际需求提出了双星跟飞卫星测高模式，旨在于相对较短的时间内获取全球海域 $1'\times 1'$ 分辨率、精度为 2~3mGal 的海洋重力异常[119]。两颗卫星位于同一轨道面，前后相距 30km（约 4s）同时对海面进行观测。若卫星选择太阳同步近圆轨道，平均轨道高度 900km，轨道倾角 98.99°，回归周期设为 172 天，考虑地球自转因素，两颗星的瞬时地面轨迹间距为 $1'$，单颗星轨迹间距为 $2'$，考虑到小周期间的转移时间以及升轨、降轨等因素，理论上双星跟飞测量大约 2.3 年后可完成 1′轨道间距全球覆盖，4.6 年时间可以得到两次重复的地面轨迹覆盖。

卫星测高反演重力场的经典做法是利用海面高差求解垂线偏差，然后进一步计算重力异常和大地水准面高等。显然，海面高差的测量精度最为关键。双星跟飞测高模式的出发点为，利用双星同时测量沿轨道和跨轨道的海面高差（或梯度），此时，轨道误差表现为星间或单星历元间的相对轨道误差（从单星的约 5cm 降为约 1cm），而大气传播和地球物理效应等长周期改正，对于地面轨迹间距只有 2km 的双星而言近似相等，在海面高差中几无体现，因此，海面高差的精度相比于传统的单星测量有显著提高。假设采用精度约为 2cm 的合成孔径雷达高度计，双星海面高差的测量精度将优于 4cm，由此经过 5 年以上的双星在轨测量，完全可以实现 2~3mGal 的海洋重力异常测量目标[120-121]。

自第 1 颗测高卫星试验成功以来，卫星测高即在大地测量中起着举足轻重的作用。卫星测高反演的全球海洋重力场和海底地形模型，无论是分辨率还是精度都得到不断提高，覆盖范围也从开阔海域逐渐拓展至近海和极地区域。尽管如此，卫星测高仍将是未来海洋重力场尤其是海底勘探（特别是深海）的一种重要手段，以下几点尤为值得关注。

（1）设计的双星跟飞测高和 SWOT 均可实现沿轨道和跨轨道的二维海面高（差）测量，从而极大提高海洋重力场模型的空间分辨率和精度，特别是提高浅大陆边缘的空间分辨率，进而提升海底地形模型的分辨率和反演精度。

（2）如果将卫星测高反演海底地形与 IceSat-2 类高级地形激光高度计观测数据和遥感卫星图像、机载激光雷达图像相结合，有望绘制大面积浅水区的地图，与使用船只相比，所花费的时间和成本小很多。

（3）星载 GNSS-R 具有丰富的观测源，可以同时接收北斗卫星导航系统（BDS）、GPS 等源自海面的反射信号，利用载波相位观测量已被证实可以获得厘米级精度的海面高，若与微波雷达卫星测高结果进行同化和融合处理，有望在未来 3~5 年得到普遍应用。

（4）尽管目前还不完全清楚人工智能技术将给卫星测高领域带来何种益处和突破；然而，大量空间数据和综合数据将受益于人工智能科学领域开发的操作、处理、解释和理解工具，从而提高其应用价值。

参考文献

[1] KAULA K M. The terrestrial environment: solid Earth and ocean physics [R]. NASA CR-1599, Cambridge, Mass: Massachsetts Institute of Technology, 1970.

[2] FU L L, CAZENAVE A. Satellite altimetry and earth sciences: a handbook of techniques and applications [M]. San Diego: Academic Press, 2001.

[3] ABDALLA S, KOLAHCHI A A, ABLAIN M, et al. Altimetry for the future: building on 25 years of progress [J]. Advances in Space Research, 2021, 68: 319-363.

[4] GRGIĆ M, BAŠIĆ T. Radar satellite altimetry in geodesy: theory, applications and recent developments [EB/OL]. [2023-08-17]. http://intechopen.com/chapters/76245.

[5] WAKKER K F, ZANDBERGEN R C A, VAN GELDORP G H M, et al. From satellite altimetry to ocean topography A survey of data processing techniques [J]. International Journal of Remote Sensing, 1988, 9 (10/11): 1797-1818.

[6] MCGOOGAN J, MILLER L, BROWN G, et al. The S-193 radar altimeter experiment [J]. Proceedings of the IEEE, 1974, 62 (6): 793-803.

[7] FU L L, CHRISTENSEN E J, YAMARONE JR C A. TOPEX/POSEIDON mission overview [J]. Journal of Geophysical Research, 1994, 99 (C12): 24369-24381.

[8] STANLEY H. The Geos 3 project [J]. Journal of Geophysical Research, 1979, 84 (B8): 3779-3783.

[9] TAPLEY B, BORN G, PARKE M. The Seasat altimeter data and its accuracy assessment [J]. Journal of Geophysical Research, 1982, 87 (C5): 3179-3188.

[10] MCCONATHY D R, KILGUS C C. The Navy Geosat mission: an overview [J]. Johns Hopkins APL Technical Digesc, 1987, 8 (2): 170-175.

[11] MCADOO D C, MARKS K M. Resolving marine gravity with ERS-1 satellite altimetry [J]. Geophysical Research Letters, 1992, 19 (22): 2271-2274.

[12] PEROSANZ F, MARTY J C, BALMINO G. Dynamic orbit determination and gravity field model improvement from GPS, DORIS and Laser measurements on TOPEX/POSEIDON satellite [J]. Journal of Geodesy, 1997, 71: 160-170.

[13] LUTHCKE S B, ZELENSKY N P, ROWLANDS D D, et al. The 1-centimeter orbit: Jason-1 precision orbit determination using GPS, SLR, DORIS, and altimeter data [J]. Marine Geodesy, 2003, 26 (3-4): 399-421.

[14] DUMONT J P, ROSMORDUC V, PICOT N, et al. OSTM/Jason-2 products handbook [R]. France: CNES, 2011.

[15] MOORE P. The ERS-2 altimetric bias and gravity field enhancement using dual crossovers between ERS and TOPEX/Poseidon [J]. Journal of Geodesy, 2001, 75 (5-6): 241-

254.

[16] MOORE P, KILBY G T. Orbital inferences from GFO with applications to Geosat [J]. Advances in Space Research, 2002, 30 (2): 393-399.

[17] ROCA M, LAXON S, ZELLI C. The EnviSat RA-2 instrument design and tracking performance [J]. IEEE Transactions on Geoscience and Remote Sensing, 2009, 47 (10): 3489-3506.

[18] ANDERSEN O B, KNUDSEN P, STENSENG L, et al. The arctic marine gravity field-a new era with Cryosat-2 SAR altimetry [C]//SEG Technical Program Expanded Abstracts 2012, Tulsa, Oklahoma, 2012: 1-5.

[19] VERRON J, SENGENES P, LAMBIN J, et al. The SARAL/AltiKa altimetry satellite mission [J]. Marine Geodesy, 2015, 38 (sup1): 2-21.

[20] PICOT N, MARECHAL C, COUHERT A, et al. Jason-3 products handbook [R]. France: CNES, 2018.

[21] MECKLENBURG S, DRANSFELD S, GASCON F, et al. ESA's Sentinel-3 mission-status and performance [C]//Proceedings of 2018 IEEE International Geoscience and Remote Sensing Symposium, Valencia, Spain, 2018: 3917-3919.

[22] DONLON C J, CULLEN R, GIULICCHI L, et al. The Copernicus Sentinel-6 mission: enhanced continuity of satellite sea level measurements from space [J]. Remote Sensing of Environment, 2021, 258: 112395.

[23] 李建成, 金涛勇. 卫星测高技术及应用若干进展 [J]. 测绘地理信息, 2013, 38 (4): 1-8.

[24] MEDVEDEV P P, LEBEDEV S A, TYUPKIN Y S, et al. An integrated satellite altimetry database and final results of the russian altimetry data processing [C]//2nd Joint Meeting of the IGC/IGeC, Trieste, Italy, 1998.

[25] Rockot launches third Geo-IK-2 satellite [EB/OL]. [2023-09-12]. https://www.russianspaceweb.com/geo-ik-2-3.html.

[26] JIANG X, LIN M, LIU J, et al. The HY-2 satellite and its preliminary assessment [J]. International Journal of Digital Earth, 2012, 5 (3): 266-281.

[27] SANDWELL D T. A detailed view of the South Pacific geoid from satellite altimetry [J]. Journal of Geophysical Research, 1984, 89 (B2): 1089-1104.

[28] RAPP R H. The determination of geoid undulation and gravity anomalies from Seasat altimeter data [J]. Journal of Geophysical Research, 1983, 88 (C3): 1552-1562.

[29] LERCH F J, MARSH J G, KLOSKO S M, et al. Gravity model improvement for Seasat [J]. Journal of Geophysical Research, 1982, 87 (C5): 3281-3296.

[30] LERCH F J, PUTNEY B H, WAGNER C A, et al. Goddard earth models for oceanographic

applications (GEM-10B and 10C) [J]. Marine Geodesy, 1981, 5 (2): 145-187.

[31] KAHN W D, AGRAWAL B B, BROWN R D. Mean sea level determination from satellite altimetry [J]. Marine Geodesy, 1979, 2 (2): 127-144.

[32] HAHN W D, SIRY J Y, BROWN R D, et al. Ocean geoid and gravity determination [J]. Journal of Geophysical Research, 1979, 84 (B8): 3872-3882.

[33] RAPP R H. Geos 3 processing for the recovery of geoid undulations and gravity anomalies [J]. Journal of Geophysical Research, 1979, 84 (B8): 3784-3792.

[34] MARKS K M. Resolution of the Scripps/NOAA marine gravity field from satellite [J]. Geophysical Research Letters, 1996, 23 (16): 2069-2072.

[35] SANDWELL D T, SMITH W H F. Marine gravity anomaly from Geosat and ERS 1 satellite altimetry [J]. Journal of Geophysical Research, 1997, 102 (B5): 10039-10054.

[36] ANDERSEN O B, KNUDSEN P. Global marine gravity field from the ERS-1 and Geosat geodetic mission altimetry [J]. Journal of Geophysical Research, 1998, 103 (C4): 8129-8137.

[37] ANDERSEN O B, KNUDSEN P, TRIMMER R. Improved high resolution altimetric gravity field mapping (KMS2002) global marine gravity field [C]//Proceedings of the International Association of Geodesy Symposia, Springer, Berlin, 2005.

[38] WANG Y M. GSFC00 mean sea surface, gravity anomaly, and vertical gravity gradient from satellite altimeter data [J]. Journal of Geophysical Research, 2001, 106 (C12): 31167-33174.

[39] HWANG C, HSU H Y, JANG R J. Global mean sea surface and marine gravity anomaly from multi-satellite altimetry: applications of deflection-geoid and inverse Vening Meinesz formulae [J]. Journal of Geodesy, 2002, 76 (8): 407-418.

[40] PAVLIS N K, HOLMES S A, KENYON S C, et al. The development and evaluation of the earth gravitational model 2008 (EGM2008) [J]. Journal of Geophysical Research: Solid Earth, 2012, 117 (B4): B04406-1~38.

[41] ANDERSEN O B, ZHANG S J, SANDWELL D T, et al. The unique role of the Jason geodetic missions for high resolution gravity field and mean sea surface modelling [J]. Remote Sensing, 2021, 3 (4): 646.

[42] ANDERSEN O B, KNUDSEN P. The DTU17 global marine gravity field: first validation results [C]//International Association of Geodesy Symposia, Crete, Greece, April 23-26, 2018.

[43] SANDWELL D T, HARPER H, TOZER B, et al. Gravity field recovery from geodetic altimeter missions [J]. Advances in Space Research, 2021, 68 (2): 1059-1072.

[44] 王虎彪, 王勇, 陆洋, 等. 联合多种测高数据确定中国海及其邻域1.5′×1.5′重力异

常[J]. 武汉大学学报（信息科学版），2008，33（12）：1292-1295.

[45] 黄谟涛，翟国君，欧阳永忠，等. 利用多代卫星测高数据反演海洋重力场[J]. 测绘科学，2006，31（6）：37-39.

[46] JI H, GUO J, ZHU C, et al. On deflections of vertical determined from HY-2A/GM altimetry data in the Bay of Bengal[J]. IEEE Journal of Selected Topics in Applied Earth Observations and Remote Sensing, 2021, 14: 12048-12060.

[47] 李建成，宁津生，陈俊勇，等. 中国海域大地水准面和重力异常的确定[J]. 测绘学报，2003，32（2）：114-119.

[48] GUO J, LUO H, ZHU C, et al. Accuracy comparison of marine gravity derived from HY-2A/GM and CryoSat-2 altimetry data: a case study in the Gulf of Mexico[J]. Geophysical Journal International, 2022, 230（2）：1267-1279.

[49] 李建成，姜卫平，章磊. 联合多种测高数据建立高分辨率中国海平均海面高模型[J]. 武汉大学学报（信息科学版），2001，26（1）：40-44.

[50] 黄谟涛，翟国君，管铮，等. 利用卫星测高数据反演海洋重力异常研究[J]. 测绘学报，2001，30（2）：179-184.

[51] 许厚泽，王海瑛，陆洋，等. 利用卫星测高数据推求中国近海及邻域大地水准面起伏和重力异常研究[J]. 地球物理学报，1999，42（4）：465-471.

[52] ZHU C C, LIU X, GUO J Y, et al. Sea surface heights and marine gravity determined from SARAL/AltiKa Ka-band altimeter over South China Sea[J]. Pure Applied Geophysics, 2021, 178: 1513-1527.

[53] ZHU C C, GUO J Y, GAO J Y, et al. Marine gravity determined from multi-satellite GM/ERM altimeter data over the South China Sea: SCSGA V1.0[J]. Journal of Geodesy, 2020, 94: 1-16.

[54] 张胜军. 利用多源卫星测高资料确定海洋重力异常的研究[J]. 测绘学报，2017，46（8）：1071-1076.

[55] 张胜军，李建成，孔祥雪. 基于Laplace方程的垂线偏差法反演全球海域重力异常[J]. 测绘学报，2020，49（4）：452-460.

[56] ANDERSEN O B, KNUDSEN P. The DTU13 global marine gravity field: first evaluation[C]//Ocean Surface Topography Science Team Meeting, Boulder, Colorado, 2013.

[57] ANDERSEN O B, KNUDSEN P, KENYON S, et al. Global gravity field from recent satellites (DTU15): arctic improvements[J]. First Break, 2017, 35: 37-40.

[58] SANDWELL D T, MULLER R D, SMITH W, et al. New global marine gravity model from CryoSat-2 and Jason-1 reveals buried tectonic structure[J]. Science, 2014, 346: 65-67.

[59] WÖLFL A C, SNAITH H, AMIREBRAHIMI S, et al. Seafloor mapping: the challenge of a truly global ocean bathymetry[J]. Frontiers in Marine Science, 2019, 6: 1-16.

[60] DIXON T H, MCNUTT M K, SMITH S M. Bathymetric prediction from Seasat altimeter [J]. Journal of Geophysical Research, 1983, 88 (C3): 1563-1571.

[61] HAXBY W F, KARNER G D, LABRECQUE J L, et al. Digital images of combined oceanic and continental data sets and their use in tectonic studies [J]. EOS, Transactions American Geophysical Union, 1983, 64 (52): 995-1004.

[62] SMITH, W H F, SANDWELL D T. Bathymetric prediction from dense satellite altimetry and sparse shipboard bathymetry [J]. Journal of Geophysical Research, 1994, 99 (B11): 21803-21824.

[63] National Oceanic and Atmospheric Administration. 2-minute gridded global relief data (ETOPO2) v2. [EB/OL]. [2023-10-09]. http://ncei.noaa.gov/access/metadata/landing-page/bin/iso?id=gov.noaa.ngdc.mgg.dem: 301.

[64] SMITH W H F, SANDWELL D T. Global sea floor topography from satellite altimetry and ship depth soundings [J]. Science, 1997, 277 (5334): 1956-1962.

[65] AMANTE C, EAKINS B W. ETOPO 1 arc-minute global relief model: procedures, data sources and analysis [R]. Boulder, Colorado: National Geophysical Data Center, Marine Geology and Geophysics Division, 2009.

[66] BECKER J J, SANDWELL D T, SMITH W H F, et al. Global bathymetry and elevation data at 30 arc seconds resolution: SRTM30_PLUS [J]. Marine Geodesy, 2009, 32 (4): 355-371.

[67] OLSON C J, BECKER J J, SANDWELL D T. A new global bathymetry map at 15 arcsecond resolution for resolving seafloor fabric: SRTM15_PLUS [EB/OL]. [2023-09-20]. http://ui.adsabs.harvard.edu/abs/2014AGUFMOS34A..03O/abstract.

[68] TOZER B, SANDWELL D T, SMITH W H F, et al. Global bathymetry and topography at 15arcsec: SRTM15+ [J]. Earth and Space Science, 2019, 6: 1847-1864.

[69] WEATHERALL P, MARKS K, JAKOBSSON M, et al. A new digital bathymetric model of the world's oceans [J]. Earth and Space Science, 2015, 2: 416-430.

[70] GEBCO Bathymetric Compilation Group. GEBCO_2019 Grid [EB/OL]. [2023-07-28]. http://gebco.net/data_and_products/gridded_bathymetry_data/gebco_2019_info.html.

[71] 胡敏章,李建成,邢乐林. 由垂直重力梯度异常反演全球海底地形模型 [J]. 测绘学报, 2014, 43 (6): 558-565.

[72] 张胜军. 利用多源卫星测高资料确定海洋重力异常的研究 [J]. 测绘学报, 2017, 46 (8): 1071.

[73] 胡敏章, 张胜军, 金涛勇, 等. 新一代全球海底地形模型 BAT_WHU2020 [J]. 测绘学报, 2020, 49 (8): 939-954.

[74] RANEY R K. The Delay/Doppler radar altimeter [J]. IEEE Transactions on Geoscience

and Remote Sensing, 1998, 36 (5): 1978-1588.

[75] STENSENG L. Polar remote sensing by CryoSat-type radar altimetry [D]. Copenhagen: DTU Space, 2011.

[76] BOY F, DESJONQUÈRES J, PICOT N, et al. CryoSat-2 SAR-mode over oceans: processing methods, global assessment, and benefits [J]. IEEE Transactions on Geoscience and Remote Sensing, 2017, 55 (1): 148-15.

[77] NORMANDIN C, FRAPPAR F, DIEPKILÉ A T, et al. Evolution of the performances of radar altimetry missions from ERS-2 to Sentinel-3A over the Inner Niger Delta [J]. Remote Sensing, 2018, 10: 833-860.

[78] 王磊. 高精度卫星雷达高度计数据处理技术研究 [D]. 北京: 中国科学院大学, 2015.

[79] VERRON J, BONNEFOND P, ANDERSEN O, et al. The SARAL/AltiKa mission: a step forward to the future of altimetry [J]. Advances in Space Research, 2021, 68 (2): 808-828.

[80] SMITH W H F. The resolution of seamount geoid anomalies achieved by the SARAL/AltiKa and Envisat RA2 satellite radar altimeters [J]. Marine Geodesy, 2015, 38 (S1): 644-671.

[81] ZHANG S J, SANDWELL D T. Retracking of SARAL/AltiKa radar altimetry waveforms for optimal gravity field recovery [J]. Marine Geodesy, 2017, 40 (1): 40-56.

[82] MARKS K M, SMITH W H F. Detecting small seamounts in AltiKa repeat cycle data [J]. Marine Geophysical Research, 2016, 37: 349-359.

[83] MARKS K M, SMITH W H F. A method of stacking AltiKa repeat cycle data that may reveal 75,000+ possible small seamounts [J]. Earth Space Science, 2018, 5: 964-969.

[84] FU L L, ALSDORF D, MORROW R, et al. SWOT: the surface water and ocean topography mission—wide-swath altimetric measurement of water elevation on Earth [R]. Pasadena, CA, USA: Jet Propulsion Laboratory, California Institute of Technology, 2012.

[85] ESTEBAN-FERNANDEZ D, FU L L, POLLARD. B, et al. SWOT project: mission performance and error budget [R]. Pasadena, CA, USA: Jet Propulsion Laboratory, California Institute of Technology, 2017.

[86] RODRIGUEZ E, ESTEBAN FERNANDEZ D, PERAL E, et al. Wide-swath altimetry: a review [M]//Stammer D, Cazenave A. Satellite Altimetry Over Oceans and Land Surfaces. Boca Raton: CRC Press, 2018: 71-112.

[87] CHAUDHARY A, AGARWAL N, SHARMA R, et al. Nadir altimetry Vis-à-Vis swath altimetry: a study in the context of SWOT mission for the Bay of Bengal [J]. Remote Sensing of Environment, 2021, 252: 112120.

[88] YU D C, HWANG C W, ANDERSEN O B, et al. Gravity recovery from SWOT altimetry using geoid height and geoid gradient [J]. Remote Sensing of Environment, 2021, 265: 112650.

[89] 陈洁好, 张云华, 董晓. 天宫二号三维成像微波高度计大气斜距时延校正 [J]. 遥感学报, 2020, 24 (9): 11-17.

[90] MARTÍN-NEIRA M. A passive reflectometry and interferometry system (PARIS): application to ocean altimetry [J]. ESA Journal, 1993, 17: 331-355.

[91] MARTIN-NEIRA M, D'ADDIO S, BUCK C, et al. The PARIS ocean altimeter in-orbit demonstrator [J]. IEEE Transactions on Geoscience and Remote Sensing, 2011, 49 (6): 2209-2237.

[92] ROUSSEL N, FRAPPART F, RAMILLIEN G, et al. Detection of soil moisture variations using GPS and GLONASS SNR data for elevation angles ranging from 2 degrees to 70 degrees [J]. IEEE Journal of Selected Topics in Applied Earth Observations and Remote Sensing, 2016, 9 (10): 4781-4794.

[93] CARDELLACH E, RIUS A, MARTIN-NEIRA M, et al. Consolidation the precision of interferometric GNSS-R ocean altimetry using airborne experimental data [J]. IEEE Transactions on Geoscience and Remote Sensing, 2014, 52 (8): 2209-2237.

[94] SEMMLING A M, WICKERT J, SCHÖN S, et al. A zeppelin experiment to study airborne altimetry using specular global navigation satellite system reflections [J]. Radio Science, 2013, 48: 427-440.

[95] LOWE S T, LABRECQUE J L, ZUFFADA C, et al. First spaceborne observation of an earth-reflected GPS signal [J]. Radio Science, 2002, 37 (1): 1-27.

[96] CLARIZIA M P, GOMMENGINGER C P, GLEASON S T, et al. Analysis of GNSS-R delay-doppler maps from the UK-DMC satellite over the ocean [J]. Geophysical Research Letters, 2009, 36 (2): L02608-1~5.

[97] UNWIN M, JALES P, TYE J, et al. Spaceborne GNSS-Reflectometry on TechDemoSat-1: early mission operations and exploitation [J]. IEEE Journal of Selected Topics in Applied Earth Observations and Remote Sensing, 2016 (9): 4525-4539.

[98] CARTWRIGHT J, CLARIZIA M P, CIPOLLINI P. Independent DEM of Antarctica using GNSS-R data from TechDemoSat-1 [J]. Geophysical Research Letters, 2018, 45 (12): 6117-6123.

[99] MASHBURN J, AXELRAD P, LOWE S T. Global ocean altimetry with GNSS reflections from TechDemoSat-1 [J]. IEEE Transactions on Geoscience and Remote Sensing, 2018, 56 (7): 4088-4097.

[100] LI W Q, CARDELLACH E, FABRA F, et al. First spaceborne phase altimetry over sea

ice using TechDemoSat-1 GNSS-R signals [J]. Geophysics Research Letters, 2017, 44 (16): 8369-8376.

[101] CARRENO-LUENGO H, LOWE S, ZUFFADA C, et al. Spaceborne GNSS-R from the SMAP mission: first assessment of polarimetric scatterometry over land and cryosphere [J]. Remote Sensing, 2017, 9 (4): 362-385.

[102] CARRENO-LUENGO H, CAMPS A, VIA P, et al. 3Cat-2: an experimental nanosatellite for GNSS-R Earth observation: mission concept and analysis [J]. IEEE Journal of Selected Topics in Applied Earth Observations and Remote Sensing, 2016, 9 (10): 4540-4551.

[103] RUF C S, CHEW C, LANG T, et al. A new paradigm in earth environmental monitoring with the CYGNSS small satellite constellation [J]. Scientific Report, 2018, 8: 8782-8795.

[104] LI W Q, CARDELLACH E, FABRA F, et al. Assessment of spaceborne GNSS-R ocean altimetry performance using CYGNSS mission raw data [J]. IEEE Transactions on Geoscience and Remote Sensing, 2019, 58 (1): 238-250.

[105] JING C, NIU X L, DUAN C D, et al. Sea surface wind speed retrieval from the first Chinese GNSS-R mission: technique and preliminary results [J]. Remote Sensing, 2019, 11: 3013.

[106] SUN Y, WANG X, DU Q, et al. The status and progress of Fengyun-3e GNOS II mission for GNSS remote sensing [C]//Processing of the 2019 IEEE IGARSS, Yokohama, Japan, 2019: 5181-5184.

[107] NGUYEN V A, NOGUÉS-CORREIG O, YUASA T, et al. Initial GNSS phase altimetry measurements from the Spire satellite constellation [J]. Geophysical Research Letters, 2020, 47 (15): e2020GL088308.

[108] MUNOZ-MARTIN J F, MIGUELEZ N, CASTELLA R, et al. 3Cat-4: combined GNSS-R, L-band radiometer with RFI mitigation, and AIS receiver for a 1-unit Cubesat based on software defined radio [C]//2018 IEEE International Geoscience and Remote Sensing Symposium. IEEE, Valencia, Spain, 2018: 1063-1066.

[109] MUNOZ-MARTIN J F, FERNANDEZ L, PEREZ A, et al. In-orbit validation of the FMPL-2 instrument: the GNSS-R and L-band microwave radiometer payload of the FSSCat mission [J]. Remote Sensing, 2021, 13: 1-19, 121.

[110] ZEIF R, HÖRMER A, KUBICKA M, et al. A GPS patch antenna array for the ESA PRETTY nanosatellite mission [C]//2020 International Conference on Broadband Communications for Next Generation Networks and Multimedia Applications (CoBCom). IEEE, Graz, Austria, 2020: 1-7.

[111] CARDELLACH E, LI W Q, RIUS A, et al. First precise spaceborne sea surface altimetry

with GNSS reflected signals [J]. IEEE Journal of Selected Topics in Applied Earth Observations and Remote Sensing, 2020, 13: 102-112.

[112] 陶鹏. GNSS-R 海洋反射接收机研究 [D]. 北京:中国科学院大学, 2012.

[113] 白伟华,夏俊明,万玮,等. 中国 GNSS-R 机载实验综合评估:河流遥感 [J]. 科学通报, 2015, 60 (24):2356-2356.

[114] RANEY R K, PORTER D L. WITTEX:an innovative three-satellite radar altimeter concept [J]. IEEE Transactions on Geoscience and Remote Sensing, 2001, 39 (11):2387-2391.

[115] BLUMSTEIN D, BIANCAMARIA S, GUE'RIN A, et al. A potential constellation of small altimetry satellites dedicated to continental surface waters (SMASH mission) [EB/OL]. [2023-10-23]. https://ui.adsabs.harvard.edu/abs/2019AGUFM.H43N2257B/abstract.

[116] BENKIRAN M, L E TRAON PY, DIBARBOURE G. Contribution of a constellation of two wide-swath altimetry missions to global ocean analysis and forecasting [J]. Ocean Science, 2022, 18 (3):609-625.

[117] RICHARD J, ENJOLRAS V, RYS L, et al. Space altimetry from nano-satellites:payload feasibility, missions and system performances [C]//IEEE International Geoscience & Remote Sensing Symposium, Boston, July 7-11, 2008.

[118] GUERRA A G C, FRANCISCO F, VILLATE J, et al. On small satellites for oceanography:a survey [J]. Acta Astronautica, 2016, 127:404-423.

[119] 翟振和,孙中苗,肖云,等. 自主海洋测高卫星串飞模式的设计与重力场反演精度分析 [J]. 武汉大学学报 (信息科学版), 2018, 43 (7):1030-1035, 1128.

[120] 翟振和. 海洋测高卫星数据处理理论及应用方法研究 [D]. 郑州:信息工程大学, 2015.

[121] 鲍李峰,许厚泽. 双星伴飞卫星测高模式及其轨道设计 [J]. 测绘学报, 2014, 43 (7):661-667.

第 2 章 卫星测量海面高原理

海面高是海洋测高卫星的主要观测数据，是反演海洋重力场和海底地形的基础数据。由于受到仪器、大气传播、海洋环境等因素的影响，海面高数据含有多种误差，这些误差必须经过精确改正才能得到所需数据。在测高数据处理中，双频电离层校正等改正项涉及波形重跟踪后的测量值，因此，一般先进行重跟踪处理，再对海面高作误差改正。但考虑到误差改正与测高原理的直观联系，为了描述方便，本章将首先关注各项误差改正，波形重跟踪放在第 3 章专门讨论。

2.1 卫星测高基本原理

雷达高度计是海洋测高卫星的主要载荷之一，主要功能是获取海面高的测量值，其测量原理是沿垂线方向向海面发射微波脉冲，并接收从海面反射回来的信号（图 2.1），利用卫星上的计时系统及信号捕捉系统可以求解获得雷达天线相位中心到瞬时海面的垂直距离 h_{alt}。

通过轨道确定获得卫星质心相对于参考椭球的高度 r_{alt}，在不考虑误差的情况下，可以得到瞬时海面的大地高 SSH_{ori}，即

$$SSH_{ori} = r_{alt} - h_{alt} \tag{2.1}$$

式中：SSH 由大地水准面高 N 和海面地形 δ_h 两部分组成。

由式（2.1）可见，海面高测量精度直接取决于卫星轨道确定精度和高度计测距精度。在实际测量中，高度计测量值含有仪器误差、大气传播改正、地球物理改正等多种误差。顾及这些误差改正项后，瞬时海面的大地高 SSH 可以表示为

$$SSH = r_{alt} - h_{alt} - (R_{dry} + R_{wet} + R_{ion} + R_{ssb} + R_{st} + R_{pt} + R_{ot} + R_{inv} + R_{hf}) \tag{2.2}$$

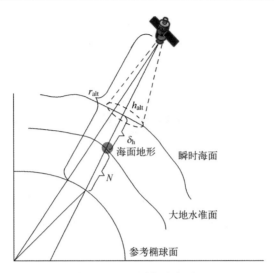

图 2.1 卫星测高基本原理

式中：R_{dry} 表示干对流层改正；R_{wet} 表示湿对流层改正；R_{ion} 表示电离层改正；R_{ssb} 表示海况偏差改正；R_{st} 表示固体潮改正；R_{pt} 表示极潮改正；R_{ot} 表示海潮改正（包括负荷潮汐）；R_{inv} 表示逆气压改正；R_{hf} 表示海面高高频起伏改正。

不考虑系统误差影响，海面高的精度 m_{SSH} 可表示为

$$m_{SSH}=\sqrt{m_{r_{alt}}^2+m_{h_{alt}}^2+m_{R_{dry}}^2+m_{R_{wet}}^2+m_{R_{ion}}^2+m_{R_{ssb}}^2+m_{R_{st}}^2+m_{R_{pt}}^2+m_{R_{ot}}^2+m_{R_{inv}}^2+m_{R_{hf}}^2} \tag{2.3}$$

式中：m_* 表示式（2.2）右端各项的精度。

2.2 卫星测高误差改正模型

2.2.1 卫星轨道径向误差

测高卫星轨道的径向分量是求解海面高的主要观测量，其确定精度直接影响卫星测高的质量。卫星测高采用的测定轨系统主要有德国的 PRARE 系统、法国的 DORIS、全球卫星导航系统（GNSS）和卫星激光测距（SLR）系统等[1]。其中 PRARE 系统成功应用于 ERS-2 卫星的精密定轨，SLR、DORIS 和 GNSS 在 T/P、Jason-1 系列等众多测高卫星中得到应用[2-4]。与 SLR、DORIS 和 PRARE 相比，GNSS 因其设备成本低、质量小，同时具有全天候、高精度、连续观测等优点，因而成为测高类低轨卫星的主要定轨技术。GNSS

定轨系统由星载 GNSS 接收机、全球 GNSS 跟踪网和地面数据处理与控制系统组成。

美国 GPS 早先用于 LANDSAT-4、LANDSAT-5 和远紫外探测器的轨道确定，因所用星载 GPS 接收机均为单频系统，受电离层折射影响较大，且这些卫星大多位于 500~700km 的轨道高度，受重力场模型误差的影响较为明显，因此，卫星定轨精度普遍较低，径向分量精度达不到亚分米级[2]。1992 年发射的 T/P 卫星载有双频星载 GPS 接收机、DORIS 接收机和激光反射器等精密定轨系统。其中根据 GPS 跟踪数据计算得到的轨道径向分量的精度[5-7]，与采用 SLR+DORIS 的定轨精度相当或略优[8]，利用约化动力学方法确定的轨道径向分量精度优于 3cm[9]。高精度星载 GPS 能力由此得到全面验证和展示。此后发射的 GFO、Jason-1/2/3、Sentinel-3/6、HY-2A/B/C/D 等测高卫星[10]，CHAMP、GRACE 和 GOCE 和 GRACE-FO 等重力场测量卫星[11-14]，以及我国的天绘 1 号、2 号、4 号和资源 3 号等对地观测卫星均搭载有 GNSS 接收机[15-16]。星载 GNSS 已成为国际上高精度航天器跟踪测量的主要手段。

星载 GNSS 精密定轨技术，根据是否采用低轨卫星动力信息可分为运动学法或几何法、动力法和约化动力法。

几何法是直接利用星载 GNSS 接收机接收到的伪距和相位观测量（4 颗以上 GNSS 卫星）进行定位解算，得到星载 GNSS 天线相位中心（非卫星质心）的位置信息。该方法的主要特点是不受力学模型误差的影响，主要缺点是对观测值误差、GNSS 轨道误差和观测到的 GNSS 卫星的几何分布情况特别敏感，只能确定观测时刻的轨道，不能对卫星轨道进行预报，而且需要解决相位模糊度问题。文献 [17] 提出的几何定轨法，采用 GPS 载波相位获得的连续卫星位置变化对伪距位置测量值进行平滑，精度可达分米级，但其假设 L1 和 L2 频率的 P 码观测量均可提供使用。文献 [18] 开发了基于 GPS 双差和三差载波相位观测量的运动学轨道确定算法，相对于多星轨道确定程序的动力学解，获得的轨道径向分量的 RMS 小于 5cm，且具有轨道精度一致、不受卫星高度影响等优点。

动力法的基本原理是利用卫星动力学模型建立含参数的卫星运动方程，确定卫星理论轨迹，然后利用实测数据做轨道改进，得出卫星轨道的最佳估值。该方法能以较少观测资料获得可靠卫星轨道，并能对卫星轨道进行定量预报，但其缺点是对地球重力位模型、大气阻力模型等动力学模型的误差非常敏感。但利用连续、全球、高精度的 GNSS 跟踪数据，可以有效地调整地球重力位参数等动力学模型参数,减少动力学模型误差的影响。密集的跟踪数据还可以频繁地估计经验参数,以吸收未建模误差或建模不完善误差的影响。动力法已经成功应用于 T/P、CHAMP 和 GRACE 等多颗卫星的精密定轨,轨道径向分量精度为 2cm 左右[6,11-12]。

约化动力法是将几何法与动力法信息进行有机组合[19-20],通过估计过程噪声平衡几何观测信息和动力模型信息,充分利用低轨卫星的几何观测信息和动力模型信息,提供连续的、高精度的卫星轨道信息。该方法解决了动力法轨道对动力学模型误差非常敏感及几何法定轨中存在的问题。约化动力法在 T/P、Jason-1/2、CHAMP、GRACE 和 GOCE 等低轨卫星的精密定轨中得到普遍应用,轨道径向分量精度达 1~3cm[3,7,11,13-14]。

几何法和动力法都有非差和组差两种数据处理方式[13]。非差法即直接利用观测量,组成观测误差方程解算卫星轨道;组差法是对观测量作差,消除一些多余参数或难以精确获得的参数(如钟差),减少法方程阶数和解算工作量。非差法的优点是无须知道地面观测资料,生成观测方程简易,各个观测量独立,缺点是必须预先得到 GNSS 卫星的精密轨道和卫星钟差。组差法的优点是通过组差可以消除一些参数,计算相对简单,缺点是低轨卫星运动速度快,卫星接收机与地面接收机的组差关系较为复杂,且地面站的对流层改正难以准确求出。采用非差、单差、双差甚至是三差都能得到高精度的定轨结果[21-24]。

基于 GNSS 的低轨卫星精密定轨技术历经近 30 年发展日渐成熟,轨道径向分量的精度接近 1cm。就约化动力法而言,它主要得益于各类力模型的精化和改善。文献 [25] 通过采用更好的潮汐模型、基于 GRACE 卫星的全球重力场模型和时变重力场模型、改进的辐射压力模型,并顾及其他热效应影响,为 Jason 系列高度计任务的 1cm 精密定轨确立了标准。表 2.1 列出了 Jason GDR(地球物理数据记录)轨道径向分量的各类误差估计表,如果其中的误差项彼此不相关,则径向分量的总误差约为 10.3mm[25]。该定轨精度可以作为测高卫星的定轨目标。在实际应用中,星载 GNSS 接收机性能不尽相同,低轨卫星轨道存在差异,即便采用相同的轨道确定方法,定轨精度也会有所不同,因此,卫星轨道径向分量的估算精度不妨略微保守,如估计为 2cm。

表 2.1 Jason GDR 轨道的径向误差估算

分 类	典型 RMS	系 统 误 差	依 据
轨道确定噪声	<7mm	每转的振幅和相位变化,地理相关性不明显	使用相同或相似模型或相关性不强模型的轨道互比

续表

分 类	典型 RMS	系 统 误 差	依 据
静态重力场	<1mm	静态一阶项模型	EIGEN-GL04S 与下一代平均场的比较
潮汐模型	<2mm	一阶项模型变化 1~2mm	FES[①]2004 与 GOT4.7 及 FES2004 与 CSR3.0 的比较
大气/海洋/水文	<6mm	一阶项模型变化	与使用最完整时变重力场模型的轨道比较
太阳辐射压力	<3mm	120 天变化模型，振幅<3mm	伦敦大学学院与 GDR-C 盒子模型计算的轨道比较
参考框架（长期项）	2mm	沿 Z 轴漂移 1mm/年	Jason-1 和 Jason-2 基于 ITRF2005 的轨道 N/S 中心比较及 LAGEOS 1 和 LAGEOS 2 地心序列漂移分析
地心运动	2mm	沿 N/S 方向的年变化<5mm，取决于 SLR、DORIS 和 GPS 跟踪之间的相对权重	通过沿 Z 方向移动 5mm 参考网获得的轨道相对中心

注：① 有限元解。

2.2.2 高度计测距误差

高度计测距误差主要包括时标误差、多普勒效应、加速度误差、热噪声、偏心改正、相对论效应、硬件延迟误差、测量噪声等。

时标误差是指星上计算机为观测数据打的时标与系统采用时间系统间的偏差，其根源于星上的时间统一误差，包括时间系统间的偏差和频率源误差。

多普勒效应是指卫星在径向的运动速度引起发送和接收电磁波频率变化，产生频移，引起的距离测量误差。

加速度误差是指卫星径向的运动加速度使得接收的电磁波产生二次频移，从而引起距离测量误差。

热噪声是指天线和星体在出入地影时发生急剧的温度变化，设备的伸缩形变和传播路径性能改变引起距离测量变化，可以采用温度控制的策略和经验模型改正的策略，降低其影响。

偏心改正是指测量点到卫星质心的改正。仪器测量点是指卫星接收天线的相位中心，卫星质心是卫星定轨的参考点，需要将测量点处观测值归化到卫星质心处的观测值。通常采用星体坐标系中的偏差矢量实施归算。

相对论效应是指海面和卫星处于不同空间位置，并具有相对速度，存在相对论效应。相对论效应一是体现在卫星时钟的频率相对标称值产生偏差，二是引起距离测量误差。通常时钟在发射前预置偏差量，引起的距离误差采用模型进行改正。

硬件延迟误差包括两部分：第一部分是指电波发射计数器开始计时到电波传输到天线相位中心的延迟；第二部分是指从测量参考点天线相位中心接收到电磁波到计算机接收到信号停止计时的延迟。其改正方法包括发射前地面实施测量，发射后采用事后标定。

测量噪声是指接收机采集电磁波信号的随机误差。

2.2.2.1 时标误差

时标分为标称时标（记录时标）和微波达到海面高的时标。测高数据的标称时标是接收到回波信号后计数器关门的时间。测高数据对应的正确时间应是微波到达海面的时间，因此需要将标称时间归化为微波到达海面的时间。

时标误差改正分为两种方法：一是将标称时间归化到微波到达海面的时间；二是将观测数据实施时标误差改正。通常采用第一种方法，原因是时间归化较为简单，但是改正后采样时间并不具有整秒特性。

时标误差是指标称时标引起的海面高确定误差。标称时标偏差由三部分组成：一是卫星时间标准与通用时间标准之间的误差；二是从高度计脉冲在海面上被反射到它被接收机截获的时间差；三是从高度计截获回波到产生0级数据的时间。

微波信号发射、接收、传播时间如图2.2所示。

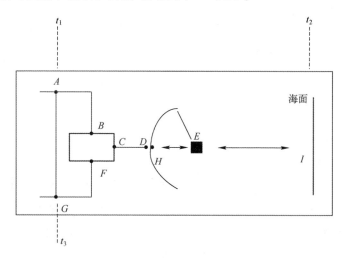

图2.2 微波信号时间定义

图 2.2 中,时间点 t_1、t_2、t_3 分别表示信号发射、到达海面、接收时刻。信号发射时刻是时间计数器开门时刻,接收时刻是时间计数器关门时刻,后者为数据采集时的时标。信号到达海面时的时标是理论上需要的时间。在数据预处理中,需将采集 t_3 时间归化到 t_2。

测高仪测量的正确时间表达式为

$$T_{UTC}(t_3) = T_{UTC}(t_2) + dT_{UTC}(t_2) - t_d \tag{2.4}$$

式中:$T_{UTC}(t_3)$ 为信号在海面反射的 UTC 时刻;$T_{UTC}(t_2)$ 为信号接收的 UTC 时刻;$dT_{UTC}(t_2)$ 为卫星提供的当地 UTC 时间与标准时间的偏差;t_d 为信号由海面到测高仪信号接收点的时间延迟。

标称时标归化到微波到达海面的时间,改正模型为

$$t_d = H_s^r/c + t_{dr}$$

式中:H_s^r 为卫星至海面的距离;c 为光速;t_{dr} 为天线馈点到接收端的硬件延迟。

时标偏差引起的距离测量改正模型为

$$b_\tau = v_p \cdot \Delta\tau \tag{2.5}$$

式中:b_τ 为时标引起的距离误差;v_p 为卫星径向方向速度;$\Delta\tau$ 为时标偏差。径向方向速度由定轨结果中获得,时标偏差可以精确估算。

若要求时标误差引起的距离误差小于 0.2cm,假设卫星径向的速度为 30m/s,则要求改正后的时标误差小于 67μs。其中:①定时误差 $\delta T_{UTC}(t_2)$ 包括频率源的准确度和由时钟抖动产生的脉冲随机抖动。目前,频率源的准确度优于 3×10^{-10},引起的偏差约为 0.03cm,可忽略。各脉冲之间的随机抖动通常假设为白噪声,可以通过多脉冲平滑的方法来降低,若脉冲重复频率为 3000Hz,1s 内平滑可以使误差减小到 $1/\sqrt{3000}$。若脉冲到脉冲的定时抖动为 1ns(15cm),则对应的随机误差为 0.27cm。②当地协调世界时(UTC)与标准时间的偏差 $\delta T_{UTC}(t_2)$ 主要指 GNSS 时间与标准时间的偏差。卫星采用 GNSS 时间,通过 GNSS 接收机获得。GNSS 时间与标准时间偏差主要依赖于地面时间偏差监测系统测量获得,其监测精度通常优于 10ns。③距离测量误差 δH_s^r 是指卫星距海面高的距离测量误差。目前测距精度可以达到厘米级,可以满足优于 1m 的精度要求。④天线延迟误差 δt_{dr} 是指天线馈源到接收点硬件延迟的测量误差。通过发射前地面测量和在轨测量方式可将天线延迟误差控制在 50μs 以内。

2.2.2.2 振荡器频率漂移误差

高度计基本观测量是雷达脉冲的双向传输时间。高度计通过振荡器的周期计数来测量时间。因此，振荡器频率误差会引起与周期计数成比例的双向传输时间误差。卫星发射前，振荡器频率和稳定性均经过校准。振荡器频率漂移通常是由自身老化以及晶体受辐射影响所致，需要每周或更频繁地进行校准，校准时通常采用地面接收的遥测计时信号。

双向传输时间 $t_{1/2}$ 的振荡器漂移校正公式为[1]

$$\delta t_{osc} = \left[\frac{C_{meas}}{C_{nom}} - 1\right] t_{1/2} \quad (2.6)$$

式中：C_{nom} 和 C_{meas} 分别为每个计数的标称秒和测量秒（振荡器频率的倒数）。

"频率"和"秒/计数"混淆是 T/P 双频高度计最初双向传输时间估计出现重大错误的根源。T/P 任务开发后期，地面振荡器测量从频率更改为每计数秒，但这种更改无意中却未在处理软件中实现，使振荡器校正符号出现相反，导致 T/P 双频距离测量出现约 13cm 的偏差。之后，通过 T/P 双频高度计海面高估计与验潮站估值的比较，以及与 T/P 单频高度计和地面现场校准测量相差 13cm 的怀疑，加之存在大幅度漂移，最终发现了处理软件中的错误。软件修正后，NASA 双频高度计与 CNES 单频高度计的相对偏差降低到 1cm 左右。

在全去斜系统中，发射和接收脉冲时间的频率偏移，会被混叠成延时的偏移，因此带来测高的延迟。设发射的 Chirp 信号带宽为 320MHz，时宽为 102.4μs，则 Chirp 变化率为 3.125MHz/μs。如随机频率抖动引起的距离误差为 1cm，则相当于 0.0333ns 的时间抖动，即 0.0333ns×3.125MHz/μs=0.1kHz 的随机频率漂移，经 1s 平均后，容许的最大频率漂移为 $0.1kHz \times \sqrt{3000}$ =5.4kHz。

目前测高仪的晶体振荡器毫秒级短期稳定度达到 10^{-11}，因此该项误差可以忽略。

2.2.2.3 多普勒效应

卫星相对于海面的垂直速度可高达 30m/s。这种量级的速度将引起高度计接收的返回信号频率发生多普勒频移。由于脉冲压缩产生的中频信号频率与平均海面的距离直接相关，因此多普勒频移将在高度计距离估计中引入误差。

传输频率 f 的双向多普勒频移为

$$\Delta f_D = \frac{2v}{c} \cdot f \quad (2.7)$$

式中：v 为相对速度的垂直分量；c 为光速。

多普勒频移引起的双向传输时间延迟为

$$\Delta t_D = \frac{\Delta f_D}{Q} \quad (2.8)$$

式中：Q 为跟踪时段内频率变化率（脉冲的 Chirp 变化率）。因此，相应的测距误差为

$$\Delta h_D = \frac{c \Delta t_D}{2} = \frac{v \cdot f}{Q} \quad (2.9)$$

对于 Seasat，Chirp 中心频率 f_0 = 13.5GHz，频率范围 Δf = 320MHz，多普勒频移在整个 Chirp 范围内的变化仅为 2.35%，基本可以忽略，故在该范围内可认为多普勒频移是不变的。当 Q = 100kHz/ns、垂直速度为 30m/s 时，多普勒频移引起的距离误差约为 0.4cm，其在 Seasat 高度计的测高总误差中可以略去。因此，在 Seasat 数据处理中忽略了多普勒效应。

对于 Geosat 高度计，Q = 3.125kHz/ns，垂直相对速度为 30m/s 时的多普勒频移距离误差为 13.0cm。该量级的误差在 Geosat 总高度误差中非常显著。多普勒频移误差本质上类似于电磁偏差，因为返回波形的频率发生偏移，形状且没有变化，因此引入无法检测到的距离误差。多普勒频移误差无法从波形本身确定，需要独立估算。Geosat 卫星利用 α-β 跟踪器估算卫星垂直速度，再代入式（2.9）计算多普勒频移误差。

双频 TOPEX 高度计包含两个中心频率，分别为 13.6GHz 和 5.3GHz，Chirp 频率范围均为 320MHz。两个频率的脉冲持续时间和频率变化率均与 Geosat 相同。在垂直速度分量为 30m/s 时，对于 13.6GHz 和 5.3GHz 频率，多普勒频移距离误差分别约为 13.1cm 和 5.1cm。两个 TOPEX 频率的多普勒频移误差校正方法与 Geosat 卫星相同。显然，若垂直速度的估计精度为 0.5m/s，则对于 13.6GHz 频率，多普勒误差修正精度在 0.22cm 以内。

2.2.2.4 加速度误差

加速度误差是卫星相对于海面的运动加速度引起的测距误差，其数学模型为

$$\Delta h_{acc} = \frac{\Delta t_{track}^2}{\beta} \cdot \frac{dv}{dt} \tag{2.10}$$

式中：Δh_{acc} 为加速度引起的测距误差；Δt_{track} 为跟踪时长；β 为跟踪器参数；dv/dt 为卫星径向方向加速度，利用距离观测值的二次拟合函数求出。

对于 T/P 卫星，$\Delta t_{track} \approx 50\text{ms}$ 为轨迹间隔，$\beta=1/64$ 为 α-β 跟踪器的两个参数之一。海洋上最大加速度发生在深海海沟处，可能高达 10m/s^2，此时的距离改正值约为 160cm。然而，在海洋大部分地区，改正要小得多，通常只有几厘米。

2.2.2.5 天线指向误差

天线误指向和天线增益方向图的综合作用对回波波形的形状有较大影响[26]。总的回波功率从非天底指向开始衰减，在回波频谱峰值附近，相对衰减最大。对于较大的指向误差，平坦区域的返回功率实际上会随着距离门的增加而增加，因为具有最大增益的天线方向图部分地对远离卫星天底点的海面区域进行了采样。

由于高估了平坦区域的功率，天线误指向将导致自动增益控制（AGC）的门误差。如果没有波形形状，就不能将指向误差与因频率偏移波形引起的跟踪误差区分开。如果已知波形失准跟踪估计中的常数，且有天线指向角的在轨精确估计，则可以实时纠正天底点天线的指向误差。早期的测高卫星，卫星姿态传感器未能提供足够精确的姿态，且卫星坐标系中高度计天线视轴的方位精度也有限，因此，实际应用中通常采用地面处理技术对自适应跟踪单元估计的波形频移误差进行校正。

天线指向角可以根据平坦区域的波形形状进行估计。Geosat 没有搭载姿态传感器，其采用这种方法进行地面数据后处理。TOPEX 的天线误指向误差可能比以前的高度计严重得多。Seasat 高度计的天线半波束宽度为 0.8°。为适应缺乏精确的姿态控制系统，Geosat 天线的半波束宽度为 1.05°。TOPEX 具有非常精确的姿态控制，13.6GHz 天线的半波束宽度仅为 0.55°。波束宽度越窄，入射到海面的信号功率越聚焦，有利于提高测量信噪比，但天线增益方向图的快速滚降导致 AGC 门对天线指向误差更加敏感。

2.2.2.6 偏心改正

偏心改正是以微波天线相位中心为参考点的距离测量归化到以卫星质心

为测量参考点的距离。

天线相位中心偏差矢量在星体坐标系中表示为 $X_{\mathrm{srf}}^{\mathrm{pc}}$，星体坐标系到惯性系的旋转矩阵表示为 $A_{\mathrm{srf}}^{\mathrm{I}}$，惯性系到地固坐标系的旋转矩阵为 $A_{\mathrm{I}}^{\mathrm{E}}$，地固坐标系到当地水平坐标系的旋转矩阵表示为 $A_{\mathrm{E}}^{\mathrm{L}}$，则天线相位中心偏差矢量在当地水平坐标系下表达式为

$$X_{\mathrm{L}}^{\mathrm{pc}} = A_{\mathrm{E}}^{\mathrm{L}} \cdot A_{\mathrm{I}}^{\mathrm{E}} \cdot A_{\mathrm{srf}}^{\mathrm{I}} \cdot X_{\mathrm{srf}}^{\mathrm{pc}} \tag{2.11}$$

式中：$X_{\mathrm{L}}^{\mathrm{pc}}$ 表示当地水平坐标系下的相位中心偏差矢量。当忽略姿态误差，近似认为星体坐标系与当地水平坐标系一致，可得

$$X_{\mathrm{L}}^{\mathrm{pc}} \approx X_{\mathrm{srf}}^{\mathrm{pc}} \tag{2.12}$$

则偏心改正的误差等同于星体坐标系偏心距测量误差。

2.2.2.7 硬件延迟

高度计射频传输线的硬件延迟会带来测距误差。图 2.3 给出了高度计信号传输的主要路径。假设信号在 A 点发射，高度计计数器开始计时，经过发射机前端（B 点），到达收发隔离器（C 点），通过波导，传到天线背面（D 点），绕着抛物面到达边缘，并通过波导到达馈源（E 点），从 E 点向空间四周散射；一些信号到达 H 点，经反射，到达海面 I 点，从 I 沿原路返回 C 点，再依次到达接收机前端（F 点）和去斜混频器（G 点），计数器关门，同时触发本振。

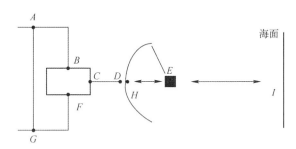

图 2.3 高度计硬件延迟示意图

通常将馈源 E 点作为测量参考点，E 点和 I 点距离为测量距离。A 点到 E 点及 E 点到 G 点的传输时间称为硬件延迟。

高精度硬件延迟的定标包括地面定标和在轨定标，地面定标是在卫星总装完成后对 A 点到 E 点及 E 点到 G 点进行精确测量，在轨定标包括内部定标和外部定标，内部定标仅能标定 C 点左侧的硬件延迟，从 C 点到 E 点的延迟

需要采用高精度外部绝对定标。

定标精度与测量手段、定标方法密切相关。

2.2.2.8 相对论效应

卫星与地球表面处于不同的能量级，产生相对论效应。相对论效应表现在卫星钟上使得频率变慢，其变化量与卫星高度、速度相关。相对论效应表现在测距上使得距离测量产生误差。

根据广义相对论理论，运动速度为 v 的卫星钟在引力位 Φ 处记录的时间间隔为

$$d\tau = \sqrt{1 + \frac{2\Phi}{c^2} - \frac{v^2}{c^2}} dt \tag{2.13}$$

式中：dt 为坐标时间隔；c 为光速。同一卫星钟置于地面，它的时间间隔为

$$d\tau_R = \sqrt{1 + \frac{2\Phi_R}{c^2} - \frac{v_R^2}{c^2}} dt \tag{2.14}$$

当钟在卫星处其固有频率为 $f = 1/d\tau$，在地面其固有频率 $f_R = 1/d\tau_R$，地面固有频率与卫星处的固有频率相除，则有

$$f_R/f = \sqrt{1 + \frac{2\Phi}{c^2} - \frac{v^2}{c^2}} \bigg/ \sqrt{1 + \frac{2\Phi_R}{c^2} - \frac{v_R^2}{c^2}} \tag{2.15}$$

$$\approx 1 + (\Phi - \Phi_R)/c^2 - (v^2 - v_R^2)/2c^2$$

引力位以点质量近似，则有

$$f_R/f = 1 + (1/r - 1/r_R)GM/c^2 - (v^2 - v_R^2)/2c^2 \tag{2.16}$$

式中：GM 为地心引力常数，其中 G 为引力常数，M 为地球质量。

相对地面钟而言，卫星钟的频偏为

$$\frac{\Delta f}{f} = \frac{f_R - f}{f} = (1/r - 1/r_R)GM/c^2 - (v^2 - v_R^2)/2c^2 \tag{2.17}$$

对于卫星椭圆轨道，则有

$$\begin{cases} r = a(1 - e\cos E) \\ v^2 = GM\left(\dfrac{2}{r} - \dfrac{1}{a}\right) \end{cases} \tag{2.18}$$

式中：E 为偏近点角；e 为卫星轨道偏心率；a 为半长轴。

将式（2.18）代入卫星钟相对频偏式（2.17），可得

$$\frac{\Delta f}{f}=(1/a(1-e\cos E)-1/r_R)GM/c^2-(GM(2/r-1/a)-v_R^2)/2c^2$$

$$=\frac{1}{c^2}\left(\frac{GM}{r_R}-\frac{3GM}{2a}+\frac{v_R^2}{2}\right)-\frac{2GM}{ac^2}\frac{e\cos E}{1-e\cos E} \quad (2.19)$$

根据开普勒方程,有

$$nt=E-e\sin E \quad (2.20)$$

式中:$n=\sqrt{GM/a^3}$。因此可得到

$$\frac{dE}{dt}=\frac{\sqrt{GM/a^3}}{1-e\cos E} \quad (2.21)$$

将式(2.21)代入式(2.19),得到相对频率偏差为

$$\frac{\Delta f}{f}=\frac{1}{c^2}\left(\frac{GM}{r_R}-\frac{3GM}{2a}+\frac{v_R^2}{2}\right)-\frac{2\sqrt{GMa}}{c^2}e\cos E\frac{dE}{dt} \quad (2.22)$$

则时间偏差为

$$\Delta t=\frac{1}{c^2}\left(\frac{GM}{r_R}-\frac{3GM}{2a}+\frac{v_R^2}{2}\right)t-\frac{2\sqrt{GMa}}{c^2}e\sin E \quad (2.23)$$

式(2.23)右边第一项为圆形轨道时广义相对论效应引起的频率偏差,为一常量。采用值 $GM=3.986005\times10^{14}$ m³/s², $c=299792458$ m/s, $r_R=6378$ km, $v_R=465$ m/s, $a=800$ km,令所得常量频率增量为 Δf_0。将标称频率 f_0 置为 $f_0+\Delta f_0$,则相对论仅剩下轨道偏心率引起的周期性部分,表示为

$$\frac{\Delta f}{f}=-\frac{2\sqrt{GMa}}{c^2}e\cos E\frac{dE}{dt} \quad (2.24)$$

时间偏差为

$$\Delta t=-\frac{2\sqrt{GMa}}{c^2}e\sin E \quad (2.25)$$

相应的距离偏差为

$$\Delta D_{rel}=-\frac{2\sqrt{GMa}}{c}e\sin E \quad (2.26)$$

假设卫星偏心率为0.001,则此项影响最大可达1.2ns,相当于距离0.36m。式(2.26)可以写为等价形式

$$\Delta D_{rel}=-\frac{2}{c}\boldsymbol{X}_s\cdot\dot{\boldsymbol{X}}_s \quad (2.27)$$

式中:$\boldsymbol{X}_s$、$\dot{\boldsymbol{X}}_s$ 分别代表卫星的位置和速度矢量。

除卫星钟频率漂移外，广义相对论影响还包括由地球引力场引起的信号传播几何延迟，常称为引力延迟。引力延迟的表达式为

$$\Delta D_g = -\frac{2GM}{c^2}\ln\frac{r+r_R+\rho}{r+r_R-\rho} \tag{2.28}$$

式中：r、r_R 分别为卫星和测站的地心向径；ρ 为卫星和测站间距离。引力延迟同测站和卫星间的几何位置有关：卫星在地平附近取最大值，约16mm；卫星过顶时取最小值，约1mm。

2.2.2.9 测量噪声

测量噪声是指包括计时器随机误差、高稳晶振随机误差等引起的距离测量误差。随机误差服从高斯正态分布，通常采用多个采样平均的方法，削弱其对测量结果的影响。

2.2.3 干对流层误差改正

2.2.3.1 计算模型

像对流层这样的非色散介质，大气气体电磁辐射的折射与频率无关。对于高度为 R 的测高卫星，其和平均海平面之间因大气折射引起的距离改正 ΔR 可表示为[1]

$$\Delta R = 10^{-6}\int_0^R N(z)\,\mathrm{d}z \tag{2.29}$$

式中：N 为折射率。

大气折射率的大小取决于温度、压力、水汽密度、云液态水滴密度和电离层电子密度，它们都随时间和空间（垂直和水平）发生变化。折射率 N 通常由4个分量来表示：与干气体相关的对流层干折射率 N_{dry}、水汽折射率 N_{vap}、云液态水滴折射率 N_{liq} 和电离层折射率 N_{ion}，即

$$N = N_{dry}+N_{vap}+N_{liq}+N_{ion} \tag{2.30}$$

相应地，折射距离改正式（2.29）也为4个分量的独立估计之和：

$$\Delta R = -10^{-6}\int_0^R (N_{dry}+N_{vap}+N_{liq}+N_{ion})\,\mathrm{d}z = R_{dry}+R_{vap}+R_{liq}+R_{ion}$$

$$\tag{2.31}$$

计算式（2.31）前两项所需要的湿空气（干气体+水汽）的总折射率

$N_{dry+vap}$可表示为[27]

$$N_{dry+vap}(z) = k_1 \frac{p_d}{T} Z_d^{-1} + k_2 \frac{p_w}{T} Z_w^{-1} + k_3 \frac{p_w}{T^2} Z_w^{-1} \quad (2.32)$$

式中：T为温度；p_w和p_d分别为水汽与干气体的分压；Z_d^{-1}和Z_w^{-1}为相应的逆压缩系数。折射率常数k_1、k_2和k_3的不确定性限制了折射率的估计精度只能达到约0.02%。

比式（2.32）更方便的替代公式为[28]

$$N_{dry+vap}(z) = k_1 \rho R_d + k_2' \frac{p_w}{T} Z_d^{-1} + k_3 \frac{p_w}{T^2} Z_w^{-1} \quad (2.33)$$

$$k_2' = k_2 - k_1 \frac{R_d}{R_w} = k_2 - k_1 \frac{M_w}{M_d} \quad (2.34)$$

在推导式（2.33）和式（2.34）时，使用了以下表达式：①状态方程$\frac{p_i}{T} Z_i^{-1} = \rho_i R_i$，表示"第$i$个"空气成分的大气温度$T$、压力$p_i$、密度$\rho_i$、压缩系数$Z_i$和气体常数$R_i$之间的关系；②摩尔质量$M_i$、气体常数$R_i$和通用气体常数$R$之间的关系$R_i = R/M_i$，$R = 8.31446 \text{J} \cdot \text{mol}^{-1} \cdot \text{K}^{-1}$。

压缩系数Z_i是非理想气体特性的修正（对于理想气体$Z_i=1$）。因为在大气层中Z_i与1的差值只有千分之几，大多数情况下，湿空气折射式（2.33）中忽略因子Z_i（令$Z_i=1$），即

$$N_{dry+vap}(z) = k_1 \rho R_d + k_2' \frac{p_w}{T} + k_3 \frac{p_w}{T^2} \quad (2.35)$$

式（2.35）的折射率常数可取为[35]$k_1=77.60\pm0.05 \text{K/mbar}(1\text{mbar}=100\text{Pa})$，$k_2=70.4\pm2.2 \text{K/mbar}$，$k_3=(3.739\pm0.012)\times10^5 \text{K}^2/\text{mbar}$，$k_2'=22.1 \text{K/mbar}$。

式（2.35）是湿空气折射率最常用公式，其中第一项（干燥）使用总空气密度$\rho=\rho_d+\rho_w$取代干燥空气的相应值ρ_d。

大气中干燥中性气体对雷达信号的影响，即所谓的干对流层改正（DTC）为

$$R_{dry} = -10^{-6} \int_0^R N_{dry}(z) dz = -10^{-6} k_1 R_d \int_0^R \rho(z) dz \quad (2.36)$$

式中：R_d为干空气的比常数，$R_d=287.04 \text{J} \cdot \text{K}^{-1} \cdot \text{kg}^{-1}$。

式（2.36）中空气密度的垂直积分可近似为

$$\int_0^R \rho(z) dz \approx p_0/g_0(\varphi) \quad (2.37)$$

式中：$g_0(\varphi)$是地球表面纬度为φ处的重力加速度（cm/s^2）；p_0是以 mbar 为单位的海面大气压。于是，以厘米为单位的干对流层距离改正可近似为

$$R_{\text{dry}} \approx -222.74 p_0 / g_0(\varphi) \tag{2.38}$$

由此可见，DTC 与海面大气压成正比。

$g_0(\varphi)$从赤道的 $978.04 cm/s^2$ 到两极的 $983.21 cm/s^2$ 的变化导致距离延迟变化超过1cm。与纬度相关项 $g_0(\varphi)$ 可近似为 $g_0(\varphi) = \bar{g}_0(1-0.0026\cos2\varphi)$，其中 $\bar{g}_0 = 980.6 cm/s^2$ 是重力加速度的标准参考值。将式（2.38）分母中的$g_0(\varphi)$用泰勒级数展开，并仅保留主要的纬度相关项，以 cm 为单位的干对流层距离改正（SLP 以 mbar 为单位）变为

$$R_{\text{dry}} \approx -0.2277 p_0(1+0.0026\cos2\varphi) \tag{2.39}$$

在全球范围内，海面大气压一般为 980~1035mbar。因此，平均全球海面大气压约为 1013mbar。由于海面大气压在两极较小，尤其是在靠近南极大陆附近海域，最小约为 980mbar。代入不同区域的典型海面气压值可以获得相应的距离改正值，如在赤道附近，大气压约为 1010mbar，相应的距离改正约为 231cm，而在靠近南极大陆海域，纬度约为 80°，气压约为 980mbar，距离改正约为 223cm。对其他区域计算表明，干对流层距离改正为 225~235cm。由于海面大气压估计存在偏差，设为 5mbar，那么对距离引起的误差约为 1.1cm。由于 p_0 的直接观测量不足且分布稀疏，所以一般由模型获得。

2.2.3.2　由 NWM 计算干对流层距离改正[29]

目前，数值气象模型（NWM）给出了大气压力数据集。大多数 NWM 提供两种单层大气压力产品：SurfP（表面压力）和 SLP（海平面压力），它们以 6h 间隔和不同空间采样以规则网格形式给出。目前，最好模型来自欧洲中期天气预报中心（ECMWF）。干对流层改正估计通常采用两类模型，即业务化模型和再分析模型。业务化模型表示为 0.125°×0.125°规则网格或约 16km 高斯网格，提供时间为几小时[30]。再分析模型通常有 1~2 个月的延迟，如 ECMWF 再分析（ERA）快速模型为 0.75°×0.75°规则网格或约 80km 高斯网格，ERA5 为 1h 间隔的 0.25°×0.25°规则网格或约 30km 的高斯网格[31]。由于业务化模型随着时间推移发生过几次变化，而再分析是统一的，因此，2004 年之后才有数据的任务都应使用业务化模型，而较早任务应当使用再分析模型。即使间隔 3h 或 6h，ERA5 也是目前最精确的 ECMWF 模型。实践中，最好使用 SLP，因为 SurfP 通常会在改正中引起吉布斯效应。

2.2.3.3 沿海和内陆水域的干对流层距离改正[29]

沿海和内陆水域的对流层精确改正方法仍未达成共识。虽然建立了 DTC 模型，但一些高度计产品在沿海和内陆水域的 DTC 依然存在显著误差。因为 DTC 以垂直变化为主，其最大误差与高度相关。

在许多高度计产品中，源自大气模型的 DTC 给出的是 NWM 地形面的值，该地形面是与每个 NWM 相关的平滑 DEM，所有单层表面参数都以它作为参考。NWM 地形面和海平面以上的实际表面高度之间的差异可能高达数百米。此外，在传统高度计产品中，所有改正都以 1Hz 频率提供，而距离、纬度、经度等以高频（20Hz 或 40Hz）提供。Sentinel-3A 首次给出了两组 1Hz 改正：海面和高度计测量面，但未能提供高速率改正。最近的 Envisat V3.0 产品给出了 20Hz（尽管非常平滑）和测量面的 R_{dry}。

沿海和内陆水域测高技术的最新发展（距离反演重跟踪算法的改进，合成孔径雷达模式和 Ka 频段高度计空间分辨率的提高，高频辐射计等），需要引入高速率距离校正，并且在开阔和沿海海域，应在海平面上进行校正，以防止在海岸附近出现插值误差。尽管对高速率数据建议使用 20Hz 校正，但考虑到校正在海洋上的小时空变化，1Hz 的 DTC 提供了足够的细节（DTC 可以足够精度插值到 20Hz）。在内陆水域，DTC 需要以 20Hz 计算（而不仅仅是插值）。计算应从 SLP 开始，进一步归算到表面高度。对于全球应用，最好的参考是精确的数字高程模型。对于局部研究，最佳参考面是平均湖面或平均河流剖面。

2.2.4 湿对流层误差改正

2.2.4.1 计算模型

湿对流层改正（WTC）包括水汽和云液态水滴对大气折射的贡献。对陆地上云液态水滴尺寸分布的测量发现，云液态水滴的有效折射率 N_{liq} 非常接近于液滴密度 $\rho_{liq}(z)$ 的线性函数：

$$N_{liq}(z) = \beta_{liq}\rho_{liq}(z) \tag{2.40}$$

式中：参数 $\beta_{liq} = 1.6 \times 10^6 \mathrm{cm}^3 \cdot \mathrm{g}^{-1}$ 根据经验估算得到[32]，其不确定性可能高达 2 倍。

由式（2.40）可知，沿传播路径液态水滴产生的距离改正式（2.31）的分量变为

$$R_{\text{liq}} = -10^{-6}\int_0^R N_{\text{liq}}(z)\mathrm{d}z = 1.6\int_0^R \rho_{\text{liq}}(z)\mathrm{d}z = 1.6L_z \quad (2.41)$$

式中：L_z 为积分柱状液态水含量。

对于非降雨条件和 1km 云层厚度，垂直积分液态水密度约为 $0.25\text{g}\cdot\text{cm}^{-2}$。相应云液态水的距离改正仅有 0.38cm。即使式（2.41）中系数 1.6 的误差为 2 倍，小到中等云层厚度的云液态水的距离延迟通常小于 1cm，因此系数误差的影响可以忽略。然而，对于对流积云，云液态水引起的折射距离延迟有时可能高达几厘米。

R_{liq} 可与柱状水汽同时由多频率被动微波辐射计（MWR）反演得到[33]。在无雨条件下，柱状云液态水估算的精度优于 0.03mm。由于与水汽引起的 WTC 相比，R_{liq} 很小，因此，由 NWM 估计 WTC 时，通常忽略 R_{liq}。

由水汽引起的 WTC 与 DTC 的计算公式类似：

$$R_{\text{vap}} = -10^{-6}\int_0^R N_{\text{vap}}(z)\mathrm{d}z = -10^{-6}\int_0^R \left(k_2'\frac{p_w}{T} + k_3\frac{p_w}{T^2}\right)\mathrm{d}z \quad (2.42)$$

将 $k_2' = 22.1\text{K}\cdot\text{mbar}^{-1}$、$k_3 = (3.739\pm 0.012)\times 10^5 \text{K}^2\cdot\text{mbar}^{-1}$ 代入式（2.42），可得

$$R_{\text{vap}} = -\left[22.1\times 10^{-6}\int_0^R \frac{p_w}{T}\mathrm{d}z + 3.73\times 10^{-1}\int_0^R \frac{p_w}{T^2}\mathrm{d}z\right] \quad (2.43)$$

利用式（2.43）估算 WTC，需要已知参数 p_w 和 T 或其等效参数的垂直分布信息，如利用 NWM 3D 场或无线电探空仪观测数据反演 WTC。

2.2.4.2 由 NWM 计算湿对流层距离改正[29]

1）由 NWM 3D 场计算

由于天气存在巨大的时空变化，计算 WTC 的最佳方法是利用测高卫星上并置的 MWR 数据。对于没有星载 MWR 的高度计，或陆地和冰面 MWR 观测无效区域，可采用 NWM 替代。由于用于同化和模型约束的实时观测数据（如气象站、探空仪和卫星测量）越来越多，加上建模方法持续改进，NWM 精度一直在提高。但是，NWM 仍比不上 MWR，因为它们缺乏强对流活动等极端天气的小尺度变化信息。

NWM 提供了压力 p、比湿度 q 和温度 T 等参数，这些参数沿垂直剖面分布，从地面到 200hPa 以上。为由 NWM 3D 场计算 R_{vap}，将式（2.43）改写为比湿度 q 的形式：

$$q = \frac{\rho_w}{\rho_d + \rho_w} \quad (2.44)$$

将式（2.44）代入式（2.43），对于静水平衡 $dp = -\rho g dz$，使用状态方程 $p_w/T = \rho_w R_w = \rho_w R/M_w$，忽略平均重力 g_m 与高度的相关性，可得

$$R_{vap} = -\left[1.034 \times 10^{-3} \int_{p_{sat}}^{p_s} q dP + 17.43 \int_{p_{sat}}^{p_s} \frac{q}{T} dp\right](1 + 0.0026\cos 2\phi)$$

(2.45)

式中：压力以 hPa 为单位；比湿度 q 无单位；温度以 K 为单位；R_{vap} 以 m 为单位。从表面压力 p_s 到模型垂直水平压力 p_{sat}（通常为 200hPa）的积分计算，可忽略湿度影响。

式（2.45）是由 NWM 估算 R_{wet} 的高精度公式。然而，由于使用 3D 场使得计算量非常大，因此通常首选单层表面参数。

2）由 NWM 单层参数或总柱水汽计算

WTC 的水汽分量 R_{vap} 可表示为综合水汽（IWV）也称为柱内水汽总量（TCWV）的函数。TCWV 是从大气层顶部到地球表面、横截面为 $1m^2$ 空气柱中的水汽总质量，通常以 $kg \cdot m^{-2}$ 为单位，计算公式为[1]

$$\text{TCWV} = \int_0^R \rho_w(z) dz \quad (2.46)$$

由于约 95% 的水汽集中在低于 5km 的对流层最底层，平均温度为 270~290K，R_{wet} 主要与水汽分布有关，即与 TCWV 有关，因此 TCWV 除以液体水密度（$\rho_{H_2O} \approx 10^3 kg \cdot m^{-3}$）可视为水汽冷凝（可沉淀水（PW））引起的液水柱的高度。

数值上，TCWV 是 ρ 和 PW 的乘积：TCWV $= \rho \cdot$ PW。因此，TCWV（$kg \cdot m^{-2}$）可以表示为其等效 PW 值（mm）。

由式（2.42），可得 TCWV 与 WTC 之间的近似关系为

$$R_{vap} = -10^{-6} \int_0^R \left(k_2' \frac{p_w}{T} + k_3 \frac{p_w}{T^2}\right) dz = -10^{-6} \int_0^R \rho_w R_w \left(k_2' + \frac{k_3}{T}\right) dz \quad (2.47)$$

式中：WTC 取决于水汽的密度和温度。由于 WTC 的主要变化源自水汽，因此，使用温度 T 的平均值 T_m，得到如下近似关系：

$$R_{vap} \approx -10^{-6} R_w \left(k_2' + \frac{k_3}{T_m}\right) \int_0^R \rho_w dz = -\Pi \cdot \text{TCWV} \quad (2.48)$$

式中

$$\Pi = R_w \left(k_2' + \frac{k_3}{T_m} \right) \tag{2.49}$$

式中：k_1 和 k_2 为折射常数，$k_2 = 70.4 \pm 2.2 \text{K} \cdot \text{mbar}^{-1}$，$k_3 = (3.739 \pm 0.012) \times 10^5 \text{K}^2 \cdot \text{mbar}^{-1}$；$T_m$ 为大气的加权平均温度；R_w 为水蒸气的比气体常数。

式（2.48）代入折射率常数可得[34-35]

$$R_{vap} = -\left(0.101995 + \frac{1725.55}{T_m} \right) \frac{\text{TCWV}}{1000} \tag{2.50}$$

式中：T_m 通常表示为地表温度 T_0 的线性形式。文献[36]利用1992年50个站点的探空仪剖面，覆盖纬度62°S~83°N 和 0~2.2km 高度范围，导出以下表达式：

$$T_m = 50.40 + 0.789 T_0 \tag{2.51}$$

文献[34]导出了式（2.49）中参数 Π 与地表温度观测量的关系式，相对均方根误差为2%。T_m 不确定性引起的 R_{vap} 误差小于4%。

式（2.50）和式（2.51）用于从 TCWV 的 NWM 单层参数和 2m 温度（T_0）反演 WTC。文献[37]导出了 TCWV 与 WTC 之间的直接关系：

$$\text{WTC} = -(a_0 + a_1 \text{TCWV} + a_2 \text{TCWV}^2 + a_3 \text{TCWV}^3) \text{TCWV} \cdot 10^{-2} \tag{2.52}$$

式中：$a_0 = 6.8544$；$a_1 = -0.4377$；$a_2 = 0.0714$；$a_3 = -0.0038$；TCWV 单位为 cm；WTC 的单位为 m。

作为一次近似，WTC 可视为与 TCWV 几乎成比例[34]：

$$\text{WTC}(\text{cm}) = -0.64 \text{TCWV}(\text{mm}) \tag{2.53}$$

2.2.4.3 由观测量计算 WTC[29]

同平台的底视被动微波辐射计（MWR）观测量是反演卫星高度计测距湿路径延迟（WPD）的最佳来源。

在 10~50GHz 微波区域中，星载 MWR 所感测辐射几乎完全取决于水汽、云液态水、雨滴和海面风速。对于无雨条件，可由 10~50GHz 频段中选定频率的亮度温度 T_B 反演 WTC 的估计值，频率的选择取决于它们对这些参数的敏感性[1]。

由于对水汽的敏感度高，WTC 反演的主频率在水汽吸收带的 22.235GHz 处达到峰值。然而，该频率处测量 T_B 受水汽垂直分布影响。为此，通常在吸收线的侧翼选择主频率，即在 21GHz 或 23.8GHz，其反演几乎与水汽垂直分布无关，从而可以反演水汽总量。用这些频率代替中心频率的唯一缺点是，由于辐射计对水汽的绝对灵敏度降低，辐射计校准变得更加困难[33]。为模型化地表辐射率和云层效应，以及反演云液态水含量，需要另外一个或两个与大气窗口通道相对应的频率。

在卫星测高任务中，有两类底视MWR。10天重复周期任务包括三频段MWR，而ESA所有卫星、GFO和SARAL为二频段仪器。所有这些MWR在主水汽吸收带（21~23.8GHz）中有1个通道，在大气窗口中有1个或2个附加通道。在所有双频MWR中，第二个频段位于34~37GHz大气窗口中，感应云液态水和地表辐射率。三频段MWR的第三个信道在18~18.7GHz窗口中选择，以顾及海洋辐射率的风效应，提高WTC的反演精度。例如，TOPEX微波辐射计有3个通道，分别为18GHz、21GHz和37GHz，Jason的MWR分别为18.7GHz、23.8GHz和34.0GHz。在不包括18.7GHz信道的二频段MWR中，通过高度计导出的后向散射系数或风速来顾及海面效应。

取决于频率和仪器，大多MWR的足迹大小为20~45km，SARAL的AltiKa的足迹距离约10km。Jason-2和Jason-3微波辐射计的足迹为TOPEX微波辐射计、Jason-1微波辐射计的1/2。

利用星载MWR测得的T_B估算WTC，需建立两个量之间的关系。辐射传输理论指出，对于非散射（无雨）大气，星载MWR感应辐射可以转换为亮度温度，即3个频率相关项之和：①大气上升流辐射的贡献，从地面到卫星高度的积分；②地面辐射流量；③宇宙背景流量和下降流大气的贡献，进一步从地表反射到天顶方向。上升流部分是每层向上辐射的总量，经大气吸收衰减。地面辐射流量可表示为表面温度及其辐射率的乘积。

卫星探测到的T_B与2个大气特性（温度和吸收廓线）和2个表面特性（辐射率和温度）有关。吸收廓线由与频率相关的氧气、水汽和云液态水的特性决定。氧气的吸收特性完全由大气温度$T(z)$和压力$p(z)$廓线决定。水汽和液态水的吸收特性是压力、温度、水汽和相应密度$\rho_{vap}(v)$、$\rho_{liq}(v)$的函数，v表示频率。总之，T_B取决于2个表面参数（表面温度T_s和辐射率$\varepsilon(v)$）的特性，以及大气廓线的4个特性（大气压力$p(z)$、温度$T(z)$、水汽密度$\rho_{vap}(v)$和云液态水密度$\rho_{liq}(v)$）[33]。

基于T_B观测值的WTC反演函数，通常由亮度温度模拟值，以及代表整个大气和海面场景的数据库，通过辐射传输模型导出。首先，构建数据库。对于参考任务，大气廓线通常由岛屿无线电探空站数据库构建，而海面参数来自高级甚高分辨率辐射计或扫描成像MWR。ESA测高任务的数据库采用

ECMWF 场建立。其次，建立 T_B 模拟值转换为湿对流层路径延迟的逆函数，一般利用统计回归方法经验确定。ERS-1/2 MWR 采用双通道 T_B 和高度计导出风速的对数线性函数。Envisat 和 Sentinel-3 WTC 采用神经网络反演方法，有 3 个输入参数：二频段亮度温度和高度计后向散射系数 σ_0（Ku 频段）[38] 或 5 个输入参数，前 3 个加上海面温度和大气温度下降率[39]。

TOPEX 微波辐射计和其余参考任务采用对数线性回归反演算法，主要有 3 个步骤。第一步，根据 3 个 T_B 观测值的线性组合，计算云液态水和"辐射计风速"等价项。由风速的首个全局估计值，利用对数线性回归法估算 WPD 初值。第二步，利用第一步确定的"辐射计风速"系数函数和 WPD 的分类间隔，由 3 个 T_B 的对数线性组合估计改正项。第三步，将该改正项添加到云液态水估值中[33]。在这些反演算法中，T_B 模拟和算法训练所用数据库代表全球海况，不含陆地和冰等表面。因此，对于陆地和冰面测量，难以有效反演 WPD。利用三频段辐射计获得的 MWR WTC 的精度对于 TOPEX 微波辐射计优于 1.2cm[33]，最近参考任务优于 1cm[40]。对于双频辐射计，精度最初约为 2cm，但现在也非常接近 1cm。

计算湿度对流层改正的其他观测量还包括扫描成像 MWR 观测量、GNSS 观测量、无线电探空仪观测量等，其中，GNSS 观测可能是内陆水域等地区反演 WTC 的最佳来源。

2.2.4.4 沿海和内陆水域的 WTC[29]

2.2.4.3 节针对开阔海域，仅考虑代表水面条件的表面辐射率值，建立了由 T_B 观测值的 WTC 反演算法。在有其他类型表面（如冰或陆地）时，其反演结果超出预期而失效。此外，MWR 的足迹较大（10~40km），随仪器类型和频率而变化。故 MWR 通常早于雷达高度计几千米探测到陆地表面，在 10~40km 宽的海岸周围造成陆地污染带和异常 WPD 观测。因此，在沿海和内陆水域应用中，需要改进 WTC 算法。

有多种技术用于改进沿海微波辐射计观测反演 WTC，混合像元算法和 GNSS 导出路径延迟（GPD）法是比较有效的两种方法。

混合像元算法最初用于 Jason-2[40]，后来扩展到所有 Jason 任务。它是参考任务开阔海域算法的改进版本，建立在 Topex 微波辐射计（TMR）基础上，并扩展到海陆混合场景，从而允许在沿海地区进行 WPD 估计。它使用模型化沿海陆地 T_B 数据集，求解一组对数线性系数，该系数取决于 18.7GHz 信道足迹中的陆地占比。该方法需要精确的陆地/海洋掩模，并且仅直接适用于拥有 18.7GHz 信道的三频段辐射计。混合像元算法通过最小化陆地和冰的影响，成功地改善了参考任务中 MWR 导出 WTC，目前已在 Jason 任务的标准产品中实施。

在 ESA 海洋海岸带雷达测高数据处理项目中，波尔图大学开发了 GPD 方法，旨在减少星载 MWR 观测中的陆地影响[41]。后进一步扩展到整个海洋，校正了由于冰、陆地和雨水污染以及可能仪器故障导致的异常测量的 MWR 反演。

GPD 将兴趣点附近的所有 WPD 测量值进行组合，通过时空客观分析确定新的 WTC 估计值。其最新版本称为 GPD Plus（GPD+），它提供的 WTC 是：①星载 MWR 反演的有效湿路径延迟；②WTC 新估计值，即所有已有观测值的加权值（若前者标记为无效）。GPD 估算中使用的数据集包括有效的星载 MWR 观测数据、约 20 个扫描成像 MWR 数据集提供的 TCWV 数据，以及主要在岛屿和沿海内陆站点的 GNSS 天顶总延迟数据。估算时，由 NWM 得出的 WTC 作为首次猜测。对于没有 MWR 观测值的点，GPD 等于 NWM 导出 WTC。

该方法对有或无 MWR 的测高任务均适用。有 MWR 时，保留良好的 MWR 观测值，仅对 MWR 测量被视为异常的点进行新的估计。对于 Cryosat-2 等无 MWR 卫星，利用时间和空间相关尺度内的所有 GPD 观测值，为高度计地面轨迹上的整组点计算新的 WTC。

自 1991 年以来，GPD+产品可用于所有任务，从 T/P 和 ERS-1 到 Jason-3、Cryosat-2、SARAL/AltiKa 和 Sentinel-3 等卫星。GPD+改正由波尔图大学和 AVISO 网站发布[42]。

GPD+ WTC 相对于 NWM 和 AVISO 综合改正等其他 WTC 数据集有重大改进。对于 T/P 后半段任务以及所有 ESA 任务（双频 MWR），尤其是在沿海地区和高纬度地区，结果更好。对于 Cryosat-2，GPD+ WTC 比由 ECMWF 业务数据导出的 WTC 有显著改进。对于 Jason 任务，影响较小，因为这些任务已经在海岸附近进行了修正[40]。

2.2.5 电离层延迟改正

式（2.31）中的电离层分量以 cm 为单位，可写为

$$R_{\text{ion}}(f) = -10^{-6} \int_0^R N_{\text{ion}}(z) \, \mathrm{d}z = -\frac{40.3 \times 10^6}{f^2} \int_0^R n_e(z) \, \mathrm{d}z \qquad (2.54)$$

式中：n_e 为电子密度（$1/\text{cm}^3$）。

显然，$R_{\text{ion}}(f)$ 的幅度随着频率的增加迅速减小，这有利于使用高频进行观测。然而，较高频率受水汽、云和氧气的衰减更大。这些大气效应决定了常规高度计系统的频率上限约为 15GHz。

电离层延迟误差一般采用双频体制进行估算。将卫星到海面的真实距离 h 表示为频率 f_j 的距离测量值 $\hat{h}_j$ 及电离层延迟改正 $R_{\text{ion}}(f_j)$ 和其他误差项 ε_j 之和：

$$h = \hat{h}_j + R_{\text{ion}}(f_j) + \varepsilon_j \tag{2.55}$$

将式（2.54）的 $R_{\text{ion}}(f_j)$ 代入式（2.55），并在式（2.55）两端同乘 f_j^2 得

$$f_j^2 R = f_j^2 \hat{h}_j - 40.3 \times 10^6 \int_0^R n_e(z)\,\text{d}z + f_j^2 \varepsilon_j \tag{2.56}$$

将式（2.56）的频率下标 j 分别设成双频高度计的频率符号，如 Ku 频段记为 Ku，C 频段记为 C，并求差，得

$$(f_{\text{Ku}}^2 - f_{\text{C}}^2) h = f_{\text{Ku}}^2 \hat{h}_{\text{Ku}} - f_{\text{C}}^2 \hat{h}_{\text{C}} + f_{\text{Ku}}^2 \varepsilon_{\text{Ku}} - f_{\text{C}}^2 \varepsilon_{\text{C}} \tag{2.57}$$

即

$$h = \frac{f_{\text{Ku}}^2}{f_{\text{Ku}}^2 - f_{\text{C}}^2}\hat{h}_{\text{Ku}} - \frac{f_{\text{C}}^2}{f_{\text{Ku}}^2 - f_{\text{C}}^2}\hat{h}_{\text{C}} + \frac{f_{\text{Ku}}^2}{f_{\text{Ku}}^2 - f_{\text{C}}^2}\varepsilon_{\text{Ku}} - \frac{f_{\text{C}}^2}{f_{\text{Ku}}^2 - f_{\text{C}}^2}\varepsilon_{\text{C}} \tag{2.58}$$

令

$$a_c = \frac{1}{(f_{\text{Ku}}/f_{\text{C}})^2 - 1} \tag{2.59}$$

则

$$h = (1+a_c)\hat{h}_{\text{Ku}} - a_c \hat{h}_{\text{C}} + (1+a_c)\varepsilon_{\text{Ku}} - a_c \varepsilon_{\text{C}} \tag{2.60}$$

于是，将式（2.60）代入式（2.55）可得

$$\begin{aligned} h &= \hat{h}_j + R_{\text{ion}}(f_j) + \varepsilon_j \\ R_{\text{ion}}(f_{\text{Ku}}) &= h - \hat{h}_{\text{Ku}} - \varepsilon_{\text{Ku}} \\ &= a_c \hat{h}_{\text{Ku}} - a_c \hat{h}_{\text{C}} + a_c \varepsilon_{\text{Ku}} - a_c \varepsilon_{\text{C}} \\ &= a_c [\hat{h}_{\text{Ku}} - \hat{h}_{\text{C}} + \varepsilon_{\text{Ku}} - \varepsilon_{\text{C}}] \end{aligned} \tag{2.61}$$

在其他误差项 ε_j 中，考虑到干、湿对流层改正以及地球物理改正与测量频段无关，且在式（2.61）的求差过程中抵消，可以略去。但是海况偏差对于 Ku 和 C 频段是不同的，若分别记为 $R_{\text{SSB}}^{\text{Ku}}$、$R_{\text{ssb}}^{\text{C}}$，则式（2.61）可化简为

$$R_{\text{ion}}(f_{\text{Ku}}) = a_{\text{c}}[\,(\hat{h}_{\text{Ku}} + R_{\text{SSB}}^{\text{Ku}}) - (\hat{h}_{\text{C}} + R_{\text{SSB}}^{\text{C}})\,] \tag{2.62}$$

式（2.62）中的距离测量值 $\hat{h}_{\text{Ku}}$ 和 $\hat{h}_{\text{C}}$ 也可利用波形重跟踪得到，理论上，由此可以获得更高精度的双频距离测量值，从而提高电离层延迟改正精度。

一般地，对于 T/P 类双频高度计卫星，电离层延迟估计通过 3 个步骤获得。首先，忽略大气折射影响，由 Ku 频段和 C 频段雷达信号的双向传输时间计算各自距离估值 $\hat{h}_{\text{Ku}}$ 和 $\hat{h}_{\text{C}}$；然后，分别对 $\hat{h}_{\text{Ku}}$ 和 $\hat{h}_{\text{C}}$ 进行海况偏差效应改正；最后，计算 Ku 频段电离层距离改正，并将它和其他折射效应（如干湿对流层距离改正）从 $\hat{h}_{\text{Ku}}$ 中减去。Ku 频段电离层距离改正的 T/P 双频估计精度对于 T/P 数据的 1s 平均值约为 1.1cm。

2.2.6 潮汐改正

2.2.6.1 固体潮汐改正

固体潮汐改正一般采用国际地球自转参考系服务（IERS）规范中的改正公式，如 IERS2010 版给出的计算公式[43]。该公式分别计算长周期潮波、周日潮波及半日潮波的贡献量。长周期潮波部分对潮高的贡献为

$$\Delta r_f = \sqrt{\frac{5}{4\pi}} H_f \left\{ \left[h(\phi)\left(\frac{3}{2}\sin^2\phi - \frac{1}{2}\right) + \sqrt{\frac{4\pi}{5}} h' \right] \cos\theta_f \hat{\boldsymbol{r}} + 3l(\phi)\sin\phi\cos\phi\cos\theta_f \hat{\boldsymbol{n}} + \cos\phi\left(3l^{(1)}\sin^2\phi - \sqrt{\frac{4\pi}{5}} l'\right)\sin\theta_f \hat{\boldsymbol{e}} \right\} \tag{2.63}$$

式中：$h(\phi) = h^{(0)} + h^{(2)}(3\sin^2\phi - 1)/2$；$l(\phi) = l^{(0)} + l^{(2)}(3\sin^2\phi - 1)/2$；$H_f$ 为 f 频率时的分潮波振幅（m）；ϕ 为地心纬度；θ_f 为在 f 频率时分潮波的幅角；h'、l' 为负载洛夫数；$\hat{\boldsymbol{r}}$、$\hat{\boldsymbol{e}}$、$\hat{\boldsymbol{n}}$ 分别为径向、东向和北向单位矢量。

周日潮波部分对潮高的贡献为

$$\Delta r_f = -\sqrt{\frac{5}{24\pi}} H_f \left\{ 3\sin\phi\cos\phi\sin(\theta_f + \lambda)h(\phi)\hat{\boldsymbol{r}} + \left[3l(\phi)\cos 2\phi - 3l^{(1)}\sin^2\phi + \sqrt{\frac{24\pi}{5}} l \right]\sin(\theta_f + \lambda)\hat{\boldsymbol{n}} + \left[\left(3l^{(1)}\sin^2\phi - \sqrt{\frac{24\pi}{5}} l'\right)\sin\phi - 3l^{(1)}\sin\phi\cos 2\phi \right]\cos(\theta_f + \lambda)\hat{\boldsymbol{e}} \right\} \tag{2.64}$$

半日潮波对位置向量贡献为

$$\Delta r_f = \sqrt{\frac{5}{96\pi}} H_f \{ 3\cos^2\phi\cos(\theta_f + 2\lambda) h(\phi)\hat{\boldsymbol{r}} - $$
$$6\sin\phi\cos\phi [l(\phi) + l^{(1)}]\cos(\theta_f + 2\lambda)\hat{\boldsymbol{n}} - \quad (2.65)$$
$$6\cos\phi [l(\phi) + l^{(1)}\sin^2\phi]\sin(\theta_f + 2\lambda)\hat{\boldsymbol{e}} \}$$

式中：λ 为东经。

将上述 3 种分潮波对潮高的贡献量加总后即可得固体潮对于海面高的改正量。

除了太阳和月亮对固体地球的影响外，其他天体对固体地球的影响几乎可以忽略。因此，卫星测高中固体地球潮的校正一般不采用分潮方法，而是通过模型来计算。

由天体引起的引力势 V 可以分解成谐波分量 s，每个谐波分量的特征是振幅、相位和频率。因此，由太阳和月亮引起的潮汐势可以表示为

$$V = \sum_{n=2}^{\infty} \sum_s V_n(s) \quad (2.66)$$

其中分量 s 的潮汐势 $V_n(s)$ 可表示为

$$V_n(s) = \begin{cases} C_n(s) \cdot W_n^m \cdot \cos[\omega(s) \cdot t + \Phi(s) + m \cdot \lambda] \leftarrow m+n = \text{even} \\ C_n(s) \cdot W_n^m \cdot \sin[\omega(s) \cdot t + \Phi(s) + m \cdot \lambda] \leftarrow m+n = \text{odd} \end{cases} \quad (2.67)$$

式中：时间 t 为平均太阳日的时间，通常从 1900 年 1 月 1 日算起；λ 为经度。

$\theta(s) = \omega(s) \cdot t + \Phi(s)$ 为相位，可以表示为

$$\theta(s) = \sum_{i=1}^{6} k_i(s) \cdot [\overline{\omega}_i \cdot t + \Phi_i] \quad (2.68)$$

W_n^m 为球谐函数，由下式给出：

$$W_n^m = (-1)^m \left[\frac{(2n+1)}{4\pi} \cdot \frac{(n-m)!}{(n+m)!} \right]^{\frac{1}{2}} P_n^m(\cos\theta) e^{im\lambda} \quad (2.69)$$

式中：P_n^m 为完全正常化勒让德函数。

文献 [44] 给出 $n=2$，$m=0,1,2$ 和 $n=3$，$m=0,1,2,3$ 每一个分量 s 对应的 $k_i(s)[k_1, k_2, \cdots, k_6]$ 系数和振幅 $C_n(s)$。

因此，固体地球潮汐高度为

$$R_{\text{st}} = H_2 \cdot \frac{V_2}{g} + H_3 \cdot \frac{V_3}{g} \quad (2.70)$$

式中：$H_2 = 0.609$；$H_3 = 0.291$；$g = 9.8 \text{m/s}^2$，由于月亮和太阳引力潮位量级不同，可只计算 $n=2,3$（月亮）和 $n=2$（太阳）。因此，$V_2 = V_{20} + V_{21} + V_{22}$，$V_3 = $

$V_{30}+V_{31}+V_{32}+V_{33}$。

2.2.6.2 海洋潮汐改正

海洋潮汐包括弹性海洋潮汐 Δh_{eot} 和负荷潮汐 Δh_{lt} 两部分。其中，Δh_{eot} 可由13个潮波（M_2、S_2、N_2、K_2、K_1、O_1、P_1、Q_1、L_2、T_2、$2N_2$、ν_2、μ_2）相应的潮高来计算，具体公式为

$$\Delta h_{eot} = \sum_{i=1}^{13} f_i [a_i \cos(\sigma_i t + \chi_i + \mu_i) + b_i \sin(\sigma_i t + \chi_i + \mu_i)] \quad (2.71)$$

式中：σ_i 为波 i 的频率；χ_i 为波 i 的天文变量；f_i 为波幅节点改正；μ_i 为相位节点改正；t 为测量时刻；$a_i = A_i \cos\varphi_i$，$b_i = A_i \sin\varphi_i$，其中 A_i、φ_i 分别为振幅和相位。

负荷潮汐 Δh_{lt} 与弹性海洋潮汐类似，可用8个潮波（M_2、S_2、N_2、K_2、K_1、O_1、P_1、Q_1）来计算：

$$\Delta h_{lt} = \sum_{i=1}^{8} f_i [c_i \cos(\sigma_i t + \chi_i + \mu_i) + d_i \sin(\sigma_i t + \chi_i + \mu_i)] \quad (2.72)$$

式中：$c_i = B_i \cos\psi_i$，$d_i = B_i \sin\psi_i$，其中 B_i、ψ_i 分别为振幅和相位。

有多个全球海潮模型可用于计算海潮改正，表2.2列出了2000年以来发布的主要模型[45-46]。

表2.2 主要的全球海潮模型

名称	年份	国家	机构	数据		分辨率/(°)	构建方法
				测高卫星	验潮站		
FES2004	2004	法国	FTG	T/P，ERS-2	有	0.125	同化模型
FES2012	2012	法国	FTG	T/P，ERS-1/2，Jason-1/2，Envisat	无	0.0625	同化模型
FES2014	2016	法国	FTG	T/P，ERS-1/2，Jason-1/2，Envisat	无	0.0625	同化模型
GOT00.2	2000	美国	GSFC	T/P，ERS-1/2	无	0.5	经验模型
GOT4.7	2008	美国	GSFC	T/P，ERS-1/2，GFO	无	0.5	经验模型
GOT4.8	2011	美国	GSFC	T/P，ERS-1/2，GFO	无	0.5	经验模型
GOT4.9	2011	美国	GSFC	T/P，ERS-1/2，GFO	无	0.5	经验模型
GOT4.10	2011	美国	GSFC	ERS-1/2，GFO，Jason-1/2	无	0.5	经验模型
TPXO5	2000	美国	OregonSU	T/P，ERS-2	有	0.5	同化模型
TPXO6.2	2005	美国	OregonSU	T/P	有	0.25	同化模型
TPXO7	2008	美国	OregonSU	T/P，ERS-2，Jason-1	有	0.25	同化模型
TPXO8	2011	美国	OregonSU	T/P，Jason-1/2，ERS-1/2，Envisat	有	0.25	同化模型

续表

名称	年份	国家	机构	数据		分辨率/(°)	构建方法
				测高卫星	验潮站		
TPXO9	2016	美国	OregonSU	T/P, Jason-1/2, ERS-1/2, Envisat	有	0.033	同化模型
OSU12	2012	美国	OSU	T/P, GFO, Jason-1, Envisat	无	0.125	经验模型
EOT08a	2008	德国	DGFI	T/P, ERS-1/2, GFO, Jason-1, Envisat	无	0.125	经验模型
EOT10a	2010	德国	DGFI	T/P, ERS-2, Jason-1/2, Envisat	无	0.125	经验模型
EOT11a	2011	德国	DGFI	T/P, ERS-2, Jason-1/2, Envisat	无	0.125	经验模型
EOT20	2021	德国	DGFI	T/P, ERS-1/2, Jason-1/2/3, Envisat	无	0.125	经验模型
HAMTIDE11a	2011	德国	UH	T/P, Jason-1	无	0.125	同化模型
NAO.99b	2000	日本	NAO	T/P	无	0.5	同化模型
DTU10	2011	丹麦	DTU	T/P, ERS-2, Jason-1/2, Envisat	无	0.125	经验模型

表中，FES（Finite Element Solution）系列模型是由法国潮汐小组研发的同化模型。2016年发布的最新FES2014模型对20多年的T/P、ERS-1/2、Jason-1/2和Envisat卫星测高数据作同化处理，采用非结构化灵活网格分辨率、水动力潮汐优化解以及集群数据同化技术，扩展了潮汐分量的频谱范围，增强了整体分辨率，在全球大部分海洋区域（尤其是大陆架和沿海海域）的去混叠性能得到改善。FES2014模型已集成到卫星测高地球物理数据记录（GDR）和重力数据处理中，并被国际地球参考系2020所采用[47]。

戈达德海洋潮汐（GOT）系列模型是由美国戈达德航天飞行中心（GSFC）研发的经验改正模型。1999年发布的GOT99.2采用6年T/P数据，GOT00.2在更长时间T/P数据基础上加入ERS-1/2数据，GOT4.7、GOT4.8和GOT4.9仅在S_2及其相应内插分潮T_2上有所区别，但相应分潮可靠性得以提高，GOT4.10用Jason-1/2数据代替T/P数据重新计算了各个分潮。TPXO系列海潮模型由美国俄勒冈州立大学构建，主要使用二维正压流体动量方程，运用广义反演方法对各测高数据进行同化。TPXO8对T/P和Jason-1/2等测高数据进行沿轨迹调和分析，并在浅水和极地地区加入ERS、Envisat数据和验潮站数据，TPXO9基于Sandwell V18.1测深模型，同化更多测高数据，采用了改进的负荷潮汐和逆气压修正，消除了TPXO8全球解中的大尺度误差[48]。OSU12海潮模型是由美国俄亥俄州立大学（OSU）使用扩展后的正交响应法，对T/P、GFO、Jason-1/2和Envisat等卫星测高数据进行经验分析得到的经验模型,格网分辨率为 0.25°。

EOT08a 是德国大地测量研究所(DGFI)在 FES2004 的基础上,通过对 T/P、ERS-1/2、GFO、Jason-1 和 Envisat 等测高卫星 13 年的数据进行调和分析建立的经验海潮模型(EOT),格网分辨率为 0.125°。随着测高数据的积累,DGFI 相继发布了 EOT10a 和 EOT11a。2021 年发布的 EOT20 模型,基于 7 颗卫星测高任务,在全球 0.125°网格上提供 17 个潮汐分量的振幅和相位,与 EOT11a 相比,在整个海洋尤其是在沿海和大陆架地区有显著改进,8 种主要潮汐成分的和方根(RSS)在全球海洋提高约 1.4cm,在沿海地区的 RSS 约 2.2cm。与 FES2014 相比,在全球海洋 RSS 有约 0.2cm 改进,建议使用 EOT20 模型作为海平面研究中卫星测高的潮汐改正[49]。HAMTIDEII a 是由德国汉堡大学研发的正压同化模型,基于广义反演方法,使用最小二乘法直接将海潮模型以及数据的不确定性降到最低,格网分辨率为 0.125°。

NAO.99b 海潮模型是由日本国家天文台(NAO)于 2000 年建立的全球海潮模型。它基于二维非线性浅水方程,考虑了负荷效应、平流项和地球曲率影响。DTU10 是丹麦技术大学(DTU)基于 FES2004 建立的经验改正模型,格网分辨率为 0.125°。该模型源于 AG06 模型,AG06 是以 FES94.1 模型为参考,利用 T/P、ERS-1/2、GFO、Jason-1 和 Envisat 等卫星测高数据计算得到的经验反演模型。

2.2.6.3 极潮改正

极潮是指极点变化引起的地球潮汐现象。由于地球表面的物质运动(如洋流、海潮等)以及地球内部的物质运动(如地幔的运动),会使极点位置产生变化(这种现象称为极移)。地球极移的两个最大分量是钱德勒摆动(周期为 435 天左右)和周年极移,极移的振幅变化有约 6 年的周期,最大可达 0.25″,最小有 0.05″左右。

地球自转引起的离心位为

$$V = \frac{1}{2}[r^2|\overline{\Omega}|^2 - (\overline{r} \cdot \overline{\Omega})^2] \quad (2.73)$$

式中:$\overline{\Omega} = \Omega(m_1\hat{x} + m_2\hat{y} + (1+m_3)\hat{z})$,其中 Ω 为地球自转平均角速度,m_1、m_2 为瞬时旋转极对平均极的偏差,m_3 为自转速率的小数变化;r 为测站到地心的距离。若忽略 m_3 的变化,m_1、m_2 项给出引力位的一阶摄动为[50]

$$\Delta V(r,\theta,\lambda) = -\frac{\Omega^2 r^2}{2}\sin2\theta(m_1\cos\lambda + m_2\sin\lambda) \quad (2.74)$$

由 ΔV 引起的径向位移 R_{pt}[43]可表示为

$$R_{pt}=h_2\frac{\Delta V}{g}=-\frac{\Omega^2 r^2}{g}\sin\theta\cos\theta(m_1\cos\lambda+m_2\sin\lambda)h_2 \qquad (2.75)$$

式中：g 为地面重力加速度；θ 为余纬；λ 为经度；h_2 为潮汐勒夫数。

地球平均自转极的位置存在长期变化。设用 x_p、y_p 表示瞬时极位置，用 $\bar{x}_p$、$\bar{y}_p$ 表示平均极位置，则

$$\begin{cases} m_1=x_p-\bar{x}_p \\ m_2=-(y_p-\bar{y}_p) \end{cases} \qquad (2.76)$$

根据 IERS 2010 协议，平均极位置 $\bar{x}_p$、$\bar{y}_p$ 由下式求出[43]：

$$\begin{cases} \bar{x}_p(t)=\sum_{i=0}^{3}(t-t_0)^i\times\bar{x}_p^i \\ \bar{y}_p(t)=\sum_{i=0}^{3}(t-t_0)^i\times\bar{y}_p^i \end{cases} \qquad (2.77)$$

式中：t_0 为 2000.0 年；t 为需要计算平均极移的年份；$\bar{x}_p^i$、$\bar{y}_p^i$ 的数值如表 2.3 所列。

表 2.3 IERS2010 平均极移模型的系数

单位：mas/年$^{-i}$

阶次 i	2010.0 年前		2010.0 年后	
	$\bar{x}_p^i$	$\bar{y}_p^i$	$\bar{x}_p^i$	$\bar{y}_p^i$
0	55.974	346.346	23.513	358.891
1	1.8243	1.7896	7.6141	-0.6287
2	0.18413	-0.10729	0.0	0.0
3	0.007024	-0.000908	0.0	0.0

在式（2.75）中，取 $\Omega=7.292114\times10^{-5}$ rad/s，$r=6.378\times10^6$ m，$h_2=0.6207$（陆地），$h_2=1.302$（水面），$g=9.82$ m/s^2，可得极潮改正为

陆地：
$$R_{pt}=-33\sin2\theta\cdot(m_1\cos\lambda+m_2\sin\lambda) \qquad (2.78)$$

水面：
$$R_{pt}=-69.435\sin2\theta\cdot(m_1\cos\lambda+m_2\sin\lambda) \qquad (2.79)$$

2.2.7 逆气压效应

2.2.7.1 逆气压改正

随着大气压力的增加和减少,海面产生静水压响应而分别下降或上升。一般地,大气压增加 1mbar 使海面降低约 1cm。这种效应称为逆气压效应。

以 cm 为单位的瞬时逆气压效应对海面高的影响 R_{inv} 可由表面大气压 p_0(单位:mbar)计算:

$$R_{inv} = -0.99484 \times (p_0 - p) \tag{2.80}$$

式中:p 为全球海面大气压在整个海洋的时变平均值。

比例系数 0.99484 是基于中纬度逆气压效应响应的经验值。注意:海面大气压也与干对流层改正成正比,对比式(2.39)和式(2.80),当干对流层改正变化 1mm 时,逆气压改正变化 4~5mm。ECMWF 大气压产品的不确定性在某种程度上取决于位置。典型误差从北大西洋的 1mbar 到南太平洋的几 mbar 不等。1mbar 大气压误差转化为约 10mm 的逆气压效应误差。

T/P 任务的前 8 年,p 的平均值约为 1010.9mbar,年变化约为 0.6mbar。然而,T/P 卫星数据产品给出了相对恒定平均气压 1013.3mbar 的静态逆气压改正[51]:

$$R_{inv}(T/P) = -0.99484(p_0 - 1013.3) \tag{2.81}$$

因此,以平均气压 1013.3mbar 为基准的逆气压改正生成的海面高比以时变全球平均气压为基准的相应值低约 $-9.948 \times (1010.9 - 1013.3) = 23.9$mm,两个海面高之间差异的年变化约为 $9.948 \times 0.6 = 6$mm。

2.2.7.2 对大气压的正压/斜压响应

高频风和大气压响应改正是对逆气压改正的补充。例如,对于 Jason-3,由于其重复周期为 10 天,风和大气压对海洋的影响(去除逆气压改正后)主要集中于 20 天周期内。这种改正被视为逆气压改正对大气压响应的偏离,尽管严格意义上它是对风和大气压的响应与逆气压改正的差值。文献[52]使用 NCEP 的业务风和大气压模型,利用正压模型计算了该响应。模型输出进行了滤波,允许小于 20 天的频率通过。

2.2.8 海况偏差改正

海况效应是大足迹雷达测量的固有属性。海面散射元素对雷达回波的影响不同,波谷比波峰更能反射高度计脉冲。因此,平均反射面的质心从平均海平面移向波谷。这种偏移称为电磁(EM)偏差,引起高度计高估距离。此外,在轨算法中假设高度的概率密度函数是对称的,而实际上它是倾斜的,因此存在倾斜偏差(SKB)。最后,还有跟踪器偏差,它纯粹是仪器效应。EM 偏差、倾斜偏差和跟踪器偏差之和称为海况偏差(SSB)。SSB 通常是有效波高(SWH)的百分之几,因此大小在几厘米到几分米之间。

产生电磁偏差的物理基础已经明确,主要是因为波谷的单位表面积后向散射功率大于波峰的相应功率,次要原因是小波面后向散射功率与波谱长波部分的局部曲率半径成正比。由于海面高呈非高斯分布,海浪通常是倾斜的。因此,波谷的曲率半径比波峰的曲率半径要大,致使后向散射功率朝波谷产生偏差。即使海面高分布没有倾斜,波峰附近大风产生的小尺度粗糙度也会使高度计脉冲向远离入射辐射方向散射,从而进一步增大这种偏差。因此,高度计测量的波谷后向散射功率大于波峰后向散射功率,从而使 EM 海平面偏向波谷。

2.2.8.1 SSB 的参数模型估算法

EM 偏差公式历来以有效波高表示。有效波高定义为视场中最高波的 1/3 高度,通常认为等于海面高标准偏差的 4 倍。先前研究都表明,EM 偏差随波高的增加而单调增加。因此,波谷 EM 偏差的经验估计公式为

$$\text{SSB} = -b \cdot \text{SWH} \tag{2.82}$$

式中:b 为总海况偏差系数,为无量纲的正数。

通常采用各类经验模型对 b 进行估算,此时,式(2.82)可写为

$$\text{SSB} = \text{SWH} \cdot b(\boldsymbol{x}, \boldsymbol{a}) \tag{2.83}$$

式中:b 是 $\boldsymbol{x}$ 的指定函数;$\boldsymbol{x}$ 是由海况相关变量组成的矢量;$\boldsymbol{a}$ 是参数矢量。

实践中,$\boldsymbol{x}$ 的分量从可由高度计直接测量的海况相关变量中选择,如 SWH、风速(U)和后向散射系数(σ_0)或其任意组合。

大多数经验模型实际上假设 b 是 U 和/或 SWH 的简单多项式函数,文献[53]给出了以 SWH 和 U 作为变量的如下通用二次多项式函数:

$$b = a_1 + a_2 \text{SWH} + a_3 U + a_4 \text{SWH}^2 + a_5 U^2 + a_6 \text{SWH} \cdot U \tag{2.84}$$

显然,式(2.84)中包括零次项参数 a_1,具有 2 个、3 个、4 个、5 个和 6 个参数的可能模型个数分别为 5 个、10 个、10 个、5 个和 1 个,总计有 31 个可能模型。对于参数数量相同的模型,为遴选其中的最佳模型,采用如下 3

个标准[53]：参数估计方差最大、参数估计最为稳健、残差与回归系数 ΔSWH 和/或 ΔU 的相关性最小。为了便于表示，将每个选定的偏差模型记为 BMx，其中 x 是模型中待拟合的参数数量，式（2.82）的常数偏差模型相应地记为 BM1。以下介绍文献［53］得出的 BM1 至 BM4 模型。

1）BM1 模型

无量纲比值 SSB/SWH 通常称为相对偏差。SSB 最简单和最常见的参数化是采用恒定的相对偏差，即

$$\mathrm{BM1(SWH)} = a_1 \cdot \mathrm{SWH} \tag{2.85}$$

对于 Geosat，a_1 的公布数值通常为 $-0.01 \sim -0.04$，即海况偏差为 SWH 的 $-1\% \sim -4\%$[54]。对于 Geos 3，数值范围大致相同。Seasat 高度计的相应估值约为 -7%，明显偏高，这通常归因于 Seasat 高度计跟踪器和地面处理系统的特殊性。利用 T/P 全球（$2\sim30$ 周）交叉点数据线性回归得到的估值 $\hat{a}_1$ 为 -0.02，非常接近典型的 Geosat 估计值。

2）BM2 模型

按照上述 3 条标准，选出了 2 个参数的最佳模型 BM2 为

$$\mathrm{BM2(SWH)} = \mathrm{SWH}[a_1 + a_4 \mathrm{SWH}^2] \tag{2.86}$$

利用 28 个 T/P 重复周期（$2\sim19$ 和 $21\sim30$）的交叉点给出的参数估值为 $\hat{a}_1 = -0.037\pm0.004$，$\hat{a}_4 = 0.00029\pm0.00007$。其中，SWH^3 项的基本影响规律是，相对偏差幅度随 SWH 的增加逐渐减小。Geosat 数据也有类似结论[55]：SWH 小于 3m 时，相对偏差大致保持恒定，约为 SWH 的 -3% 和 -4%；SWH 大于 3m 时，相对偏差幅度明显减小。

3）BM3 模型

在 10 个候选三参数模型中，排位前 4 位的模型都包括 SWH 和/或 U 项，其中最佳模型为

$$\mathrm{BM3}(U,\mathrm{SWH}) = \mathrm{SWH}[a_1 + a_3 U + a_5 U^2] \tag{2.87}$$

相对偏差显然只是风速的函数。利用同样 28 个 T/P 重复周期交叉点给出的参数估值为 $\hat{a}_1 = -0.0036\pm0.007$，$\hat{a}_3 = -0.0045\pm0.0008$，$\hat{a}_5 = 0.0036\pm0.007$。BM3 实际上是 NASA 用于生产 T/P GDR 数据的模型，其相应参数估值为 $\hat{a}_1 = -0.0029$，$\hat{a}_3 = -0.0038$，$\hat{a}_5 = 0.000155$[56]。两组参数非常接近。

4）BM4 模型

在 10 个候选四参数模型中，通过 10 组参数的线性回归比较和分析，给出的最佳四参数模型为

$$BM4(U,SWH) = SWH[a_1 + a_2 SWH + a_3 U + a_5 U^2] \qquad (2.88)$$

利用 T/P 全球交叉点给出的参数估值为 $\hat{a}_1 = -0.019 \pm 0.009$，$\hat{a}_2 = 0.0027 \pm 0.0011$，$\hat{a}_3 = -0.0037 \pm 0.0008$，$\hat{a}_5 = 0.00014 \pm 0.00003$。回归残差分析表明，BM4 在多数条件下表现较好。根据 ΔSWH 分类的残差平均值通常低于 1cm，当残差按 ΔU 排序时，平均值甚至更小。

BM4 实际上是将 SSB 建模为与波浪相关的变化和与风速相关的变化之组合，而这两种变化已在 BM2 和 BM3 中分别予以参数化。这种线性组合在物理上是有吸引力的，但目前还没有理论结果来证明这一点。

对于 T/P 卫星，BM2 在 SWH 引起的相对偏差变化较大的高纬度地区，明显优于相对偏差为常数的 BM1。BM3 在各种情况下均比 BM2 好。BM4 仅在 30°以上纬度地区优于 BM3，在 SWH 引起的相对偏差变异显著的区域，BM4 也优于 BM3。

5）其他参数模型

文献 [57] 提出了海况偏差的替代公式，试图顾及波浪类型影响（如涌浪与风浪），而不仅仅是 SWH。海况偏差以称为"伪波龄"的量表示。伪波龄定义为

$$\Psi = \left(\frac{g \cdot SWH}{U^2}\right)^{\psi} \qquad (2.89)$$

式中：ψ 为接近 0.6 的无量纲常数；g 为重力加速度。

于是，海况偏差模型表示为

$$b = B\left(\frac{\Psi}{\Psi_m}\right)^{\beta} \qquad (2.90)$$

式中：Ψ_m 为全球平均伪波龄；$B = 0.013 \pm 0.005$；$\beta = -0.88 \pm 0.37$。研究发现，与仅基于 SWH 线性函数的模型相比，包含伪波龄效应可以稍微改善海况偏差的估计。

伪波龄的物理基础本质上是年轻波比年老波的非线性要差，会引起更大海况偏差。根据式（2.89），海况偏差随着风速的增加和/或 SWH 的降低而增加。

上述经验模型中的参数，均可用卫星交叉点或共线轨迹上所测海面高（SSH）之差的方差为最小来确定。

令 h'_a 为未作海况偏差校正的高度计测距值。卫星离参考椭球的高度和 h'_a 求差，得到含偏差的海面高测量值 SSH'，其包含大地水准面 h_g、海洋动态地

形 η、SSB 和测量噪声 w：

$$\text{SSH}' = h_g + \eta + \text{SSB} + w \tag{2.91}$$

大地水准面在很大程度上占主导，可通过在不同时间但在同一地理位置（沿着共线轨迹或交叉点）对 SSH' 作两次测量并求差，从式（2.91）中消去。将这两次测量记为 SSH'_1 和 SSH'_2，则有

$$\text{SSH}'_2 - \text{SSH}'_1 = (\text{SSB}_2 - \text{SSB}_1) + (\eta_2 - \eta_1) + (w_2 - w_1) \tag{2.92}$$

在估算 SSB 时，将动态地形变化 $(\eta_2 - \eta_1)$ 视为噪声，与 $(w_2 - w_1)$ 合并，形成零均值噪声项 ε：

$$\text{SSH}'_2 - \text{SSH}'_1 = (\text{SSB}_2 - \text{SSB}_1) + \varepsilon \tag{2.93}$$

即

$$\Delta\text{SSH} = \Delta\text{SSB} + \varepsilon \tag{2.94}$$

假设海况偏差为如下形式的线性模型：

$$\text{SSB} = \sum_{i=1}^{p} a_i x_i + \varepsilon_{\text{SSB}} \tag{2.95}$$

式中：ε_{SSB} 为海况偏差的未建模部分；系数 a_i 为 p 个待估参数；变量 x_i 为 SWH、风速（U）、后向散射系数（σ_0）或其任意组合。

将式（2.95）代入式（2.94），并将误差项合并至 ε，则有

$$\Delta\text{SSH} = \sum_{i=1}^{p} a_i \Delta x_i + \varepsilon \tag{2.96}$$

其最小二乘解为

$$\hat{\boldsymbol{a}} = (\Delta\boldsymbol{x}^\text{T} \Delta\boldsymbol{x})^{-1} \Delta\boldsymbol{x}^\text{T} \Delta\textbf{SSH} \tag{2.97}$$

2.2.8.2 SSB 的非参数估算法

文献 [58] 证明，上述参数化方法在最小二乘估计意义上并非最优。理想情况下，海况偏差系数 b 与风速和波高的相关性应以非参数方式确定，而不是通过预设参数的函数形式来确定。文献 [58-61] 采用非参数方法估算海况偏差系数。

假设随机标量变量 ζ 与随机矢量 $\boldsymbol{x}$ 存在联合分布。给定一组 n 个观测值 $(\zeta_i, \boldsymbol{x}_i)$，在不需要对 r 的函数形式进行假设的情况下，估算回归函数 $r(\boldsymbol{x}) = E[\zeta | \boldsymbol{x}]$。核平滑方法是该问题的解决方案之一，其优点是非常直观且便于实现。条件期望 $E[\zeta | \boldsymbol{x}]$ 的核估计量 $\hat{r}(\boldsymbol{x})$ 是观测量 ζ_i 的简单加权平均值：

$$\hat{r}(\boldsymbol{x}) = \sum_{i=1}^{n} \zeta_i \alpha_n(\boldsymbol{x} - \boldsymbol{x}_i) \tag{2.98}$$

式中：α_n 为权函数，是 $\boldsymbol{x}$ 和 $\boldsymbol{x}_i$ 之间距离的递减函数，且

$$\alpha_n(\boldsymbol{x}-\boldsymbol{x}_i)=\frac{K\left(\dfrac{\boldsymbol{x}-\boldsymbol{x}_i}{\boldsymbol{h}_n}\right)}{\sum\limits_{i=1}^{n}K\left(\dfrac{\boldsymbol{x}-\boldsymbol{x}_i}{\boldsymbol{h}_n}\right)} \tag{2.99}$$

式中：K 为核函数；$\boldsymbol{h}_n$ 为带宽矢量；下标 n 表示带宽与观测数有关。

核是满足 $\int K(\boldsymbol{x})\mathrm{d}\boldsymbol{x}=1$ 的对称标量函数，通常选为概率密度函数。带宽矢量的大小与 $\boldsymbol{x}$ 相同，由正数构成。

下面给出 SSB 的非参数模型构建过程。假设 $\mathrm{SSB}=\varphi(\boldsymbol{x})$，令 $y=\mathrm{SSH}_2'-\mathrm{SSH}_1'$，则式（2.93）变为

$$y=\varphi(\boldsymbol{x}_2)-\varphi(\boldsymbol{x}_1)+\varepsilon \tag{2.100}$$

则

$$E[y|\boldsymbol{x}_2=\boldsymbol{x}]=\varphi(\boldsymbol{x})-E[\varphi(\boldsymbol{x}_1)|\boldsymbol{x}_2=\boldsymbol{x}] \tag{2.101}$$

若有一组观测量 $(y_i,\boldsymbol{x}_{1i},\boldsymbol{x}_{2i})$，可利用式（2.98）的核函数计算式（2.101）的条件期望：

$$\varphi(\boldsymbol{x})=\sum_{i=1}^{n}y_i\alpha_n(\boldsymbol{x}-\boldsymbol{x}_{2i})+\sum_{i=1}^{n}\varphi(\boldsymbol{x}_{1i})\alpha_n(\boldsymbol{x}-\boldsymbol{x}_{2i}) \tag{2.102}$$

如果 $\varphi(\boldsymbol{x}_{1i})$ 已知，式（2.102）可以估算对于任何 $\boldsymbol{x}$ 的 $\varphi(\boldsymbol{x})$，即可利用任何一组有限 $\boldsymbol{x}$ 值估算 $\varphi(\boldsymbol{x})$，于是，式（2.102）可写成

$$\varphi(\boldsymbol{x}_{1j})=\sum_{i=1}^{n}y_i\alpha_n(\boldsymbol{x}_{1j}-\boldsymbol{x}_{2i})+\sum_{i=1}^{n}\varphi(\boldsymbol{x}_{1i})\alpha_n(\boldsymbol{x}_{1j}-\boldsymbol{x}_{2i}),\ \forall j=1,2,\cdots,n \tag{2.103}$$

或表示为矩阵形式：

$$(\boldsymbol{I}-\boldsymbol{A})\boldsymbol{\varphi}_1=\boldsymbol{A}\boldsymbol{y} \tag{2.104}$$

式中：$\boldsymbol{I}$ 为 $n\times n$ 单位阵；$\boldsymbol{A}$ 为 $n\times n$ 矩阵，其中元素 $a_{ji}=\alpha_n(\boldsymbol{x}_{1j}-\boldsymbol{x}_{2i})$；$\boldsymbol{\varphi}_1^{\mathrm{T}}=[\varphi(\boldsymbol{x}_{11}),\varphi(\boldsymbol{x}_{12}),\cdots,\varphi(\boldsymbol{x}_{1n})]$；$\boldsymbol{y}=[y_1,y_2,\cdots,y_n]^{\mathrm{T}}$。

线性方程式（2.104）不能直接求解得到唯一解，因为 $(\boldsymbol{I}-\boldsymbol{A})$ 的秩等于 $n-1$，它是奇异矩阵。为了消除这种不确定性，可以强制固定 $\boldsymbol{\varphi}_1$ 的一个元素，如令 $\varphi(\boldsymbol{x}_{11})=\varphi_0$，则

$$\boldsymbol{B}_1\boldsymbol{\varphi}=\boldsymbol{A}\boldsymbol{y}-\boldsymbol{B}_0\varphi_0 \tag{2.105}$$

式中：$\boldsymbol{\varphi}^{\mathrm{T}}=[\varphi(\boldsymbol{x}_{12}),\varphi(\boldsymbol{x}_{13}),\cdots,\varphi(\boldsymbol{x}_{1n})]$；$\boldsymbol{B}_0$、$\boldsymbol{B}_1$ 分别为 $(\boldsymbol{I}-\boldsymbol{A})$ 的第一列和剩余部分。

由此得到 n 个方程、$n-1$ 个未知数的线性系统，其最小二乘解为

$$\hat{\boldsymbol{\varphi}} = (\boldsymbol{B}_1^T \boldsymbol{B}_1)^{-1} \boldsymbol{B}_1^T (\boldsymbol{A}\boldsymbol{y} - \boldsymbol{B}_0 \boldsymbol{\varphi}_0) \quad (2.106)$$

通过式（2.106）求解得到 $\varphi(\boldsymbol{x}_{1i}), i=2,3,\cdots,n$ 后，就可计算海况偏差改正值。

如果带宽选择得当，式（2.106）的 SSB 估计结果是一致且渐近正态的。如果出现 $(\boldsymbol{B}_1^T \boldsymbol{B}_1)$ 奇异情况，可以强制约束 $\boldsymbol{\varphi}_1$ 的多个元素，式（2.106）同样适用。

利用式（2.102）和式（2.106）估计 SSB，需要事先确定核函数和选择适当的带宽矢量。对于 $\boldsymbol{x} = (U, \text{SWH})$ 的二维 SSB 估算模型，高斯核函数的形式为

$$K\left(\frac{\boldsymbol{x}-\boldsymbol{x}_i}{\boldsymbol{h}_n}\right) = \frac{1}{2\pi h_U h_{\text{SWH}}} \exp\left[\frac{-(U-U_i)^2}{2h_U^2}\right] \cdot \exp\left[\frac{-(\text{SWH}-\text{SWH}_i)^2}{2h_{\text{SWH}}^2}\right] \quad (2.107)$$

球面 Epanechnikov 核函数为

$$K\left(\frac{\boldsymbol{x}-\boldsymbol{x}_i}{\boldsymbol{h}_n}\right) = \max\left\{0, \frac{2}{\pi h_U h_{\text{SWH}}}\left[1 - \left(\frac{U-U_i}{h_U}\right)^2 - \left(\frac{\text{SWH}-\text{SWH}_i}{h_{\text{SWH}}}\right)^2\right]\right\} \quad (2.108)$$

带宽起平滑参数作用，更大带宽将得到更平滑估计。最佳带宽是使 SSB 与其估值 φ 之间的距离达到最小，其选择通常需要迭代计算。带宽初值用于获得逼近函数的首个估值，然后该估值用于调整带宽，并逐步改进估计，如此循环迭代。高斯核函数的带宽初值采用如下公式：

$$h_x = C\sigma_x n^{-1/5} \quad (2.109)$$

式中：x 为 U 或者 SWH；σ_x 为 x 的标准偏差；C 为常数，其值为 1.06。

球面 Epanechnikov 核函数采用局部变化的带宽[62]：

$$h_x = h_{x0}[n(\boldsymbol{x})/\overline{n(\boldsymbol{x})}]^{-1/6} \quad (2.110)$$

式中：h_{x0} 为 U 或者 SWH 的参考带宽，所有交叉点处的 U 和 SWH 按一定间隔分组；$n(\boldsymbol{x})$ 为 $\boldsymbol{x}$ 所在组的高度计观测数；$\overline{n(\boldsymbol{x})}$ 为 $n(\boldsymbol{x})$ 的平均值。组带宽是可变的，与观测数负相关[62]。

上述 SSB 的非参数估计结果是风速 U 和有效波高 SWH 的 SSB 查找表。根据高度计实测风速和有效波高或者 ECMWF 等提供的相应数据就可算得海况偏差改正。

为改善 SSB 的非参数估算效果，文献[63-64]在 $\boldsymbol{x} = (U, \text{SWH})$ 的基础上引入了第三个相关量平均波浪周期（MWP），称为 $\boldsymbol{x} = (U, \text{SWH}, \text{MWP})$ 的三维 SSB 估算模型。此时，Epanechnikov 核函数的形式为

$$K\left(\frac{x-x_i}{h_n}\right) = \max\left\{0, \frac{15}{8\pi h_U h_{SWH} h_{MWP}}\left[1-\left(\frac{U-U_i}{h_U}\right)^2 - \left(\frac{SWH-SWH_i}{h_{SWH}}\right)^2 - \left(\frac{MWP-MWP_i}{h_{MWP}}\right)^2\right]\right\} \quad (2.111)$$

相应的带宽矢量为

$$h_x = \begin{cases} h_{x0}[n(x)/\overline{n(x)}]^{-1/7}, & n(x) \geq 0.1\overline{n(x)} \\ 3h_{x0}, & n(x) < 0.1\overline{n(x)} \end{cases} \quad (2.112)$$

2.3 卫星测高误差改正项特性分析

为了对各项误差改正有更加深入的认识，本节采用 Jason-2 卫星 GDR 数据对我国海域的各项误差进行分析。Jason-2 测高卫星搭载了高性能的 Poseidon-3 雷达高度计，其海面高测量精度在 2m 有效波高、1Hz 采样条件下优于 3.4cm。

选取弧段为经过我国渤海及黄海区域的 062 弧段、南海区域的 114 弧段、东海区域的 240 弧段。为了体现不同时间间隔的差异，分别选择 cycle100、cycle135、cycle136、cycle138、cycle153 和 cycle170 共 6 个周期的数据进行分析，其中 cycle100 与 cycle135 之间相差一年，cycle135 与 cycle136 之间相差 10 天，cycle135 与 cycle138 之间相差一月，cycle135 与 cycle153 之间相差半年，cycle100 与 cycle170 之间相差两年。

062 弧段的地面轨迹如图 2.4 所示，包括黄海区域（30°N~36°N）和渤

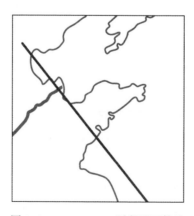

图 2.4　Jason-2 062 弧段地面轨迹

海区域（36.5°N~39.5°N）两个部分。114 弧段的地面轨迹经过我国南海区域，向北经海南岛延伸至大陆，研究数据范围是 17°N~21.5°N，如图 2.5 所示。240 弧段的地面轨迹经过我国东海区域，向北延伸至我国大陆，向南经过台湾岛北部，研究数据范围是 23°N~29°N，如图 2.6 所示。

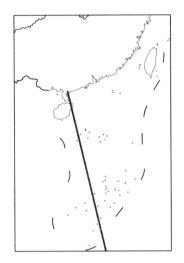

图 2.5　Jason-2 114 弧段地面轨迹

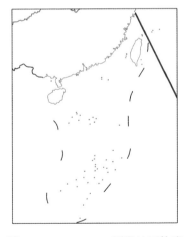

图 2.6　Jason-2 240 弧段地面轨迹

2.3.1　对流层误差改正特性

采用 ECMWF 模型计算的 4 个海域 6 个周期不同弧段的干对流层误差改正如图 2.7（a）~（d）所示。可以看出，干对流层误差改正整体趋势呈线性变化，不同周期的变化趋势一致，其误差改正量变化范围为-2.29~-2.34m，其中南海区域的干对流层误差改正在靠近海南岛区域出现了约1cm的跳变，这可能是由于气压模型在陆地区域不准确引起的。

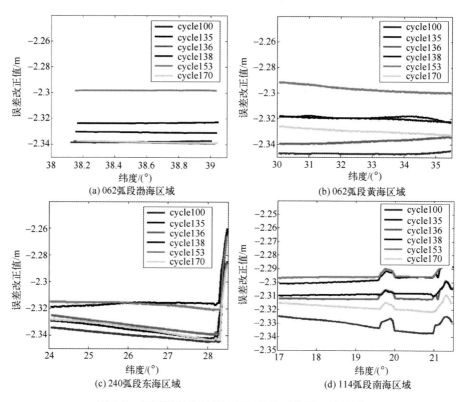

图 2.7 不同周期的干对流层误差改正分析（见彩图）

采用星载微波辐射计测量值计算的4个海域6个周期不同弧段的湿对流层误差改正如图 2.8（a）~（d）所示。可以看出，4个海域的同一周期不同弧段的湿对流层误差改正整体变化平稳，在局部区域（10km距离以内）变化趋势呈线性，不同周期误差改正量为-0.4~-0.1m。其中153周期与其他5个周期相比，误差改正量级普遍偏大约10cm，这在渤海区域体现得尤为明显。

2.3.2 电离层延迟改正特性

式（2.62）表明，电离层延迟改正与波形重跟踪及海况偏差都有关系。此处先分析波形重跟踪及海况偏差对电离层改正的影响。选取062弧段的部分数据进行比较，加与不加海况偏差、重跟踪与未重跟踪的电离层延迟改正分别示于图2.9和图2.10，互差（E）的统计结果列于表2.4。

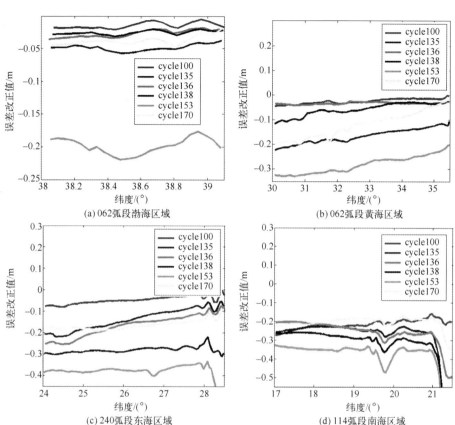

图2.8　不同周期的湿对流层误差改正分析（见彩图）

表2.4　电离层延迟改正的互差统计结果

单位：m

项　目	最大值	最小值	均　值	标准差	统计点数
加与不加海况偏差之差	0.007	-0.001	0.004	0.003	250
重跟踪与未重跟踪之差	0.51	-0.72	0.04	0.08	250

从图2.9和表2.4可以看出，海况偏差对电离层延迟改正的影响在3mm左右，虽然统计量级较小，但单个点值最大可达7mm，对于高精度海面高而言不能轻易忽略。

图2.10中利用原始测量值得到的电离层延迟改正看似一条直线，这是与重跟踪结果的相对视觉效果，实际上在不同位置存在差异。从图2.10和表2.4可见，波形重跟踪对于电离层延迟改正的影响高达8cm，且呈明显的

系统性影响，因此波形重跟踪不仅在于获得精确的星地测量距离，对于精确计算电离层延迟改正同样不可或缺。

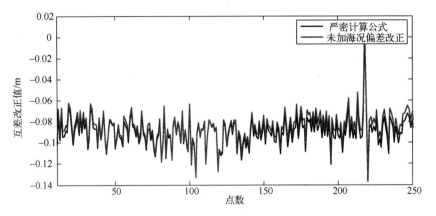

图 2.9　海况偏差对电离层延迟改正的影响（见彩图）

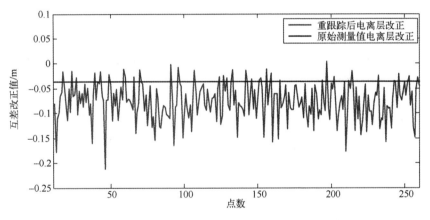

图 2.10　波形重跟踪对电离层延迟改正的影响（见彩图）

基于以上分析，采用式（2.62）的严密改正公式计算了 Jason-2 在 4 个海域 6 个周期不同弧段的电离层延迟改正，如图 2.11（a）~（d）所示。由图可以看出，6 个周期的电离层延迟改正整体变化呈现随机特点，不同周期间的变化在厘米级左右，总体改正量为-0.1~0m，但 4 个区域在局部空间呈现不同变化特征。渤海区域受到陆地影响，在陆海交界区域的数值出现跳变，其中第 170 周期的电离层延迟改正在渤海中段区域与其他周期相比出现跳变，最大值达-0.3m。黄海区域，第 100 周期电离层数据在黄海区域中段与其他周期相比出现跳变，最大改正值达-1.0m。东海区域，所有周期的电离层误差比较一致,没有出现明显跳变。南海区域电离层误差变化与东海区域相同,只在接近海南岛、雷州半岛区域出现跳变。

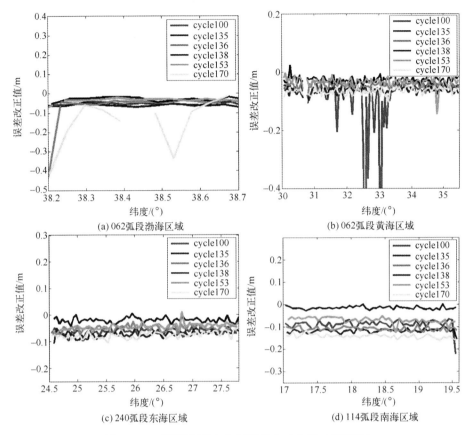

图 2.11 不同周期的电离层误差改正分析(见彩图)

2.3.3 潮汐改正特性

2.3.3.1 固体潮汐改正

采用式(2.70)计算了4个海域不同周期、不同弧段的固体潮汐改正,如图2.12(a)~(d)所示。由图可以看出,固体潮变化整体呈线性递减趋势,但不同周期间的变化比较明显,如渤海区域改正量从-0.11m至0.06m,黄海区域改正量从-0.11m至0.1m。

为更加清晰地说明同一周期内固体潮改正的变化趋势,以南海区域为例,给出了6个不同周期的变化幅度,如表2.5所列。可以看出,各个周期内的固体潮改正在整个弧段（约400km长）上的变化幅度不超过2cm，如果弧段上的观测值间距变小，则固体潮改正的变化更小。

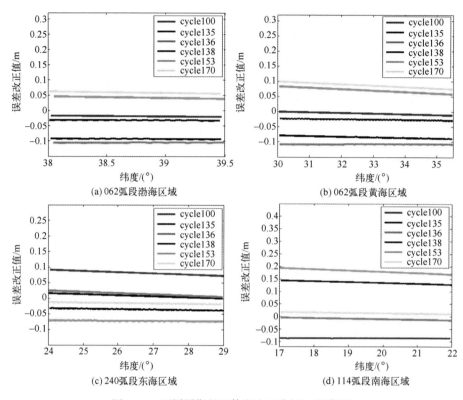

图2.12 不同周期的固体潮改正分析（见彩图）

表2.5 不同周期114弧段南海区域固体潮改正量变化

单位：m

周 期	最 小 值	最 大 值	变化幅度
100	−0.087	−0.086	0.001
135	0.129	0.144	0.015
136	−0.012	−0.003	0.009
138	−0.170	−0.170	0.000
153	0.171	0.194	0.023
170	0.010	0.018	0.008

2.3.3.2 海洋潮汐改正

采用GOT4.8模型计算4个海域不同周期、不同弧段的海洋潮汐改正，如

图 2.13（a）~（d）所示。由图可以看出，4 个海域不同周期内的海潮改正都出现了较大波动，其变化量级达到米级，周期之间的变化最大可达 4m。以黄海区域为例，各弧段海潮改正变化如表 2.6 所列。

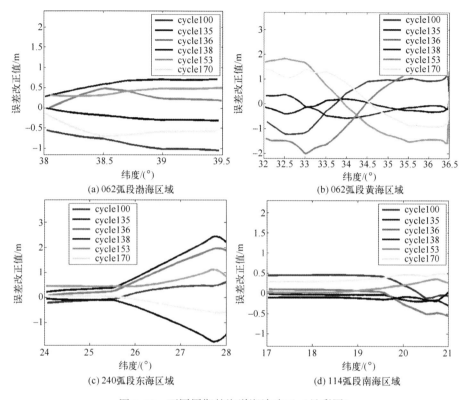

图 2.13 不同周期的海洋潮汐改正（见彩图）

表 2.6 062 弧段黄海区域海潮误差变化

单位：m

周 期	最小值	最大值	变化幅度
100	−1.225	1.544	2.769
135	−0.573	0.378	0.951
136	−1.564	1.031	2.595
138	−0.405	0.205	0.610
153	−1.524	1.833	3.357
170	−0.925	1.707	2.632

2.3.3.3 极潮改正

采用式（2.79）计算了4个海域不同周期、不同弧段的极潮改正，如图2.14（a）~（d）所示。由图可以看出，极潮改正在整个弧段的变化都很小，整体变化趋势趋于直线，极潮改正量级基本在毫米级。以南海区域为例，不同周期各弧段极潮改正的变化如表2.7所列。

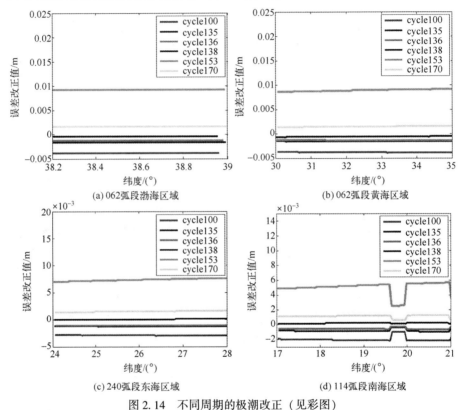

图2.14 不同周期的极潮改正（见彩图）

表2.7 114弧段南海区域极潮改正量变化

单位：m

周期	最小值	最大值	变化幅度
100	−0.002	−0.001	0.001
135	−0.001	−0.000	0.001
136	0.000	0.000	0.000
138	0.000	0.000	0.000
153	0.004	0.005	0.001
170	0.001	0.001	0.000

2.3.4 逆气压和高频起伏改正特性

采用式（2.80）计算了4个海域不同周期、不同弧段的逆气压误差改正，如图2.15（a）~（d）所示。可见，逆气压误差在不同周期、不同海域整体上呈线性变化趋势，整体改正量在-0.18~-0.02m范围内，不同周期同一弧段有0.12~0.20m差异。

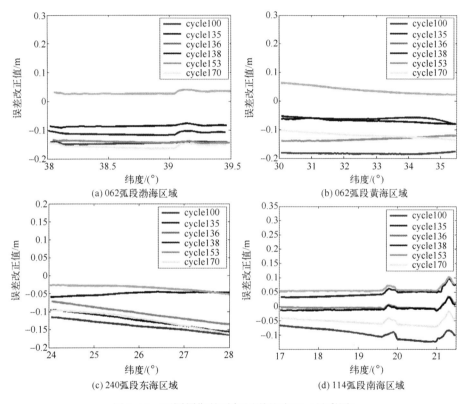

图2.15 不同周期的逆气压误差改正（见彩图）

采用MOG2D模型计算了4个海域不同周期、不同弧段的高频起伏改正，如图2.16（a）~（d）所示。从表2.8可见，4个海域中，渤海和东海的高频起伏误差变化相对平缓，而黄海和南海海域的高频起伏误差变化较大。黄海海域误差改正量为-0.25~0.45m，其中第138周期与其他周期相比偏大约0.4m。以南海为例，其误差改正量为-0.11~0.04m，各弧段误差变化如表2.8所列。

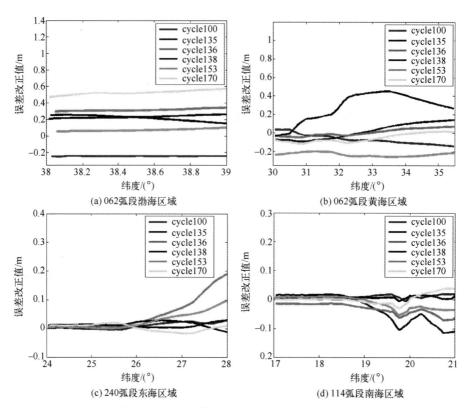

图 2.16 不同周期的高频起伏改正（见彩图）

表 2.8 114 弧段南海区域海面地形高频起伏波动误差变化

单位：m

周期	最小值	最大值	变化幅度
100	-0.043	0.018	0.061
135	-0.113	0.017	0.120
136	-0.070	-0.014	0.056
138	-0.042	0.016	0.058
153	-0.052	0.010	0.062
170	-0.030	0.039	0.069

2.3.5 海况偏差改正特性

采用 3 年 Jason-2 数据获得的经验模型计算 4 个海域不同周期、不同弧段的海况偏差改正，如图 2.17（a）～（d）所示。由图可以看出，4 个海域 6 个周期的海况偏差变化都比较大，总体改正量为-0.14～0.0m。其中渤海 170 周期062弧段中段区域出现较大跳变，黄海100周期062弧段数据出现大的跳变，最大跳变为-0.32m。以南海区域为例，表2.9给出了不同周期114弧段海况偏差的变化幅度。

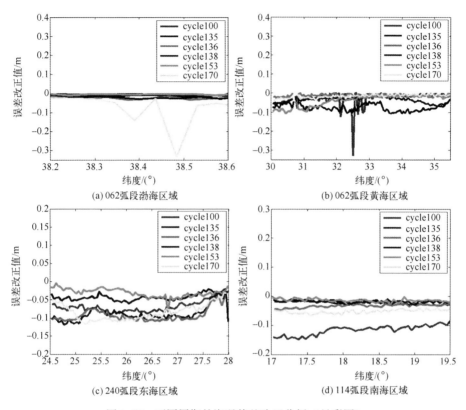

图2.17 不同周期的海况偏差改正分析（见彩图）

表2.9 114弧段各周期南海区域海况偏差改正值变化

单位：m

周 期	最 小 值	最 大 值	变 化 幅 度
100	-0.14	-0.05	0.09
135	-0.03	-0.01	0.02
136	-0.05	0.0	0.05
138	-0.03	-0.01	0.02
153	-0.07	-0.01	0.06
170	-0.06	-0.01	0.05

2.3.6 各项误差改正特性的综合分析

以 Jason-2 卫星数据为例，在我国渤海、黄海及南海海域对各项误差改正的特性作了分析，得出如下基本规律和初步特性。

电离层误差改正在同一周期同一弧段变化趋于稳定，在数百千米弧段上的变化量级为 0~2cm。不同周期间变化不大，在海陆交接的区域出现一定波动。干对流层误差改正在同一周期同一弧段时变化微小，在 1cm 左右，不同周期间变化在 5cm 左右，且误差在到达陆地后改正值迅速增大；湿对流层误差在同一周期同一弧段时，误差改正量变化在 10cm 左右，且不同周期的变化趋势一致，同时在海陆交接区域误差改正值会出现微小波动，到达陆地后误差改正值出现跳变。海况偏差误差改正在同一周期同一弧段时，出现微小的波动，在 10cm 以内，且只在海域范围内存在误差改正值。固体潮汐改正在同一周期同一弧段呈逐渐递减的趋势，且所有周期的变化趋势相一致，并不随海洋和陆地的变化而变化，同一周期同一弧段的改正变化很小，但是周期间误差偏差达到几十厘米，变化较大。海洋潮汐改正在同一周期同一弧段变化很大，在从海洋到近海区域时，海潮改正值波动达到几米，其中在近海区域的海潮波动变化很大，远海区域波动较小，同时周期间海潮改正值偏差达米级，非常不稳定。极潮改正在同一周期同一弧段时变化极其微小，在毫米级别，个别周期甚至没有变化，周期间极潮改正值偏差也仅在 1cm 左右，且极潮在采样到达陆地时会产生微小波动。逆气压误差改正在同一周期同一弧段时变化趋于线性变化，变化很小，不同周期同一弧段之间变化在十几个厘米以内，且采样在到达陆地时发生数据的跳变；海面高频起伏波动误差改正在同一周期同一弧段时，近海区域波动较大，远海区域变化趋势稳定，在不同周期同一弧段时，近海区域内，误差改正值量级较大，在远海区域时量级较小。

2.4 海面高数据交叉点平差

在星载 GNSS 精密定轨技术成熟之前，测高卫星的轨道确定精度并不高，其中径向轨道误差中存在一定的系统偏差，因此利用测高卫星的交叉点信息消除系统误差，成为一段时间国内外学者关注的热点，相继提出了固定弧段法、秩亏网平差法、拟合与平差同步法等[65]。

传统的交叉点平差的解算过程明显过于复杂和烦琐,不利于工程化应用,对于不规则的区域网和全球网交叉点平差问题更是如此。另外,传统平差方法一直以径向轨道误差作为主要误差源来构建平差模型,但随着精密定轨技术的运用,新版卫星测高数据中的径向轨道误差已经得到有效控制,其影响量值与其他诸如观测仪器、地面定轨参考框架偏心、海潮模型、时变海面地形等误差源已经大致相当。因此,可以认为,当前卫星测高数据受到的影响是来自多方面的动态系统误差的干扰,这些干扰的综合效应变化规律相当复杂,研究构建与之相对应的平差模型自然就成为联合处理多代卫星测高数据的关键。

为了简化计算过程,提高计算结果的稳定性和可靠性,文献[66]等提出将传统交叉点平差整体解法简化为两步处理法,即首先对交叉点观测方程进行条件平差。条件平差具体过程如下。

在第 i 条升弧和第 j 条降弧的交叉点处,建立条件方程式:

$$V_{ij}^a - V_{ij}^d = H_{ij}^a - H_{ij}^d = d_{ij} \tag{2.113}$$

式中:d_{ij} 为交叉点处海面高不符值。

综合多条地面轨迹,将上述条件方程写成矩阵形式为

$$\boldsymbol{BV} - \boldsymbol{D} = 0 \tag{2.114}$$

式中:$\boldsymbol{V}$ 为观测误差的改正数矢量;$\boldsymbol{B}$ 为系数矩阵;$\boldsymbol{D}$ 为不符值矢量。

通过最小二乘平差获得改正数:

$$\boldsymbol{V} = \boldsymbol{P}^{-1} \boldsymbol{B}^\mathrm{T} (\boldsymbol{B} \boldsymbol{P}^{-1} \boldsymbol{B}^\mathrm{T})^{-1} \boldsymbol{D} \tag{2.115}$$

式中:$\boldsymbol{P}$ 为权阵。

通过交叉点条件平差方法求得改正数以后,可进一步将改正值视为一类虚拟观测量,利用以下误差模型来描述测高沿轨系统偏差的变化:

$$f(t) = a_0 + a_1 t + \cdots + a_n t^n + \sum_{i=1}^{m} (b_i \cos(i\omega t) + e_i \sin(i\omega t)) \tag{2.116}$$

式中:t 为观测点的时间;a_i、b_i、e_i 为待定系数;ω 为对应误差变化周期的角频率。

以上述模型为基础,再对改正值进行最小二乘滤波和推估。从包含偶然误差和系统误差的改正值中排除噪声干扰,进而分离出系统偏差(信号)的过程即为滤波。根据滤波结果确定的误差模型进一步补偿各个测点上的系统偏差可以理解为是一种推估过程。当前卫星测高动态系统误差中,既有线性变化,也有周期性变化,但更多的是变化规律复杂的部分。对于变化规律复

杂的系统误差，可以将其展开成代数多项式或其他函数形式来分析它与某种因素的联系。

按照上述两步处理方法，对 Geosat、ERS-1、ERS-2 和 T/P 等卫星轨迹的交叉点进行了平差处理，平差前后的统计结果如表 2.10 所列[66]。

表 2.10 多颗卫星交叉点平差前后的不符值统计

单位：cm

卫星/类型	交叉点	平差前		平差后	
		平均值	均方差	平均值	均方差
ERS-1/35	1383	1.6	14.4	0.1	6.0
ERS-2/35	1423	0.7	8.4	-0.01	4.9
Geosat/ERM	490	-4.2	13.7	0.0	5.2
Geosat/GM	133600	-9.0	24.9	-0.03	10.4
T/P	156	-0.9	4.5	0.07	2.2

从表 2.10 可以看出，卫星测高系统误差验后补偿两步处理法取得预期效果，海面高交叉点不符值的均方根从平差前的 5~25cm 下降到平差后的 2~10cm，补偿效果非常显著，基本消除各类卫星测高数据自身内部的不协调性。

按照上述方法以 HY-2A 卫星 25 周期和 Jason-2 卫星 136 周期为例对交叉点进行分析，HY-2A 卫星的覆盖区域比 Jason-2 卫星更广，但 Jason-2 卫星的地面分布更加均匀，不符值统计结果如表 2.11 所列，HY-2A 卫星交叉点的不符值比 Jason-2 卫星要大，可能原因是此处所用 HY-2A 卫星数据较为初期，数据质量仍有进一步提升空间。

表 2.11 卫星交叉点不符值统计

单位：m

卫星	交叉点个数	最小差值	最大差值	差值均值	标准偏差	平差后中误差
HY-2A	5778	-0.49	0.49	0.00	0.16	0.08
Jason-2	9091	-0.48	0.49	0.01	0.09	0.05

参考文献

[1] CHELTON D B, RIES J C, HAINES B J, et al. Satellite altimetry [C]//Satellite Altimetry

and Earth Sciences: A Handbook of Techniques and Applications. San Diego, California: Academic Press, 2001: 1-131.

[2] RIM H J, SCHUTZ B E. Precision orbit determination (POD) [R]. Algorithm Theoretical Basis Document, Center for Space Research. Austin, Texas: The University of Texas at Austin, 2002.

[3] LUTHCKE S B, ZELENSKY N P, ROWLANDS D D, et al. The 1-centimeter orbit: Jason-1 precision orbit determination using GPS, SLR, DORIS, and altimeter data special issue: Jason-1 calibration/validation [J]. Marine Geodesy, 2003, 26 (3/4): 399-421.

[4] BERTIGER W, DESAI SD, DORSEY A, et al. Sub-centimeter precision orbit determination with GPS for ocean altimetry [J]. Marine Geodesy, 2010, 33 (S1): 363-378.

[5] CHRISTENSEN E J, HAINES B J, MCCOLL K C, et al. Observations of geographically correlated orbit errors for TOPEX/Poseidon using the global positioning system [J]. Geophysical Research Letters, 1994, 21 (19): 2175-2178.

[6] SCHUTZ B E, TAPLEY B D, ABUSALI P A M, et al. Dynamic orbit determination using GPS measurements from TOPEX/POSEIDON [J]. Geophysical Research Letters, 1994, 21 (19): 2179-2182.

[7] YUNCK T P, BERTIGER W I, WU S C, et al. First assessment of GPS-based reduced dynamic orbit determination on TOPEX/Poseidon [J]. Geophysical Research Letters, 1994, 21 (7): 541-544.

[8] TAPLEY B D, RIES J C, DAVIS G W, et al. Precision orbit determination for TOPEX/POSEIDON [J]. Journal of Geophysical Research: Oceans, 1994, 99 (C12): 24383-24404.

[9] BERTIGER W I, BAR-SEVER Y E, CHRISTENSEN E J, et al. GPS precise tracking of TOPEX/POSEIDON: results and implications [J]. Journal of Geophysical Research: Oceans, 1994, 99 (C12): 24449-24464.

[10] 孙中苗, 管斌, 翟振和, 等. 海洋卫星测高及其反演全球海洋重力场和海底地形模型研究进展 [J]. 测绘学报, 2022, 51 (6): 923-934.

[11] VAN DEN IJSSEL J, VISSER P, RODRIGUEZ E P. CHAMP precise orbit determination using GPS data [J]. Advances in Space Research, 2003, 31 (8): 1889-1895.

[12] KANG Z, TAPLEY B, BETTADPUR S, et al. Precise orbit determination for the GRACE mission using only GPS data [J]. Journal of Geodesy, 2006, 80 (6): 322-331.

[13] JÄGGI A, HUGENTOBLER U, BOCK H, et al. Precise orbit determination for GRACE using undifferenced or doubly differenced GPS data [J]. Advances in Space Research, 2007, 39 (10): 1612-1619.

[14] BOCK H, JÄGGI A, ŠVEHLA D, et al. Precise orbit determination for the GOCE satellite using GPS [J]. Advances in Space Research, 2007, 39 (10): 1638-1647.

[15] 楼良盛，刘志铭，张昊，等．天绘二号卫星工程设计与实现［J］．测绘学报，2020，49（10）：1252-1264．

[16] 龚学文，王甫红．海洋二号A与资源三号卫星星载GPS自主轨道确定［J］．武汉大学学报（信息科学版），2017，42（3）：309-314．

[17] YUNCK T, WU S. Non-dynamic decimeter tracking of earth satellites using the global positioning system［C］//24th Aerospace Sciences Meeting, Reno, Nevada, 1986：404．

[18] BYUN S H. Satellite orbit determination using GPS carrier phase in pure kinematic mode［D］. Austin, Texas：The University of Texas at Austin, 1998．

[19] WU S C, YUNCK T P, THORNTON C L. Reduced-dynamic technique for precise orbit determination of low earth satellites［J］. Journal of Guidance, Control, and Dynamics, 1991, 14（1）：24-30．

[20] ŠVEHLA D, ROTHACHER M. Kinematic and reduced-dynamic precise orbit determination of low earth orbiters［J］. Advances in Geosciences, 2003, 1：47-56．

[21] BOCK H, BEUTLER G, HUGENTOBLER U. Kinematic orbit determination for low earth orbiters（LEOs）［M］//Vistas for Geodesy in the New Millennium. Springer, Berlin, Heidelberg, 2002：303-308．

[22] HUGENTOBLER U, BEUTLER G. Precise orbit determination and gravity field modelling：strategies for precise orbit determination of low earth orbiters using the GPS［J］. Space Science Reviews, 2003, 108：17-26．

[23] LICHTEN S M, BORDER J S. Strategies for high-precision global positioning system orbit determination［J］. Journal of Geophysical Research：Solid Earth, 1987, 92（B12）：12751-12762．

[24] 杨元喜．自适应动态导航定位［M］．2版．北京：测绘出版社，2017．

[25] CERRI L, BERTHIAS J P, BERTIGER W I, et al. Precision orbit determination standards for the Jason series of altimeter missions［J］. Marine Geodesy, 2010, 33（S1）：379-418．

[26] CHELTON D B, WALSH E J, MACARTHUR J L. Pulse compression and sea level tracking in satellite altimetry［J］. Journal of Atmospheric & Oceanic Technology, 1989, 6（3）：407-438．

[27] THAYER G D. An improved equation for the radio refractive index of air［J］. Radio Science, 1974, 9（10）：803-807．

[28] DAVIS J L, HERRING T A, ROGERS L L, et al. Geodesy by radio interferometry：effects of atmospheric modeling errors on estimates of baseline length［J］. Radio Science, 1985, 20（6）：1593-1607．

[29] FERNANDES M J, LAZARO C, VIEIRA T. On the role of the troposphere in satellite al-

timetry [J]. Remote Sensing of Environment, 2021, 252: 112149.

[30] MILLER M, BUIZZA R, HASELER J, et al. Increased resolution in the ECMWF deterministic and ensemble prediction systems [J]. ECMWF Newsletter, 2010, 124: 10-16.

[31] DEE D P, UPPALA SM, SIMMONS A J, et al. The ERA-interim reanalysis: configuration and performance of the data assimilation system [J]. Quarterly Journal of the Royal Meteorological Society, 2011, 137 (656): 553-597.

[32] RESCH G M. Water vapor radiometry in geodetic applications [M]//BRUNNER F K. Geodetic Refraction. Berlin: Springer-Verlag, 1984.

[33] KEIHM S J, JANSSEN M A, RUF C S. TOPEX/Poseidon microwave radiometer (TMR) III. wet troposphere range correction algorithm and Pre-Launch error budget [J]. IEEE Transactions on Geoscience and Remote Sensing, 1995, 33 (1): 147-161.

[34] BEVIS M, BUSINGER S, HERRING T A, et al. GPS meteorology: remote sensing of atmospheric water vapor using the global positioning system [J]. Journal of Geophysical Research, 1992, 97 (D14): 15787-15801.

[35] BEVIS M, BASINGER S, CHISWELL S, et al. GPS meteorology: mapping zenith wet delays onto precipitable water [J]. Journal of applied meteorology, 1994, 33 (3), 379-386.

[36] MENDES V B. Modeling the neutral-atmospheric propagation delay in radiometric space techniques [R]. New Brunswick: UNB geodesy and geomatics engineering technical report (199), 1999.

[37] STUM J, SICARD P, CARRÈRE L, et al. Using objective analysis of scanning radiometer measurements to compute the water vapor path delay for altimetry [J]. IEEE Transactions on Geoscience and Remote Sensing, 2011, 49 (9): 3211-3224.

[38] OBLIGIS E, EYMARD L, TRAN N, et al. First three years of the microwave radiometer aboard Envisat: in-flight calibration, processing, and validation of the geophysical products [J]. Journal of Atmospheric and Oceanic Technology, 2006, 23 (6): 802-814.

[39] OBLIGIS E, RAHMANI A, EYMARD L, et al. An improved retrieval algorithm for water vapor retrieval: application to the envisat microwave radiometer [J]. IEEE Transactions on Geoscience and Remote Sensing, 2009, 47 (9): 3057-3064.

[40] BROWN S. A novel near-land radiometer wet path-delay retrieval algorithm: application to the Jason-2/OSTM advanced microwave radiometer [J]. IEEE Transactions on Geoscience and Remote Sensing, 2010, 48 (4): 1986-1992.

[41] FERNANDES M J, LÁZARO C, NUNES A L, et al. GNSS-derived path delay: an approach to compute the wet tropospheric correction for coastal altimetry [J]. IEEE Geoscience and Remote Sensing Letters, 2010, 7 (3): 596-600.

[42] LÁZARO C, FERNANDES M J, VIEIRA T, et al. A coastally improved global dataset of

wet tropospheric corrections for satellite altimetry [J]. Earth System Science Data, 2020, 12 (4): 3205-3228.

[43] PETIT G, LUZUM B. IERS conventions (2010) [R]. Frankfurt: Verlag des Bundesamts für Kartographie and Geodäsie, 2010.

[44] CARTWRIGHT D E, EDDEN A C. Corrected tables of tidal harmonics [J]. Geophysical Journal International, 1973, 33: 253-264.

[45] 张胜凯, 雷锦韬, 李斐. 全球海潮模型研究进展 [J]. 地球科学进展, 2015, 30 (5): 579-588.

[46] STAMMER D, RAY R D, ANDERSEN O B, et al. Accuracy assessment of global barotropic ocean tide models [J]. Reviews of Geophysics, 2014, 52 (3): 243-282.

[47] LYARD F H, ALLAIN D J, CANCET M, et al. FES2014 global ocean tide atlas: design and performance [J]. Ocean Science, 2021, 17 (3): 615-649.

[48] EROFEEVA S, EGBERT G D. TPXO9-a new global tidal model in TPXO series [C]// 2018 Ocean Sciences Meeting. Portland: AGU, 2018.

[49] HART-DAVIS M G, PICCIONI G, DETTMERING D, et al. EOT20: a global ocean tide model from multi-mission satellite altimetry [J]. Earth System Science Data, 2021, 13 (8): 3869-3884.

[50] WAHR J. Deformation induced by polar motion [J]. Journal of Geophysical Research, 1985, 90 (B11): 9363-9368.

[51] PICOT N, MARECHAL C, COUHERT A. Jason-3 products handbook [R]. Paris: Centre National d'Etudes Spatiales (CNES), 2018.

[52] ALI A H, ZLOTNICKI V. Quality of wind stress fields measured by the skill of a barotropic ocean model: importance of stability of the marine atmospheric boundary layer [J]. Geophysical Research Letters, 2003, 30 (3): 1129-1134.

[53] GASPAR P, OGOR F, LE TRAON P Y, et al. Estimating the sea state bias of the TOPEX and POSEIDON altimeters from crossover differences [J]. Journal of Geophysical Research: Oceans, 1994, 99 (C12): 24981-24994.

[54] RAY R D, KOBLINSKY C J. On the sea-state bias of the Geosat altimeter [J]. Journal of Atmospheric and Oceanic Technology, 1991, 8: 397-408.

[55] WITTER D L, CHELTON D B. An apparent wave height dependence in the sea-state bias in Geosat altimeter range measurements [J]. Journal of Geophysical Research, 1991, 96 (C5): 8861-8867.

[56] CALLAHAN P S. TOPEX-POSEIDON project GDR user's hand-book [R]. Report D-8944, Jet Propulsion Lab., Pasadena, Calif., 1992.

[57] FU L L, GLAZMAN R. The effect of the degree of wave development on the sea state bias in

radar altimetry measurements [J]. Journal of Geophysical Research, 1991, 96 (C1): 829-834.

[58] GASPAR P, FLORENS J P. Estimation of the sea state bias in radar altimeter measurements of sea level: results from a new nonparametric method [J]. Journal of Geophysical Research, 1998, 103 (C8): 15803-15814.

[59] CHELTON D B. The sea-state bias in altimeter estimates of sea level from collinear analysis of TOPEX data [J]. Journal of Geophysical Research, 1994, 99 (C12): 24995-25008.

[60] RODRFGUEZ E, Martin J M. Estimation of the electromagnetic bias from retracked TOPEX data [J]. Journal of Geophysical Research, 1994, 99 (C12): 24971-24979.

[61] WITTER D L, CHELTON D B. An apparent wave height dependence in the sea-state bias in Geosat altimeter range measurements [J]. Journal of Geophysical Research, 1991, 96 (C5): 8861-8867.

[62] GASPAR P, LABROUE S, OGOR F, et al. Improving nonparametric estimates of the sea state bias in radar altimeter measurements of sea level [J]. Journal of Atmospheric and Oceanic Technology, 2002, 19 (10): 1690-1707.

[63] JIANG M, XU K, LIU Y, et al. Estimating the sea state bias of Jason-2 altimeter from crossover differences by using a three-dimensional nonparametric model [J]. IEEE Journal of Selected Topics in Applied Earth Observations and Remote Sensing, 2016, 9 (11): 5023-5043.

[64] PIRES N, FERNANDES M J, GOMMENGINGER C, et al. Improved sea state bias estimation for altimeter reference missions with altimeter-only three-parameter models [J]. IEEE Transactions on Geoscience and Remote Sensing, 2018, 57 (3): 1448-1462.

[65] VIGNUDELLI S, KOSTIANOY A, CIPOLLINI P. Coastal altimetry [M]. Berlin Heidelberg: Springer-Verlag, 2011.

[66] 黄谟涛, 王瑞, 翟国君. 多代卫星测高数据联合平差及重力场反演 [J]. 武汉大学学报 (信息科学版), 2007, 32 (11): 988-993.

第3章 微波雷达高度计测量原理

3.1 传统微波雷达高度计测量原理

3.1.1 雷达测量方程

雷达高度计发射信号的功率与高度计从海面接收信号的功率之间的关系对于卫星测高至关重要。高度计向海面发射的电磁波经大气衰减，到达海面后部分被海水吸收，部分从粗糙海面向多个方向散射，返回高度计的功率再次被大气衰减。因此，雷达所测返回信号的功率取决于海面散射特性、雷达系统参数以及大气的双向衰减。

图 3.1 示出了雷达高度计照射海面的几何关系[1]。图中，天线足迹为 A_f，卫星到星下点的距离为 R，天线指向角为 θ，相应斜距为 R_θ，本地入射角为 θ'。对于卫星测高，入射角不超过 1°且大地水准面坡度很少大于 10^{-4}，此时指向角和入射角大致相同，R 和 R_θ 也非常接近。

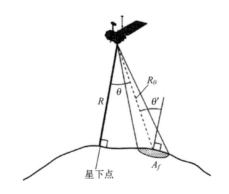

图 3.1 雷达高度计照射海面的几何关系

雷达系统的参数主要包括发射和接收的电磁波波长 λ，发射功率 P_t（单位为W），发射和接收天线增益 G_t、G_r。雷达高度计系统通常采用同一个天线发射和接收脉冲，故 G_t 和 G_r 相同，统一表示为 G。在天线足迹范围内，从散射微分面元 dA 反射回的后向散射功率可表示为[1]

$$dP_r = t_\lambda^2 \frac{G^2 \lambda^2 P_t}{(4\pi)^3 R^4} \sigma \qquad (3.1)$$

式中：比例因子 σ 以面积为单位；$t_\lambda(R,\theta)$ 为大气透射率，它在电磁波波长为 λ、卫星高度为 R 和指向角为 θ 下定义。

式（3.1）即所谓的雷达测量方程，它将面元 dA 的后向散射功率表示为雷达散射截面积为 σ 的虚拟球体的各向同性散射。比例因子 σ 称为微分面元 dA 的雷达散射截面积。

在海洋应用中，雷达天线接收的总回波功率来自天线照射面积 A_f 里的各个分散目标（粗糙海面），而非单一点源目标。此时，dP_r 和 σ 应取视场内所有微分面元 dA 的平均值。定义单位雷达散射截面积为 σ^0，则

$$\sigma = \sigma^0 dA \qquad (3.2)$$

式中：σ^0 又称为归一化雷达截面，为无量纲的量，在天线足迹范围内随空间变化。

假设天线足迹面积非常小，可认为 R 和 t_λ 在此足迹内为常数，而天线增益 G 在整个照亮区域内随着轴线偏离角和方位角存在变化，则对式（3.1）进行积分，得到天线照射面积的总回波为

$$P_r = t_\lambda^2 \frac{\lambda^2 P_t}{(4\pi)^3 R^4} \iint_{A_f} G^2 \sigma^0 dA \qquad (3.3)$$

式（3.3）右端除归一化雷达散射截面积 σ^0 外均为已知量，(G,λ,P_t) 为雷达系统参数，(R,t_λ) 为高度计和目标间介质的物理参数。如果 σ^0 在天线足迹内呈各向同性，则可将 σ^0 表示为总回波功率 P_r 和雷达系统参数的形式，即

$$\sigma^0 = \frac{(4\pi)^3 R^4}{t_\lambda^2 G_0^2 \lambda^2 A_{\text{eff}} P_t} P_r \qquad (3.4)$$

式中：G_0 是天线视轴增益；A_{eff} 是有效足迹面积，它是 $G^2(\theta)/G_0^2$ 对 θ 的积分。

式（3.4）右边的各个参数都是已知参数，P_r 和 σ^0 与目标海面的雷达散射性质（粗糙度）有关。海面粗糙度和海面风速有关，随风速增大而增大。当雷达高度计的入射角很小时，P_r 和 σ^0 随着风速增加而单调减小，因此，近海面风速可以从雷达回波测量值中导出。σ^0 的典型测量值约为11dB。在

式（3.3）中，P_r 只随着 R^{-4} 衰减，但是在式（3.4）中，P_r 对距离的依赖性又被 R^4 补偿，故而当雷达足迹内的散射性质不变时，σ^0 在任何高度处的值是一样的。

3.1.2 雷达高度计观测频段和观测方式

3.1.2.1 观测频段选择

综合考虑大气和海面的物理特性，最适合用于卫星测高的频率范围位于 2~18GHz[1]。按照文献［2］的频段划分，它们涵盖 S 频段（1.55~4.20GHz）、C 频段（4.20~5.75GHz）、X 频段（5.75~10.9GHz）和 Ku 频段（10.9~22.0GHz）。在该频段内，海面电磁辐射非常微弱，而海面反射率较高，容易区分雷达回波和物体辐射。频率高于 18GHz 时，电磁传播的大气衰减迅速增加，降低了海面到达信号和雷达回波信号的能量。频率较低时，法拉第旋转、电离层的折射效应会增加，且易受更多地基通信、导航和雷达干扰。另外，星载雷达天线尺寸也限制了低频段频率在雷达高度计中的使用。

天线在海面的足迹大小与电磁辐射波长成正比，与天线大小成反比。例如，若要求波束有限足迹直径为 5km，对于轨道高度为 1336km 的 T/P 卫星，Ku 频段（13.6GHz）的天线直径需要达到不切实际的 7.7m。较小天线的测高空间分辨率可通过脉冲压缩技术得到增强。

3.1.2.2 波束有限测高

雷达高度计工作方式主要分为两种，即波束有限方式和脉冲有限方式。卫星测高雷达高度计主要采用脉冲有限方式，这与反演海洋重力异常所要求的千米量级水平分辨率密切相关。

在设计雷达高度计系统时，需要考虑高度计到平均海面测距的海面区域。海面足迹应足够大，以滤除重力波对海面的影响，但也应足够小，以恢复表征斜压中尺度变化的首个罗斯比变形内部半径，同时使波浪和海面风引起的粗糙度（归一化雷达散射截面积 σ^0）在足迹上近似均匀。足迹直径为 1~10km 满足所有这些标准[1]。

天线足迹传统上根据波束有限足迹来表示，定义为天线增益方向图的波束宽度（半功率时的全宽度）所覆盖的视场内的海面区域。对于窄波束天线，天线波束宽度 γ、轨道高度 R 和足迹半径 r 的关系为[3-4]

$$\gamma = 2\arctan(r/R) \approx 2r/R \tag{3.5}$$

例如，T/P卫星轨道高度 $R=1336$ km，如果足迹半径要求小于 2.5km，则对应的天线波束宽度 $\gamma \approx 3.74 \times 10^{-3}$ rad $= 0.21°$。圆对称天线增益方向图的天线波束宽度与天线直径 d 的关系为

$$\gamma = k \frac{\lambda}{d} \tag{3.6}$$

式中：λ 为雷达波长；k 为常数。对于 T/P 卫星天线，常数 k 约为 1.3，主频率 13.6GHz 对应雷达波长 $\lambda = 2.21$ cm，波束宽度为 $0.21°$，则天线直径为 $d = 7.7$ m。

建造和部署这种大尺寸天线显然不切实际。此外，波束有限高度计的测距精度对天线指向误差十分敏感。例如，如果指向误差不加修正，对于轨道高度 $R=1336$ km 的 T/P 窄波束天线，指向误差仅为 $\theta = 0.02°$ 时，引起的测距误差为 $\Delta R = 8$ cm。

另一方面，由式（3.5）和式（3.6）可得

$$r = \frac{1}{2} kR \frac{\lambda}{d} \tag{3.7}$$

在 $R = 1336$ km 的 T/P 卫星轨道高度，1.5m 的天线直径对应于平坦海面上约 25km 的足迹直径，显然难以满足重力异常测量应用中千米量级水平分辨率的要求。

3.1.2.3 脉冲有限测高[1]

采用直径较小、波束宽度稍宽的天线发射持续时间为几纳秒的极短脉冲，可以克服波束有限高度计的设计局限。此时，高度计测距足迹的大小由脉冲持续时间确定，而且由于发射脉冲在远离天线时呈球形扩展，短脉冲前沿到达海面最近点所需的时间与天线指向角 θ 无关。只要指向角不超过天线的半波束宽度，脉冲高度计距离测量对天线指向角就不甚敏感。

对于波峰至波谷高度为 H_w 的单色单向波列组成的海面，可以导出脉冲有限足迹与脉冲持续时间 τ 之间的解析关系。如图 3.2（a）所示，离平均海平面高度为 R 的高度计，持续发射脉冲宽度为 $c\tau$ 的球形扩展脉冲，当其前沿撞击平均海平面以上高度 $H_w/2$ 处的波峰时，开始在离天底点距离 $R_0 = R - H_w/2$ 处照亮海面。此后，对高度计测量回波有贡献的海面区域是一个逐渐扩大的圆，由脉冲前沿与指向角为 θ_{out} 的波峰平面的交线确定，如图 3.2（b）所示。

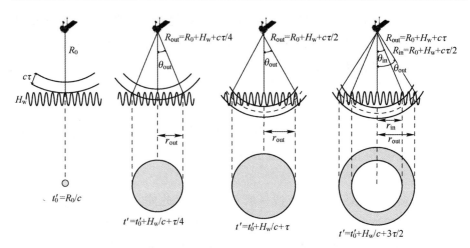

图3.2 雷达高度计照射海面的几何关系

脉冲前沿从天底点波峰返回高度计的双向传播时间为 $t_0(H_w)=2R_0/c$，其中光速 c 必须经大气折射校正。双向传播时间 $t>t_0$ 时，高度计测量的是脉冲前沿在天底指向角 θ_{out} 和距天底点径向距离 r_{out} 处的照明区域外缘的波峰反射。由图3.2（b）所示几何关系，设 $R_{out}=R_0+\Delta R_{out}$ 为高度计与 θ_{out} 处波峰平面之间的斜距，则对高度计接收信号有贡献的海面圆形足迹的半径为

$$r_{out}(t,H_w)=[2R_0\Delta R_{out}+\Delta R_{out}^2]^{1/2} \tag{3.8}$$

在高度计天线 $1°\sim2°$ 窄波束宽度范围内，倾斜距离增量 ΔR_{out} 对于所有天底点指向角均远小于天底点距离 R_0，式（3.8）可精确近似为

$$r_{out}(t,H_w)\approx(2R_0\Delta R_{out})^{1/2} \tag{3.9}$$

若进一步考虑地球表面的曲率影响，式（3.9）的足迹半径更改为

$$r_{out}(t,H_w)\approx\left(\frac{2R_0\Delta R_{out}}{1+R_0/R_e}\right)^{1/2} \tag{3.10}$$

式中：$R_e\approx 6317$ km 为地球半径。

t 和 t_0 之间的时间差 Δt 与倾斜距离增量 ΔR_{out} 的关系为

$$\Delta t(H_w)=t-t_0=\frac{2\Delta R_{out}}{c} \tag{3.11}$$

将式（3.11）代入式（3.10），可将足迹的外缘半径以时间差 Δt 可表示为

$$r_{out}(\Delta t,H_w)\approx\left(\frac{cR_0}{1+R_0/R_e}\Delta t\right)^{1/2} \tag{3.12}$$

于是，测量雷达回波的足迹面积为

$$A_{\text{out}}(\Delta t, H_{\text{w}}) = \pi r_{\text{out}}^2 = \frac{\pi c R_0}{1 + R_0/R_{\text{e}}} \Delta t \qquad (3.13)$$

由式（3.13）可见，脉冲有限足迹面积随时间持续线性增大，直到脉冲后沿与天底波谷平面相交时为最大，如图3.2（c）所示。随后，足迹变成一个扩张圆环。从近天底波谷返回的脉冲前沿的双向传递时间为 $2(R_0+H_{\text{w}})/c$。考虑到脉冲后沿和前沿之间的时延 τ，则脉冲后沿回波到达高度计的时间为 $t_1(H_{\text{w}}) = \tau + 2(R_0+H_{\text{w}})/c$。从天底波峰平面反射的脉冲前沿的到达时间 $t_0 = 2R_0/c$ 起算，相应的总历经时间为

$$\Delta t_1(H_{\text{w}}) = t_1 - t_0 = \tau + 2H_{\text{w}}/c \qquad (3.14)$$

在双向传递时间 t_1，当对所测雷达回波有贡献的有限脉冲足迹变为圆环时，式（3.12）的圆形足迹半径和式（3.13）的面积变为

$$r_1(H_{\text{w}}) = \left(\frac{c\Delta t_1 R_0}{1 + R_0/R_{\text{e}}}\right)^{1/2} = \left[\frac{R_0}{1 + R_0/R_{\text{e}}}(c\tau + 2H_{\text{w}})\right]^{1/2} \qquad (3.15)$$

$$A_1(H_{\text{w}}) = \pi r_1^2 = \frac{\pi c \Delta t_1 R_0}{1 + R_0/R_{\text{e}}} = \frac{R_0 \pi}{1 + R_0/R_{\text{e}}}(c\tau + 2H_{\text{w}}) \qquad (3.16)$$

脉冲后沿过后形成的圆环足迹中的"照明孔"是一个圆，其半径和面积的扩展速率等同于式（3.12）的足迹外缘半径和式（3.13）的面积扩展速率。在总历经时间 $\Delta t > \Delta t_1$ 时，圆环内缘和外缘由天底指向角 θ_{in} 和 θ_{out} 确定，如图3.2（d）所示；圆环外缘的半径及包含面积继续随时间扩大。环内照明孔的半径和面积扩大如下：

$$r_{\text{in}}(\Delta t, H_{\text{w}}) = \left[\frac{c(\Delta t - \Delta t_1)R_0}{1 + R_0/R_{\text{e}}}\right]^{1/2} = \left[r_{\text{out}}^2(\Delta t, H_{\text{w}}) - r_1^2(H_{\text{w}})\right]^{1/2} \qquad (3.17)$$

$$A_{\text{in}}(\Delta t, H_{\text{w}}) = \frac{\pi c(\Delta t - \Delta t_1)R_0}{1 + R_0/R_{\text{e}}} = A_{\text{out}}(\Delta t, H_{\text{w}}) - A_1(H_{\text{w}}) \qquad (3.18)$$

因此，历经时间 $\Delta t > \Delta t_1(H_{\text{w}})$ 后，对测量回波有贡献的扩展环的总面积为

$$A_{\text{ann}}(\Delta t, H_{\text{w}}) = A_{\text{out}}(\Delta t, H_{\text{w}}) - A_{\text{in}}(\Delta t, H_{\text{w}}) = A_1(H_{\text{w}}) \qquad (3.19)$$

对于波高 H_{w}，圆环外缘和内缘半径 r_{out} 与 r_{in} 分别按式（3.12）、式（3.17）随时间增长，但对测量回波有贡献的脉冲有限足迹面积式（3.19），在 t_1 之后保持不变。

从式（3.19）和式（3.16）可以看出，扩展环的面积 A_1 仅取决于波高 H_{w}、脉冲持续时间 τ 和轨道高度 R（约等于高度计到波峰平面的距离 R_0）。由于系数 $R_0/(1-R_0/R_{\text{e}})$ 的作用，轨道高度对脉冲有限足迹大小的影响属于相对次要因素。

控制圆环面积的唯一其他可调参数是脉冲持续时间τ。Seasat、Geosat 和 T/P 高度计的脉冲持续时间为$\tau=3.125$ns。对于 785km 的轨道高度，足迹直径从平坦海面的 1.6km 增加到波峰-波谷高度为 10m 时的 7.7km。在 1336km 的较高 T/P 轨道高度，足迹直径从 2.0km 增加至 9.6km。

3.1.3 线性调频信号和全去斜技术

雷达高度计主要用于海面高度测量，其测量分辨率和测量精度最为引人关注。测距分辨率和脉冲宽度有关，脉冲越短，分辨率越高，但为便于系统捕获和跟踪信号，期望有较高的信噪比，这就需要较大的脉冲时宽以携带足够的信号能量，因此窄脉冲和高能量要求互为矛盾。

现代雷达高度计使用线性调频信号和脉冲压缩技术来解决这对矛盾。线性调频信号使所需能量在时间上得到扩展，从而降低峰值发射功率；线性调频信号经过脉冲压缩后得到一个窄脉冲，其时间分辨率为调频信号带宽的倒数。由于雷达高度计要求较高的时间分辨率，需要满足压缩脉冲宽度（纳秒量级）和峰值功率要求，线性调频脉冲应有大时间带宽积。大时间带宽积一般通过倍频具有较小时带积的线性调频脉冲来实现，因此需要采用全去斜技术实现脉冲压缩。

在海面高度测量时，高度计以一定的脉冲重复频率向海面发射线性调频信号。为满足信号相干性要求，发射信号的载频必须非常稳定。假定载频信号为$e^{j2\pi f_{ra}t}$，脉冲信号宽度为T，调频带宽为B。当海面回波到达接收机时，用一个载频为$e^{j2\pi f_{lo}t}$、脉冲信号宽度为T、调频带宽为B的线性调频信号（本振信号）与回波进行混频。由于海面可看成是许多散射面的组合，因而回波由许多线性调频信号混合而成。这些线性调频信号和本振信号混频后，变成中频$f_I=f_{ra}-f_{lo}$附近的恒定频率，完成了海面回波的全去斜（持续时间为T或接近T）。整个全去斜过程如图 3.3 所示。

海面不同散射体的回波到达接收机的时间不同，去斜后可按如下关系将时间差转换为频率差：

$$\Delta f=\frac{B}{T}\Delta t=K\Delta t \tag{3.20}$$

式中：Δt 为时间差；Δf 为频率差；K 为调频率。

对去斜后的信号进行快速傅里叶变换（FFT）后，得到频域中对应各个回波的窄脉冲，脉冲宽度为$1/T$，此即为频率分辨率。由式（3.20）可知，相应的时间分辨率为 $1/B$。若雷达高度计发射脉冲的宽度为 $T=102.4\mu s$，信号带宽为 $B=320MHz$，则相应的频率分辨率和时间分辨率分别为 9.8kHz 和 3.125ns（压缩脉冲宽度 τ）。

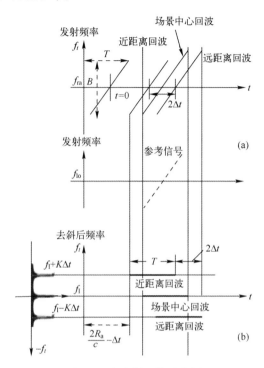

图 3.3 全去斜工作示意图

3.1.4 波形描述

高度计测量卫星与观测表面之间的距离，是对测高反射回波的处理得到的。信号形状与观测海面有关。若海面在空间上是均匀的，就可以提取许多地球物理参数，如海浪高度和风速等。

图 3.4 描述了平静和粗糙海面的海洋波形形成过程[5]。首先，在发射脉冲到达海面之前，信号表现为低恒定电平。接收到的信号（回波）来自自然辐射（宇宙辐射、大气辐射等）和/或来自卫星仪器的辐射，称为热噪声。其次，示出脉冲到达观测海面时的信号增加过程，该过程以半径不断增大的圆表示，圆的表面积与接收的测高功率成比例。随着脉冲在观测海面的深入，获得的信号继续上升，呈现出与表面粗糙度直接相关的斜率，即波高（图 3.4（a）和图 3-4（b）中的步骤 2 和 3）。信号的增加部分称为回波前沿。最后，观测

海面变成一个圆环,其面积保持不变(见3.1.2节)。由于天线增益受限,信号随着脉冲远离天底点而减弱。信号减弱部分称为回波后沿。得到的测高回波取决于图3.5中描述的5个测高参数。参数N_t是热噪声,P_u是回波幅度,与风速有关,SWH是有效波高,τ是与卫星和观测海面之间的距离有关的历元,ξ是雷达天线的误指向角,λ_s是与前沿曲率相关的偏斜。

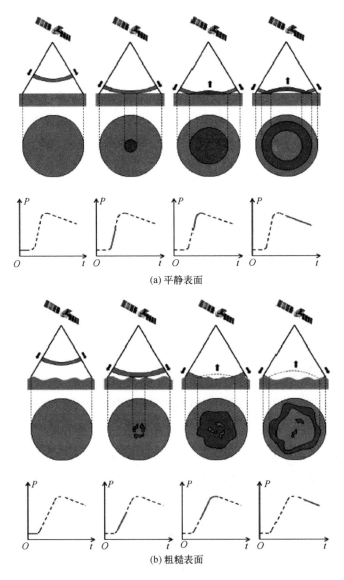

图3.4 测高波形形成(见彩图)

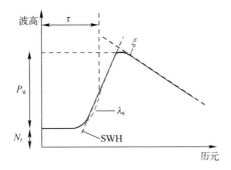

图 3.5 理论波形的地球物理参数

注意：卫星高度由历元参数给出。此参数表示时间偏移，以 s 为单位。此时，它用 τ_s 表示。历元 τ 也通常用门表示，门是与时间分辨率 T_s 相关的离散单位，即 $\tau_s = \tau T_s$。也可以将 τ 视为门与空间分辨率 h_r 相关的距离，$h_r = cT_s/2$。

3.1.5 波形模型

传统测高回波的平均功率 $s(t)$ 取决于观测海面和测量仪器配置。回波模型历经多次更新[5]。文献［6］将发射脉冲与表面后向散射系数函数进行卷积得到后向散射功率。文献［7］证明了能量可以表示为双重积分，最终表示为双重卷积[8]。双重卷积是如下 3 项的卷积[9]：平面脉冲响应（FSIR）、镜面散射体高度的概率密度函数（PDF）和雷达点目标响应（PTR），即

$$s(t) = \text{FSIR}(t) * \text{PDF}(t) * \text{PTR}_T(t) \tag{3.21}$$

式中：t 为双向测距时间增量，$t = t' - 2h/c$，其中 t' 为回波从发射瞬间的传播时间，h 为卫星高度，c 为光速。

3.1.5.1 平面脉冲响应

FSIR 引入了天线增益和海面后向散射特性的影响。该项仅取决于时间，由海面照明面积的积分得到[9]

$$\text{FSIR}(t') = \frac{\lambda^2}{(4\pi)^3 L_p} \int_{R^+ \times [0, 2\pi]} \frac{\delta\left(t' - \frac{2r}{c}\right) G^2(\rho, \phi) \sigma^0}{r^4} \rho \, d\rho \, d\phi \tag{3.22}$$

式中：ρ、ϕ 为极坐标的半径和角度；L_p 为双向传递损耗；λ 为波长；G 为雷达天线的功率增益；$\delta(t)$ 为狄拉克函数；σ^0 为海面后向散射系数；$r = \sqrt{\rho^2 + h^2}$

为卫星和海面之间的距离（图 3.6）。

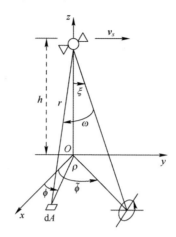

图 3.6　用于计算 FSIR 的几何关系

文献 [9] 导出了 FSIR 的解析式，为改进贝塞尔函数的无穷和：

$$\text{FSIR}(t) = P_u \exp\left[-\chi t - \frac{4}{\gamma}\sin^2\xi\right] U(t) \sum_{k=0}^{\infty}\left\{\frac{(-1)^k \Gamma(k+1/2)}{\sqrt{\pi}\Gamma(k+1)}\left[\frac{\gamma\beta\sqrt{t}}{8\cos^2\xi}\right]^k I_k(\beta\sqrt{t})\right\} \quad (3.23)$$

式中：$U(t)$ 为赫维赛德函数（单位阶跃函数）；$I_k(t)$ 为 k 阶改进贝塞尔函数；$\Gamma(k)$ 为伽马函数；γ 为与天线孔径相关的参数；$P_u = \dfrac{\lambda^2 G_0^2 c\sigma^0}{4(4\pi)^2 L_p h^3}$ 为包含雷达和观测表面参数的振幅项，其中 G_0 为视轴方向天线功率增益；ξ 为天线误指向角参数，且

$$\chi = \frac{4c}{\gamma h}\cos(2\xi)$$
$$\beta = \frac{4}{\gamma}\left[\frac{c}{h}\right]^{1/2}\sin(2\xi) \quad (3.24)$$

将式（3.23）取一次项，可得[9-11]

$$\text{FSIR}(t) \approx P_u \exp\left[-\chi t - \frac{4}{\gamma}\sin^2\xi\right] I_0(\beta\sqrt{t}) U(t) \quad (3.25)$$

取 $I_0(t)$ 的一阶近似，对于较小的误指向角（$\xi < 0.3°$），式（3.25）可近似为[12]

$$\text{FSIR}(t) \approx P_u \exp\left[-\left(\chi - \frac{\beta^2}{4}\right)t - \frac{4}{\gamma}\sin^2\xi\right] U(t) \quad (3.26)$$

为了处理具有更高误指向角（如 $\xi = 0.8°$）的数据，取如下二次贝塞尔函数[10]：

$$I_0(\beta\sqrt{t}) \approx 2\exp\left[\frac{\beta^2(t)}{8}\right] - 1 \tag{3.27}$$

由此得到的 FSIR 为[5,10]：

$$\text{FSIR}(t) \approx 2P_u\exp\left[-\left(\chi-\frac{\beta^2}{8}\right)t-\frac{4}{\gamma}\sin^2\xi\right]U(t) - P_u\exp\left[-\chi t-\frac{4}{\gamma}\sin^2\xi\right]U(t) \tag{3.28}$$

注意：FSIR 包括 3 个测高参数，即振幅 P_u、误指向角 ξ 和历元 τ。τ 通常通过在 FSIR 公式中应用时间延迟 τ_s 引入，其使（通过使用卷积特性）平均功率 $s(t)$ 延迟 τ_s，如图 3.5 所示（前沿中点位于时间门 τ 而非 0 处）。

3.1.5.2 镜面散射体高度的概率密度函数

其余高度参数由镜面散射体高度的 PDF 引入。PDF 通常近似为高斯密度函数[9-10]：

$$\text{PDF}(t) = \frac{1}{\sqrt{2\pi}\sigma_s}\exp\left(-\frac{t^2}{2\sigma_s^2}\right) \tag{3.29}$$

式中：σ_s 为标准偏差，$\sigma_s = \frac{\text{SWH}}{2c}$。

通过引入 3 阶统计量（偏斜度 λ_s）可得到 PDF 的广义公式[11]，它考虑了影响前沿曲率的波形不对称形状，如图 3.5 所示。前沿畸变将引起海面高估算偏差。

3.1.5.3 雷达系统点目标响应

雷达点目标响应通常表示为[10]：

$$\text{PTR}_T(t) = \left|\frac{\sin(\pi t/T_s)}{\pi t/T_s}\right|^2 \tag{3.30}$$

式中：$T_s = 1/B$ 为采样周期，其中 B 为高度计接收带宽。

为得到双重卷积式（3.21）的解析表达式，将式（3.30）表示为高斯近似：

$$\text{PTR}_T(t) = \frac{1}{\sqrt{2\pi}\sigma_p}\exp\left(-\frac{t^2}{2\sigma_p^2}\right) \tag{3.31}$$

式中：$\sigma_p = 0.513T_s$（Seasat），文献 [7，9] 采用 $\sigma_p = 0.425T_s$。这种近似主

要影响有效波高参数的估计，而由于实际 PTR_T 呈对称形状，它对历元 τ 几乎没有影响。

3.1.5.4 解析模型

根据所需精度，诸多文献提出了多个不同的平均功率 $s(t)$ 解析模型。显然，测高模型精度取决于3个卷积项模型和所需的测高参数数量。通常，高精度的代价是计算更加复杂。因此，需要根据应用目标选择合适的模型。测高模型更多关注 SWH、τ_s、P_u 和 ξ 4个测高参数，它们通常足以有效描述测高回波的主要特征[13-14]。

顾及这4个参数，将 FSIR 解析表达式（3.26）、PDF 和 PTR_T 的高斯近似式（3.20）和式（3.31）分别代入式（3.21），得到著名的布朗模型[9]：

$$s(t) = \frac{P_u}{2}\exp(-v)[1+\text{erf}(u)] + N_t \quad (3.32)$$

式中

$$\begin{cases} u = \dfrac{t-\tau_s-\alpha\sigma_c^2}{\sqrt{2}\sigma_c}, & v = \alpha\left(t-\tau_s-\dfrac{1}{2}\alpha\sigma_c^2\right) \\ \alpha = \chi + \dfrac{4}{\gamma}\sin^2\xi - \beta^2/4, & \sigma_c^2 = \sigma_s^2 + \sigma_p^2 \end{cases} \quad (3.33)$$

$\text{erf}(t) = \dfrac{2}{\sqrt{\pi}}\displaystyle\int_0^t e^{-z^2}\mathrm{d}z$ 表示高斯误差函数。

若 FSIR 采用式（3.28），可得到适用于处理误指向角较大情况的更精确模型[10]：

$$s(t) = P_u\exp(-v_1)[1+\text{erf}(u_1)] - \frac{P_u}{2}\exp(-v_2)[1+\text{erf}(u_2)] + N_t \quad (3.34)$$

$$\begin{cases} u_1 = \dfrac{t-\tau_s-\alpha_1\sigma_c^2}{\sqrt{2}\sigma_c}, & v_1 = \alpha_1\left(t-\tau_s-\dfrac{1}{2}\alpha_1\sigma_c^2\right), & \alpha_1 = \chi + \dfrac{4}{\gamma}\sin^2\xi - \beta^2/8 \\ u_2 = \dfrac{t-\tau_s-\alpha_2\sigma_c^2}{\sqrt{2}\sigma_c}, & v_2 = \alpha_2\left(t-\tau_s-\dfrac{1}{2}\alpha_2\sigma_c^2\right), & \alpha_2 = \chi + \dfrac{4}{\gamma}\sin^2\xi \end{cases} \quad (3.35)$$

如果不考虑天线的误指向角，即 $\xi = 0°$，则式（3.32）可简化为3参数（SWH, τ_s, P_u）模型：

$$s(t) = \frac{P_u}{2}\exp\left[-\alpha\left(t-\tau_s-\frac{1}{2}\alpha\sigma_c^2\right)\right]\left[1+\text{erf}\left(\frac{t-\tau_s-\alpha\sigma_c^2}{\sqrt{2}\sigma_c}\right)\right] + N_t \quad (3.36)$$

式中

$$\alpha = \frac{4c}{\gamma h}, \ \sigma_c^2 = \frac{SWH^2}{4c^2} + \sigma_p^2$$

3.1.5.5 斑点噪声

高度计数据被乘性斑点噪声污染，高度计回波观测值为

$$y_k = s_k n_k, \ k = 1, 2, \cdots, K \tag{3.37}$$

式中：$y_k = y(kT_s)$ 为第 k 个回波观测值；$s_k = s(kT_s)$ 为第 k 个理论回波；n_k 为第 k 个乘性斑点噪声。这种噪声通常通过对 L_c 个连续回波序列进行平均来降低。假设脉冲之间统计独立，平均后噪声的方差降低为 $1/\sqrt{L_c}$，且得到的噪声通常假定为伽马分布。

3.1.6 传统测高局限性

如图 3.4 所示，传统的脉冲有限测高有一个环形足迹。足迹半径随时间而增大，其中较大半径主要影响波形后沿。大足迹的主要优点是包含足够的随机独立散射单元，这是推导测高模型的必要假设。然而，这是以降低分辨率为代价的，因为地球物理参数估值是整个足迹上的平均值。此外，由于足迹大，测高波形可能会因陆地回波或不同海面的后向散射信号的求和而失真。因此，所得波形可能与图 3.5 所示的常见海洋回波形状不同。对于沿海测高，测高足迹覆盖海洋和部分陆地，如图 3.7 所示。此时，回波的峰值位置取决于卫星天底点和海岸之间的距离以及海洋和陆地表面的散射系数。由于在设计海洋回波算法时，失真回波因其给出错误的参数估值而首先被弃用，故在海岸带丢失了不可忽视的测高数据。有大量研究致力于处理海岸带波形，以便将测高值移近海岸[15-16]，由此推动了许多卫星任务（如 AltiKa、Cryosat-2）和研究项目，如 CNES 资助的新型沿海与水文处理原型系统（PISTACH）[17] 和 ESA 资助的沿海测高项目[18-19] 等。

3.1.7 沿海测高回波模型

宽阔海域的测高回波具有明确形状，前沿急剧上升，随后波形其他部分功率逐渐下降，可由布朗模型精确建模。然而，测高波形可能会受到陆地回波、雨水或不同反射海面后向散射信号累加的损坏，使得布朗模型难以完全反映回波变化特征。PISTACH 项目对沿海区域可能出现的回波波形进行了分

类[20],以此可以区分具有相似几何特征的回波,并通过专用重跟踪算法估计相应的高度计参数,如图3.8所示。其中多类信号表现为被峰值破坏,它们在沿海地区十分常见。据统计,在开阔海域中,大约95%的波形与布朗模型非常吻合。然而,当接近海岸(或极地表面)时,该比例迅速下降,在距离海岸线8km处,25%~30%的波形与布朗模型不一致[5]。

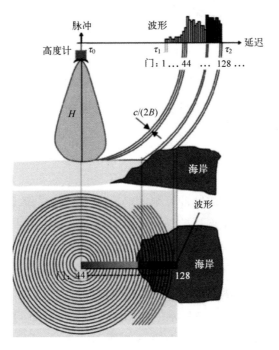

图3.7 海岸测高回波结构示意图(见彩图)

为简化布朗模型,假设与海面相关的测高波形由3个参数表征。式(3.36)给出的简化模型是测高信号的连续表达式,对其进行离散化可得

$$s_k = \frac{P_u}{2}\left[1+\text{erf}\left(\frac{kT_s-\tau_s-\alpha\sigma_c^2}{\sqrt{2}\,\sigma_c}\right)\right]\exp\left[-\alpha\left(kT_s-\tau_s-\frac{1}{2}\alpha\sigma_c^2\right)\right]+N_t \quad (3.38)$$

式中:T_s为采样周期;$s_k = s(kT_s)$为测高回波信号的第k个采样;τ_s为以s表示的历元。加性噪声参数N_t通常以首个采样的平均值作为估值,并从各个采样s_k中减去,故$N_t = 0$。

式(3.38)对于宽阔海域已经非常准确,但它不适用于非海洋表面(如冰和陆地)或沿海地区的后向散射测高波形建模。鉴于这些非水域后向散射回波的后沿通常出现一些峰值,可采用非对称高斯峰值布朗模型[5],定义为布朗回波s_k和非对称高斯峰值p_k的叠加:

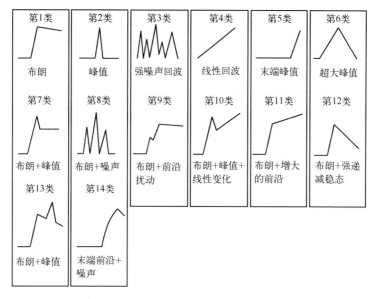

图 3.8 CNES/PISTACH 项目的测高回波形状分类

$$\tilde{s}_k = s_k + p_k \tag{3.39}$$

其中

$$p_k = A\exp\left[-\frac{1}{2\sigma^2}(kT_s-T)^2\right]\left\{1+\mathrm{erf}\left[\eta\frac{(kT_s-T)}{\sqrt{2}}\right]\right\} \tag{3.40}$$

式中：A、T、σ、η 是峰值的振幅、位置、宽度和不对称系数。当 $\eta=0$ 时，式（3.40）定义的高斯峰值退化为对称高斯峰值（参数 η 称为不对称系数）。以 A、T、σ 表示的模型称为高斯峰值布朗模型。$A=0$ 时，非对称高斯峰值布朗模型和高斯峰值布朗模型均退化为布朗模型。关于不对称系数 η 对高斯峰值 p_k 的影响，正值 η 挤压峰值的左侧，而负值 η 挤压其右侧。

3.2 传统微波雷达高度计波形重跟踪

如果仅仅依靠星上跟踪系统，受限于时间测量精度及其他硬件原因，难以获得厘米级的观测量。为了获得高精度的海面高测距值，现在的高度计一般将波形数据下传到地面并从中提取出各种地球物理参数（如有效波高、海面高、后向散射系数），这就是波形重跟踪。其目的在于利用某一模型或函数去拟合回波波形进而从中提取出海面高、回波功率等参数。函数形式可以是经验函数、物理机制或是统计模型。将分析窗口获得的测距与重跟踪获得的历元（对应分析窗口固定正常跟踪点的前缘位置）相结合就可以获得最终的距离测量值。波形重跟踪是获取高精度海面高数据的关键过程，对于提高海面高数据质量和分辨率具有重要作用。目前，Jason-1、Jason-2、Jason-3等传统海洋测高卫星都已将基于布朗模型的重跟踪方法作为海面高数据处理的标准算法。

3.2.1 基于布朗模型的重跟踪方法

基于式（3.21）的布朗模型按照最小二乘原理可以解算得到以下波形参数，即相对于波形真实跟踪点的时间偏移 t_0、信号幅度 P_u、热噪声水平 N_t 和误指向角 ξ。最小二乘平差函数模型为

$$V = A\delta x - L \tag{3.41}$$

式中：δx 为未知参数改正值；L 为雷达回波波形测量值；A 为回波波形对待估参数的偏导数在初始值处的值；V 为残差。

$$L = P_L - P(x_0) \tag{3.42}$$

$$A = \frac{\partial P}{\partial x}\Big|_{x_0} \tag{3.43}$$

式中：P_L 为观测得到的回波波形；$P(x_0)$ 为利用待估参数初始值计算得到的回波波形。

利用最小二乘平差原理可得

$$\delta x = (A^T P_w A)^{-1}(A^T P_w L) \tag{3.44}$$

式中：P_w 为观测值的权。

为了进行有效平差处理，需要对初始值及相关参数进行合适的选择。N_t 的初始值 N_t^0 一般选择波形前几个门的波形功率值的平均值，即

$$N_t^0 = \frac{1}{5}\sum_{i=6}^{10} P_i(t) \tag{3.45}$$

P_u 的初始值 P_u^0 选择重心偏移（OCOG）重跟踪器算法获得，即

$$P_u^0 = \sqrt{\frac{\sum_{i=1+n_1}^{N-n_2} P_i^4(t)}{\sum_{i=1+n_1}^{N-n_2} P_i^2(t)}} \tag{3.46}$$

t_0 的初始值 t_0^0 可由 OCOG 算法获得的波形前缘位置 LEG 计算得到，即

$$t_0^0 = \text{LEG} \cdot T \tag{3.47}$$

式中：T 为雷达脉冲持续时间即门宽。

经波形重跟踪后,可以确定出波形的实际前缘中点的位置,根据波形设计阀门的位置以及光速,可以计算出重跟踪后距离改正 dr:

$$dr = (\text{Re}_p - \text{Nor}_p)\frac{t_k \cdot c}{2} \quad (3.48)$$

式中:t_k 为脉冲宽度;Nor_p 为正常跟踪点位置;Re_p 为重跟踪后获得的波形前缘位置。由此可得到波形重跟踪后的海面高数值应为

$$\text{SSH}_{re} = \text{SSH} + dr \quad (3.49)$$

3.2.2 基于经验模型的重跟踪方法

布朗模型是传统高度计回波信号处理的基本理论模型,随着研究的深入,在近海区域发现高度计回波信号的质量受到大陆、浅滩等因素影响而降低,为此,国内外学者利用一些经验函数对回波波形进行再处理,发展出如重心偏移跟踪方法、阈值重跟踪方法、β 参数重跟踪算法等。

3.2.2.1 重心偏移重跟踪方法

OCOG 算法的基本原理是根据不同波形门数的能量水平获取每个波形的重心,如图 3.9 所示。

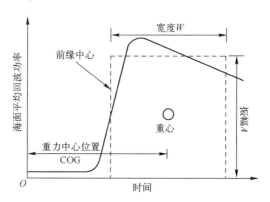

图 3.9 OCOG 算法基本概念示意图

波形的振幅 P_u 和宽度 W 以及波形重心(COG)对应的门位置分别为

$$P_u = \sqrt{\frac{\sum_{i=1+n_1}^{N-n_2} P_i^4(t)}{\sum_{i=1+n_1}^{N-n_2} P_i^2(t)}} \quad (3.50)$$

$$W = \frac{\left(\sum_{i=1+n_1}^{N-n_2} P_i^2(t)\right)^2}{\sum_{i=1+n_1}^{N-n_2} P_i^4(t)} \tag{3.51}$$

$$COG = \frac{\sum_{i=1+n_1}^{N-n_2} iP_i^2(t)}{\sum_{i=1+n_1}^{N-n_2} P_i^2(t)} \tag{3.52}$$

式中：n_1、n_2 分别为受波形起始和结尾混淆影响的个数（如 $n_1 = n_2 = 4$）；P_i 为对应 bins 的波形能量；N 为波形的总采样数。

基于以上信息，波形前缘的位置 LEP 可由下式获得：

$$\text{LEP} = \text{COG} - \frac{W}{2} \tag{3.53}$$

OCOG 算法简单且容易实现，适合于大陆、冰交界处的波形处理，但其算法与反射面的物理特性没有直接联系，因此难以获得高精度的距离测量值。目前，OCOG 算法一般用作为阈值重跟踪、改进阈值重跟踪以及 β 参数拟合方法提供初值。

3.2.2.2 阈值重跟踪方法

阈值重跟踪算法的基本原理是阈值等价于对应波形最大振幅的比例系数，如 25%、50%、75%，海面至高度计的距离值对应的门数可由相邻的波形采样按一定阈值线性内插得到，对于面散射类型波形建议采用 50% 阈值水平，对于体散射信号可采用 10%~20% 阈值水平。具体计算步骤如下：

（1）计算热噪声：

$$P_N = \frac{1}{5} \sum_{i=1}^{5} p_i \tag{3.54}$$

（2）计算阈值水平：

$$T_h = P_N + q(A - P_N) \tag{3.55}$$

式中：P_N 为前 5 个门的功率平均值；q 为阈值。

（3）波形前缘的重跟踪位置 G_r 由邻近 T_N 的值线性内插得到，即

$$G_r = G_{k-1} + \frac{T_h - P_{k-1}}{P_k - P_{k-1}} \tag{3.56}$$

式中：G_{k-1} 为波形的第 $k-1$ 个门；k 为超过 T_h 值的第一个门的位置编号。

对于复杂波形而言，简单的阈值方法并不能准确地确定波形前缘中点，为了提高阈值重跟踪算法的精度，许多学者对该方法进行了改进，改进的方法大致分为两类：一类是借助于外部数据选择最优的测距门；另一类是不使用外部数据直接确定波形前缘。

3.2.2.3 β 参数重跟踪

β 参数重跟踪算法主要用于大陆冰架的波形数据处理，根据模型参数的个数可以分为五参数模型和九参数模型，五参数模型主要针对只有一个单一前缘的简单回波波形，而九参数模型主要针对具有明显两个波形前缘（具有双峰值）的复杂波形，根据采用函数形式的不同，β 参数重跟踪算法又可以分为线性模型和指数模型。线性 β 参数重跟踪算法的通用模型如下：

$$y(t) = \beta_1 + \sum_{i=1}^{n} \beta_{2i}(1 + \beta_{5i} Q_i) P\left(\frac{t - \beta_{3i}}{\beta_{4i}}\right) \quad (3.57)$$

式中：β_1 为回波波形的热噪声水平；β_{2i} 为回波信号的幅度；β_{3i} 为回波波形前缘的中点，用来对原始跟踪距离进行改正；β_{4i} 为回波波形的上升时间；β_{5i} 为回波波形后缘的斜率；P 函数为

$$P(x) = \int_{-\infty}^{x} \frac{1}{\sqrt{2\pi}} \exp\left(\frac{-q^2}{2}\right) \mathrm{d}q = \frac{1}{2} + \frac{1}{2}\mathrm{erf}(x) \quad (3.58)$$

误差函数 $\mathrm{erf}(x)$ 表示如下：

$$\mathrm{erf}(x) = \frac{2}{\sqrt{\pi}} \int_{0}^{\infty} \exp(-t^2) \mathrm{d}t \quad (3.59)$$

Q_i 表示如下：

$$Q_i = \begin{cases} 0, & t < \beta_{3i} + 0.5\beta_{4i} \\ t - (\beta_{3i} + 0.5\beta_{4i}), & t \geq \beta_{3i} + 0.5\beta_{4i} \end{cases} \quad (3.60)$$

当 $n=1$ 时，式（3.57）转化为五参数线性模型；当 $n=2$ 时，式（3.57）转化为九参数模型。五参数和九参数 β 算法波形重构示意图分别如图 3.10 和图 3.11 所示。

指数模型算法与线性模型算法的区别是将波形的后缘用一个具有指数衰减形式的函数代替，这种算法特别适合于回波波形后缘快速衰减的情况，如在海冰交界区域或冰山区域的回波波形。指数 β 参数重跟踪算法的通用模型如下：

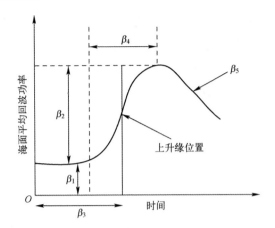

图 3.10 β 五参数法波形重跟踪示意图

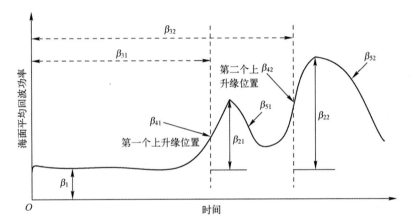

图 3.11 β 九参数法波形重跟踪示意图

$$y(t) = \beta_1 + \sum_{i=1}^{n} \beta_{2i} \exp(-\beta_{5i} Q_i) P\left(\frac{t-\beta_{3i}}{\beta_{4i}}\right) \quad (3.61)$$

$$Q_i = \begin{cases} 0, & t < \beta_{3i} - 2\beta_{4i} \\ t - (\beta_{3i} + 0.5\beta_{4i}), & t \geq \beta_{3i} - 2\beta_{4i} \end{cases} \quad (3.62)$$

为了在保持函数拟合优点的同时减弱噪声的影响,可用一个单一的线性函数代替第一个指数函数,也就是将线性函数与指数函数混合使用,具体的模型数学表达式为

$$y = \beta_1 + \beta_2(1+\beta_9 Q_1) \cdot P\left(\frac{t-\beta_3}{\beta_4}\right) + \beta_5 e^{-\beta_8 Q_2} \cdot P\left(\frac{t-\beta_6}{\beta_7}\right) \quad (3.63)$$

式中

$$P(z) = \frac{1}{\sqrt{2\pi}} \int_{-\infty}^{z} e^{-q^2/2} dq \tag{3.64}$$

$$Q_1 = \begin{cases} 0, & t<\beta_3+0.5\beta_4 \\ t-\beta_3-0.5\beta_4, & \beta_3+0.5\beta_4 \leqslant t<\beta_6+k\beta_7 \\ \beta_6+k\beta_7, & t \geqslant \beta_6+k\beta_7 \end{cases} \tag{3.65}$$

$$Q_2 = \begin{cases} 0, & t<\beta_6+k\beta_7 \\ t-\beta_6-k\beta_7, & t \geqslant \beta_6+k\beta_7 \end{cases} \tag{3.66}$$

综上所述，波形重跟踪方法可以划分为两大类算法。第一类是基于物理模型的算法，这类算法主要有布朗算法、β算法，这些算法通常适用于宽阔海域。在这些算法中，测高回波信号由多个离散点组成，而模型算法只用几个参数来表示。所以，要解算波形参数，往往用最小二乘法。由于最小二乘法需要反复迭代计算。因此，计算时间较慢，而且遇到法方程无法求逆或者解算参数数值与实际参数意义存在偏离的现象，可能出现解算无效的情况。第二类经验算法为阈值法，主要应用在近海区域，其中不同的应用情况下阈值系数的选取不同，因此，往往根据经验确定阈值系数，与模型法不同的是，虽然阈值法只是经验公式，没有明确的物理意义，但阈值法解算稳定，速度较快。因此，在大多数的极地冰盖研究中，通常使用阈值法。虽然目前波形重跟踪方法很多，但从理论上分析基于布朗模型的波形参数估计仍是宽阔海域传统高度计处理最严密的方法，从工程实际来看，这种方法也是目前主流测高卫星采用的方法。

3.3 合成孔径微波雷达高度计测量原理

3.3.1 合成孔径原理

合成孔径技术是利用数据处理方法将小尺寸真实天线孔径合成为较大天线孔径的技术，即利用一座小天线作为辐射单元，将其沿某一直线不断移动，在不同位置接收同一地表物体的回波信号并进行相关解调压缩处理。下面以点目标为例说明合成孔径过程[3]。

假设小天线实际长度为 l，雷达到星下点距离为 R_0。如图3.12所示，雷达在 A 处时，目标开始进入天线照明区域，雷达天线到目标的距离为 R'；当雷达位于 B 处时，目标在雷达的星下点位置，雷达天线到目标的距离为 R_0；

当雷达到达 C 处时,目标开始离开天线照明范围,雷达天线到目标的距离仍为 R'。经过距离校正 $\Delta R = R' - R_0$,A 和 C 到目标的距离可归算为 R_0,所以合成天线的最大尺寸可达到 A 与 C 间的距离 L。图 3.12 示出了小天线的照亮区域和合成孔径天线的照亮区域。

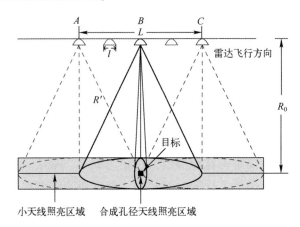

图 3.12 合成孔径技术示意图

由于雷达天线在不同位置时到点目标的距离不同,故而接收回波的相位不同。对于 Ku 频段的雷达高度计,波长为 0.022m,假设天线波束宽度为 1.2°,卫星轨道高度为 800km。当地面是平面时,最大距离差 $\Delta R \approx 44\text{m}$。根据雷达方程,该差值对回波衰减的影响比较小,可以忽略。但与载频波长相比,这是一个较大数值,其对相位的影响比较大,需要在回波处理中对其进行校正。经过相位校正后的回波同相叠加,实现对目标聚焦。

当卫星移动时,卫星和目标的相对位置发生变化,则两回波间的多普勒频率也发生变化。假设卫星速度为 V_s,小天线的半波束宽度为 θ,则卫星在 A 处时,多普勒频率 $f_d = 2V_s \sin\theta/\lambda$;卫星在 B 处时,多普勒频率 $f_d = 0$;卫星在 C 处时,多普勒频率 $f_d = -2V_s \sin\theta/\lambda$。因此,在雷达飞行过程中,雷达向目标发射并接收回波,根据多普勒频率不同,可分辨不同位置处的目标,对回波进行相位校正并进行相干叠加,从而提高雷达在沿轨迹方向的分辨率。对于聚焦合成孔径雷达(即利用了全部孔径长度),其分辨率 $\rho_a = l/2$。

3.3.2 合成孔径雷达高度计基本原理

合成孔径雷达高度计又称为延迟多普勒高度计(DDA),其脉冲重复频率比传统雷达高度计高,且脉冲发射形式为相干脉冲,并利用脉冲簇作为一个整体发射和接收。数据处理时,方位向使用合成孔径技术,对回波进行相干叠加。传统雷达高度计采用脉冲有限体制进行高度测量,在脉冲有限足迹内,每个散射点的散射信号都会出现在回波波形的特定位置上,如图 3.13(a)和(b)所示。DDA 利用合成孔径技术后,天线波束被锐化,回波足迹变为如图 3.13(c)和(d)所示。

由于回波足迹的改变,DDA 回波形状也与传统雷达高度计(类似于阶跃函数)不同,DDA 回波波形类似于脉冲函数,如图 3.14 所示。

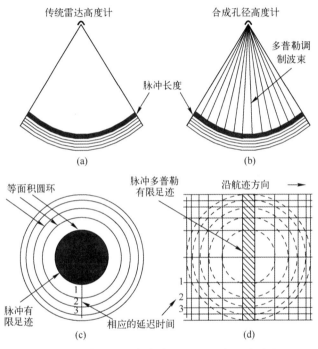

图 3.13 传统雷达高度计和 DDA 照亮足迹对比

3.3.3 合成孔径雷达高度计的分辨率

因为在一个孔径处理过程中,只使用了一个脉冲簇里的脉冲,合成孔径的长度也比较短。所以 DDA 属于非聚焦雷达,其沿航迹向分辨率和聚焦雷达不一样。航迹向分辨率定义为[21]

$$\Delta x = \left(\frac{c\lambda}{4V_{S/C}}\right)\frac{T_R}{\tau_B} \tag{3.67}$$

式中:c 为光速;λ 为载频波长;$V_{S/C}$ 为卫星平台速度;$T_R = 2h/c$ 为脉冲传输的双程时间;τ_B 为脉冲簇周期,一般可取 $\tau_B = 0.9T_R$。于是,对于卫星轨道为

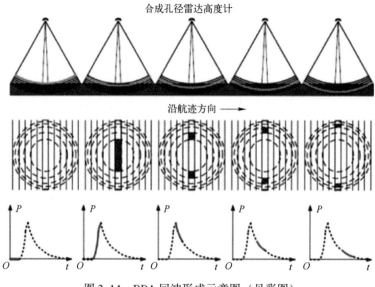

图 3.14 DDA 回波形成示意图（见彩图）

800km，$V_{S/C}$ 为 7452m/s，波长为 0.022cm 的 DDA 而言，其航迹向分辨率为 246m。

3.3.4 回波模型

与传统雷达高度计一样，DDA 回波的平均功率 $P(t,f)$ 也可以表示为 FSIR、PDF 和时间/频率 PTR 三项的卷积[22-23]。但与式（3.21）的信号 $s(t)$ 相比，信号 $P(t,f)$ 与时间和多普勒频率相关：

$$P(t,f) = \text{FSIR}(t,f) * \text{PDF}(t) * \text{PTR}(t,f) \tag{3.68}$$

式中：f 为多普勒频率。PDF 与式（3.29）相同，下面介绍其他两项。

3.3.4.1 平面脉冲响应

DDA 在交轨向为脉冲有限，在沿轨迹向为波束有限[21]。它通过考虑卫星速度引起的多普勒效应来提高沿轨迹向的分辨率。第 n 个多普勒频率 f_n 可表示为

$$f_n = \frac{2}{\lambda} \frac{\boldsymbol{r} \cdot \boldsymbol{v}_s}{|\boldsymbol{r}|} = \frac{2v_s}{\lambda} \cos(\theta_n) \tag{3.69}$$

式中：v_s 为卫星速度；如图 3.15 所示，$\cos(\theta_n)$ 可表示为

$$\cos(\theta_n) = \frac{y_n(t)}{r_n(t)} = \frac{y_n(t)}{\sqrt{\rho^2(t) + h^2}}, \quad t \geq 0 \tag{3.70}$$

式中:$y_n(t)$为第n个沿轨迹波束的坐标。

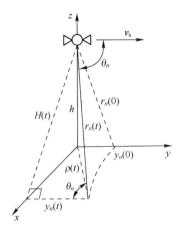

图 3.15 多普勒波束几何关系

由式(3.69)和式(3.70)可将$y_n(t)$表示为t和f_n的函数:

$$y_n(t) = \left(\frac{\lambda f_n}{2v_s}\right)\sqrt{\rho^2(t)+h^2} \quad (3.71)$$

式(3.71)给出了沿轨迹波束坐标与时间的关系。对于近垂直小角度几何关系,可假设$\rho(t) \ll h$,则多普勒波束的简化宽度为[21]

$$y_n = \frac{h\lambda}{2v_s}f_n \quad (3.72)$$

式中:$f_n = (n-32N_f-0.5)\frac{F}{N_f}$,$n \in 1,2,\cdots,64N_f$,$F$为频率分辨率,由簇长度$\tau_b = 1/F$求得,$N_f$为频率过采样因子。可见,沿轨迹向($y$轴)可分为矩形波束,对应于图 3.16 所示的不同多普勒频率。

图 3.16 示出了 DDA 的 FSIR 计算方法,它由ϕ在固定坐标y_n和y_{n+1}确定的矩形波束内的积分得到。直接计算可得角度ϕ与y_n和y_{n+1}的关系为

$$\phi_{t,n} = \mathrm{Re}\left[\mathrm{atan}\left(\frac{y_n}{\sqrt{\rho^2(t)-y_n^2}}\right)\right], \phi_{t,n+1} = \mathrm{Re}\left[\mathrm{atan}\left(\frac{y_{n+1}}{\sqrt{\rho^2(t)-y_{n+1}^2}}\right)\right] \quad (3.73)$$

因此,DDA 以 3 个参数表示的 FSIR 可以写成

$$\mathrm{FSIR}(t,n) = \frac{P_u}{2\pi}U(t)\int_{D_{t,n}}\exp\left(-\frac{4ct}{\gamma h}\right)\mathrm{d}\phi \quad (3.74)$$

式中:$D_{t,n} = [\phi_{t,n},\phi_{t,n+1}] \cup [\pi-\phi_{t,n+1},\pi-\phi_{t,n}]$。

注意:在$D_{t,n}$中,令$\phi_{t,n+1} = \pi/2$,$\phi_{t,n} = -\pi/2$,可得到传统高度计的 FSIR。

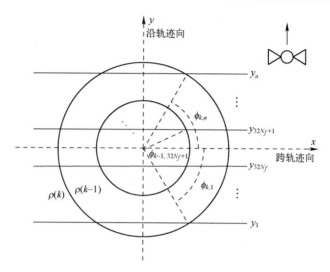

图 3.16 传播圈和多普勒波束

将式（3.74）积分得到 FSIR 的解析式为

$$\text{FSIR}(t,n) = \frac{P_u}{\pi}\exp\left(-\frac{4ct}{\gamma h}\right)(\phi_{t,n+1}-\phi_{t,n})U(t), \ n=1,2,\cdots,64N_f \quad (3.75)$$

式中：时间 t 需要除以曲率系数 $\alpha_r = 1+h/R$（R 为地球半径）以补偿地球曲率影响。

多普勒模型与高度存在一定相关性[24]。当 $t\to\infty$ 时，式（3.75）变为

$$\text{FSIR}(t,n) \sim \frac{\lambda^3 G_0^2 \sigma^0}{128\pi^3 v_s L_p h^{5/2}}\sqrt{\frac{c}{t}}\exp\left(-\frac{4ct}{\gamma h}\right)(f_{n+1}-f_n) \quad (3.76)$$

式中：FSIR 呈现与 $h^{-5/2}$ 的相关性。

当 $t\to 0^+$ 时，因为传播圆完全落在多普勒波束内[24]，得到 $\phi_{n+1}=\pi/2$，$\phi_n=-\pi/2$。于是，有

$$\text{FSIR}(t,n) \sim \frac{\lambda^2 G_0^2 c\sigma^0}{64\pi^2 L_p h^3} \quad (3.77)$$

式中：FSIR 呈现与 h^{-3} 的相关性且与时间无关。

3.3.4.2 雷达系统点目标响应

DDA 系统的 PTR 由时间维和多普勒频率维组成。一般假设 $\text{PTR}(t,f)$ 为时间函数 $\text{PTR}_T(t)$（对应于雷达点目标响应）和频率函数 $\text{PTR}_F(f)$（由多普勒处理产生）的乘积。DDA 的实际 PTR 可以通过使用仪器内校准数据来

估算。内校准数据通过发射脉冲簇并在系统内部（而非天线）接收脉冲而获得。对于接收的复I/Q信号，计算距离向FFT，再计算所得信号的模，得到每个发射脉冲的$\text{PTR}_T(t)$。与DDA相关的2D PTR也可以在距离向FFT之前引入方位向FFT来获得。时间维PTR如（3.30）式所示，而$\text{PTR}_F(f)$可精确近似为

$$\text{PTR}_F(t) = \left| \frac{\sin(\pi f/F)}{\pi f/F} \right|^2 \quad (3.78)$$

于是，PTR可表示为

$$\text{PTR}(t,f) = \text{PTR}_T(t)\text{PTR}_F(f) \quad (3.79)$$

3.3.5 反射功率

DDA反射功率$P(t,f)$由式（3.75）、式（3.29）和式（3.79）的双重卷积式（3.68）进行数值计算得到。数值计算时，对解析函数进行过采样后进行卷积。通过交叉验证方法确定合适的时间和频率过采样因子，得出$N_t = 16$和$N_f = 15$。最后对过采样信号进行降采样，得到所需的64×128DDM。模型式（3.68）称为半解析，是因为其中的FSIR具有解析公式，但式（3.68）的双重卷积是通过数值计算得到的。注意：半解析模型可以引入$\text{PTR}(t,f)$测量值和/或不同于式（3.29）的PDF进行修改。

3.3.6 多视处理

3.3.4节导出了$\text{FSIR}(t,f)$的解析模型，它与$\text{PDF}(t)$和$\text{PTR}(t,f)$作卷积计算反射功率$P(t,f)$。已然表明，每个时刻t对应半径为$\rho(t)$的圆，而每个多普勒频率对应沿轨迹的矩形波束。图3.17概括了DDM的结构。给定波束信号是将该波束所有散射体的能量相加得到的。例如，时刻k和多普勒波束n的信号能量，是由半径$\rho(k)$的圆与天底矩形波束n相交区域内的所有散射体能量相加得到。注意：不同多普勒波束的反射功率在不同时刻出现上升（根据图3.17，对于天底点波束，上升发生在时刻k，对于波束"$n+i$"和"$n-i$"，上升发生于时刻$3k$等）。这种时间偏移与卫星和每个多普勒波束之间的距离有关。图3.17（b）示出了DDM。波形的抛物线形状是由不同波束之间的时间偏移造成的。多视处理旨在收集单个波束的所有反射能量。为此，首先必须补偿不同波束之间的时间差，以使信号在同一时刻k上升。该过程称为延迟补偿或距离偏移[21]。每个波束的延迟δr_n为位置矢量的模$r_n = \sqrt{h^2 + y_n^2}$（卫星

和多普勒波束 n 之间的距离）与卫星至海面的最小距离 h 的差值[21]：

$$\delta r_n = r_n - h = \sqrt{h^2 + y_n^2} - h \tag{3.80}$$

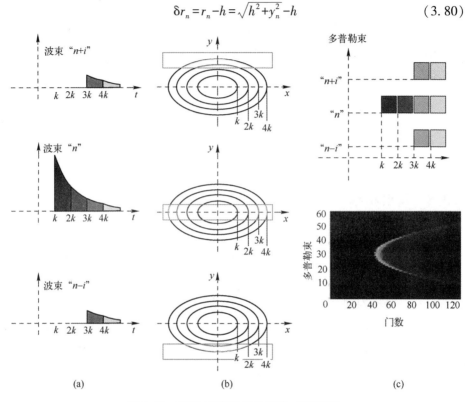

(a)   (b)   (c)

图 3.17　延迟/多普勒图的构建（见彩图）

考虑到 $y_n \ll h$，式（3.80）可以简化为

$$\delta r_n = h\sqrt{1 + \left(\frac{y_n}{h}\right)^2} - h \simeq \frac{y_n^2}{2h} = \frac{h\lambda^2}{8v_s^2} f_n^2 \tag{3.81}$$

通过引入因子 α_r 顾及地球曲率影响，得到

$$\delta r_n = \sqrt{h^2 + \alpha_r y_n^2} - h \simeq \alpha_r \frac{h\lambda^2}{8v_s^2} f_n^2 \tag{3.82}$$

延迟补偿后，将与多普勒波束相关的信号相加，得到多视波形（图 3.18[23]），则

$$s(t) = \sum_{n=1}^{N} P(t - \delta t_n, f_n) = \sum_{n=1}^{N} m(t, f_n) \tag{3.83}$$

式中：$\delta t_n = 2\delta r_n/c$ 为以秒表示的延迟补偿；$m(t, f_n) = P(t - \delta t_n, f_n)$ 为延迟补偿后第 n 个多普勒波束的信号。

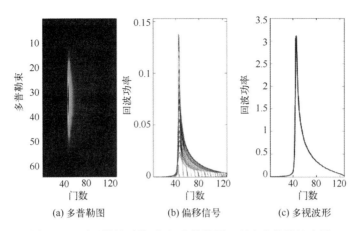

(a) 多普勒图　　(b) 偏移信号　　(c) 多视波形

图 3.18　延迟补偿后的延迟/多普勒图、所有多普勒波束的
偏移信号和相应多视波形（见彩图）

对于真实波形，该过程是完全不同的，因为必须收集不同脉冲簇的反射能量。例如，所选场景的波束能量可能反射自脉冲簇 i_1 的天底波束（33 号波束），反射自脉冲簇 i_2 的 34 号波束等。叠加过程旨在减少噪声影响，并且假定所选波束的地球物理参数在簇与簇之间没有发生变化。

最后在时刻 t_k 对信号 $s(t)$ 进行采样，其中 $t_k = (k - N_t \tau) T_s / N_t$，$k = 1, 2, \cdots, KN_t$，$\tau$ 是历元，$K = 104$ 是采样数（无过采样）。所得 DDA 矢量 $s = (s_1, s_2, \cdots, s_K)^T = [s(t_1), s(t_2), \cdots, s(t_K)]^T$ 如图 3.19 所示，并与传统回波进行了比较。由于延迟补偿，DDA 回波在历元 τ 前后具有峰值形状。

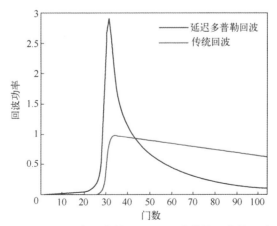

图 3.19　相同高度参数下的延迟/多普勒和传统回波
（$P_u = 1$，$\tau = 31$ 门，SWH = 2m）（见彩图）

3.4 合成孔径微波雷达高度计数据处理

3.4.1 去斜处理

脉冲有限高度计使用天线有限足迹内的最小回波延迟来估计传感器的高度。足迹之外散射体的回波存在较大延迟。如图 3.13（c）所示，有限足迹的直径由压缩脉冲长度决定，在平坦表面上，传统高度计的足迹约为 2km，且随着表面粗糙度的增加而扩大。DDA 的关键创新有两个方面[21]：延迟补偿，类似于合成孔径雷达中的距离徙动校正（图 3.20）；一组回波脉冲之间的信号相干性，以合成更窄波束，如图 3.13（d）所示。第一个创新在于对高度测量有贡献的所有沿轨道波束进行系统延迟补偿，而不是仅对脉冲有限区域的回波进行延迟补偿，从而辐射能量比传统高度计得到更有效的使用，其效率相当于脉冲有限和波束有限足迹面积之比。

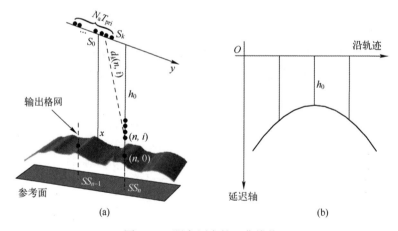

图 3.20 距离历史的双曲线状

第二个创新可以更有效地使用能量，因为沿轨道分辨单元越小，延迟测量与高度变化和传感器位置的相关性就越小。脉冲间的相干需要更高的脉冲重复频率，这需要采用脉冲簇采集模式。

高度计发射的信号是一个线性调频长脉冲，它以载波频率 $s_T(\tau) = \exp[j(\omega_c \tau + K\tau^2)]$ 为中心，K 为斜率，$|\tau| \leqslant T_{ch}/2$ 是发射的脉冲长度。距离延迟分辨率与发射脉冲的带宽有关。DDA 的距离延迟分辨率一般要求在几十厘米

量级，这需要很宽的带宽，使得在卫星上不能对接收脉冲进行直接采样。为此，通常采用全去斜技术，即与一个斜率相反、时间参考为 τ_0 的线性调频信号相乘：

$$s_R(\tau) = [s_T(\tau-\tau_R)\exp(-j\omega_c\tau)] \cdot s_D(\tau-\tau_0)$$
$$= \exp[jK(\tau_R^2-\tau_0^2)]\exp[-j2K(\tau_R-\tau_0)\tau] \cdot \exp(-j\omega_c\tau_R) \tag{3.84}$$

时间参考 τ_0 表示预期延迟，由星载"跟踪器"给出，一般取先前回波延迟的平均值。若延迟信号超出雷达标称距离门的接受范围，回波延迟将产生混叠现象。

去斜后的信号是正弦波之和，其持续时间等于接收的脉冲长度，由于回波延迟不同而存在时间偏移。于是，选择延迟采样窗口，将所有正弦波切割为相同长度；与接收的脉冲长度相比，切割（其是最大延迟变化）引起的损耗必须很小。

星载去斜将接收回波转换为正弦波，其频率通过 K 与回波延迟成正比。之后，在没有混叠的情况下，以能够保留最大预期延迟变化的频率对信号进行采样。该采样频率通常比脉冲带宽低一个数量级，可以在卫星上轻松处理。

DDA 的地面处理大致包括：①距离压缩，即距离 IDFT，得到后向散射相对于传播延迟的映射，其中点散射体回波是以回波延迟为中心的窄正弦函数；②距离偏移补偿，将不同脉冲簇对同一表面位置有贡献的额外延迟进行补偿；③脉冲簇贡献的相干求和，得到合成阵列；④输出样本的非相干求和，以降低噪声。

3.4.2 海面采样位置计算

如图 3.21 所示，设第 n 个脉冲簇得到的一组海面观测样本具有相同的角度间隔，这表明只有每个多普勒波束中心观测到海面样本。若观测表面的地形非常规则（图 3.21 中的情况（a）），第 m 个脉冲簇的采样将几乎指向相同位置。然而，当观测表面的地形快速变化时（图 3.21 中的情况（b）），整个天线波束的固定指向不再充分，因为只有对每个波束作单独控制，才能精确地指向相同海面样本位置[25]。这需要在多普勒波束锐化之后进行插值。

因此，确定所有连续脉冲簇波束所指向的海面样本的精确位置，几乎是不可能解决的问题，尤其是当高度发生较大变化时。如果可在任意位置选择海面样本位置，而且位置间隔比沿轨迹单元的尺寸小（以避免混叠），则可较好地解决该问题。对于 SIRAL，这要求海面样本在光滑椭球体上的投影间距

最大为 ΔX（表3.1）。

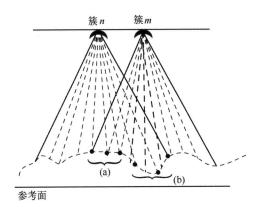

图3.21 海面采样位置示意图（若多普勒波束等距，对于（a）地形非常平滑时，不同脉冲簇可以大致指向相同的地面位置，但对于（b）地形变化较大时，情况并非如此）

表3.1 Cryosat 任务参数[25]

SIRAL 高度计系统参数			测 量 参 数		
参数	符号	数值	参数	符号	数值
载波波长	λ	≈ 0.0221m	离地平均高度	h_m	730km
天线物理尺寸	L	≈ 1.2m	平均轨道速度	v_m	7500m/s
脉冲重复间隔	T_{pri}	56.15μs	轨道因子	$\alpha_R = 1 + h_m/R_T$	≈ 1.114
簇重复间隔	T_b	11.6792ms	天线足迹大小均值	$N_a \Delta X$	≈ 19.2km
Chirp 斜率	K	7.8125Hz/s	沿轨单元大小均值	ΔX	≈ 300m
发射脉冲长度	T_{ch}	51μs	欠采样率	S	4
接收脉冲长度	T_{chRx}	44.8μs	跨轨采样步长	$\Delta h = cf_0/2N_r K$	≈ 0.4283m
距离采样频率	f_0	≈ 2.857MHz	沿轨采样步长	$\Delta y = v_S/T_{pri}$	≈ 0.401m
每簇的回波数	N_a	64			
距离采样数	N_r	128			

选择海面样本的简便方法是将它们置于每 S 个脉冲簇的天底点，S 为海面样本时间和脉冲簇时间间隔之间的欠采样比。选择 S 很简单，令沿轨道单元尺寸为

$$\Delta X = \frac{h_m \lambda}{2 v_m T_{pri} N_a} \quad (3.85)$$

则欠采样率 S 的最大值可以选择为

$$S = \left[\frac{\Delta X \cdot \alpha_R}{v_m T_b} \right] \quad (3.86)$$

利用表 3.1 所列符号的参数值,可得到 Cryosat 任务的 $S=4$。

3.4.3 CZT 波束锐化

(1) 距离压缩,通过 IDFT 实现,生成后向散射与传播延迟的映射图:

$$\boldsymbol{R}(k,m) \xrightarrow{\mathrm{IDFT}_{m \to i}} r(k,i) \quad (3.87)$$

式中:$\boldsymbol{R}(k,m)$ 为卫星下传数据的 $[N_a \times N_r]$ 矩阵,其中 N_r 为沿第 k 条回波线的距离样本;(k,m) 分别为距离和方位索引。

(2) 距离偏移补偿,补偿对海面同一位置有贡献的不同脉冲簇的附加延迟:

$$r(k,i) \xrightarrow{\text{距离偏移}} r\left(k, \frac{d_k(n,i) - h_0}{\Delta h}\right) \quad (3.88)$$

式中:$d_k(n,i)$ 为脉冲簇内第 k 个回波离输出格网位置 (n,i)(n、i 分别是海面样本和距离的序号,见图 3.20)的距离。

(3) 脉冲簇贡献的相干求和,得到合成阵列,提高方位向分辨率:

$$u(n,i) = \sum_{k=-N_{a_z}/2}^{N_{a_z}/2-1} r\left(k, \frac{d_k(n,i) - h_0}{\Delta h}\right) e^{j\frac{4\pi}{\lambda}d_k(n,i)} \quad (3.89)$$

每个脉冲簇的输出响应是距离延迟 i 和地面采样集 n 的函数。由于散射体的位置未知,必须通过估计传感器在预定网格位置上的反射来表示输出数据。

式(3.89)的和式是非标准的 DFT 形式。如果改变和式内部 IDFT 的位置,可使式(3.89)转换为近似 DFT 形式。为此,需要对距离 $d_k(n,i)$ 作近似处理,使其与 k 无关。一种近似是将 $d_k(n,i)$ 作为随距离样本的线性变化,即 $d_k(n,i) \approx d_k(n,0) + i\Delta h$。另一种近似是无须 $\Delta d_k(n,0) = d_k(n,0) - d_0(n,0)$ 改正项(距离游走)就可进行距离偏移校正。后者具有物理和合理意义,即无论获取的回波(第 k 个)如何,都可以使用脉冲簇中心(距离 $d_0(n,0)$)来近似海面样本和传感器位置之间的距离。在相位延迟补偿中,与 λ 相比,距离游走不能忽略。

将方位求和与距离压缩求逆,可得[26]

$$u(n,i) = e^{j\phi(n,i)} \mathrm{IDFT}_{m \to i}\left[\hat{R}(n,m) e^{j\frac{2\pi}{N_r} \cdot \frac{d_0(n,0) - h_0}{\Delta h} m}\right] \quad (3.90)$$

式中

$$\phi(n,i) = \frac{4\pi}{\lambda}[i\Delta h + d_0(n,0)]$$

$$\hat{R}(n,m) = \sum_k R(k,m) e^{j\frac{4\pi}{\lambda}\cdot\Delta d_k(n,0)} \tag{3.91}$$

式（3.91）经稍微改进，可以改写为线性调频 Z 变换（CZT）形式：

$$\hat{R}(n,m) = e^{j\psi(n)} \sum_{k=0}^{N_a-1} X(k,m) A^{-k} W^{-nk} \tag{3.92}$$

式中：n 遍历脉冲簇为中心的天线波束看到的所有海面样本（从 N_{out1} 到 N_{out2}）；A 为起点；W 为复平面中点之间的比率，即

$$\begin{cases} \psi(n) = 2\pi \dfrac{\Delta y^2}{\lambda h_0}\left[M(N_a-1)(n+N_{\text{out1}}) + \dfrac{(N_a-1)^2}{4}\right] \\ X(k,m) = R(k,m)\cdot e^{j2\pi\cdot\frac{\Delta y^2}{\lambda h_0}k^2} \\ W = e^{j2\pi\cdot\frac{2\Delta y^2}{\lambda h_0}M} \\ A = e^{j2\pi\cdot\frac{\Delta y^2}{\lambda h_0}(2MN_{\text{out1}}+N_a-1)} \end{cases} \tag{3.93}$$

3.4.4 二维波数域相关

式（3.89）可以解释为，在相位延迟补偿之后，$u(n,i)$ 是对沿延迟曲线 $\tau = 2(d_k(n,i)-h_0)/c$ 所取的（变换的）接收信号求和得到的。如果我们采用二维空间变量算子：

$$f(n,i;k,l) = \delta(l\Delta h - (d_k(n,i)-h_0)) \exp(-j(4\pi/\lambda)d_k(n,i)) \tag{3.94}$$

脉冲簇处理可以看作是距离压缩数据 $r(k,l)$ 与该算子的二维相关：

$$u(n,i) = \sum_k \sum_l r(k,l) * f(n,i;k,l) \tag{3.95}$$

因此，DDA 可以看成底视 SAR。另外，其点散射响应与 SAR 响应非常相似。SAR 聚焦技术也适用于 DDA。波数域算法作为最佳聚焦原始数据的方法，通过双重变换后的原始数据与算子进行乘法运算来实现聚焦[26]：

$$H(k_x,f) = \exp\left\{jr_0\left[\sqrt{\left(\frac{2\pi(f+f_c)}{c/2}\right)^2 - k_x^2} - \frac{2\pi(f+f_c)}{c/2}\right]\right\} \tag{3.96}$$

式中：f_c 为载频；k_x 为波数域中的沿轨迹变量。该算子是系统脉冲响应的二维变换。

原则上，只要 $f \leftrightarrow 2h/c$ 和 $k_x \leftrightarrow x$ 的变换不变，这种处理方法也适用于高度计处理。在这种情况下，只要沿轨迹 DFT 就可以得到双变换域中的数据，因

为距离域可看成已做了变换。

Cryosat-2 任务的业务 SIRAL 数据处理大致基于这种方法[24]。因此，在所有合理的近似下，该方法计算量仍然很大，主要用于波束锐化和指向。

3.4.5 波形重跟踪

对于合成孔径雷达高度计，波形重跟踪的主要目的仍然是估计回波模型中的参数，实际工程中，我们主要关注 3 个参数，即 t_0、C_σ（合成上升时间）、p_u（回波振幅），由这 3 个参数可分别获得回波波形上升段中点对应的时刻、有效波高以及后向散射系数。由于偏天底点角影响很小，可将此参数去掉，此时，回波波形的模型可描述为

$$W_P(t) = \sum_{i=1}^{N} P_{Fs}^i(t) * B(t-t_0)$$
$$= \sum_{i=1}^{N} p_u \exp\left(-\frac{4ct}{\gamma h\kappa}\right) \int_0^{2\pi} \exp\left[-\frac{1}{\zeta_b^2}\left(\sqrt{\frac{ct}{h\kappa}}\cos\Phi - \frac{f_d^i \cdot \lambda}{2V_s}\right)^2\right] d\Phi * B(t-t_0)$$
(3.97)

式中：$W_P(t)$ 为合成孔径雷达的回波；$P_{Fs}^i(t)$ 为平坦海面的冲击响应函数；f_d^i 为方位向的多普勒频率；κ 为曲率半径；γ 为天线波束宽度；h 为卫星的高度；V_s 为卫星速度；Φ 为本地入射角；$\lambda = c/f_0$，f_0 为雷达高度计工作频率；$\zeta_b = 0.25\lambda/L_s$，$L_s$ 为合成孔径长度。

$B(t-t_0)$ 的表达式如下：

$$B(t-t_0) = \frac{1}{\sqrt{2\pi}\sigma}\exp\left(-\frac{1}{2}\left(\frac{t-t_0}{C_\sigma}\right)^2\right) \tag{3.98}$$

给定 3 个参数的初值 t_0^0、p_u^0、C_σ^0，则可得到回波功率的初始值 $W_P(t)^0$，通过最小二乘估计得到 3 个参数的改正值。$W_P(t)$ 关于 3 个参数的偏导数为

$$\frac{\partial W_P(t)}{\partial t_0} = \sum_{i=1}^{N} P_{Fs}^i(t) \cdot \left[\frac{1}{\sqrt{2\pi}C_\sigma}\exp\left(-\frac{1}{2}\left(\frac{t-t_0}{C_\sigma}\right)^2\right)\frac{t-t_0}{C_\sigma^2}\right] \tag{3.99}$$

$$\frac{\partial W_P(t)}{\partial p_u} = \frac{\sum_{i=1}^{N} P_{Fs}^i(t)}{p_u^0} \cdot \left[\frac{1}{\sqrt{2\pi}C_\sigma}\exp\left(-\frac{1}{2}\left(\frac{t-t_0}{C_\sigma}\right)^2\right)\right] \tag{3.100}$$

$$\frac{\partial W_P(t)}{\partial C_\sigma} = \sum_{i=1}^{N} P_{Fs}^i(t) \cdot \left[\frac{-1}{\sqrt{2\pi}C_\sigma^2}\exp\left(-\frac{1}{2}\left(\frac{t-t_0}{C_\sigma}\right)^2\right) + \frac{(t-t_0)^2}{\sqrt{2\pi}C_\sigma^4}\exp\left(-\frac{1}{2}\left(\frac{t-t_0}{C_\sigma}\right)^2\right)\right]$$
(3.101)

为了提高运算速度，在重跟踪时使用的平坦海面脉冲响应函数一般使偏天底点角度为0，但实际测量过程中，偏天底点角可能不为零，因此指向角的影响应该修正。可采用平坦海面脉冲响应函数、波高概率密度函数及系统实测点目标响应函数计算模型样点值并叠加海面的斑点噪声和仪器热噪声，仿真出不同偏天底点角、不同有效波高下的高度计海面回波，然后采用近似模型以一定的重跟踪算法对仿真回波进行重跟踪，最后将仿真时设定的参数减去其对应的重跟踪结果的统计平均值，即可得重跟踪结果的修正值。为了保证修正值的准确性，对每一组参数（有效波高，偏天底点角）都应仿真足够多的回波样本以保证重跟踪结果统计值的准确性。最后，如果在使用卷积方法进行重跟踪的过程中，直接使用实测的点目标响应，同时对指向角进行跟踪，那么，就不需要使用多次修正的思路。

3.5 合成孔径微波雷达高度计

3.5.1 Cryosat-2 卫星高度计

SAR 干涉雷达高度计（SIRAL）是 Cryosat-2 卫星的主要载荷（图 3.22），工作于 13.6GHz 频段[27]。高度计由天线子系统、射频单元（RFU）和数字处理单元（DPU）组成，主体安装在卫星前部。天线子系统包括 2 座底视卡塞格林天线，垂直于飞行方向安装在由碳纤维增强塑料制成的"光学"基座上。基座通过等静压支架固定于卫星。由殷钢制成的天线波导通过双工器连接到 RFU 和 DPU，安装在卫星前部朝天一侧。天线用作干涉仪时，该设计可确保热畸变影响为最低。基座和波导材料的热膨胀系数非常低，RFU 所处位置使波导长度为最小。DPU 和 RFU 产生的热量由卫星前部的散热器散热。整个系统由多层绝缘材料包裹，天线反射面覆盖有涂锗聚酰亚胺薄层，以减少太阳能加热不对称的影响。DPU 和 RFU 共用 1 条传输链，通过双工器连接到飞行方向左侧天线。DPU 中生成 49μs 的数字 Chirp 信号，带宽 350MHz 和 40MHz 可选，通过 RFU 的 25W 固态放大器发射。RFU 和 DPU 有 2 条接收链，每个天线 1 个。

接收天线的使用、发射 Chirp 信号的定时和发射带宽均与工作模式有关。SIRAL 有 3 种工作模式：低分辨率模式（LRM）、合成孔径雷达（SAR）模式和合成孔径干涉（SARIn）模式。LRM 采用单天线进行传统的脉冲有限测高。

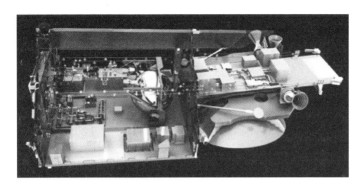

图3.22 SIRAL实物照片

SAR模式利用单天线进行沿轨迹的孔径合成。SARIn模式使用2个天线进行沿轨迹孔径合成,并可对2个天线所接收的回波进行相位比较(干涉测量)。SAR和SARIn模式统称为高比特率模式。

在LRM中,脉冲重复频率(PRF)为1.971kHz(图3.23)。每507μs发射一个长为49μs、宽为350MHz的Chirp信号。大约4.8ms后,地面回波在同一天线接收,通过双工器到达RFU,进行去斜、放大、抗混叠滤波,然后返回DPU进行模数(A/D)转换。在LRM中,以0.35μs采样率获得128个、8位的I和Q样本(仅记录44.8μs的回波,测量带宽降低到320MHz)。将这些样本进行FFT,得到22.3kHz复频谱,并对其进行功率检测。91个连续回波累加后(以减少斑点噪声),传送至跟踪器,对去斜Chirp信号的定时和接收机增益实施闭环控制。这些相同的平均频域回波功率构成LRM的测量(遥测)数据。利用这些参数可知,LRM测量和跟踪频谱的距离窗口为60m,距离分辨率(采样间隔)为0.46875m。LRM测量是传统的脉冲有限高度计测量,只是天线在沿轨道方向略微变窄(由于发射装置原因),天线方向图稍微有些不对称。在3dB视线范围内,方向图可精确地表示为

$$G(\theta,\vartheta)=G_0\exp\left[-\theta^2\left(\frac{\cos^2\vartheta}{\gamma_1^2}+\frac{\sin^2\vartheta}{\gamma_2^2}\right)\right] \quad (3.102)$$

式中:θ和ϑ分别是极方向和方位向与天线视轴的夹角;$\gamma_1=0.0133$和$\gamma_2=0.0148$;G_0为峰值增益,$G_0=42$dB。式(3.102)表示的方向图,其增益线简化为椭圆。在标称卫星高度,系统在半径为地球半径的均匀球面上运行时,LRM信噪比为8dB,后向散射系数为10dB。天线为线性极化,极化方向与干涉仪基线平行。

SAR模式使用相同的接收链,但在发射时序和测量数据形成上有所不同

（图3.23）。脉冲以64个脉冲的脉冲簇发送，PRF为18.182kHz。在一个脉冲簇内，载波相位锁定到发射时间，各个脉冲相位呈现相干性。脉冲簇重复频率为87.5Hz，脉冲簇长度为3.6ms，脉冲簇间隔为11.7ms，足以在下一个脉冲簇发射前将已发射脉冲簇的回波通过双工器发送到接收链（闭环脉冲簇设置）。

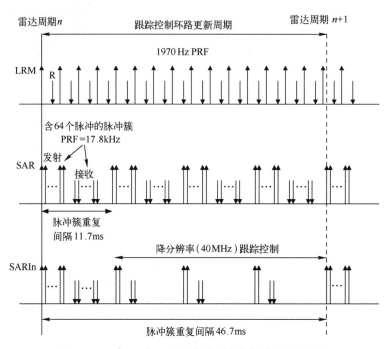

图3.23　SIRAL在3种测量模式下的发射和接收定时

在脉冲簇接收期间，去斜Chirp信号的定时保持恒定（以免在脉冲簇发射之间引入差分相移）。与LRM模式一样，对回波功率进行检测和累积（超过46.7ms），实现闭环控制。然而，与LRM不同，测量数据直接源自A/D转换器，每个单独回波包含128个I和Q时域样本。与LRM一样，SAR模式跟踪频谱的距离窗口为60m，距离分辨率为0.469m。

SARIn模式同样发送350MHz、64个脉冲、18.182kHz的PRF脉冲簇，但脉冲簇重复频率较低，为21.4Hz（图3.23）。回波通过双工器传输到2个接收链。去斜Chirp信号的定时对于每个链是相同的（以免在两个接收链之间引入差分相位）。与SAR模式相比，A/D转换器的采样间隔减少到0.0875μs，每个接收信道生成512个8位I和Q采样。SARIn模式测量数据直接源于A/D转换器，包括每个接收信道的每个单独回波的时域样本。采样间隔变小意味着在地面处理数据时，SARIn 模式频谱的距离窗口为 240m，距离分辨率为 0.469m。

与 LRM 和 SAR 模式不同的是，SARIn 模式使用较长的脉冲簇间隔（46.7ms）发射 40MHz 带宽脉冲。脉冲回波以单信道接收，以 0.35μs 采样，通过 FFT，在 46.7ms 间隔内检测并累加功率。得到的平均频域功率用于闭环控制。频谱的距离窗口为 480m，分辨率为 3.75m。这种设置使 SARIn 模式的距离跟踪窗口比距离测量窗口（480m 对 240m）要大，可对地形变化较大区域提供更稳健的闭环控制。

除业务运行模式外，SIRAL 还有用于初始化闭环控制的采集模式，以及两种校准模式 CAL1 和 CAL2。CAL1 校准 DPU 和 RFU 信号路径（不包括发射放大器和双工器），获取去斜 Chirp 信号定时和接收机增益、脉冲簇内相位旋转（其为孔径合成提供相位校准）以及作为频率和自动增益控制（AGC）函数的 SARIn 模式相位差。包含 64 个脉冲的脉冲簇通过传输链和接收链之间的衰减连接来实现 CAL1。将去斜 Chirp 信号频率进行偏移，在测量频谱的 11 个频率处进行校准。CAL2 对接收机增益在整个测量频谱中的变化进行详细校正。它通过在没有发射情况下对噪声功率的重复测量进行平均来实现。最后，还有第二条校准路径，在单个频率下提供包括双工器在内的 SARIn 模式相位差校准。该校准（由于历史原因称为 CAL4）不是单独模式，而是在 SARIn 模式内以 1Hz 重复频率执行。它给出作为时间函数的相位差校正，该校正值与 CAL1 校正值组合得到总相位差校正（为频率、AGC 设置和时间的函数）。

SIRAL 仪器控制在一个活动周期（雷达周期）之后更新，间隔为 46.7ms（等于 SARIn 模式中的脉冲簇重复间隔）。测量数据存储在所谓的"源数据包"中，每个雷达周期有固定数量的源数据包。LRM 每个雷达周期的源数据包为 1 个，SAR 和 SARIn 模式每个周期的源数据包有 4 个。任一源数据包通过计数器与同周期的首个源数据包相关联。测量数据的时间基准由雷达起始周期提供。DORIS 接收机以 1Hz 频率生成精确的国际原子时。与此时间相关的是一个脉冲，用于触发 SIRAL 内部的 80MHz 计数器。在雷达周期开始时，读取计数器，将读数值记入该周期内的测量数据中。这有效地将数据标记为雷达周期开始的时间。在 SAR 和 SARIn 模式中，任何特定发射时间都可以通过确定其在脉冲簇内的位置以及该脉冲簇相对于第一个雷达周期的位置来确定。在 LRM 中，情况稍微复杂一些。在雷达周期（图 3.23）内测量了 91 个回波。在雷达周期 $n+1$ 期间，这些回波被 FFT、功率检测和平均。该过程在雷达周期间隔内完成，并且在该周期内所测回波的平均值写入包含周期 $n+1$ 开始时间的源数据包中。

3.5.2 Sentinel-3 卫星高度计

合成孔径雷达高度计（SRAL）是 Sentinel-3 卫星的核心仪器。与 SIRAL 类似，SRAL 仪器主要包括下视天线和由 DPU 与 RFU 组成的中央电子链，如图 3.24 所示。下视天线安装在卫星 $+Z_s$ 方向的朝地面板上，中央电子链安装在卫星内部 $-Y_s$ 面板上，采用冷备份配置。测距主频率是 Ku 频段（13.575GHz，带宽 350MHz），C 频段（5.41GHz，带宽 320MHz）用于电离层校正。

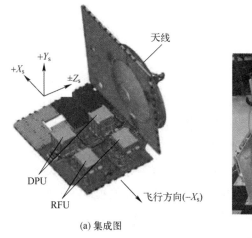

(a) 集成图　　　　　　　　　　　　　(b) 实物图

图 3.24　SARAL 在卫星面板上的集成图和实物图

DPU 由 6 块板和 1 块互连板组成，主要功能是：生成降带宽的数字 Chirp 信号，以 50MHz 的 PRF 速率传播；回波去斜处理，包括数字化、I/Q 解调、FFT 和回波累加；通过空间链路传输科学数据；闭环模式的回波处理（距离和跟踪）；开环跟踪的星载 DEM 存储和管理；管理 1553 TM/TC 与平台的接口。

RFU（图 3.25）由一组切片组成（C 和 Ku 频段双工器除外），单独固定在卫星面板上。RFU 将 Chirp 信号从 50MHz 上变频到 C 频段和 Ku 频段，并在 Ku 频段和 C 频段分别提供 38dBm（9W）和 43dBm（20W）的输出功率。上变频阶段还包括将 Chirp 信号带宽扩展 16 倍。C 频段和 Ku 频段的接收回波去斜后衰减至 650MHz，最后将信号下变频至 100MHz，有用带宽为 2.86MHz。

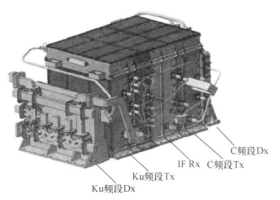

图 3.25 SRAL 射频单元

SRAL 天线为直径 1.20m 的抛物面反射镜，带有中心馈电 C/Ku 双频同轴馈电喇叭，焦距约为 430mm（图 3.26）。馈源由 3 根支柱支撑，支柱间夹角为 120°。在信号带宽视轴方向，天线在 Ku 频段的最小增益为 41.5dBi，在 C 频段为 31.6dBi。Ku 频段的旁瓣电平低于−18dB。

图 3.26 SRAL 天线工程样机

SRAL 仪器包括测量、校准和支撑模式。测量模式由两种雷达模式和两种跟踪模式组合而成（图 3.27）。两种雷达模式是 LRM 和 SAR 模式，LRM 为基于 3Ku/1C/3Ku 脉冲时序的传统高度计脉冲有限模式，SAR 模式是基于 1C/64Ku/1C 脉冲时序的沿轨迹高分辨率模式。两种跟踪模式是闭环模式和开环模式，闭环模式使用中位数算法自主确定测距窗位置，开环模式由数字高程模型（DEM）的地形高先验知识确定测距窗位置，DEM 存储在 DPU 的 4Mb EEPROM 中。

两种校准模式用于测量内部仪器的脉冲响应（通过回送发射信号的一部分）和确定接收链的传递函数（从数千个噪声样本的采集和平均得到）。SAR 模式的沿轨迹（方位向）分辨率增大至 300m。最终分辨单元是 LRM（环）分辨单元与 SAR 模式的等多普勒线相交的结果（图 3.28）。

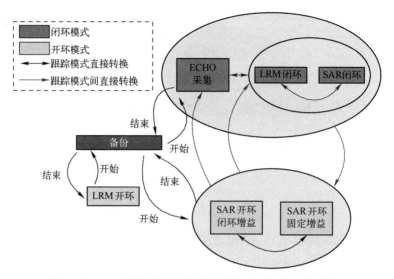

图 3.27 SRAL 测量模式和模式间转换选项概览（见彩图）

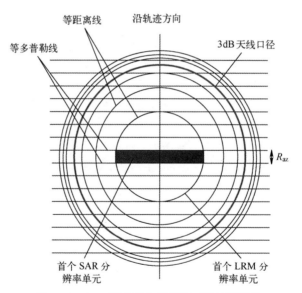

图 3.28 SAR 模式下分辨率单元的最终形状

测量模式可从一种测量模式切换到另一种，而不需要先转换到待机模式（图 3.27），以便在转换期间节省时间和保持数据收集。开环 LRM 只作为备用模式，不作为业务模式。

3.5.3 Sentinel-6 卫星 Poseidon-4 高度计

Poseidon-4 是底视 Ku/C 双频合成孔径雷达高度计（SAR 模式只在 Ku 频

段工作），旨在提供高精确度和高精准度的高度测量，包括雷达测距得到的 SSH，以及从归一化雷达散射截面积 σ^0 得到的海况和风速。

Poseidon-4 高度计的 PRF 为 9kHz，比 Jason-3 卫星大 4 倍。采用交替雷达时序使 SAR 模式和传统 LRM 采集模式能够同时进行，以确保 SAR 技术不会对仅由 LRM 模式测量得到的长期海平面气候记录造成偏差。采用交替（开环簇）发射和接收方法，获取的样本数量是 SRAL 的 2 倍，从而显著改善高度计的噪声特性。

Poseidon-4 高度计外部安装在卫星朝向天底的大面板上，并与卫星内部的 DPU 和 RFU 相连。电子设备全部备份，满足任务寿命期内的仪器可靠性要求。这种布局使天线、DPU 和 RFU 之间形成完美短连接，可清晰俯视地球表面。RFU 包括 C 频段和 Ku 频段功率放大器，具有增益控制、信号发射、接收和信号路由功能。DPU 管理与卫星平台的通信接口、高带宽数字 Ku 频段 Chirp 信号发生器、仪器排序、地球表面回波处理、数字压缩和跟踪功能。数字 Chirp 信号的最大带宽为 320MHz，脉冲持续时间为 32μs。DORIS 仪器提供 10MHz 超稳定基准，产生 Poseidon-4 高度计内部时钟信号。

图 3.29 示出了 Poseidon-4 高度计的功能框图。天线是直径为 1.2m 的单对称抛物面反射镜，采用双频中心馈电链路，焦距约为 440mm。高度计主要频率为具有 SAR 能力的 Ku 频段（中心频率 13.575GHz，带宽为 320MHz）。C 频段（中心频率 5.41GHz，带宽为 320MHz）在 LRM 下用于精度优于 0.7cm 的电离层路径延迟校正、雨区测量和表面粗糙度估计。C 频段和 Ku 频段信道均使用线性极化，每个信道的极化向量设置为相互正交。此外，C 频段通道设置为与标称 AMR-C 仪器的极化矢量正交，以最大限度地减少干扰。AMR 辐射计的消隐信号由高度计提供。

初始 RF 频率直接解调之后，从模拟接收链路产生的 Chirp 信号回波中进行 I 和 Q 信号数字采样。数字脉冲距离压缩使用匹配滤波器将接收到的 Chirp 信号进行变换。它们在海面形成布朗型 LRM 回波波形，距离分辨率约为 42cm。在距离压缩和非相干平均（通常在 50ms 的时间窗口内）后，使用传统功率检测法得到 LRM 测量。LRM 测量是星载采集和跟踪算法所必需的，可在高度计数据流中获得。全分辨率 SAR 测量值在距离数字压缩后提取，可在专用模式掩模中定义的特定区域下传，但其数据量很大。此时，执行 64 个脉冲的在轨方位处理，然后进行距离偏移补偿和数据截断，以降低数据量。

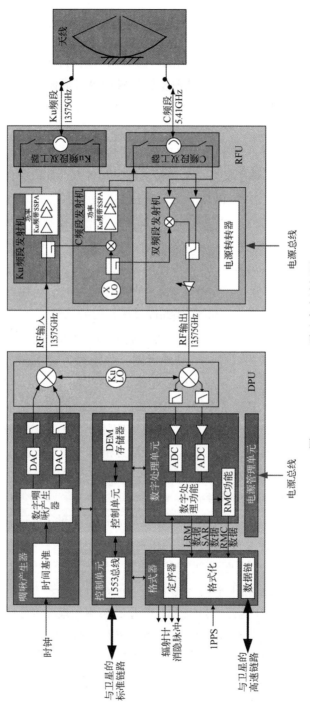

图 3.29 Sentinel-6 雷达高度计框图

图 3.30 示出了用于获取不同卫星任务测量数据的底视高度计雷达时序。T/P 和 Jason 等历史任务都使用 LRM 测量策略,其中雷达脉冲以约 2kHz 的 PRF 连续发送和接收。SIRAL 高度计首次使用闭环簇 SAR 模式进行高度测量。SRAL 采用基于 64 个发射脉冲序列的闭环簇测量策略。从图 3.30 可以看出,由于高度计必须等待回波返回到天线,上述两种情况至少有½的高度计占空比时间未被使用。

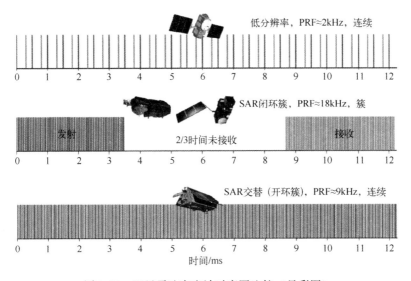

图 3.30 卫星雷达高度计时序图比较(见彩图)

Poseidon-4 高度计优化了测量方法,采用 9kHz 的 PRF 和开环簇交替时序图。它以强制回波接收出现在发射脉冲之间(交替)的方式,排列脉冲发送和接收时序图,以增加对既定目标的测量次数。然后,对地面目标进行多次测量,通过沿轨道以约 300m 的分辨率进行平均来减少热噪声和散斑噪声。交替模式时序使 SAR 模式的 "视数" 加倍,而且 SAR 数据采集与真实 LRM 数据采集可同时进行,即 LRM 和 SAR 模式之间不需要仪器转换。这对于描述 LRM 高度计长期参考时间序列与 Sentinel-6 卫星得到的新 SAR 测量之间的差异尤为重要。

Poseidon-4 高度计包括 9 种独立测量模式,使用 2 种时序图:采集时序图和交替时序图。除了跟踪采样外,交替时序图还用于 PRF 为 9kHz 的开环簇配置。与其他高度计类似,使用 DORIS 导出的卫星平台垂直速度沿轨道调整 Poseidon-4 PRF。这是针对每个跟踪周期逐步实施的,最坏情况下,每个跟踪周期（约50ms）的高度变化约为2.5m。

为满足长期稳定性要求，Poseidon-4高度计采取新的校准策略。传统CAL-1方法中，发射链与接收链绕过天线构成直接环路，得到SAR和LRM的脉冲响应[30]，用于补偿整个发射和接收带宽的信号幅度与相位失真。CAL-1采集频率根据调试过程中的测量本身确定。每个跟踪周期内的专用校准脉冲（称为CAL_ECHO）用于连续监测沿轨道的仪器延迟和振幅变化。由于放大增益控制直接影响σ^0测量，因此，设计中包括衰减校准（CAL_ATT）。CAL_ATT测量全部衰减动态范围内的距离脉冲响应的最大值，并将其与地面上的相应值匹配，然后，在地面处理过程中对估计σ^0所用的回波功率作校正。脉冲重复间隔（PRI）校准用于表征飞行过程中每个PRI步骤的仪器内部脉冲响应（I/Q）。传统CAL-2对于Poseidon-4高度计的数字结构并不需要，但可用于测量接收的传递函数和测试高度计的接收链。

Poseidon-4高度计有开环和闭环跟踪模式。开环跟踪特别适用于陆海交界带和河流湖泊区域。仪器在接收时使用匹配滤波器，在轨距离窗口约20000个样本，下采样至256个样本。Poseidon-4使用专门的闭环2kHz时序图作为初始回波"采集模式"，在较短雷达周期内有720m的大窗口。DORIS导航数据用于减少高度计初始跟踪所需时间，最大限度地减少高度计模式切换时的数据丢失。一旦初始搜索、设置和锁定过程完成，跟踪窗口位置可在轨自动调整，确保使用9kHz交替时序图进行连续跟踪。继SRAL之后，开环方法直接根据星上存储的DEM预估高度值设置跟踪窗口位置，称为开环跟踪命令（OLTC）[31]。DORIS导出的位置、速度和时间用于查找相关OLTC值。

基于Jason-2、Jason-3和Sentinel-3A/B等卫星在沿海与内陆水面采集方面的经验教训，OLTC的内存大约9Mb，比Jason-3的1Mb和Sentinel-3A/B的4Mb大得多。由此可以包括更复杂的河流和湖泊目标。Poseidon-4首次使用编码为2B（有符号值）的未压缩OLTC。与Jason-3和Sentinel-3卫星相反，OLTC按轨道（Sentinel-6有127个参考轨道）索引，其中每个点以0.01°分辨率（每个参考轨道内36000个位置）和相对大地水准面1m垂直分辨率的角位置进行描述。在该配置中，可以在运行时上传全新DEM，或在闭环运行期间修补DEM。

参考文献

[1] CHELTON D B, RIES J C, HAINES BJ, et al. Satellite altintetry [C]//Satellite Altintetry and Earth Sciences: A Handbook of Techniques and Applications, San Diego, California: Academic Press, 2001: 1-131.

[2] ULABY F T MOORE R K, FUNG A K. Microwave remote sensing: active and passive [M]. Reading: Addison-Wesley, 1981.

[3] 史灵卫. 合成孔径雷达高度计数据处理和精度分析 [D]. 北京: 中国科学院研究生院, 2015.

[4] 蒋茂飞. HY-2A 卫星雷达高度计测高误差校正和海陆回波信号处理技术研究 [D]. 北京: 中国科学院研究生院, 2018.

[5] HALIMI A. From conventional to delay/Doppler altimetry [D]. Toulouse: Université de Toulouse, 2013.

[6] MOORE R, WILLIAMS C. Radar terrain return at near-vertical incidence [J]. Proceedings of the IRE, 1957, 45(2): 228-238.

[7] BARRICK D E. Remote sensing of sea state by radar [C]//Ocean 72-IEEE International Conference on Engineering in the Ocean Enviroment, Newport, 1972: 186-192.

[8] BARRICK D E, LIPA B J. Analysis and interpretation of altimeter sea echo [M]//Barry Saltzman. Advances in Geophysics. New York: Academic Press, 1985.

[9] BROWN G. The average impulse response of a rough surface and its applications [J]. IEEE Rransactions on Antennas and Propagation, 1977, 25(1): 67-74.

[10] AMAROUCHE L, THIBAUT P, ZANIFE O Z, et al. Improving the Jason-1 ground retracking to better account for attitude effects [J]. Marine Geodesy, 2004, 27(1/2): 171-197.

[11] HAYNE G. Radar altimeter mean return waveforms from near-normal-incidence ocean surface scattering [J]. IEEE Transactions on Antennas and Propagation, 1980, 28(5): 687-692.

[12] RODRÍGUEZ E. Altimetry for non-Gaussian oceans: height biases and estimation of parameters [J]. Journal of Geophysical Research: Oceans, 1988, 93(C11): 14107-14120.

[13] SANDWELL D T, SMITH W H F. Retracking ERS-1 altimeter waveforms for optimal gravity field recovery [J]. Geophysical Journal International, 2005, 163(1): 79-89.

[14] SEVERINI J. Estimation et classification des signaux altimétriques [D]. Toulouse, France: Institut National Polytechnique de Toulouse, 2010.

[15] GOMMENGINGER C, THIBAUT P, FENOGLIO-MARC L, et al. Retracking altimeter waveforms near the coasts//Coastal altimetry [M]. Berlin: Springer Verlag, 2011: 61-101.

[16] DESPORTES C, OBLIGIS E, EYMARD L. On the wet tropospheric correction for altimetry in coastal regions [J]. IEEE Transactions on Geoscience and Remote Sensing, 2007, 45(7): 2139-2149.

[17] MERCIER F, PICOT N, THIBAUT P, et al. CNES/PISTACH project: an innovative approach to get better measurements over inland water bodies from satellite altimetry. Early results [C]//EGU General Assembly Conference Abstracts, 2009: 11674.

[18] GÓMEZ-ENRI J, CIPOLLINI P, GOMMENGINGER C, et al. COASTALT: improving radar altimetry products in the oceanic coastal area [C]//Remote Sensing of the Ocean, Sea Ice, and Large Water Regions 2008. SPIE, 2008, 7105: 132-141.

[19] VIGNUDELLI S, KOSTIANOY A G, CIPOLLINI P, et al. Coastal altimetry [M]. Berlin: Springer Science & Business Media, 2011.

[20] THIBAUT P, POISSON J C. Waveform processing in PISTACH project [C]//Proc. 2nd Coastal Altimetry Workshop, 2008.

[21] RANEY R K. The delay/Doppler radar altimeter [J]. IEEE Transactions on Geoscience and Remote Sensing, 1998, 36(5): 1578-1588.

[22] MARTIN-PUIG C, RUFFINI G. SAR altimeter retracker performance bound over water surfaces [C]//2009 IEEE International Geoscience and Remote Sensing Symposium, Cape Town, 2009.

[23] PHALIPPOU L, DEMEESTERE F. Optimal re-tracking of SAR altimeter echoes over open ocean: from theory to results for SIRAL2 [C]//Ocean Surface Topography Science Team Meeting, San Dieg, California, 2011: 1-18.

[24] WINGHAM D J, PHALIPPOU L, MAVROCORDATOS C, et al. The mean echo and echo cross product from a beamforming interferometric altimeter and their application to elevation measurement [J]. IEEE Transactions on Geoscience and Remote Sensing, 2004, 42(10): 2305-2323.

[25] D'ARIA D, GUCCIONE P, ROSICH B, et al. Delay/Doppler altimeter data processing [C]//2007 IEEE International Geoscience and Remote Sensing Symposium, 2007.

[26] GUCCIONE P. Comparison of processing algorithms for a delay/Doppler altimeter [J]. IEEE Geoscience and Remote Sensing Letters, 2008, 5(4): 764-768.

[27] WINGHAM D J, FRANCIS C R, BAKER S, et al. CryoSat: a mission to determine the fluctuations in Earth's land and marine ice fields [J]. Advances in Space Research, 2006, 37(4): 841-871.

[28] FLETCHER K. Sentinel-3: ESA's global land and ocean mission for GMES operational services [M]. Noordwijk: ESA Communications, 2012.

[29] DONLON C J, CULLEN R, GIULICCHI L, et al. The Copernicus Sentinel-6 mission: en-

hanced continuity of satellite sea level measurements from space [J]. Remote Sensing of Environment, 2021, 258: 112395.

[30] QUARTLY G D, NENCIOLI F, RAYNAL M, et al. The roles of the S3MPC: monitoring, validation and evolution of Sentinel-3 altimetry observations [J]. Remote Sensing, 2020, 12(11): 1763.

[31] LE GAC S, BOY F, BLUMSTEIN D, et al. Benefits of the open-loop tracking command (OLTC): extending conventional nadir altimetry to inland waters monitoring [J]. Advances in Space Research, 2021, 68(2): 843-852.

第4章 GNSS-R 海面高测量原理

4.1 引　　言

GNSS 创建之初旨在实现全球导航，但在地球遥感等众多领域迅速得到广泛应用。20 世纪 80 年代末，GNSS 信号通过无线电掩星测量方法被用于地球大气层遥感，并在 GPS 气象试验中首次对无线电掩星数据进行了观测和处理[1]。大约在同一时间，利用地面反射的 GNSS 信号进行地表物理参数测量的设想被提出[2]，并首次用于海洋测高[3]。1998 年的机载试验证实了 GNSS 反射信号可以感知海面粗糙度和海风[4-5]。低轨卫星无线电掩星试验首次观测到极低掠射角的 GNSS 反射信号[6]。美国航天飞机上的星载成像雷达-C 的校准数据中也意外发现了 GNSS 反射信号[7]的存在。星载数据中意外发现的 GNSS 反射信号验证了星载平台接收地表反射的 GNSS 信号的可行性。利用地表反射的 GNSS 信号测量地表物理参数的技术统称为 GNSS-Reflectometry（GNSS-R）技术。与传统雷达遥感类似，GNSS-R 技术可对海洋、陆地、冰、雪、植被等各类自然覆盖面进行遥感探测。传统雷达属于单基地、后向散射传感器，而 GNSS-R 为发射机和接收机异置的非合作双/多基地机会雷达。图 4.1 示出了接收机位于运动平台的 GNSS-R 双（多）基地示意图[8]。GNSS-R 仅需一台搭载在地基、空基或星基平台的小尺寸接收机，而发射机则由位于中高轨的 GNSS 卫星充当免费提供连续照射信号。

由于通过测量直射和地面反射信号之间的时间延迟，并将其转换为空间距离可测量实际反射面距离大地参考面的距离，因此，GNSS-R 可视同 1 台双基高度计。传统雷达高度计沿单个地面轨迹测量卫星天底向高度，而 GNSS-R 高度计可同时获取多颗卫星信号，沿多个间隔较宽的地面轨迹进行高度测量。由于通过测量 GNSS 散射信号的峰值功率以及其波形特征可反演反射介质的表面粗糙度和介电特性,因此 GNSS-R 也可当作双/多基散射计。GNSS 信号位于 L 波段,能够穿透云层,对地表粗糙度、土壤湿度、海冰和雪水含量特别敏感,适合于海面风速、海冰、土壤湿度及雪水当量的测量。

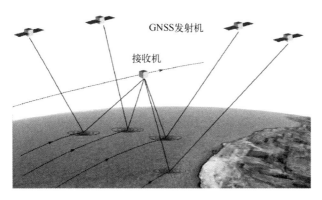

图 4.1 GNSS-R 遥感几何结构示意图

GNSS 采用扩频体制,其发射信号的功率弱,GNSS 反射信号相对于单基雷达信号较弱。机会源探测模式使得 GNSS-R 限于固定 L 波段的频率和带宽,只能接收由发射机和接收机位置预先确定的镜面反射点周围区域(称为闪烁区)的散射信号,而无法像单基雷达通过扫描波束产生相当大的连续条带,随意改变观测区域。GNSS-R 的突出优势是探测设备的成本低和尺寸小,通常一颗专用雷达卫星的价格就可构建一个小型的 GNSS-R 卫星星座,这种星座可以补偿单颗卫星的稀疏刈幅,并结合众多的在轨 GNSS 卫星,可减少重访时间提供高密集全球范围的对地探测,达到前所未有的时空覆盖,基于 GNSS-R 的对地遥感具有重要价值。

4.2 GNSS-R 基本理论

4.2.1 GNSS 反射信号特点

由于照射地球表面的 GNSS 信号的功率相对较弱,获取地表反射的信号具有挑战性,因此 GNSS-R 接收机主要接收镜面反射点周围区域的最强散射信号[9]。该区域的大小取决于表面的粗糙度。假设反射面是平坦光滑的,海面均方高度 h 远小于信号的波长 λ 时,更准确地说,瑞利参数 $2\pi h\cos\theta/\lambda$(θ 为信号入射角)小于 1 时,GNSS 信号在海面发生镜面反射,反射信号为相干信号,可被假设为直接信号乘以菲涅耳反射系数。如果粗糙面的均方高度与信号波长相当或大于信号波长时,粗糙面处出现漫散射,而镜面反射分量消失。漫散射也以镜面反射方向为中心,但反射信号来自于比第一菲涅耳区大得多"闪耀区"。

与单基地雷达的典型布拉格共振散射不同,GNSS L 波段信号的漫散射主要由波浪曲面的准镜面反射形成。GNSS 反射信号由闪耀区内大量散射单元的散射信号合成。根据双尺度散射(或复合)模型,海面的大尺度(大于几个无线电波长)粗糙分量贡献了闪耀区内准镜面散射,而在闪耀区之外的准镜面散射衰减非常快,主要产生了小尺度粗糙分量的布拉格共振散射。

4.2.2 GNSS-R 多基雷达

4.2.2.1 GNSS-R 双基雷达方程

假设 GNSS 信号在粗糙表面发生完全漫散射,GNSS 反射信号的相关功率表示为时延和多普勒频率的函数,即延迟多普勒映射(DDM)[10]:

$$\langle |Y(\tau,f)|^2 \rangle = \frac{\lambda^2 T_i^2}{(4\pi)^3} P_t G_t \iint \frac{G_r}{R_t^2 R_r^2} \chi^2(\tau,f) \sigma_0 \mathrm{d}S \quad (4.1)$$

式中:T_i 为相干积分时间;$P_t G_t$ 为发射机的有效各向同性辐射功率;G_r 为接收机天线增益方向图;R_t、R_r 分别为镜面反射点到发射机和接收机的距离;χ^2 为伍德沃德模糊函数(WAF),描述了相干雷达的距离和多普勒频率的分辨能力(见4.2.2.4节);σ_0 为粗糙表面的归一化双基雷达散射截面(BRCS)。

χ^2 可以近似为三角形形状的相关函数 $\Lambda(\tau)$ 和 sinc 形状的函数 $S(f)$ 的平方积。第一项确定了等时延环,第二项确定了等多普勒频率线。$\Lambda(\tau)$ 的宽度为伪随机噪声(PRN)码片长度的 2 倍,即 $2\tau_c$;$S(f)$ 宽度为相干积分时间倒数的 2 倍,即 $f_{\mathrm{Dop}}=2/T_i$。当发射机和接收机位置固定时,WAF 和 BRCS 均为反射面的空间函数。式(4.1)仅考虑了完全漫散射的情况,而忽略了相干反射分量。当反射面为光滑表面,如平静海面、湖泊、平地或平坦(高度远小于信号波长)海冰表面,镜面相干反射分量明显,甚至占主导成分。此时,需在式(4.1)的基础上增加相干反射项。相干反射项的相关功率近似为直射信号相关功率 $|Y_0(\tau,f)|^2$、菲涅耳反射系数的平方及空间相干性损失因子的乘积:

$$\langle |Y(\tau,f)|^2 \rangle_{\mathrm{spec}} = |Y_0(\tau,f)|^2 |\mathbb{R}|^2 \exp(-8\pi^2 \sigma_h^2 \cos^2\theta/\lambda^2) \quad (4.2)$$

该项表示 DDM 的峰值位于与镜面反射点对应的时延和多普勒频率处。表面粗糙度弱的反射分布在 DDM 的其余部分，由于存在热噪声，它们在大多数情况下无法被检测。镜面反射分量可以将相干 σ_{coh} 与漫反射 σ_0 相加并入双基雷达方程（置于积分下）。σ_{coh} 为 δ 函数与某常数因子的乘积，常数因子考虑了反射系数、天线方向图和距离等因素。因此，σ_{coh} 的定义与漫反射截面 σ_0 的定义不同，表示了散射对象的特征。

式（4.1）中的 $\langle|Y(\tau,f)|^2\rangle$ 给出了无噪声情况下的理想平均，实际处理得到的是 $|Y(\tau,f)|^2$ 在一段观测时间 T 内的非相干累加结果，即对有限数量的统计独立样本进行平均。有限样本平均包含了残余噪声，将对由实测波形精确得到理想波形产生影响。

当窄带 GNSS 信号在粗糙表面发生散射时，从各个反射点反射的信号的载波相位以不可预测的方式叠加，使接收到的信号的相位和振幅呈完全随机状态。由于各个反射信号之间存在相长干涉和相消干涉，导致 $|Y|^2$ 的总接收功率随时间随机波动。这种现象在传统遥感中称为衰落或斑点噪声，对于漫散射表面是不可避免的。斑点噪声是一种乘性噪声，与观测环境和接收机产生的加性热噪声不同的是它与发射信号一起消失。

斑点噪声和热噪声均假设为不相关的平稳随机过程，服从循环高斯分布，具有不同的相关时间和方差，且均为零均值。N 个互为独立样本的均值 $\langle|Y|^2\rangle_N$，其统计特性可用 $\langle|Y|^2\rangle$ 的平均或平均相关功率和数字 N 描述。由散斑噪声引起的样本平均互相关功率 $\langle|Y|^2\rangle_N$ 的残余标准偏差约减小 $1/N$。

斑点噪声的相关时间 τ_{cor} 很重要，决定了匹配滤波处理的相干积分时间。选择非常小的相干积分时间 T_i，相关器输出难以获得最佳相关增益，积分时间过长也难以提升独立样本的非相干求和效果。当知道 τ_{cor} 时可对 N 做出估计：$N=T/\tau_{cor}$。相关时间 τ_{cor} 可通过复自相关函数 $B_Y(\tau)=\langle Y(t)Y^*(t+\tau)\rangle$ 或从其功率谱中估计。

对于快速移动平台，如飞机或卫星，τ_{cor} 可以通过接收机平台的平移速度 v_{rec} 与信号特征空间尺度如相关半径 ρ_{cor} 确定：$\tau_{cor}=\rho_{cor}/v_{rec}$。此外，GNSS 发射机的运动也需考虑。$\rho_{cor}$ 的估计可以使用范西特-泽尼克定理，即对于大小为 D 的空间非相干源，距离源 L 处的尺度 ρ_{cor} 遵循经典的衍射公式：$\rho_{cor}\approx\lambda L/D$（$\lambda$ 为信号载波的波长，D 为与 DDM 相关的表面足迹的尺度）。

4.2.2.2 等延迟环和等多普勒线

图 4.2 给出了由发射机（Tx）和接收机（Rx）组成的双基雷达示意图。

Tx 和 Rx 的基线长为 L，L 与目标均位于 x-y 平面或"双基平面"。角度 θ_T 和 θ_R 分别为发射机和接收机的视角或到达角。双基角或散射角 β 定义为 $\beta = \theta_T - \theta_R$，将在与目标相关的计算中用到。等延迟环是两个焦点位于发射机和接收机（图 4.3）的椭圆：

$$\tau = \frac{R_1(t) + R_2(t)}{c} \tag{4.3}$$

式中：$R_1(t)$、$R_2(t)$ 为发射机和接收机至目标的距离。

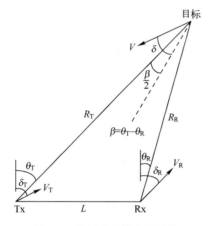
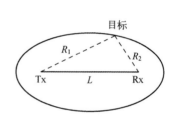

图 4.2 双基多普勒几何结构　　　　图 4.3 等延迟环几何结构

以接收机位置为基准，定义 $R_{tot}(t) = R_1(t) + R_2(t)$，椭圆方程为

$$R_2(t) = \frac{R_{tot}^2(t) - L^2}{2[R_{tot}(t) + L \cdot \sin\theta_R]} \tag{4.4}$$

双基等多普勒线为

$$f_D = -\frac{1}{\lambda} \frac{\partial}{\partial t} \{R_1(t) + R_2(t)\} \tag{4.5}$$

式中：λ 为波长。

对于静止（或准静止）目标（如地球或海洋表面）的特殊情况，式（4.5）变为

$$f_D = \frac{V_T}{\lambda} \cdot \cos(\delta_T - \theta_T) + \frac{V_R}{\lambda} \cdot \cos(\delta_R - \theta_R) \tag{4.6}$$

式中：$(\delta_T - \theta_T)$ 为 Tx 的速度矢量与 Tx 至目标的单位矢量 $\hat{n}_{Tx-target}$ 之间的夹角；$(\delta_R - \theta_R)$ 为 Rx 的速度矢量与接收机到目标的单位矢量 $\hat{n}_{Rx-target}$ 之间的角度。式（4.6）也可以写成

$$f_D = \frac{\boldsymbol{V}_R \cdot \hat{\boldsymbol{n}}_{\text{Tx-target}}}{\lambda} + \frac{\boldsymbol{V}_R \cdot \hat{\boldsymbol{n}}_{\text{Rx-target}}}{\lambda} \qquad (4.7)$$

对于平滑地面，等多普勒线变为双曲线。图 4.4 给出了等延迟（或等距离）环和等多普勒线。可以注意到 (x,y) 平面中的每个像素均对应一对延迟和多普勒 (τ, f_D)。但是，这种对应不是唯一的，因为两对 (x,y) 点具有相同的 (τ, f_D) 值。

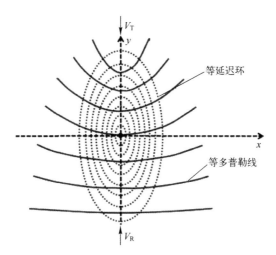

图 4.4 叠加的等延迟环和等多普勒线的几何结构（两对 (x,y) 点具有相同的 (τ, f_D)）

4.2.2.3 接收功率、信噪比和卡西尼椭圆形

双基雷达接收功率 P_R 可表示为

$$P_R = \frac{P_T \cdot G_T}{4\pi R_1^2} \cdot \sigma_b \cdot \frac{1}{4\pi R_2^2} \cdot \frac{G_R \cdot \lambda^2}{4\pi} \cdot L \qquad (4.8)$$

式中：P_T 为发射功率；G_T、G_R 分别为发射天线和接收天线在目标方向的天线增益；σ_b 为双基雷达散射截面（RCS）；L 为包括发射机、接收机和传播路径中的所有损耗。右端第一部分对应目标的坡印亭矢量（单位为 W/m²）。前两部分乘积对应目标实际截获的功率。前三部分乘积对应接收天线的坡印亭矢量，$\dfrac{G_R \cdot \lambda^2}{4\pi}$ 对应接收天线的有效面积。

SNR 通常表示为式（4.8）除以如下的接收机热噪声：

$$N = k_B \cdot T_{\text{sys}} \cdot B \qquad (4.9)$$

式中：k_B 为玻耳兹曼常数（$k_B = 1.38 \cdot 10^{-23} \text{J/K}$）；$T_{sys} = T_A + T_R$ 为系统温度，包括天线噪声 T_A 和接收机内部噪声 T_R。

在 GNSS-R 中，式（4.9）的背景噪声随其他干扰信号频带内的功率增加而增大。干扰信号也包括其他 GNSS 信号，如同一导航系统的卫星信号引起的系统内干扰 I_{Intra}、不同星座但与所需信号具有相同信号结构的卫星干扰 I_{Interop}，以及相同或不同卫星系统但信号结构不同的卫星信号干扰 I_{Inter}。

利用式（4.8）与式（4.9），可以得到 SNR 等值线为

$$(R_1 \cdot R_2)|_{\max} = \sqrt{\frac{P_T \cdot G_T \cdot G_R \cdot \lambda^2 \cdot \sigma_b \cdot L}{(4\pi)^3 \cdot k_B \cdot T_{sys} \cdot B \cdot \text{SNR}_{\min}}} = \kappa \quad (4.10)$$

或者

$$\text{SNR} = \frac{\kappa}{R_1^2 \cdot R_2^2} \quad (4.11)$$

式中：$\kappa \triangleq \kappa^2 \cdot \text{SNR}_{\min}$。

卡西尼椭圆方程或双基平面上的信噪比等值线为

$$R_1^2 \cdot R_2^2 = \left(r^2 + \frac{L^2}{4}\right)^2 - r^2 L^2 \cos^2 \theta \quad (4.12)$$

图 4.5 示出了由式（4.12）求得的信噪比或卡西尼椭圆等值线。

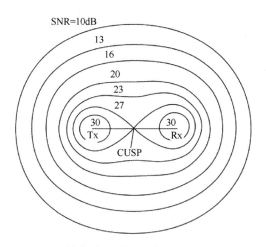

图 4.5 SNR 或卡西尼椭圆等值线（其中基线为 L 和 $k = 30L$。卡西尼椭圆为双基雷达定义了 3 个不同工作区域：接收机中心区域、发射机中心区域和接收机-发射机中心区域（并置区域））

4.2.2.4 伍德沃德模糊函数

伍德沃德模糊函数给出了波形的点目标响应,是时延 τ 和多普勒频率 f_D 的函数[11-12]:

$$|\chi(\tau,f_D)| = \left|\int_{-\infty}^{+\infty} u(t) \cdot u*(t-\tau) \cdot e^{j2\pi f_D t} dt\right| \quad (4.13)$$

式中:$u(t)$ 是发射信号的复包络。在双基情况下,由于多普勒频率与速度、时延与距离之间的关系为非线性,模糊函数的形状产生失真。由于目标处于静止或缓慢运动(如海浪),GNSS-R 的多普勒频移主要由发射机和/或接收机的运动引起。对于持续时间为 T 的电压矩形脉冲:

$$s(t) = \frac{1}{\sqrt{T}} \Pi\left(\frac{t}{T}\right) \quad (4.14)$$

其 WAF 为

$$|\chi(\tau,f_D)| = \left|\left(1-\frac{|\tau|}{T}\right) \cdot \text{sinc}\left(T \cdot f_D \cdot \left(1-\frac{|\tau|}{T}\right)\right)\right| \quad (4.15)$$

图 4.6(a)为 $T=1$ 时归一化的 WAF。沿 $\Delta f = f_D = 0$,τ 方向的宽度为 1 个单位($1/T$),而在多普勒频率维上沿 $\tau=0$ 方向是一个 sinc 函数。脉冲较短($T\to 0$)的矩形脉冲可以实现较高的时间分辨率(距离),但频率分辨率会降低($1/T\to\infty$)。

对于用 $\gamma = \pm B/T$ 的线性调频调制的啁啾脉冲信号:

$$s(t) = \frac{1}{\sqrt{T}} \Pi\left(\frac{t}{T}\right) \cdot e^{j\pi \cdot \gamma \cdot t^2} \quad (4.16)$$

相应的 WAF 为

$$|\chi(\tau,f_D)| = \left|\left(1-\frac{|\tau|}{T}\right) \cdot \text{sinc}\left(T \cdot (f_D+\gamma\cdot\tau) \cdot \left(1-\frac{|\tau|}{T}\right)\right)\right|, \quad |\tau| \leq T \quad (4.17)$$

图 4.6(b)给出了 $T=1$ 时的归一化 WAF。沿 τ 方向($\Delta f = f_D = 0$)的宽度和沿 Δf 方向的宽度相似,即距离和多普勒均有良好性能。值得注意的是,图 4.6 右对角线上的目标性能不佳。

$|\chi|^2$ 在满足如下延迟和多普勒的点的周围达到最大:

$$\tau \approx \frac{R_1(\mathbf{r})+R_2(\mathbf{r})}{2} \quad (4.18)$$

$$f_D \approx f_c \quad (4.19)$$

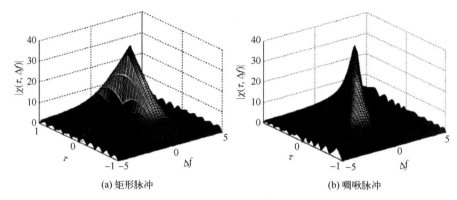

(a) 矩形脉冲　　　　　　　　(b) 啁啾脉冲

图 4.6　伍德沃德模糊函数（见彩图）

远离这些点时，$|\chi|^2$ 消失，几乎为 0，只剩余少许贡献。分辨率像元或"延迟-多普勒"像元是 WAF 大于其峰值一半的区域（图 4.6）。双基配置的等延迟环和等多普勒线如图 4.7 所示，其中具有相同延迟和多普勒的两个"模糊"的延迟-多普勒像元用不同灰度标记。

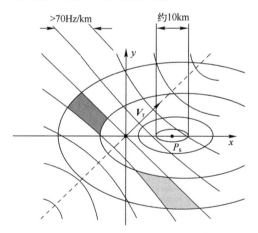

图 4.7　双基地配置的等延迟环和等多普勒线（具有相同延迟和多普勒的两个延迟-多普勒像元用不同的灰度标记）

GNSS 信号的 WAF 用式（4.13）计算。对于 GPS C/A 码，其近似为

$$|\chi(\tau, f_D)| \approx \left(1 - \frac{|\tau|}{T_c}\right) \mathrm{sinc}(f \cdot T_c) \quad (4.20)$$

4.2.2.5　双基散射系数

1) 固定相位近似下的基尔霍夫模型

固定相位近似假设散射只发生在表面具有镜面反射的点上，且没有局部

衍射效应。双基 RCS 密度为

$$\sigma^0(\mathbf{r}) = \pi \cdot k^2 |\mathcal{R}|^2 \cdot \frac{q^2}{q_z^4} \cdot P(Z_x, Z_y) \quad (4.21)$$

式中：$k=2\pi/\lambda$ 为电磁波数；$\mathcal{R}$ 为菲涅耳反射系数（实际上是 $\mathcal{R}_{pq}$，表示入射极化 q 和散射极化 p）；$q=|\mathbf{q}|$，$\mathbf{q} = q_x \cdot \hat{x} + q_y \cdot \hat{y} + q_z \cdot \hat{z} \triangleq k \cdot (\hat{k}_s - \hat{k}_i)$。导航信号利用右旋圆极化来避免电离层效应。右旋和左旋圆极化可表示为垂直和水平线极化的线性组合，即式（4.21）中的菲涅耳反射系数为[10]

$$\begin{cases} \mathcal{R}_{RR} = \mathcal{R}_{LL} = \dfrac{\mathcal{R}_{VV} + \mathcal{R}_{HH}}{2} \\ \mathcal{R}_{RL} = \mathcal{R}_{LR} = \dfrac{\mathcal{R}_{VV} - \mathcal{R}_{HH}}{2} \end{cases} \quad (4.22)$$

式中

$$\begin{cases} \mathcal{R}_{VV} = \dfrac{\varepsilon_r \sin\theta - \sqrt{\varepsilon_r - \cos^2\theta}}{\varepsilon_r \sin\theta + \sqrt{\varepsilon_r - \cos^2\theta}} \\ \mathcal{R}_{HH} = \dfrac{\sin\theta - \sqrt{\varepsilon_r - \cos^2\theta}}{\sin\theta + \sqrt{\varepsilon_r - \cos^2\theta}} \end{cases} \quad (4.23)$$

2）物理光学近似下的基尔霍夫模型

物理光学近似下的基尔霍夫模型涉及散射场在整个粗糙表面的积分，而不仅仅是镜面反射面。与几何光学近似不同，物理光学近似预测的相干分量为

$$\sigma_{pq}^{0,\text{coh}} = \pi \cdot k^2 |a_0|^2 \delta(q_x) \delta(q_y) e^{-q_z^2 \cdot \sigma^2} \quad (4.24)$$

它随表面粗糙度均方根（RMS）的增大而减小。在镜面反射方向，$a_{0,\text{VV}} = 2\mathcal{R}_{VV}(\theta_i)$，$a_{0,\text{HH}} = -2\mathcal{R}_{HH}(\theta_i)$，$a_{0,\text{VH}} = a_{0,\text{HV}} = 0$。该近似更适用于小坡度表面[13]。

3）小扰动法

小扰动法（SPM）根据与表面边界条件相匹配的一系列平面波来寻找解，即场的切向分量必须在边界上是连续的。如果表面平坦，则展开中的零阶项对应于表面场。如果表面高度标准偏差远小于入射波长，且平均表面斜率等于或小于表面标准偏差乘以波数，则 SPM 较为适用。对于多重散射，SPM 不考虑一阶项，但考虑了一些高阶项。SPM 是解释布拉格散射和偏振效应的最合适模型。

4）双尺度模型

双尺度模型将表面粗糙度分解为两个尺度：大尺度粗糙度，利用基尔霍夫几何光学近似（KAGO）建模；小尺度粗糙度，利用 SPM 建模[14]。

5) 积分方程模型

积分方程模型是20世纪80年代中期提出的一种方法[15]，缩小了基尔霍夫方法和SPM之间的差距，能够在适当范围内得到基尔霍夫近似和SMP两种方法的结果。该方法精度高，但计算量非常大，可作为检查其他方法精度的参考。

6) 小斜率近似

小斜率近似（SSA）在20世纪80年代中期被提出，在表面斜率小于入射角和散射角的假设前提下适用于任何波长和任意粗糙的海面[16]。同积分方程模型类似，SSA缩小了基尔霍夫近似和SPM之间的差距。1996年提出了非局部SSA，作为对距离较远点的多次散射情况的扩展[17]。

计算表明，对于沿镜面反射方向散射的左旋圆极化信号，KAGO和SSA方法之间具有良好的一致性。由于简便，GNSS-R中通常采用基尔霍夫几何光学近似模型。然而，右旋圆极化散射信号的SSA计算表明，即使在镜面反射方向，也需考虑布拉格散射。因此，对于极化研究，KAGO方法不适用，必须使用SSA。

4.2.3 GNSS-R 观测量

1) DDM

从式（4.1）所示的双基雷达方程可知，时延多普勒映射是WAF与BRCS函数在天线足迹（由其增益方向图表示）内的卷积，在某种意义上构建了散射系数在延迟-多普勒域的分布。WAF在环形区和多普勒区构成的区域内接近1，而在此区域外趋于0。从物理上讲，时延等值线表示散射信号到达接收机时具有相同的传播路径长度，而多普勒频率等值线表示散射信号具有相同的多普勒频移。几何上环形区边界是GNSS信号形成的等延迟椭球与地球表面的交线。如果局部地面用平面近似，时延等值线可看成为椭圆。

图4.8（a）为卫星接收机在600km高度飞行时，接收机与GNSS发射机位于相同平面时的等时延和等多普勒线。黑色线为等多普勒线，垂直于入射面与地面的交线AB。绿色椭圆是等时延线，其共同的焦点位于O点。图4.8（a）的右图给出了相应的DDM，具有典型的马蹄形状。等时延线和等多普勒线在平面坐标域中相交形成的像元与DDM时延多普勒域中的像元相关联。DDM（深蓝色区域）的零强度对应于不相交的等距线和等多普勒线。每个DDM像元强度与关于AB对称的一对像元的散射功率成比例。AB映射为DDM的$A'B'$，COD映射为$O'C'$（或$O'D'$）。可以看到DDM内部像元轮廓非常清晰，

是成对对称像元的散射,即存在所谓的模糊度问题。DDM 沿曲线 $A'O'B'$ 的最亮点由沿直线 AOB 排列的奇异像元形成,不受模糊度影响。当像元(粉红色)从中心向外移动时,在径向变窄,在方位向变宽,且像元面积减小。这也解释了为什么即使在散射系数均匀的情况下,当从 O' 移动到 A'(或 B')时,DDM 的亮度也会降低。

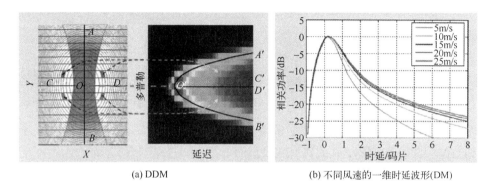

(a) DDM　　　　　　　　(b) 不同风速的一维时延波形(DM)

图 4.8　DDM 和一维时延波形(见彩图)

2)一维时延波形

一维时延波形是 DDM 沿延迟方向通过峰值的切面,包含了从其导数峰值测量高度信息所需的最少信息,也是有些 GNSS 反射信号接收机的直接观测量。如图 4.8(b)所示,一维波形的前沿至峰值,是由中心椭圆环区从零扩展到最大值时产生的。由于波形后沿则由 WAF 随时间延迟的特性和/或 BRCS 沿径向衰减确定,因此,表面粗糙度会影响后沿形状和相关功率峰值的位置。当表面变粗糙时,后沿向后拉伸,峰值向时延增大方向移动。表面粗糙度的准确信息对于补偿偏差非常重要,对精确测高具有重要意义。随着海面粗糙度的变化,双基反射功率峰值和 DDM 形状均发生变化。在双基散射情况下,风速与峰值功率之间的关系与后向散射的关系相反。当风速较低时,前向反射产生非常强的接收信号,而随着风速的增加峰值功率降低。

3)其他观测量

波形峰值是一维时延波形的最大值。该观测量包含反演风速、土壤湿度或植被生物量所需的最小散射信息。该观测值可以是绝对值,也可以是差分值(上视天线和下视天线测量峰值的相对值)。另一个重要的观测量是左旋和右旋圆极化时延波形峰值的比率,包含了反演风速所需的散射信息。值得注意的是该观测量受发射信号的极化纯度和接收天线的交叉极化水平的影响。

4.2.4 GNSS-R 接收机数据采集技术

1) cGNSS-R 技术

与导航接收机一样，常规 GNSS-R 接收机（cGNSS-R）是在 T_c s（通常约为 1ms）内，将反射信号 $S_R(t)$ 与本地码进行相关（图 4.9[18]）。本地码是由接收机内部生成的时延为 τ，并经多普勒频移 f_d 补偿之后的 C/A 复制码。相关值 Y^C 为

$$Y^C(t_0, \tau, f_d) = \frac{1}{T_c} \int_{t_0}^{t_0+T_c} S_R(t) a^*(t-\tau) e^{-j2\pi(f_c+f_d)t} dt \qquad (4.25)$$

式中：t_0 为积分起始时间；T_c 为持续时间。由于反射信号功率比直射信号弱得多，即信噪比更差，且通常受散斑噪声的影响，因此需要大量的非相干平均（N_i）以提高 $Y^C(t_0, \tau, f_d)$ 的信噪比：

$$\langle |Y^C(\tau, f_d)|^2 \rangle \approx \frac{1}{N_i} \sum_{n=1}^{N_i} |Y^C(t_n, \tau, f_d)|^2 \qquad (4.26)$$

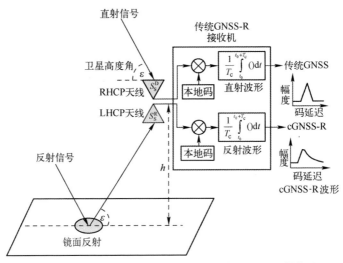

图 4.9 cGNSS-R 原理（接收机记录直射波形和反射信号并将其与接收机生成的本地码相关）

对于测高应用，自相关函数（ACF）的宽度决定了可实现的最佳距离分辨率。假设加性高斯白噪声互不相关，该分辨率（延迟估计误差）由克拉美罗界给出：

$$\sigma_\tau^2 \geq \frac{1}{\text{SNR} \cdot \beta^2} \qquad (4.27)$$

式中：SNR 为信噪比；β 为 RMS 带宽，定义为

$$\beta^2 \triangleq \frac{\int_0^{\min\{B,B_{IS}\}} f^2 |S(f)|^2 \mathrm{d}f}{\int_0^B |S(f)|^2 \mathrm{d}f} \tag{4.28}$$

式中：B、B_{IS} 为接收机滤波器和发射信号的基带带宽；$|S(f)|^2$ 为发射信号的频谱。实际上，对于较低 SNR（小于 5dB），Ziv-Zakai 界给出了更好的误差估计，可能比克拉美罗界误差大得多[19]。因此，对于相同的 SNR，RMS 带宽 β 越大，可实现的距离分辨率越好。

2）iGNSS-R 技术

采用干涉 GNSS-R 测量（iGNSS-R）技术可以克服带宽限制[20]。反射信号（由左旋圆极化（LHCP）天线接收）不与本地码而是与直射信号（由右旋圆极化（RHCP）天线接收）进行相关（图 4.10）。将式（4.25）和式（4.26）中的本地码 $a^*(t)$ 替换为直射信号 S_d，可得

$$Y^i(t_0,\tau,f_d) = \frac{1}{T_c} \int_{t_0}^{t_0+T_c} S_R(t) S_d^*(t-\tau) \mathrm{e}^{-\mathrm{j}2\pi(f_c+f_d)t} \mathrm{d}t \tag{4.29}$$

$$\langle |Y^i(\tau,f_d)|^2 \rangle \approx \frac{1}{N_i} \sum_{n=1}^{N_i} |Y^i(t_n,\tau,f_d)|^2 \tag{4.30}$$

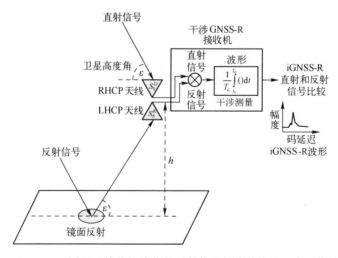

图 4.10 iGNSS-R 原理（接收机接收的反射信号并将其接收的直接信号相关）

iGNSS-R 的最终性能不仅取决于 β，还取决于 SNR（见式（4.31））、噪声相关性、跟踪窗口宽度等，见 4.2.5 节。

cGNSS-R 和 iGNSS-R 各有利弊。cGNSS-R 或 iGNSS-R 接收机均需要两个反向极化的天线，右旋圆极化天线指向天顶向接收直接信号，左旋圆极化用于接收天底向的反射信号（图 4.11）。cGNSS-R 的复制码在本地生成，可通过复制码区分不同卫星，且本身具有固定信噪比，可以使用较小尺寸的天线跟踪反射信号。信号带宽较窄使用 C/A 码测高精度不高。此外，码的多普勒动态范围更广，需要在运行测量期间进行更频繁调整[21]。由于 iGNSS-R 使用直射信号作为参考信号，无须知道码信号，因为不仅可以用于 GNSS 信号，还可用于卫星广播、卫星电视或任何其他具有更大发射功率、更大带宽和更好信噪比的机会信号源，从而可能提高距离分辨率。此外，互相关产生的延迟和多普勒频率动态范围更小，原则上更容易跟踪[21]。iGNSS-R 的主要缺点是即使使用卫星电视信号，其上视天线所需尺寸也很大，需要使用波束控制技术，要跟踪多个反射点时需要使用多波束天线将不同卫星与其时延多普勒图中的特征（"位置"）分离。此外，该 iGNSS-R 对射频干扰也更为敏感性。

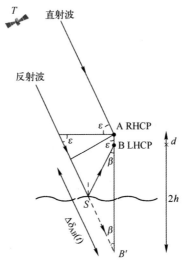

T—卫星/发射机；S—镜面反射点；ε—卫星仰角；$\Delta\delta_{AB}(t)$—反射波传输的额外路径；
d—LHCP 和 RHCP 天线间距；h—接收机离反射面的高度。

图 4.11 双天线 GNSS 反射原理

3）rGNSS-R 技术和 piGNSS-R

为了克服 cGNSS-R 和 iGNSS-R 局限性，重构 GNSS-R（rGNSS-R）[22-24]和部分干涉 GNSS-R（piGNSS-R）[25]被提出。rGNSS-R 与 cGNSS-R 类似，但其使用半无码技术重构 P（Y）码，再与反射信号相关。piGNSS-R 与 iGNSS-

R类似,但通过相干解调从参考信号(直射信号)中提取直射信号的P和M码分量,然后与反射信号作相关。rGNSS-R的半无码方法有损失,但与C/A相比,其优势主要在于P(Y)码的带宽更宽、SNR更高。piGNSS-R与iGNSS-R相比,优势是距离分辨率更好,但存在3dB信号损耗,需要通过更大增益的天线补偿信号损耗。

表4.1汇总了不同GNSS-R技术的优缺点[11]。为说明cGNSS-R和iGNSS-R的相对性能,图4.12给出了cGNSS-R和iGNSS-R在不同风速与$\theta_i=0°$时的仿真时延波形,其中时延波形以风速为$U_{10}=3\text{m/s}$的波形峰值作归一化处理[26]。由图可以看到,两种技术均保留了散射测量的信息(峰值功率),但iGNSS-R波形前沿的斜率比cGNSS-R波形的斜率更陡峭,有更高的距离分辨率(取决于SNR)。

表4.1 不同GNSS-R的优缺点

GNSS-R 类型	优 点	缺 点
cGNSS-R	本地生成的复制码:高信噪比,较小天线。 发射机可按码区分	只能使用公共码。 有限带宽,有限分辨率。 τ和f_d动态范围大
iGNSS-R	可以使用任何机会信号(如TV):更大的带宽和发射功率,更好SNR。 可以使用全带宽:提高分辨率。 差分处理降低τ和f_d的动态性	直射信号SNR很低:需要更大上视天线。 发射机只能靠延迟-多普勒域中的不同τ和f_d区分
rGNSS-R	使用伪相关技术生成的本地大带宽复制码:高SNR(小于cGNSS-R),较小天线。 发射机按码区分	τ和f_d动态范围大
piGNSS-R	与iGNSS-R相比,提高了分辨率	SNR比iGNSS-R差:需要+3dB更大的方向性

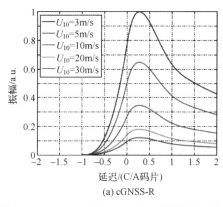
(a) cGNSS-R

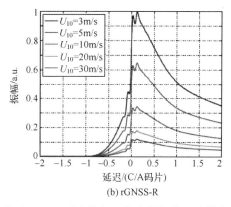
(b) rGNSS-R

图4.12 $h=700\text{km}$和$\theta_i=0°$时,不同风速(归一化至3m/s)对应的归一化功率波形(见彩图)

4.2.5 热噪声、散斑和相干时间

式（4.27）在加性高斯白噪声假设下可利用克拉美罗界估计测高性能，与 SNR 和 β 有关。现在介绍 SNR 的计算。相关器输入端的 SNR（仅热噪声）为

$$\mathrm{SNR} = \frac{[P_\mathrm{R}(\tau,f_\mathrm{d}) * |\chi(\tau,f_\mathrm{d})|^2]}{k \cdot T \cdot \min\{B,B_\mathrm{IS}\}} \tag{4.31}$$

式中：P_R 为总接收反射功率；$|\chi|^2$ 为发射信号的伍德沃德模糊函数；k 为玻耳兹曼常数；T 为等效系统的噪声温度；B 和 B_IS 分别为接收机滤波器和发射信号的基带带宽。对于 cGNSS-R 接收机，反射信号与发射信号的本地复制码进行相关，相关器输出的 SNR 由式（4.31）给出，用相干积分时间的倒数 $1/T_\mathrm{c}$ 代替 $\min\{B,B_\mathrm{IS}\}$。对于 iGNSS-R 接收机，相关器输出信噪比为[20]

$$\mathrm{SNR} = \frac{\mathrm{SNR}_\mathrm{cr}}{1+\dfrac{1+\mathrm{SNR}_\mathrm{R}}{\mathrm{SNR}_\mathrm{D}}} \tag{4.32}$$

式中：SNR_cr、SNR_R 和 SNR_D 分别是本地码互相关（如 cGNSS-R）、反射和直射信号的 SNR。如果 $\mathrm{SNR}_\mathrm{D} \geqslant 1$，则 $\mathrm{SNR} \to \mathrm{SNR}_\mathrm{cr}$。满足该条件需要非常大的天线。SNR 不仅受热噪声影响，而且也受散斑噪声的影响。衡量散斑噪声影响的近似方法是将其添加到热噪声中：

$$\mathrm{NSR}'_\mathrm{R/cr} = \mathrm{NSR}_\mathrm{D/cr} + \mathrm{NSR}_\mathrm{speckle} \tag{4.33}$$

式中：$\mathrm{NSR}_\mathrm{speckle} = 1/3.63(-5.6\mathrm{dB})$，与带宽无关。SNR 通过非相干平均提高 $\sqrt{N_i}$。利用协方差矩阵 $\overline{\overline{C}}$ 的克拉美罗界，可以给出更精确的时延估计：

$$\sigma_\tau^2 \geqslant \frac{1}{\sum\limits_{k,l} \overline{\overline{C}}_{k,l}^{-1} s'(t_k-\tau) s'(t_l-\tau)'} \tag{4.34}$$

式中：s' 为波形导数。在加性高斯白噪声下采样之间不相关，式（4.34）约为 $\sigma_\tau^2 \geqslant \sigma_n^2 / \sum\limits_l \{s'^{(l)}\}^2$，与 $\sigma_\tau^2 \geqslant 1/(\mathrm{SNR} \cdot \beta^2)$ 等价。该估计是在（离散）时域，而不是频域。实际上，最终可实现的测高性能取决于单视（snap-shot）SNR（即不取非相干平均或 $N_i = 1$）和带宽，以及连续 $Y^{c,i}(t_n,\tau_m,f_\mathrm{d})$ 和 $Y^{c,i}(t_n,\tau_{m+1},f_\mathrm{d})$ 所含噪声的互相关性。GNSS-R 观测值为 N_i 个 $Y^c(t,\tau,f_\mathrm{d})$ 或 $Y^i(t,\tau,f_\mathrm{d})$ 复互相关平方的平均值，是减少散斑噪声的有效方法之一。减小程度取决于连续观测量 $Y^{c,i}(t_n,\tau,f_\mathrm{d})$ 和 $Y^{c,i}(t_{n+1},\tau,f_\mathrm{d})$ 相同时延中噪声的相关性。

连续复数时延波形的噪声相关性的协方差矩阵定义为

$$C(\tau_1,\tau_2)=\langle Y^{c,i}(t,\tau_1,f_d=0)\cdot Y^{c,i*}(t,\tau_2,f_d=0)\rangle \quad (4.35)$$

协方差矩阵可以理解为信号和噪声两项之和。噪声项遵循自相关函数（ACF）的形状，而信号项取决于延迟 τ_1 和 τ_2 处 ACF 的复数乘积。该协方差矩阵对估计可达到的信噪比和最终接收机性能，以及以最佳方式确定接收机带宽[27]、采样频率、跟踪窗口的宽度和中心位置[28]至关重要。根据经验法则，相干积分时间为 1ms 左右，而获得"纯净"DDM 的非相干累加时间在 1s 左右，即非相干累加次数 $N_i=1000$。

4.3 GNSS-R 接收机

4.3.1 硬件设计考虑

GNSS-R 接收机与标准导航接收机有许多共同之处。天线接收 GNSS 信号并将其发送给接收机。大多数低成本 GNSS 接收机更关注天线尺寸，不太关注天线方向图形状、极化纯度和欧姆损耗，而大地测量接收机更关心多径和干扰抑制及相位中心稳定性。GNSS-R 天线需细致设计和特性检验，以满足接收机要求。以下是设计 GNSS-R 接收机时需考虑的主要因素。

1）工作频率和带宽

GNSS-R 接收机应能够利用 GNSS 信号的全部可用带宽。利用（p）iGNSS-R 或 rGNSS-R 技术的测高应用至少采用两个频段，而大多数低成本 GNSS 接收机仅接收 L1 频率的窄带宽码。设计一个多频带、大带宽和性能良好的系统具有挑战性，尤其是尺寸和损耗问题。

2）增益方向图和极化

GNSS 接收机的天线为右旋圆极化，且天线方向图呈方位对称，在与成视轴 90°处为 0，以减轻干扰。GNSS-R 接收机的下视天线通常是左旋圆极化的，而对于极化接收机也可能同时采用右旋圆极化。极化隔离度对导航接收机不是问题，轴比大于 3dB 即可。但对于 GNSS-R 接收，由于去极化效应水平较低，FOV 内的交叉极化需高 25~30dB[29]。

3）多径缓解和干扰抑制

在截止角 θ_c 以下利用衰减度高的天线方向图减轻多径和干扰。高性能 GNSS 天线的边缘扼流圈、电阻负载、导电接地层或超材料可抑制多径和干扰。尽管这些技术不是 GNSS-R 天线的典型要求，但可以提高相邻天线之间的隔离度，提高天线方向图在幅度和相位方面的相似性。

4）相位中心稳定性

相位中心稳定性与方向有关，是定位阵列的重要要求。对于涉及相位的 GNSS-R 应用（如相位测高）非常重要。

5）低噪放大器和前端

由于接收到的信号极其微弱，因此前端和低噪放大器所需性能接近微波辐射计的性能。低噪声系数（$NF \approx 1dB$）和高增益（$G \geqslant 30dB$）使整体噪声系数不影响后续处理。此外，高 IP3 以避免可能的带外信号降低接收机灵敏度的非线性。

6）滤波器

滤波器用于消除可能干扰 GNSS 信号或放大器中非线性效应带来的带外信号。通常使用尺寸小（几平方毫米）、损耗低的声表面波滤波器。如果相邻频段的功率太大，滤波器的抑制能力就不够，可能会降低 GNSS 接收机灵敏度。滤波器无法消除低频段中的谐波、导航频带内的谐波、同类 GNSS-R 接收机的时钟和存储器的自干扰及干扰机故意发射的干扰信号。由于私有设备的普遍存在，故意发射的干扰信号成为日益严重的问题。目前，解决方法主要是在干扰方向使得天线方向图出现零陷。例如，一个 7 天线阵列，可以最多设置 6 个零陷。

7）下变频器

下变频可以使用 I/Q 解调器将模拟信号下变频至零中频（$f_{IF}=0$），也可以首先利用单混频器变频为非零中频，然后利用带通采样器直接采样。第一种情况下至少在 $f_{IF} \geqslant B_{RF}$ 处对两个通道进行采样，而第二种情况在 $f_{IF} \geqslant 2B_{RF}$ 处仅对一个通道进行采样。实际中，为了有效抑制镜像干扰，需要多次下变频。

8）自动增益控制（AGC）

AGC 用于约束输入功率的波动，以优化模数转换器（ADC）的动态裕度。AGC 和 ADC 综合决定了对射频干扰的抑制能力。虽然大多数 GNSS 导航和 GNSS-R 接收机采用 1bit 量化，但 ADC 和数字处理的进步使得现在接收机也可以采用更多的量化位（如 3 位）。更多的量化位数有助于数字滤波、下变频、RFI 检测/减弱算法等的实现。此外，量化位数的增加也减少了所谓的量化损失，即采样混叠所致噪声的增加引起的信噪比下降。

9）本地振荡器（LO）

因为 LO 误差会转化为相位和/或频率误差（视多普勒频率），所以 LO 主要影响下变频器性能。例如,10MHz 参考时钟的 10Hz 误差将使 1.57542GHz 产生 1.5kHz 的误差。本振误差是非平稳的,可通过艾伦方差(或标准差)进行衡量。艾伦方差也称为双样本方差,是衡量时钟、振荡器和放大器频率稳定性的一个指标,定义为

$$\sigma_y^2 = \frac{1}{2(N-1)} \sum_{n=1}^{N-1} (y[n+1] - y[n])^2 \quad (4.36)$$

式中:$y[\cdot]$ 为 M 个连续测量的平均值。在 GNSS-R 接收机中,所有时钟必须同步,LO(或时钟)的选择由最大相干积分时间(越长时钟稳定性越好)和所选择的中频决定。

10)相关器

随着数字技术的发展,每个芯片上可集成更多的相关器单元。最初由于所需的硬件资源较少且易于实现,大多数相关运算均是串行执行的,使得相关运算的效率非常慢。当所有相关运算都并行执行时,相关处理的速度将非常快,但需要许多硬件资源。当今驱动时钟的频率远快于导航(GNSS)信号的码速,因此相关运算也可采用半并行方法,即在相干积分时间(通常)约 1ms 内利用相同的相关器计算不同时延-多普勒单元的相关值。

4.3.2 接收机现状

首套 GNSS-R 接收机是 NASA 研制的时延测量接收机,用于接收处理地表反射的 GPS 信号。它是对软件可配置 GPS 接收机的改进,旨在通过相关处理得到不同码时延和多普勒频率的相关功率。这种"时延-多普勒测量接收机"由一组相关器组成,用于将本地 PRN 复制码(在某些确定的时延和多普勒频率下)与下变频的数字反射信号的 I/Q 分量进行相关处理并进行累加。每个相关器的功率由 I 和 Q 分量的平方和计算得出,即 I^2+Q^2。该接收机使用商用现货 GPS 开发套件,所用的卓联 MITEL GP 2021 芯片有间隔约为 0.5μs(2MHz 采样频率)的 12 通道相关器;两个射频前端中的一个与 RHCP 上视天线相连,另一个与 LHCP 下视天线相连,以产生 T_c = 1ms 和 N_i = 100 的时延波形。该套接收机连接到 LHCP 下视天线进行了首次 GPS-R 散射信号的测量[30]。

(1)NASA/JPL 延迟/多普勒测量软件接收机最初是一台改进型的 TurboRogue GPS 接收机[31],根据射频输入的直射 GPS 信号计算 1Hz 输出率的位置信息,将原始 L1 伪距和载波相位观测值以 20.456MHz 频率采样,用索尼 SIR-1000 记录在 AIT 磁带上,用于离线后处理。该接收机在加利福尼亚州圣

巴巴拉海岸外的飞行试验中，搭载于塞斯纳飞机（高度为1.5km，速度为50m/s）上，首次获得了基于GPS反射信号的海洋测高。随后NASA/JPL对接收机进行了升级，增加4个同步运行的TurboRogue前端及16通道在线数据采集系统以支持4个L1 I/Q和L2 I/Q信号的采集。

（2）ESA延迟/多普勒测量软件接收机由两台TurboRogue GPS接收机组成，模数转换后1bit量化的数字信号通过两个不同的磁带存储在两个独立的索尼存储器中，供后处理[32]。

（3）UPC/IEEC多普勒延迟软件接收机（DODEREC）由西班牙加泰罗尼亚理工大学（UPC）根据IEEC/ICE合同于2002年设计和研制，包含了3条射频链路，以零中频输出同相和正交分量，采用1bit量化。该系统由1个20.46MHz的通用LO生成系统和1个原始（非商用）数据采集系统构成，将数据以20MB/s的速度直接存储到商用IDE/ATA-100硬盘，最多支持记录1h数据采集。通道可以任意配置连接。例如，可配置为1个RHCP上视天线加1对RHCP和LHCP下视天线[33]。此外，诺瓦泰接收机输出的PPS信号与GNSS-R数据同步记录，用于离线软件处理。

（4）OCEANPAL GNSS-R接收机在2002年由Starlab商业化，由2条支持GPS L1/Galileo E1的接收链路组成，分别连接上视（RHCP）和下视（LHCP）天线，数据采用离线处理。

2003年9月，SSTL发射了英国灾害监测星座（UK-DMC）卫星，进行了首次专门针对GNSS-R的星载实验搭载了SSTL SGR-10 GPS接收机。该接收机是1个双天线L1 C/A码GPS接收机，质量约为1kg，功耗5.5W。接收机与12dBi LHCP下视天线连接，由中频采集器采样输出数字中频信号进行存储，可以存储20s原始中频数据。

（5）GPS开环差分实时接收机（GOLD-RTR）由IEEC于2003年研发，包含3条射频接收链路，由同一低于L1中心频率300 kHz的LO驱动。利用Altera Stratix FPGA（现场可编程门阵列）实现实时相关处理，以20MS/s的速度产生64个复数时延波形，时间间隔为50ns。40MHz的系统时钟用作本振和FPGA时钟。诺瓦泰导航接收机生成1pps信号。

（6）普渡（Purdue）GPS多基掩星测量仪用于大气、陆地和海洋遥感，不仅可以通过GPS卫星受地球遮掩期间产生的弯曲角剖面来测量对流层中的水汽分布，也可利用陆地或海洋反射的GPS信号确定反射表面的特性（如土壤湿度和表面粗糙度）。掩星观测离地约300km，是对传统单点测量的补充。

该接收机可采集 GPS 信号的全带宽（中频），并将采样值存储在硬盘上以供后续处理。该接收机在 2006 年开始开发。

（7）PAU 的 GNSS-R 仪器（griPAU）由 UPC 研发[34-35]，属于 PAU 星载载荷的前身，是 INTA Microsat-1 的次要有效载荷[36]。它有 2 条接收链路，分别与 RHCP 上视天线和 LHCP 下视天线连接。该接收机的主要特点是采用了硬件重用技术。Virtex-4 FPGA 集成了 VHDL 模块，在硬件中实时计算完整 DDM，而不单单是一个波形序列。DDM 包含 32×24 个时延多普勒单元。时延和多普勒步进可通过编程配置。相干积分和积分时间也可调，默认为 T_c = 1ms 和 N_i = 1000。接收机可对多普勒频移和时延进行自动和动态补偿（每 5ms 估计一次）。PAU 星载载荷是一种集成了全功率辐射计和 GNSS-R 接收机的新型载荷，有两个基于 Virtex-4 FPGA 的冷备份接收机和处理板，具有在轨重构能力，近实时计算（数据采集 1s，数据处理 1s）得到的 4096 DDM 的时延样本和 16 个多普勒采样。

（8）PARIS 干涉接收机（PIR）和机载接收机 PIR-A 由 IEEC 于 2010 年开发[37]，实现了 iGNSS-R 技术，以验证 PARIS IoD 概念[38]。该接收机包含两个 RF 通道，其中每个通道的射频带宽为 24MHz，采用率为 80MHz，实时处理产生 320 个干涉时延波形。

（9）SSTL SGR ReSI 是 2014 年 7 月发射的英国 TechDemoSat 卫星上搭载的 GNSS-R 有效载荷（图 4.13）。SGR ReSi 基于 COTS 射频前端和低噪声放大器，其中 L1 信号的前端基于可重构的 MAX2769 前端芯片，L2c 前端基于可重编程卫星调谐器 MAX2112 芯片，低噪声放大器采用 MAX2659，外加 A/D 转换器，利用适当的 RF 匹配电路适应 L1 和 L2C 频段。它也可以编程设置处理 E6、L5 和 E5ab 频段。LHCP 天线为 2×2 贴片的阵列天线。

图 4.13　SSTL SGR ReSI 接收机

Cat-2 任务是 UPC 基于 6 单元（3×2）立方体卫星结构开发的卫星任务，于 2016 年 8 月 15 日发射。主要有效载荷是 P（Y）和 C/A 反射计（PYCARO）GNSS-R 接收机[39]。该接收机采用重构 GNSS-R 技术，天线为双频（L1 和 L2）和双极化（RHCP 和 LHCP）3×2 天线阵列，可以产生方向性优于 13dB 的波束。

NASA 于 2016 年 12 月 15 日发射了 CYGNSS 星座。该星座属于低成本、低风险的地球科学项目，由 8 颗倾角为 35°的低轨小卫星组成，其中每颗卫星载搭载了改进型 SSTL SGR ReSI DMR 接收机，同时对 4 颗卫星的 GPS L1C/A 码信号进行散射测量反演风速。

ESA 计划的 GEROS ISS 试验（国际空间站 GNSS 反射测量、无线电掩星和散射测量）目标是对利用 GNSS 反射信号测量和绘制海面高度进行方法论证，误差和分辨率评估[40]，并与下视卫星高度计进行比较/协同，并对利用 GNSS 星载接收机反演海面粗糙度和风速相关的海洋表面一维均方斜率（MSS）和 2D MSS（与风向有关的方向性 MSS）进行方法测试及误差和分辨率评估。此外，该实验也将评估 GNSS 散射测量在陆地方面的潜力，特别是土壤湿度、植被生物量和中纬度冰雪特性等参数的测量，同时也探索 GNSS RO 数据（大气弯曲角、折射率、温度、压力、湿度和电子密度的垂直剖面）的潜力，特别是在热带地区，检测大气温度和气候相关参数（如对流层顶高度）的变化等。

4.4 确定镜面反射点

4.4.1 球近似镜面反射点计算

该计算方法由文献[3,41]给出，利用已知的接收机和发射机位置计算镜面反射点的位置。几何关系如图 4.14 所示，其中地球的球半径为 r_E。地球球体通过高斯密切球与地球椭球有最佳拟合。r_E 为接收机纬度 Φ_{rcv} 的函数：

$$r_E = \sqrt{MN} \qquad (4.37)$$

式中

$$M = \frac{a(1-e^2)}{\sqrt{(1-e^2\sin^2\Phi_{rcv})^3}}, \quad N = \frac{a}{\sqrt{1-e^2\sin^2\Phi_{rcv}}} \qquad (4.38)$$

对于我们应用而言，地球长半轴 a 和第一偏心率 e 取 2000 中国大地坐标系(CGCS2000)定义的值。接收机 R、发射机 T 和镜面反射点 P 位于同一平面上,即图 4.14 和图 4.15 所示的纸平面。根据斯涅尔定律,将接收机和发射机位置坐标 (x,y) 转换至反射点水平系统 (x',y')(图 4.14),以更容易地表示镜面反射条件:

$$\frac{x'_t}{y'_t} = -\frac{x'_r}{y'_r} \tag{4.39}$$

利用 R 和 T 的 (x,y) 与 (x',y') 的如下关系:

$$\begin{pmatrix} x' \\ y' \end{pmatrix} = \begin{pmatrix} \cos\gamma & \sin\gamma \\ -\sin\gamma & \cos\gamma \end{pmatrix} \begin{pmatrix} x \\ y \end{pmatrix} - \begin{pmatrix} r_E \\ 0 \end{pmatrix} \tag{4.40}$$

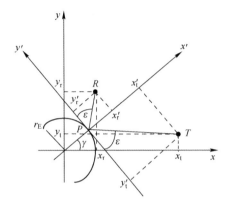

图 4.14 反射点局部水平系统 (x',y')

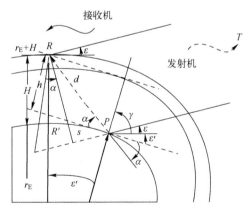

图 4.15 用于计算镜面反射点 S 位置的几何图形(该位置由已知的接收机位置 R、接收机距离密切球的高度 H 以及 GPS 卫星仰角 ε 表示。h 表示 P 处切平面法向的高度变化)

式 (4.39) 表示为

$$\frac{x_t\cos\gamma+y_t\sin\gamma-r_E}{-x_t\sin\gamma+y_t\cos\gamma}=-\frac{x_r\cos\gamma+y_r\sin\gamma-r_E}{-x_r\sin\gamma+y_r\cos\gamma} \quad (4.41)$$

式 (4.41) 可变化为

$$2(x_tx_r-y_ty_r)\sin\gamma\cos\gamma-(x_ty_r+y_tx_r)(\cos^2\gamma-\sin^2\gamma)- \\ r_E(x_t+x_r)\sin\gamma+r_E(y_t+y_r)\cos\gamma=0 \quad (4.42)$$

令

$$t=\tan\frac{\gamma}{2} \quad (4.43)$$

式 (4.42) 变为

$$2(x_tx_r-y_ty_r)\frac{2t}{1+t^2}\frac{1-t^2}{1+t^2}-(x_ty_r+y_tx_r)\left[\left(\frac{1-t^2}{1+t^2}\right)^2-\left(\frac{2t}{1+t^2}\right)^2\right]- \\ r_E\frac{2t}{1+t^2}(x_t+x_r)+r_E\frac{1-t^2}{1+t^2}(y_t+y_r)=0 \quad (4.44)$$

再令

$$c_0=(x_ty_r+y_tx_r)-r_E(y_t+y_r) \quad (4.45)$$

$$c_1=-4(x_tx_r-y_ty_r)+2r_E(x_t+x_r) \quad (4.46)$$

$$c_2=-6(x_ty_r+y_tx_r) \quad (4.47)$$

$$c_3=4(x_tx_r-y_ty_r)+2r_E(x_t+x_r) \quad (4.48)$$

$$c_4=(x_ty_r+y_tx_r)+r_E(y_t+y_r) \quad (4.49)$$

镜面反射点计算公式最终可以写成如下球面镜面公式：

$$c_4t^4+c_3t^3+c_2t^2+c_1t+c_0t=0 \quad (4.50)$$

选择旋转和平移坐标系 (x',y')，使接收机沿 y 轴方向位于地面上方 H 的高度。接收机位置 r_r 可以表示为

$$\boldsymbol{r}_r=\begin{pmatrix}x_r\\y_r\end{pmatrix}=\begin{pmatrix}0\\r_E+H\end{pmatrix} \quad (4.51)$$

利用图 4.15 的几何关系，发射机位置 r_t 表示为仰角 ε 的函数：

$$\boldsymbol{r}_t=\begin{pmatrix}x_t\\y_t\end{pmatrix}=\begin{pmatrix}r_t\cos(\varepsilon+\tau)\\r_t\sin(\varepsilon+\tau)\end{pmatrix} \quad (4.52)$$

式中：τ 为三角形 RTP 所包围的角度，可以利用 ε 的正弦函数表示为

$$\frac{\sin\left(\frac{\pi}{2}+\varepsilon\right)}{r_t}=\frac{\sin\tau}{r_E+H} \quad (4.53)$$

最后发射机的位置可表示为

$$\begin{pmatrix} x_t \\ y_t \end{pmatrix} = \begin{pmatrix} r_t \cos\varepsilon \sqrt{1-\dfrac{(r_E+H)^2}{r_t^2}\cos^2\varepsilon} - (r_E+H)\sin\varepsilon\cos\varepsilon \\ r_t \sin\varepsilon \sqrt{1-\dfrac{(r_E+H)^2}{r_t^2}\cos^2\varepsilon} + (r_E+H)\cos^2\varepsilon \end{pmatrix} \quad (4.54)$$

利用接收机在地面上方的已知高度 H，利用式（4.37）计算地球半径 r_E 及发射机在接收机位置的已知仰角 ε，然后求解式（4.50）的球面镜面方程得到角度 γ。可以采用改进的牛顿迭代法求解球面镜面方程，寻找入射角等于反射角的镜面反射点。估算初值取为 $\gamma_0 = \dfrac{\pi}{2} - \dfrac{1}{3}\gamma_{rt}$（$\gamma_{rt}$ 表示矢量 $\boldsymbol{r}_r$ 和 $\boldsymbol{r}_t$ 的夹角），迭代公式为

$$t_n = \tan\dfrac{\gamma_n}{2} \quad (4.55)$$

$$t_{n+1} = t_n - \dfrac{f_n}{f'_n} \quad (4.56)$$

$$K_n = \left|\dfrac{f''_n}{f'_n}\right| \quad (4.57)$$

式中

$$f_n = c_4 t_n^4 + c_3 t_n^3 + c_2 t_n^2 + c_1 t + c_0 \quad (4.58)$$

$$f'_n = 4c_4 t_n^3 + 3c_3 t_n^2 + 2c_2 t_n + c_1 \quad (4.59)$$

$$f''_n = 12c_4 t_n^2 + 6c_3 t_n + 2c_2 \quad (4.60)$$

当满足条件 $f'_n \neq 0$ 和 $K_n < 1$，$|\gamma_{n+1} - \gamma_n|$ 大于所选容差（1×10^{-8} rad）时迭代继续。利用 γ 解，可以导出镜面反射点 P 的位置矢量：

$$\begin{pmatrix} x_p \\ y_p \end{pmatrix} = \begin{pmatrix} r_E \cos\gamma \\ r_E \sin\lambda \end{pmatrix} \quad (4.61)$$

求得镜面反射点 P 的位置后，可以计算副接收点到镜面反射点的弧长为

$$s = \left(\dfrac{\pi}{2} - \gamma\right) r_E \quad (4.62)$$

4.4.2 最小路径长度法

计算镜面反射点可以等价为一个优化问题，即反射信号路径最短且位于 CGCS2000 椭球面上的点[42]。反射信号的路径长度为

$$f(S) = \|T-S\| + \|R-S\| \tag{4.63}$$

最小化反射信号路径利用最陡下降法。$f(S)$ 的梯度 $\nabla f(S)$ 在每次迭代时需确定方向校正量，即

$$\nabla f(S) = \frac{(S-T)}{\|T-S\|} + \frac{(S-R)}{\|R-S\|} \tag{4.64}$$

第一次迭代时需要镜面反射点的初值 S_1，通常取接收机位置在地球表面的投影：

$$S_1 = \frac{R}{\|R\|} r\left(\arcsin\left(\frac{R_z}{\|R\|}\right)\right) \tag{4.65}$$

式中：$r(\theta)$ 为纬度 θ 处的 CGCS2000 椭球半径，即

$$r(\theta) = \frac{ab}{\sqrt{a^2\sin^2\theta + b^2\cos^2\theta}} \tag{4.66}$$

式中：a 和 b 分别为 CGCS2000 椭球的长半轴和短半轴。

最陡下降法迭代步骤如下：

（1）用式（4.63）计算当前梯度估计值 $\nabla f(S_n)$。

（2）在最陡下降方向按下式进行修正，其中 K 是通过实验确定的增益：

$$S' = S_n - K\nabla f(S_n) \tag{4.67}$$

（3）将修正后的估计值约束到 CGCS2000 椭球面：

$$S_{n+1} = \frac{S'}{\|S'\|} r\left(\arcsin\left(\frac{S'_z}{\|S'\|}\right)\right) \tag{4.68}$$

（4）确定校正量：

$$\|C_n\| = \|S_{n+1} - S_n\| \tag{4.69}$$

如果校正量大于预设阈值 ε，则按步骤（1）~（5）进行下一次迭代。

为提高最小路径长度（MPL）方法的性能，可将式（4.67）的无约束校正 $K\nabla f(S_n)$ 投影到当前估计表面的切面上。过当前估计点的椭球法线与椭球面的交点位置为

$$N(X) = MX, \quad M = \begin{pmatrix} \dfrac{2}{a^2} & 0 & 0 \\ 0 & \dfrac{2}{a^2} & 0 \\ 0 & 0 & \dfrac{2}{b^2} \end{pmatrix} \tag{4.70}$$

由此，式（4.67）可替换为

$$S' = S_n - K(N(S_n) \times \nabla f(S_n)) \times N(S_n) \qquad (4.71)$$

这样可以通过减少收敛所需的迭代次数来提高算法效率。

由于地球近似为 CGCS2000 椭球，可以用二维例子来分析该算法。从式（4.64）可以看出，反射路径长度的最陡下降方向 $-\nabla f(S_n)$ 实际上是 S_n 处的双基地矢量方向。一旦双基地矢量等于 0，算法应收敛，无约束更新式（4.67）和校正量式（4.71）将为零。只有当镜面反射点与发射机和接收机共线，即入射角为 90°时，双基地矢量才为 0，这显然不是 GNSS-R 的典型几何关系。考察算法中的单独约束步骤，可以看出，当双基地矢量 q 与当前估计的径向矢量 r 共线时，也会发生收敛。此时，约束步骤式（4.68）将使利用式（4.67）的任何校正无效，得不到迭代校正效果。该情况如图 4.16 所示，其中镜面反射点的 MPL 解为 S_{MPL}，双基地矢量与径向矢量共线。

一旦算法收敛，归一化双基地矢量为

$$\hat{q} = \frac{S_{MPL}}{\|S_{MPL}\|} = \hat{r} \qquad (4.72)$$

它是半径为 $\|S_{MPL}\|$ 的球面法线，不一定满足 CGCS2000 椭球的斯涅尔定律。当镜面反射点位于赤道或两极，此处球体和椭球体的切线相互平行，此方法求解得到的镜面反射点的双基地矢量等于地球表面法线式（4.70）。对于相同的发射机-接收机几何结构，可通过数值计算找到椭球面上使反射路径长度最小的点，以及使双基地矢量和椭球面法线共线的点。它们得到的点是相同的，即真实镜面反射点 S_{NUM}，如图 4.16 所示。

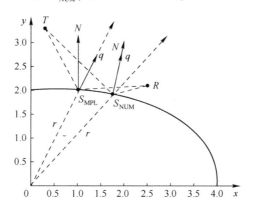

图 4.16 MPL 找到的镜面反射点 S_{MPL} 和用数值方法找到的真实镜面反射点 S_{NUM}（矢量 N 和 q 分别是椭球面法矢量和双基地矢量。在 S_{MPL} 处，双基地矢量 q 与径向矢量 r 共线；在 S_{NUM} 处，双基地矢量 q 与法线 N 共线）

文献［43］提出了 MPL 扩展方法。采用斯涅尔定律作为迭代终止条件，并用二分法增强迭代过程。MPL 方法确定的镜面反射点的误差仅在极点和赤道处为 0，在其他区域最大反射路径长度误差可达 18m，虽远小于单个 C/A 码片（约 300m），但与更高带宽 GNSS 信号的码片长度相比（如 L5 为 30m），误差不可忽略。

4.4.3 密切球法

地球的球形模型允许使用精确满足斯涅尔定律的三角函数来确定镜面反射点。4.4.1 节采用 6 阶多项式确定球近似条件下的镜面反射点，其确定的位移误差高达 25km[8]，且高于 MPL 方法。密切球可以更好地近似地球，并可用牛顿方法找到镜面反射点（图 4.17）。

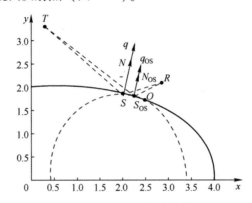

图 4.17 密切球（O 是密切点，C 是球体的中心，S_{os} 是在投影回椭球前，使用密切球方法没有迭代获得的解）

通过将 R 投影到 CGCS2000 椭球找到密切点 O 来确定密切球。密切球的曲率半径 r_c 按照文献［44］计算，O 可以使用式（4.65）确定，等于 MPL 方法中使用的初始估计值。C 是密切球的中心：

$$C = O - r_c \hat{N}(O) \tag{4.73}$$

定义二维参考坐标系，其原点位于 C，$\hat{U}$ 轴和 $\hat{V}$ 轴由 T' 和 R' 得到，分别是转换为新参考坐标系的发射机和接收机位置，即

$$\begin{cases} \hat{U} = -\dfrac{T'}{\|T'\|} \\ V = T' \times (R' \times T') \\ \hat{V} = \dfrac{V}{\|V\|} \end{cases} \tag{4.74}$$

确定镜面反射点几何结构如图4.18所示,其中

$$\beta_T = \beta_R = \beta \quad (4.75)$$

利用正弦定理可得

$$\frac{\sin\beta}{\|\boldsymbol{T}'\|} = \frac{\sin\alpha_T}{r_c}$$
$$\frac{\sin\beta}{\|\boldsymbol{R}'\|} = \frac{\sin\alpha_R}{r_c} \quad (4.76)$$

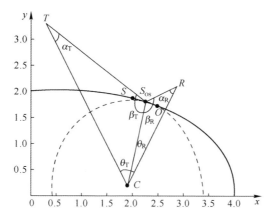

图4.18 用于求解密切球镜面反射点位置 $\boldsymbol{S}_{OS}$ 的几何体（$\beta_T = \beta_R$ 满足球面上的斯涅尔定律）

利用角度之和可得

$$\alpha_R + \beta + \theta_R = \alpha_T + \beta + \theta_T = 180° \quad (4.77)$$

引入新变量：

$$\Theta = \theta_T + \theta_R \quad (4.78)$$

组合式（4.75）~式（4.78），可以找到密切球上的镜面反射点解：

$$\arcsin\left(\frac{r_c}{\|\boldsymbol{T}'\|}\sin\beta\right) + \arcsin\left(\frac{r_c}{\|\boldsymbol{R}'\|}\sin\beta\right) + \Theta + 2\beta = 360° \quad (4.79)$$

重新排列式（4.79），令 $f(\beta) = 0$，利用牛顿方法求解 β：

$$f(\beta) = \arcsin\left(\frac{r_c}{\|\boldsymbol{T}'\|}\sin\beta\right) + \arcsin\left(\frac{r_c}{\|\boldsymbol{R}'\|}\sin\beta\right) + \Theta + 2\beta - 360° \quad (4.80)$$

则

$$f'(\beta) = \frac{\frac{r_c}{\|\boldsymbol{T}'\|}\cos\beta}{\sqrt{1 - \frac{r_c^2}{\|\boldsymbol{T}'^2\|}\sin^2\beta}} + \frac{\frac{r_c}{\|\boldsymbol{R}'\|}\cos\beta}{\sqrt{1 - \frac{r_c^2}{\|\boldsymbol{R}'^2\|}\sin^2\beta}} + 2 \quad (4.81)$$

一旦求得β，即可利用式（4.76）和式（4.77）求得θ_R和θ_T。从T'与S'的点积和R'与S'的点积，可以导出一组联立方程：

$$\begin{bmatrix} U_T & V_T \\ U_R & V_R \end{bmatrix} \begin{bmatrix} U_S \\ V_S \end{bmatrix} = \begin{bmatrix} \|T'\|r_c\cos\theta_T \\ \|R'\|r_c\cos\theta_T \end{bmatrix} \quad (4.82)$$

其用于确定密切球上镜面反射点的 UV 坐标。

当接收机接近镜面反射点时，密切球近似引入的误差可以忽略不计。在高入射角下，由于密切球面近似的镜面反射点高度的残余偏差可能大于300m，可将镜面反射点的先前解用作新的密切点 O 进行迭代计算，则可减少到1cm以下。因此，密切球方法通过嵌套循环结构实现，步骤如下。

（1）如果是第一次外循环迭代，则用式（4.65）计算O，否则设置O为S_n。将β的初始估计值设置为$90°+E$，其中E是发射机在接收机处的仰角。

（2）利用式（4.73）解得C，并使用式（4.74）将T和R转换为 UV 坐标。

（3）牛顿法求解β。

① 分别用式（4.80）和式（4.81）计算$f(\beta_n)$与$f'(\beta_n)$。

② 加改正：

$$\beta_{n+1} = \beta_n - \frac{f(\beta_n)}{f'(\beta_n)} \quad (4.83)$$

如果$\|\beta_{n+1}-\beta_n\|$大于某预设限差ε_β，则继续下一次迭代。

（4）使用式（4.82）求解密切球面S_{OS}上镜面反射点的 UV 坐标。

（5）使用式（4.74）的基矢量将镜面反射点转换为 ECEF，然后将其投影到 CGCS2000 椭球上，获得S_{n+1}。

（6）用式（4.69）计算校正量。如果大于某预设限差ε，则继续进行下一次迭代。

4.4.4 基于双基地矢量的梯度函数

为了提高镜面反射点的估计精度，现在根据斯涅尔定律来描述问题，而不将地球近似为球体。利用双基地矢量和曲面法线在镜面反射点处的共线条件，并利用此条件推导梯度下降/上升方法替代成本函数。

1）点积公式

构建最陡上升/下降法求解最优化问题的数学模型，需要一个以散射和法矢量为参数的标量函数。利用如下点积，并令其最大以找到镜面反射点，即

$$f_1(S) = q^T(S)N(S) \quad (4.84)$$

其梯度为

$$\nabla f_1(\boldsymbol{S}) = \boldsymbol{J}_q^{\mathrm{T}}(\boldsymbol{S})\boldsymbol{N}(\boldsymbol{S}) + \boldsymbol{J}_N^{\mathrm{T}}(\boldsymbol{S})\boldsymbol{q}(\boldsymbol{S}) \tag{4.85}$$

式中：$\boldsymbol{J}_q(\boldsymbol{S})$ 和 $\boldsymbol{J}_N(\boldsymbol{S})$ 分别是双基地矢量和法矢量的雅可比矩阵。$\boldsymbol{J}_q(\boldsymbol{S})$ 可表示为

$$\boldsymbol{J}_q(\boldsymbol{S}) = \frac{(\boldsymbol{R}-\boldsymbol{S})(\boldsymbol{R}-\boldsymbol{S})^{\mathrm{T}}}{\|\boldsymbol{R}-\boldsymbol{S}\|^3} - \frac{\boldsymbol{I}_{3\times 3}}{\|\boldsymbol{R}-\boldsymbol{S}\|} + \frac{(\boldsymbol{T}-\boldsymbol{S})(\boldsymbol{T}-\boldsymbol{S})^{\mathrm{T}}}{\|\boldsymbol{T}-\boldsymbol{S}\|^3} - \frac{\boldsymbol{I}_{3\times 3}}{\|\boldsymbol{T}-\boldsymbol{S}\|} \tag{4.86}$$

法矢量的雅可比矩阵为

$$\boldsymbol{J}_N(\boldsymbol{S}) = \boldsymbol{M} \tag{4.87}$$

将式（4.67）替换为

$$\boldsymbol{S}' = \boldsymbol{S}_n + K\nabla f_1(\boldsymbol{S}_n) \tag{4.88}$$

注意符号变化，此处为点积最大化。

2) 叉积公式

文献[45]利用散射矢量和法矢量的叉积来确定镜面反射点。取叉积作为标量函数：

$$f_2(\boldsymbol{S}) = \|\boldsymbol{q}(\boldsymbol{S}) \times \boldsymbol{n}(\boldsymbol{S})\| \tag{4.89}$$

由于式（4.89）为复合函数，需要应用链式法则来寻找梯度。由于叉积的导数与式（4.85）一样复杂，由此得到的梯度解比点积法更为复杂。

3) 单位差分公式

比点积梯度简单且不易受数值误差影响的梯度函数是理想情况下。在镜面反射点处，归一化双基地矢量 $\hat{\boldsymbol{q}}(\boldsymbol{S})$ 和曲面法线 $\hat{\boldsymbol{N}}(\boldsymbol{S})$ 的差值为零。由于 $\hat{\boldsymbol{q}}(\boldsymbol{S}) - \hat{\boldsymbol{N}}(\boldsymbol{S})$ 位于镜面反射点的方向，因此将梯度函数定义为

$$\nabla f_3(\boldsymbol{S}) = \hat{\boldsymbol{q}}(\boldsymbol{S}) - \hat{\boldsymbol{N}}(\boldsymbol{S}) \tag{4.90}$$

将式（4.67）替换为

$$\boldsymbol{S}' = \boldsymbol{S}_n + K\nabla f_3(\boldsymbol{S}_n) \tag{4.91}$$

4.5 GNSS-R 干涉测高

4.5.1 星载 GNSS-R 原始中频数据和处理

4.5.1.1 GNSS-R 原始中频数据

在 GNSS-R 接收机中，直射和反射信号分别由上视和下视天线接收，并

在射频（RF）前端放大和下变频到中频（或基带）信号。中频信号利用一组模数转换器进行数字化，生成原始中频数据流（图4.19）[46]。原始中频数据流因其高数据速率（几兆采样每秒到几十兆采样每秒），通常难以连续记录，而是直接由数字信号处理单元处理获得较低采样率（几赫兹）的测量值（如直射信号的定位观测值和反射信号的DDM）。但是，随着中频数据到最终产品的数据密度的降低，信息将不可避免地丢失。多数GNSS-R任务偶尔能够记录和下传原始中频数据流，使得通过地面后处理比星载实时处理器能够更灵活地恢复GNSS-R测量值。

TDS-1、CYGNSS、BF-1 A/B和Spire RO任务提供了部分原始中频数据。它们在地理覆盖范围、双基地几何形状和接收信号的频带方面可以相互补充。CYGNSS和"捕风"-1任务收集的原始中频数据由于其轨道倾角（分别为35°和45°）而仅限于低纬度地区。TDS-1和Spire GNSS RO卫星位于极地轨道，可收集和分析高纬度海冰和冰盖的反射信号。"捕风"-1和Spire GNSS RO卫星除GPS L1之外还支持接收第二个频点的直射与反射信号。不同频段的GNSS-R测量可以潜在地结合起来提高不同观测的性能。例如，通过结合GPS L1和GPS L2频率的延迟观测，可以在高度反演中校正电离层延迟。TDS-1、CYGNSS和"捕风"-1等专用GNSS-R任务，只能在天线增益足够的情况下接收天底点方向附近的反射信号，而Spire GNSS RO卫星上面向地球边缘的天线，可以以足够的SNR收集低仰角GNSS反射信号，使低掠角下GNSS-R载波相位测高成为可能。

除了直射和反射信号的原始中频采样外，需要输入的数据还包括任务科学产品（如1级产品）元数据、国际GNSS服务（IGS）的GNSS轨道产品，以及由数字高程模型和平均海面模型组成的地表高程数据。反射信号的处理方案如图4.19所示。

4.5.1.2 直接信号处理

直接信号按照通用GNSS信号处理方案进行处理，通过延迟锁定环和锁相环的组合来估计码和载波参数。将这些参数拟合到3次多项式函数，获得码偏移$\Phi_{\mathrm{code}}^{\mathrm{d}}(t)$、载波频率$f_{\mathrm{carr}}^{\mathrm{d}}(t)$和载波相位$\phi_{\mathrm{carr}}^{\mathrm{d}}(t)$的时间序列。此外，从跟踪环路输出解码得到导航位或辅助码$D_*(t)$。通过进一步处理不同GNSS卫星的导航位和码偏移测量值，可以估计接收机的位置、速度和定时信息，用于校准和验证元数据中的相应信息。利用直接信号参数，可以生成与反射信号相

同历元 t_0 的直接信号的复波形 $z^d(t_0, \tau_i)$。

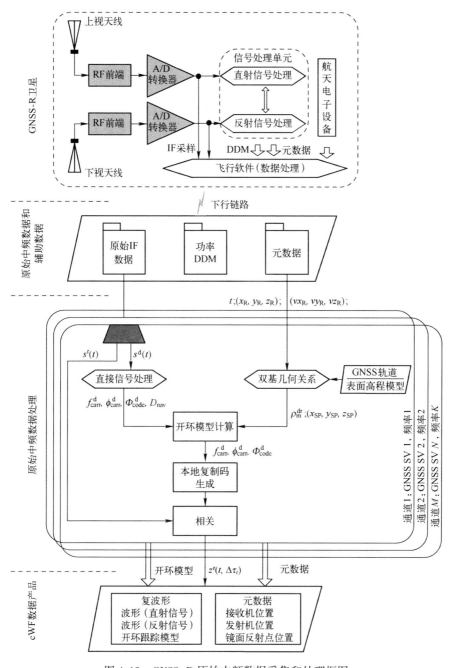

图 4.19 GNSS-R 原始中频数据采集和处理框图

4.5.1.3 开环跟踪模型计算

双基地几何计算的主要输入是接收机和 GNSS 发射机的位置和速度。接收机位置 $R(t_M)$ 从任务科学数据产品中提取，GNSS 卫星位置 $T(t_M)$ 由 IGS 多 GNSS 试验产品插值得到[47]。首先利用 CGCS2000 椭球作为参考面计算镜面反射点的粗略位置，并由地表高程模型插值得到卫星轨迹的平均表面高程 h_{elv}。然后利用平均表面高程 $\bar{h}_{elv}$ 得到近似地球椭球，重新计算镜面反射点在此椭球上的位置 $S(t_M)$。在计算镜面反射点位置时，需考虑直接信号和反射信号的传播时间 δt^d 和 δt^r。根据发射机、接收机和镜面反射点的位置，双基地时延，即直接信号和反射信号之间的距离时延差 $\delta\rho^{dr}$ 可表示为

$$\delta\rho_{OL}^{dr} = |R(t_M)-S(t_M)| + |T(t_M-\delta t^r)-S(t_M)| - |T(t_M-\delta t^d)-R(t_M)| \quad (4.92)$$

利用双基地时延和 4.5.1.2 节的直接信号参数，可以预估反射信号的码相位 Φ_{code}^r、载波相位 ϕ_{carr}^r 和载波频率 f_{carr}^r：

$$\begin{cases} \Phi_{code}^r(t) = \Phi_{code}^d(t) - \delta\tau_{OL}^{dr}(t) \cdot f_C \\ \phi_{carr}^r(t) = \phi_{carr}^d(t) - \delta\tau_{OL}^{dr}(t) \cdot f_{RF} \\ f_{carr}^r(t) = f_{carr}^d(t) - \frac{\partial}{\partial t}\delta\tau_{OL}^{dr}(t) \cdot f_{RF} \end{cases} \quad (4.93)$$

式中：$\delta\tau_{OL}^{dr}(t) = \delta\rho_{OL}^{dr}(t)/c$ 为拟合到 3 次多项式函数的直接和反射信号之间的时间延迟；f_{RF}、f_C 为 GNSS 发射信号的载波频率和码片速率。例如，对于 GPS L1 C/A 码信号，$f_{RF}=1575.42\text{MHz}$ 和 $f_C=1.023\text{MHz}$。

4.5.1.4 原始中频处理备注

原始中频数据处理需要注意如下几点。

（1）现代 GNSS 卫星（如伽利略 E1 B/C 和 BDS-3 B1C）发射的导航信号由数据和导频两通道组成。将反射信号与其 PRN 码进行互相关，可以独立生成每个信号分量的复波形。然而，不计算每个信号分量的复波形，而是将反射信号与这些信号分量的合成 PRN 码进行互相关生成组合复波形。

对于伽利略 E1 信号，对 E1B 和 E1C 分量同相调制，生成的合成码 $c_{E1}(t)$ 为

$$c_{E1}(t) = c_{E1B}(t)D_{E1B}(t) - c_{E1C}(t)D_{E1C}(t) \quad (4.94)$$

式中：$c_{E1B}(t)$、$c_{E1C}(t)$ 为 E1B 和 E1C 分量的 PRN 码；D_{E1B}、D_{E1C} 为导航数据位或调制到 E1B 和 E1C 分量的辅助码。

BDS-3 B1C 数据和导频分量以同相和正交相位方式调制，合成码 $c_{B1C}(t)$

可表示为

$$c_{B1C}(t) = c_{B1CD}(t)D_{B1CD}(t) - jc_{B1CP}(t)D_{B1CP}(t) \quad (4.95)$$

式中：$c_{B1CD}(t)$、$c_{B1CP}(t)$为B1CD和B1CP分量的PRN码；$D_{B1CD}(t)$、$D_{B1CP}(t)$为导航数据位或调制到B1CD和B1CP分量的辅助码。导航数据位和辅助码是从直射信号处理通道提取的。根据数据分量与导频分量的功率比，与仅使用导频分量相比，相干组合可以将反射信号的信噪比提高1.25～3dB。

（2）由于处理时间和存储能力的限制，数据产品中只包含零多普勒对应的复波形。软件接收机能够生成具有可配置延迟和多普勒距离及分辨率的复杂DDM。尽管在仅利用前向散射时主要生成镜面反射点周围的反射信号的复波形，但通过调整开环跟踪模型也可以为其他方向的散射信号（如后向散射）或凝视固定表面区域（如文献［8］）生成波形或DDM。

（3）图4.19所示的处理方案仅用于在一个单一频带上处理反射信号。对于第二频段的直接和反射信号，如SPIRE RO卫星采集的GPS L2信号和"捕风"-1卫星采集的BDS-3 B1I信号，只需更改PRN码和载波频率参数，即可采用相同的处理方案。对于多频率GNSS-R数据处理，通过在互相关中使用相同的开始时间来同步不同频率的复波形。

（4）以$t_c = 1\text{ms}$的固定相干积分时间生成复波形。由于复波形同时包含相位和振幅信息，因此可以使用更长的相干积分时间提高相干积分增益。这取决于不同表面条件和不同双基地几何形状（如仰角和方位角）下反射信号的相干性。为了减少热噪声和散斑噪声的影响，对直接和反射信号的1ms复波形进行如下相干积分（复数和）和非相干平均（幅度平方的平均）：

$$\begin{cases} Z_{coh}^{d}\left(t + \dfrac{nt_c}{c}, \tau\right) = \dfrac{1}{N_c}\sum_{n=0}^{N_c-1} z^{d}(t + nt_c, \tau) \\ Z_{coh}^{r}\left(t + \dfrac{nt_c}{c}, \tau\right) = \dfrac{1}{N_c}\sum_{n=0}^{N_c-1} z^{r}(t + nt_c, \tau) \end{cases} \quad (4.96)$$

$$\begin{cases} Z_{inc}^{d}\left(t + \dfrac{kT_c}{c}, \tau\right) = \dfrac{1}{N_I}\sum_{k=0}^{N_I-1} |z_{coh}^{d}(t + kT_c, \tau)|^2 \\ Z_{inc}^{r}\left(t + \dfrac{kT_c}{c}, \tau\right) = \dfrac{1}{N_I}\sum_{k=0}^{N_I-1} |z_{coh}^{r}(t + kT_c, \tau)|^2 \end{cases} \quad (4.97)$$

式中：Z_{coh}^{d}、Z_{coh}^{r}为直射和反射复杂波形在相干平均时间$T_c = N_c t_c$的平均；Z_{inc}^{d}、Z_{inc}^{r}为N_I个复波形（Z_{coh}^{d}或Z_{coh}^{r}）非相干平均的功率波形。

4.5.2 前沿斜率计算

在获得 DDM 后,即可得到一维干涉时延波形(DM)。典型的 DM 原始采样如图 4.20 所示,图中横坐标为时延分辨率对应的距离,单位为 m,纵坐标是无量纲的相关值计数值,与波形的功率强度有关。在计算信噪比时,如图 4.20 虚线框所示的 DDM 或者 DM 的负延迟区间内的相关功率可以用于计算底噪,DDM 或 DM 的峰值作为信号功率。

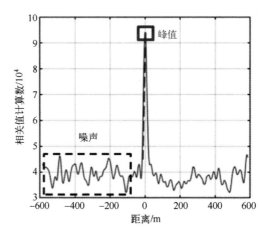

图 4.20 DM 原始采样信息(见彩图)

图 4.20 中虚线部分称为波形前沿斜率,其陡峭程度(斜率)反映了海面粗糙度[48],虚线在横坐标上的投影则反映了波形的测距精度[38]。前沿斜率越陡峭,投影在横坐标上的时延精度越高。若要得到海面高度,首先通过理论方法求解海况敏感参量(前沿斜率)在真空环境下相对于 CGCS2000 参考面的理论时延,然后结合重跟踪输出实际时延估计得到海面高度观测值。

利用 DM 计算前沿斜率的公式为[48]

$$\alpha_{\text{LES}}^{\text{obs}} = \frac{N \sum_{i=1}^{3} x_i y_i - \sum_{i=1}^{3} x_i \sum_{i=1}^{3} y_i}{N \sum_{i=1}^{3} x_i^2 - \left(\sum_{i=1}^{3} x_i\right)^2} \quad (4.98)$$

式中:$\alpha_{\text{LES}}^{\text{obs}}$ 为卫星下传的 DM 原始采样信息(即一维时延干涉波形)的前沿斜率;x_i 为卫星下传的一维时延干涉波形横坐标第 i 个数值;y_i 为一维时延干涉波形纵坐标的对应第 i 个幅度值。

4.5.3 海面粗糙度反演

海面粗糙度与海面风速有一定对应关系。海面粗糙度为4m有效波高，对应风速约为12m/s，5m有效波高对应风速约为14m/s。因此，对于卫星测高中通常在4m有效波高条件，选择风速 $U=[1,15]$ 能够涵盖不同海况输入要求[49]。图4.21给出了不同风速情况下的一维干涉时延波形。随着海面粗糙度的变化，前沿斜率随之变化，峰值也在向后延迟，反映出海况偏差对测高的影响。

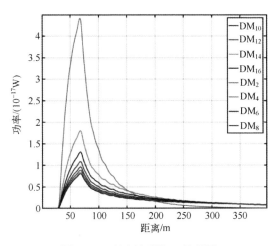

图4.21 理论波形集（见彩图）

粗糙度反演采用不依赖外部输入的理论方法，能够进行全风速段的海面风速反演[50]。对于常规情况，首先建立1~15m/s的风速数列，代入如下经验公式[48]：

$$f(U)=\begin{cases}U, & 0<U\leqslant 3.49\\ 6\ln U-4, & 3.49<U\leqslant 46\\ 0.411U, & 46<U\end{cases} \tag{4.99}$$

将得到的 $f(U)$ 代入海面均方坡度（MSS）表达式：

$$\begin{cases}\text{MSS}=\sqrt{\text{MSS}_\parallel^2+\text{MSS}_\perp^2}\\ \text{MSS}_\parallel(U)=0.45(0.00+0.00316\cdot f(U))\\ \text{MSS}_\perp(U)=0.45(0.003+0.00192\cdot f(U))\end{cases} \tag{4.100}$$

海面散射系数为

$$\sigma_0 = g(U) = \frac{|\Re(\theta)|^2}{\text{MSS}(U)} \tag{4.101}$$

式中：θ 为镜面反射点处的高度角，由镜面反射点和卫星平台位置计算获得；$\Re(\cdot)$ 为菲涅耳反射系数，与高度角和海水介电常数相关，计算公式如式 (4.22)。

由式 (4.101) 得到与风速序列 $U=[1,15]$ 相对应的散射系数数据集为

$$\{\sigma_0 | \sigma_0 = g(U), U \in [1,15]\} \tag{4.102}$$

将所有 σ_0 代入 GNSS-R 理论方程得到对应风速的一维时延波形：

$$Z_r^m(\tau,f) = \frac{T_1^2 G_{SP}^R \lambda^2}{(4\pi)^3} \iint_A \frac{\sigma_0 \Lambda_{\bar\tau,x,y}^2 S_{f,x,y}^2}{R_{SP}^R R_{SP}^T} \mathrm{d}x \mathrm{d}y \tag{4.103}$$

式中：T_1 为相干积分时间，通常为 1ms；G_{SP}^R 为镜面反射点处的增益；λ 为导航卫星的信号波长，对于 GNSS 的 L1/B1/E1 频点为 19.2cm；R_{SP}^R 和 R_{SP}^T 分别为镜面点到发射机和接收机之间的距离，通过卫星下传的镜面反射点位置 (S_X, S_Y, S_Z)、GNSS 卫星位置 (T_X, T_Y, T_Z) 和卫星平台 (R_X, R_Y, R_Z) 之间相互计算得到，即

$$\begin{cases} R_{SP}^R = \sqrt{(S_X-R_X)^2+(S_Y-R_Y)^2+(S_Z-R_Z)^2} \\ R_{SP}^T = \sqrt{(T_X-S_X)^2+(T_Y-S_Y)^2+(T_Z-S_Z)^2} \end{cases} \tag{4.104}$$

式 (4.103) 中：$\Lambda(\cdot)$ 为伪码自相关函数；$S(\cdot)$ 为多普勒频差滤波 sinc 函数，与雷达中的模糊函数对应 $(\chi(\tau,f))$。$\Lambda_{\bar\tau,x,y}(\cdot)$ 的输入值为对应散射单元 $\mathrm{d}x\mathrm{d}y$ 的对应时延：

$$\Lambda(\tau) \cong \chi(\tau,0) = \frac{1}{T_i}\int_0^{T_i} \text{PRN}(t)\text{PRN}(t+\tau)\mathrm{d}t \tag{4.105}$$

$S_{f,x,y}(\cdot)$ 的输入值为对应散射单元 $\mathrm{d}x\mathrm{d}y$ 的对应频率：

$$S(f) \cong \chi(0,f) = \frac{\sin(\pi T_i f)}{\pi T_i f}\exp(-\pi i T_i f) \tag{4.106}$$

A 代表散射有效截面积分单元，通过建立以镜面反射点为中心的地球表面空间格网 $(\mathrm{d}x\mathrm{d}y)$ 进行积分获取。如图 4.22 所示，左图为对应粗糙度的空间能量分布，中图为空间格网划分及对应的等时延环和等多普勒划分，右图为横坐标为多普勒频率，纵坐标为时延的 DDM 图像。选取 0 多普勒频率处的纵向中心线的 DDM 即为对应一维干涉时延波形。

计算得到与风速序列 $U=[1,15]$ 相对应的一组一维时延理论波形。将所有一维时延理论波形代入式 (4.98) 求出对应的理论前沿斜率集 $\{\alpha_{\text{LES}}^m | \alpha_{\text{LES}}^m,$

第4章 GNSS-R 海面高测量原理

$U \in [1,15]\}$，将其与 DM 原始采集信息（即一维干涉波形）算得的前沿斜率 $\alpha_{\text{LES}}^{\text{obs}}$ 分别求差值，查找得到 $\{\alpha_{\text{LES}}^m | \alpha_{\text{LES}}^m, U \in [1,15]\}$ 与 $\alpha_{\text{LES}}^{\text{obs}}$ 绝对值差值最小的理论一维时延理论波形 Z_r^m，并输出该理论波形对应的风速值 $U \in [1,15]$，完成不借助外部输入条件的粗糙度反演，即海面风速的确定。

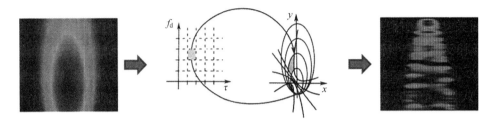

图 4.22 积分过程（见彩图）

4.5.4 有效波高计算

有效波高 $H_{1/3}$ 可利用反演得到的风速 $U \in [1,15]$ 按如下威尔逊方程求得[51]，即

$$gH_{1/3}/U^2 = 0.3\{1-[1+0.004(gF/U^2)^{1/2}]^{-2}\} \tag{4.107}$$

式中：g 为重力加速度；F 为风区长度，可取为风速的空间分辨率。

4.5.5 延迟距离计算

4.5.5.1 波形幅度校准

开环跟踪模型以 CGCS2000 椭球面作为参考面。在地形表面上，由于高程变化而无法将反射波形保持在标称跟踪位置。通过计算波形相对于其标称位置的偏离（称为残余双基时延），可以反演相对于 CGCS2000 椭球面的表面高度。对于传统的 GNSS-R 处理，残余双基时延可以通过测量直射和反射功率波形之间的时延差得到。直射波形时延可直接由其峰值位置导出，而反射波形时延需通过重跟踪时延波形得到。有波形一阶导数最大值点（DER）、峰值功率分数点（HALF）和波形拟合（FIT）3 种不同的重跟踪方法。模型波形为 DER 和 HALF 提供跟踪参考点，为 FIT 重跟踪器提供相应的匹配波形。波形建模需要注意以下几方面。

（1）为每个 1s 功率波形生成模型波形，并计算几何图形。

（2）海面风速和风向可采用欧洲中期天气预报中心（ECMWF）ERA5 再

分析产品。海面坡度概率密度函数假定为二维零均值高斯分布,逆风和侧风的均方坡度使用海面粗糙度校准模型作近似[53]。

(3) 接收机频率响应反映了不同接收通道(天顶、左旋和右旋)之间以及不同卫星之间的显著差异。直射信号的校准功率波形 $Z_{cal}(\tau)$ 可作为模型波形的 GNSS 信号自相关函数(ACF)。模型波形中需考虑发射机和接收机下视信号处理链路中的频率响应、与 PRN 相关的 ACF 偏差。通过该校准,模型波形中包含了上视和下视通道之间的仪器时延,它们可以在高度反演中自动校正。校准信号是由下视天线的旁瓣接收的,可能会使频率响应不够理想。

(4) 天线方向图在海面上的投影也会改变镜面点周围反射信号的空间功率分布,从而改变时延波形的形状。模拟波形需考虑天线方向图的调制。

(5) 每个功率波形的协方差 C_Z 按照文献 [54] 的方法生成,表明不同波形延迟之间的相关性。

根据模型波形 $Z_r^m(\tau)$ 的镜像点延迟 τ_{SP}^m,定义表示 HALF 重跟踪器跟踪点的因子 F_{SP} 为

$$F_{SP} = \frac{Z_r^m(\tau_{SP}^m) - N_0^m}{\max[Z_r^m(\tau) - N_0^m]} \quad (4.108)$$

式中:N_0^m 为一维模型功率波形的底噪,可直接采用卫星遥测信息的温度和噪声系数计算,即

$$N_0^m = kT_r B_W \quad (4.109)$$

式中:T_r 为星上下传接收机遥测温度;k 为玻耳兹曼常数(约等于 1.38×10^{-23} J/K);B_W 为噪声带宽(通常为 1000Hz,对应相关积分时间 $T_i = 1$ms)。F_{SP} 与几何结构显著相关,GPS C/A 码信号的波形为 0.69~0.76,伽利略 E1 和北斗三号 B1 开环信号波形为 0.67~0.71。

4.5.5.2 波形动态校准

利用一维波形的二阶导数可以消除海面粗糙度对镜面反射点位置的影响,即所谓的相关波形求导方法(DCF),由此得到海况偏差引起的干涉波形时延路径影响。对于 DM 原始采集信息(即一维干涉波形)Z_r^{obs},其 DER 对应二阶导数为零的点:

$$\frac{\partial^2}{\partial^2 \tau} Z_r^{obs}(\tau) = 0 \quad (4.110)$$

对 τ 求解得到的一维干涉波形时延 τ_{DER}^{obs} 为实测波形对应的海况偏差时延。

对一维时延模型波形 Z_r^m 进行相同处理：

$$\frac{\partial^2}{\partial^2 \tau} Z_r^m(\tau) = 0 \quad (4.111)$$

对 τ 求解得到一维理论波形时延 τ_{DER}^m。由此得到校准参数为

$$\Delta \tau_{DER}^{corr} = \tau_{sp}^m - \tau_{DER}^m \quad (4.112)$$

对于不同的仰角和方位角，GPS C/A 码信号的 $\Delta \tau_{DER}^{corr}$ 为 16.8~26.7m，伽利略 E1 和"北斗"三号 B1 开环信号为 6.1~9.4m。

4.5.5.3 波形重跟踪

FIT 重跟踪器是将一维时延理论波形 Z_r^m 与 DM 原始采集信息 Z_r^{obs} 进行最小二乘匹配[46,54]，利用最大似然估计找到匹配度最高的相应波形，用于延迟距离的计算：

$$\hat{\theta} = \underset{\theta}{\mathrm{argmin}}\left[\ln|C_Z(\theta)| + e^T(\theta) C_Z^{-1} e(\theta) \right] \quad (4.113)$$

式中：$\underset{\theta}{\mathrm{argmin}}$ 为最小二乘表达式，$\theta = [\alpha, \tau_0]$ 为要估计的二维参数空间，α 为波形振幅，τ_0 为波形延迟；C_Z 为相关系数（协方差）矩阵，由 Z_r^m 和 Z_r^{obs} 求相关系数获得，相关系数计算公式为[54]

$$C(A,B) = \frac{1}{N-1} \sum_{i=1}^{N} \overline{\left(\frac{A_i - \mu_A}{\sigma_A}\right)} \overline{\left(\frac{B_i - \mu_B}{\sigma_B}\right)} \quad (4.114)$$

式中：A_i 为模型波形 Z_r^m 在设定时延范围内的采样；B_i 为 DM 原始采集信息 Z_r^{obs} 在设定时延范围内的 DM 采样；N 为选取时延范围内的采样点数目；μ_A 为模型波形在时延范围内的采样值的均值；μ_B 为 DM 原始采集信息在时延范围内的均值；σ_A 为模型波形 Z_r^m 在相应范围内采样值的标准差；σ_B 为 DM 原始采集信息 Z_r^{obs} 采样值的标准差。

然后，相关系数乘以 2×2 的单位矩阵，即可得到相关系数矩阵。e 为测量波形和模型波形的残余矢量：

$$e(\alpha, \tau_0) = Z_r^{obs,S}(\tau) - \alpha Z_r^{m,S}(\tau + \tau_0) \quad (4.115)$$

波形幅度参数 α 用于不断尝试理论波形在纵向的大小比例系数，波形时延参数 τ_0 是对波形的横向位置作不断对齐，最终目的是让模型波形和观测波形在幅度和时延两个维度上对齐。通过二维循环遍历实现，最终将 Z_r^m 的两项参数反复调整迭代到最小值，停止迭代并输出对应的时延相位 $\tau_{sp}^{obs,fit}$。

将 $\tau_{sp}^{obs,fit}$ 施加式（4.112）的动态校正 $\Delta \tau_{DER}^{corr}$，得到最终的波形重跟踪结果

τ_{sp}^{obs} 可表示为

$$\tau_{sp}^{obs} = \tau_{sp}^{obs,fit} - \Delta\tau_{DER}^{corr} \tag{4.116}$$

进一步计算得到延迟距离为

$$\rho_B^o = c\tau_{sp}^{obs} \tag{4.117}$$

式中：c 为真空中光速。

4.5.6 延迟改正

残余双基时延中包括了电离层和对流层等地球物理效应、电磁偏差以及天线基线引起的时延偏差。

1）电离层延迟校正

在计算电离层延迟校正时，只考虑信号入射和反射路径，即 GNSS 卫星和镜面点之间的射线，以及卫星和镜面点之间的射线。首先由来自 IGS 全球电离层图的垂直总电子含量（VTEC）计算每条路径的电离层穿刺点（IPP）。然后，利用式（4.118）的倾角因子[55]将 VTEC 映射为倾斜总电子含量（STEC），并将其转换为倾斜路径延迟，作为电离层延迟校正项 $\delta\rho_{iono}$，即

$$F_{PP} = \left[1 - \left(\frac{R_e \cos E}{R_e + h_I}\right)^2\right]^{1/2} \tag{4.118}$$

式中：R_e 为地球半径；E 为卫星仰角；h_I 为最大电子密度的高度（该模型为 350km）。计算中未考虑卫星轨道高度以上的电离层是电离层偏差校正的主要误差源之一。

2）对流层延迟校正

根据 Hopfield 模型，利用 ECMWF ERA5 再分析数据获得的表面压力、2m 温度和水汽垂直积分计算镜面反射位置的天顶静水压和湿延迟。利用式（4.119）的倾角因子[55]，将天顶延迟分量投影到入射和反射路径方向，获得双向倾斜对流层延迟 $\delta\rho_{tropo}$，即

$$m_i(E) = \cfrac{1 + \cfrac{a_i}{1 + \cfrac{b_i}{1 + \cfrac{c_i}{1 + \cdots}}}}{\sin E + \cfrac{a_i}{\sin E + \cfrac{b_i}{\sin E + \cfrac{c_i}{\sin E + \cdots}}}} \tag{4.119}$$

式中：E 为卫星高度角；下标 i 表示干对流层延迟校正或湿对流层延迟校正；a_i、b_i、c_i 为映射函数系数，可通过对不同高度角的射线追踪延迟量估算得到。

3）电磁偏差

电磁偏差是对波峰和波谷反射率变化引起的测量偏差的校正，定义为 RCS 和海面高之间的归一化相关系数[56]：

$$\delta\rho_{\text{EM bias}} = \frac{\langle \xi \cdot \sigma^0 \rangle}{\langle \sigma^0 \rangle} \quad (4.120)$$

文献［57-58］研究了 L 波段和双基配置的电磁偏差。EM 偏差通常利用作为风速和入射角的函数进行数值计算。电磁偏差是 GNSS-R 测高的一项重要误差源，需要考虑观测几何结构和风速条件进行校正。

4）天线基线校正

上视和下视天线分别安装在测高卫星的顶部与底部，会对反射信号产生额外的延迟。已知上视导航天线和下视天线的坐标，利用卫星姿态角计算天线的基线矢量（定义为它们的相对位置）。将相应基线矢量投影到镜面点和测高卫星方向计算天线基线校正 $\delta\rho_{\text{bl}}$。

4.5.7 海面高度反演

利用双基几何关系，可以计算得到镜面点相对于 CGCS2000 椭球的海面椭球高 $H_{\text{sp}}^{\text{obs}}$：

$$H_{\text{sp}}^{\text{obs}} = -\frac{\rho_{\text{B}}^o - (\delta\rho_{\text{iono}} + \delta\rho_{\text{tropo}} + \delta\rho_{\text{EM bias}} + \delta\rho_{\text{bl}})}{2\cos i} \quad (4.121)$$

式中：i 为入射角。

镜面点反射信号的 SNR 可表示为

$$\text{SNR}_{\text{sp}} = F_{\text{sp}} \frac{\max[Z_r^{\text{obs}}(\tau) - N_0]}{N_0} \quad (4.122)$$

式中：N_0 为波形热噪声噪底。信噪比小于 0.2（或-7.0dB）的 SSH 值将被剔除。

除了信噪比，对 SSH 测量应用其他控制标志：入射角限制为 60°；移除在陆地上或黑体校准期间获得的测量值；最小风速设置为 3m/s，以消除反射信号中相干分量的影响。

4.6 GNSS-R 载波相位测高

4.6.1 GNSS-R 载波相位测高条件

GNSS-R 观测大多对应漫散射条件,由于相位漂移和相位跳跃随机发生,这使得难以作为距离变化跟踪器。在一些例外情况下,可通过载波相位的距离变化跟踪进行高度测量,主要包括[9]:

(1) 非常平静的水域,如湖泊、池塘、港口等[59-60];
(2) 低仰角观测,有效粗糙度随着入射角的增加而降低[61-62];
(3) 某些海冰类型[63-64];
(4) 接收机高度非常低的避风水域和雪面。

在标准海洋粗糙度条件(非平静水域)下,动态机载平台捕获的 GNSS 在开阔水域的散射信号具有足够的相干性,能够进行相位延迟观测,并表明其适用于及至 30°观测仰角[61]。对于卫星 GNSS-R 海面高度测量,似乎可以找到满足上述条件 2 的粗糙度要求。

瑞利判据通常用于区分光滑表面和粗糙表面[65]。如果满足以下条件,则认为表面光滑:

$$\sigma_h < \frac{\lambda}{8\sin\theta} \tag{4.123}$$

式中: λ 为信号波长; θ 为卫星仰角; σ_h 为海面高度标准差。

该判据等价于每个面之间的相位差小于 $\pi/2$。通过将式(4.123)中的系数 8 替换为 16 或 32 得到更严格的判决标准,即每个面之间的最大相位差为 $\pi/4$ 或 $\pi/8$ [65]。从衍射角度看,粗糙度不是确定量,同一个表面在给定频率和角度下可以判断为非常光滑,而在其他频率和角度下则为粗糙。对于 GNSS 的 L1/B1/E1 频点, $\lambda = 19.2$cm,代入式(4.123),可得图 4.23 所示的

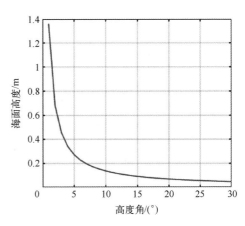

图 4.23 GNSS-R 海面粗糙度瑞利判据

瑞丽判据关系图。将 GNSS-R 掠射角定义为高度角大于 5°且小于 30°。

4.6.2 成功率计算

通过对实测数据的有效获取和处理，能够满足相位相干连续进行载波相位测量共同点为有效波高小于 1.5m 和海面风速小于 6m/s。在满足上述条件的基础上，有限数据的成功率约为 33%。

利用 ECMWF ERA5 历史再分析数据库，选取全球一整年有效波高小于 1.5m 和海面风速小于 6m/s 为平静海况条件。将全球分成空间分辨率为 $0.75°\times0.75°$ 的 270×135 个经纬度格网，每个格网中的数值代表相应的成功率（%），达到 100%则证明该区域全年都具备进行载波相位测量的海况条件。将镜面反射点位置转换为 CGCS2000 下的经纬度坐标，查找成功率地图的相应经纬度格网，即可得到对应的成功率。

4.6.3 相位解缠

星上下传信息包括对应反射路径的反射信号预测频率 f_{dop}^{R}，对应直射路径的直射信号预测频率 f_{dop}^{D}；反射信号预测频率增量 $f_{\text{dop}}^{R'}$ 对应采样之间的反射频率增量，用于进行采样之间的频率预测；反射信号相对直射信号的多普勒偏移量 $f_{\text{dop}}=f_{\text{dop}}^{R}-f_{\text{dop}}^{D}$，对应反射与直射信号的路径延迟。具备直接进行相位解缠的计算条件：

$$\Phi = \int_{0}^{t} f_{\text{dop}}(\tau)\,\mathrm{d}\tau + \phi_{\text{r}}^{\text{uwp}}\left(\arctan\left(\frac{Q(t)}{I(t)}\right)\right) \quad (4.124)$$

式中：$f_{\text{dop}}(\tau)$ 为 τ 时刻星上下传的经处理后的反射相对直射信号的多普勒频率，来自星上下传的反射相对直射信号多普勒偏移量 $f_{\text{dop}}=f_{\text{dop}}^{R}-f_{\text{dop}}^{D}$ 或相位原始采样值；t 为相应信号历经时间；$Q(t)$、$I(t)$ 为星上下传的 IQ 相关值，用来计算残余相位。通过相位解缠 $\phi_{\text{r}}^{\text{uwp}}(\cdot)$ 最终得到载波相位测量值。

4.6.4 延迟距离计算

反射信号相对直射信号的时延距离计算公式为

$$\rho_{\text{B}}^{\text{o},\Phi} = \frac{\lambda}{2\pi}\Phi \quad (4.125)$$

式中：λ 为 GNSS 信号波长，对于 L1 频段为 19.2cm。

如果相位不连续无法进行延迟距离计算，则需要重新审视掠射角判据和成功率计算结果。若掠射角和成功率满足要求，则认为星上下传数据存在计算误差，需要利用本地开环估计算法重新计算反射信号预测频率 $f_{\text{dop}}^{\text{R}}$、直射信号预测频率 $f_{\text{dop}}^{\text{D}}$、反射信号预测频率增量 $f_{\text{dop}}^{\text{R}\prime}$ 及反射相对直射多普勒偏移量 $f_{\text{dop}} = f_{\text{dop}}^{\text{R}} - f_{\text{dop}}^{\text{D}}$。如果依然出现错误，则认为相位不连续，不具备 GNSS-R 载波相位测高条件。

4.6.5 开环估计

开环估计模型为一种实时多普勒频率估算方法[8]。GNSS-R 的简单几何关系如图 4.24 所示，图中 O 为地心，R_e 为地球半径，T 为 GNSS 卫星（发射机）位置，R 为接收机位置，S 为镜面反射点，$|\mathbf{RT}|$ 和 $|\mathbf{RST}|$ 分别是直射信号和反射信号路径的矢量模。

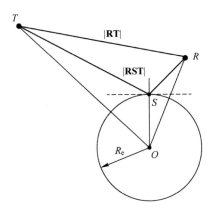

图 4.24　GNSS-R 简单几何关系图

相对于 GNSS 时间，GNSS-R 直射信号和反射信号的传输时序模型如图 4.25 所示。图中：T_{Tx}^{D} 为直射路径信号离开卫星的时刻；T_{Tx}^{R} 为反射路径信号离开卫星的时刻；T_{S} 为信号在地球表面的反射时刻；T_{Rx} 为两路信号到达 GNSS-R 接收机的时刻；Δt 为 GNSS 卫星发射机的时钟正偏移量，对应星上下传定位信息中的时钟信息；t_{Rx} 为 GNSS-R 接收机系统内偏差，对应星上下传反射信号预测频率增量。

按照图 4.25 的时序图，直射信号的几何距离为

$$|\mathbf{RT}| = c(T_{\text{Rx}} - T_{\text{Tx}}^{\text{D}}) \tag{4.126}$$

直射信号的伪距观测量为

第4章 GNSS-R 海面高测量原理

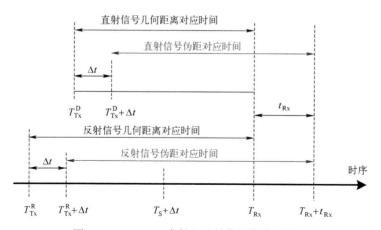

图 4.25　GNSS-R 直射和反射信号传输时序图

$$\begin{aligned}\rho_D &= c(({T_{Rx}+t_{Rx}})-({T_{Tx}^D+\Delta t}))\\ &= c(T_{Rx}-T_{Tx}^D)+c(t_{Rx}-\Delta t)\\ &= |\mathbf{RT}|+c(t_{Rx}-\Delta t)\end{aligned} \quad (4.127)$$

反射信号的几何距离为

$$|\mathbf{RST}| = c((T_S-T_{Tx}^R)+(T_{Rx}-T_S)) = c(T_{Rx}-T_{Tx}^R) \quad (4.128)$$

反射路径的伪距观测量为

$$\begin{aligned}\rho_R &= c(T_S-(T_{Tx}^R+\Delta t)+(T_{Rx}+t_{Rx})-T_S)\\ &= c(T_{Rx}-T_{Tx}^R)+c(t_{Rx}-\Delta t)\\ &= |\mathbf{RST}|+c(t_{Rx}-\Delta t)\end{aligned} \quad (4.129)$$

式（4.29）减去式（4.27）可得载波相位模式下反射信号与直射信号的路径差为

$$\rho_R-\rho_D = (|\mathbf{RST}|+c(t_{Rx}-\Delta t))-(|\mathbf{RT}|+c(t_{Rx}-\Delta t)) = |\mathbf{RST}|-|\mathbf{RT}| \quad (4.130)$$

在理想情况下，t_{Rx} 和 Δt 在计算过程中可以对消。将矢量模对时间求导，可以得到速度，而速度直接反映为多普勒频率的变化：

$$v_{RT} = \frac{\delta|\mathbf{RT}|}{\delta t} \quad (4.131)$$

$$v_{RST} = \frac{\delta|\mathbf{RST}|}{\delta t} \quad (4.132)$$

对于 GNSS-R，直射信号不经过地球表面，能够轻易达到毫米级测速精度；对于反射信号，由于经过地球表面镜面反射点，产生大量不确定性，需要基于多普勒频率的预测和变化来实现。利用式（4.131）、式（4.132）可以分别得到 GNSS-R 直射信号和反射信号相对于载波频率的频率变化：

$$f_{\text{dop}}^{\text{D}} = \left(1 - \frac{v_{\text{RT}}}{c}\right) f_{\text{car}} \qquad (4.133)$$

$$f_{\text{dop}}^{\text{R}} = \left(1 - \frac{v_{\text{RST}}}{c}\right) f_{\text{car}} \qquad (4.134)$$

式中：f_{car} 为 GNSS 载波频率；B1/L1/E1 为 1575.42MHz；B2a/L5/E5a 为 1176.45MHz。

由此可以得到，重新计算的反射信号预测频率 $f_{\text{dop}}^{\text{R}}$、直射信号预测频率 $f_{\text{dop}}^{\text{D}}$、反射信号预测频率增量 $f_{\text{dop}}^{\text{R}'}$（$f_{\text{dop}}^{\text{R}}$ 的导数）及反射相对直射多普勒偏移量 $f_{\text{dop}} = f_{\text{dop}}^{\text{R}} - f_{\text{dop}}^{\text{D}}$。

相位模式的海面高计算方法与干涉模式相同，即采用式（4.121），区别在于 $\rho_{\text{B}}^{\text{o}}$ 代之以实际观测到的直射与反射间的载波相位延迟距离 $\rho_{\text{B}}^{\text{o},\Phi}$。

4.7 GNSS-R 综述

由于 GNSS-R 技术只需要接收机，因此，其尺寸、功率和成本显著降低，非常适合部署于小型卫星，用于探测海洋、陆地和极地冰面的不同地球物理数据产品。2003 年以来发射了多组 GNSS-R 卫星（星座），包括英国 TechDemoSat-1（TDS-1）[66]、NASA CYGNSS 8 颗卫星星座[67]、中国捕风-1 A/B 卫星[68]、Spire GNSS-RO/R 大型星座[69-70]、ESA FSSCat[71]、萨里卫星技术有限公司（SSTL）DoT-1[72] 和中国"风云"-3E 卫星[73] 等，概述如下[46,74]。

1）UK-DMC

2003 年 12 月，英国 DMC 卫星发射至太阳同步轨道，轨道高度约 680km。为了探索星载 GNSS-R 技术，SSTL 在 UK-DMC 卫星上搭载了实验型 GPS 反射测量接收机[75]。实验接收机由导航接收机改进后用于记录短时间（约 20s）内的原始中频信号。UK-DMC 卫星收集了 100 多组从海洋、冰和陆地上反射的 GPS 信号的原始中频信号[8,76]。UK-DMC 试验在 SSTL 设计新型的星载 GNSS-R 接收机方面发挥了重要作用。

2）UK TDS-1

UK-DMC 成功接收到反射信号后，SSTL 于 2014 年 7 月发射了 TDS-1 卫星。卫星轨道高度为635km,倾角为98.4°[66]。TDS-1搭载了功能更强的星载GNSS-R载荷SGR ReSI,可以实时处理GPS L1 CA码反射信号生成DDM产品[8]。作为一颗技术演示卫星,SGR ReSI与其他有效载荷交替工作,每8天有2天运行时间。SGR ReSI自2014年9月开始运行,获得了为期四年的全球GNSS-R数据集。虽然TDS-1 DDM主要用于海面风测量[77],但验证了海洋测高[78]、土壤湿度、海冰检测和分类、冰盖传感和冻融检测等应用。除DDM观测量外,TDS-1也偶尔采集了直射和反射信号的原始中频数据,以验证GNSS-R的新应用[79]。

3) 3Cat-2

3Cat-2为西班牙加泰罗尼亚理工大学研发的6U立方体卫星,于2016年8月发射,旨在探索GNSS-R新技术,获取地面不同目标的散射数据,并改进地球物理参数反演算法[80]。卫星采用太阳同步轨道,轨道高度为510km。主要有效载荷包括接收直射GNSS信号的双频(L1、L2)和双极化(RHCP、LHCP)的上视天线、接收地面反射信号的波束宽度为70°的3×2下视阵列天线和双通道软件定义无线电采集装置,用于以5ms采样间隔和8bit量化对上下视天线接收的信号进行同相和正交采样。全部有效载荷嵌入在一个3mm厚的铝制盒内,将总电离剂量影响保持在10krad以下。

4) CYGNSS

作为NASA地球创新计划任务,CYGNSS由8颗微型卫星组成,于2016年12月15日发射,圆形轨道倾角为35°,轨道高度为520km[67]。每颗CYGNSS卫星装有SGR ReSI改进型接收机,主要目的是测量热带气旋内核及其附近的海面风速。与TDS-1类似,CYGNSS主要数据产品是前向散射信号的DDM和双基地雷达散射截面。CYGNSS的高密度和高频率测量使GNSS-R在除海面风速之外的土壤湿度测量以及内陆水和洪水探测中得到应用。除标准科学数据外,CYGNSS卫星还收集了大量原始中频数据,用于探索GNSS-R新应用[81]。

5) 捕风-1卫星

捕风-1 A/B双星为中国第一颗GNSS-R卫星任务,于2019年6月5日发射[68]。为了在台风期间测量海面风速,捕风-1卫星采用45°低倾角轨道,轨道高度为579km。捕风-1的GNSS-R接收机兼容GPS L1波段和北斗B1I波段的反射信号,可在天线视场内获取更多GNSS-R观测值。捕风-1偶尔也收集一些GPS L1和BDS B1I波段的原始中频数据(每个捕风-1卫星每周一个原始中频数据集），以供诊断使用。

6）Spire GNSS RO 卫星

Spire 卫星星座有 100 多颗 3U 立方体卫星，轨道高度为 450~600km。多数卫星专用于收集 GNSS RO 测量数据。有些卫星的载荷配置能够以掠射角（GA）接收地面 GNSS 反射信号。2019 年 1 月至 4 月期间，在海冰和开阔海域上空采集了 2800 多个 GA GNSS-R 事件。Spire 卫星的 GNSS-R 观测量包括反射信号的振幅和相位信息，且以 GPS L1/L2 双频采集，连同精密定轨数据，使精确载波相位测高成为可能[69]。为开发 GA GNSS-R 相位测高的先进信号处理方法，在内陆水域、开阔海域和海冰上收集了两组双频原始中频数据集。Spire 目前有约 30 颗卫星能够收集 GA GNSS 反射数据，将计划增加更多此类卫星以加速数据采集[69]。

7）Spire GNSS-R 卫星

Spire 将 GNSS-R 散射计卫星作为 GNSS RO 星座的一部分。2019 年 12 月 11 日，发射了首批 2 颗 GNSS-R 立方体卫星，用于早期在轨试验。每个 Spire GNSS-R 卫星载有先进 GNSS-R 接收机，能够同时处理 GPS、QZSS、Galileo 和 SBAS 卫星的 16~24 次 GNSS 反射事件。第二批 Spire GNSS-R 卫星于 2021 年发射，为土壤湿度、海洋风/浪、海冰和湿地/洪水泛滥等不同应用提供业务化 GNSS-R 产品。除业务数据集外，GNSS-R 卫星还收集了数量有限的原始中频数据。

8）FSSCat

作为 2017 年哥白尼大师级 ESA 哨兵小卫星挑战赛的获胜者，FSSCat 任务采用创新概念，由两个联合 6U 立方体卫星组成，分别称为 ³Cat-5/A 和 ³Cat-5/B[71]。主要有效载荷是柔性微波有效载荷-2（FMPL-2），将多星座（GPS 和 Galileo）GNSS-R 接收机和全功率辐射计集成在同一平台[82]。FMPL-2 能够产生陆地和海冰上的科学数据，如海冰探测和厚度监测、冰上水塘测绘以及低分辨率土壤水分测量等。2020 年 9 月，FSSCat 卫星成功发射至 535km 的太阳同步轨道。

9）DoT-1

英国 DMC 和 TDS-1 卫星退役后，SSTL 自 2020 年 9 月以来成功演示了其 18kg 级 DoT-1 卫星的 GNSS-R。GNSS-R 有效载荷集成在所有 SSTL 未来卫星平台不可或缺的新型小型核心电子模块中。这项创新为任何能够容纳天底点指向天线的 SSTL 卫星成为 GNSS-R 小型卫星星座的一部分铺平了道路[72]。

10) 风云-3E

2021年7月5日，中国风云-3E气象卫星发射，搭载有GNOS Ⅱ GNSS遥感仪器[83]，能够对GNSS RO和GNSS-R进行测量。GNOS Ⅱ GNSS-R数据的主要目标是测量近海面风速[73]。除了标准DDM产品外，GNOS Ⅱ仪器还计划收集海洋、陆地和海冰上特定目标的GNSS-R原始中频数据集。

除上述在轨GNSS-R卫星外，为探索GNSS反射信号和其他机会信号在不同地球物理领域的应用，国内外研究机构正计划或研究其他一些星载任务，如PARIS、PRETTY、Cookie、G-TERN、HydroGNSS、TRITON和SNOOPI任务等[20,84-89]。

参考文献

[1] KURSINSKI E R, HAJJ G A, BERTIGER W I, et al. Initial results of radio occultation observations of Earth's atmosphere using the Global Positioning System [J]. Science, 1996, 271 (5252): 1107-1110.

[2] HALL C D, CORDEY R A. Multistatic scatterometry [C]//International Geoscience and Remote Sensing Symposium, 'Remote Sensing: Moving Toward the 21st Century', Edinburgh, Scotland, 1988.

[3] MARTIN-NEIRA M. A passive reflectometry and interferometry system (PARIS): application to ocean altimetry [J]. ESA Journal, 1993, 17 (4): 331-355.

[4] GARRISON J L, KATZBERG S J, HILL M I. Effect of sea roughness on bistatically scattered range coded signals from the global positioning system [J]. Geophysical Research Letters, 1998, 25 (13): 2257-2260.

[5] LIN B, KATZBERG S J, GARRISON J L, et al. Relationship between GPS signals reflected from sea surfaces and surface winds: modeling results and comparisons with aircraft measurements [J]. Journal of Geophysical Research: Oceans, 1999, 104 (C9): 20713-20727.

[6] BEYERLE G, HOCKE K, WICKERT J, et al. GPS radio occultations with CHAMP: a radio holographic analysis of GPS signal propagation in the troposphere and surface reflections [J]. Journal of Geophysical Research: Atmospheres, 2002, 107 (D24): ACL 27-1-ACL 27-14.

[7] LOWE, S T, LABRECQUE, J L, ZUFFADA C, et al. First spaceborne observation of an Earth-reflected GPS signal [J]. Radio Science, 2002, 37 (1): 1-28.

[8] JALES P. Spaceborne receiver design for scatterometric GNSS reflectometry [D]. United Kingdom: University of Surrey, 2012.

[9] ZAVOROTNY V U, GLEASON S, CARDELLACH E, et al. Tutorial on remote sensing using GNSS bistatic radar of opportunity [J]. IEEE Geoscience and Remote Sensing Magazine, 2014, 2 (4): 8-45.

[10] ZAVOROTNY V U, VORONOVICH A G. Scattering of GPS signals from the ocean with wind remote sensing application [J]. IEEE Transactions on Geoscience and Remote Sensing, 2000, 38 (2): 951-964.

[11] EMERY B, CAMPS A. Remote sensing using global navigation satellite system signals of opportunity [M]//Introduction to satellite remote sensing: atmosphere, ocean, land and cryosphere applications. Cambridge: Elsevier, 2017: 110.

[12] WOODWARD, P M. Probability and information theory, with applications to radar [M]. Oxford: Pergamon Press, 1953.

[13] TICCONI F, PULVIRENTI L, PIERDICCA N, et al. Models for scattering from rough surfaces [J]. Electromagnetic Waves, 2011, 10: 203-226.

[14] BASS F G, FUKS I M. Wave scattering from statistically rough surfaces: international series in natural philosophy [M]. Amsterdam: Elsevier, 2013.

[15] FUNG A K, PAN G W. A scattering model for perfectly conducting random surfaces I. Model development [J]. International Journal of Remote Sensing, 1987, 8 (11): 1579-1593.

[16] VORONOVICH A G. Small-slope approximation in wave scattering by rough surfaces [J]. Soviet Journal of Experimental and Theoretical Physics, 1985, 62 (1): 65.

[17] VORONOVICH A G. Non-local small-slope approximation for wave scattering from rough surfaces [J]. Waves in Random Media, 1996, 6 (2): 151.

[18] VU P L. Spatial altimetry, GNSS reflectometry and marine surcotes [D]. Toulouse: Université Paul Sabatier-Toulouse III, 2019.

[19] KAY S M. Fundamentals of statistical signal processing: estimation theory [M]. Upper Saddle River. NJ: Prentice-Hall, Inc., 1993.

[20] MARTÍN-NEIRA M, D'ADDIO S, BUCK C, et al. The PARIS ocean altimeter in-orbit demonstrator [J]. IEEE Transactions on Geoscience and Remote Sensing, 2011, 49 (6): 2209-2237.

[21] PARK H, PASCUAL D, CAMPS A, et al. Analysis of spaceborne GNSS-R delay-Doppler tracking [J]. IEEE Journal of Selected Topics in Applied Earth Observations and Remote Sensing, 2014, 7 (5): 1481-1492.

[22] CARRENO-LUENGO H, CAMPS A, PEREZ-RAMOS I, et al. Pycaro's instrument proof of concept [C]//2012 Workshop on Reflectometry Using GNSS and Other Signals of Opportunity (GNSS+R), West Lafayette, Indiana, 2012: 1-4.

[23] CARRENO-LUENGO H, CAMPS A, RAMOS-PEREZ I, et al. Experimental evaluation of GNSS-reflectometry altimetric precision using the P（Y）and C/A signals［J］. IEEE Journal of Selected Topics in Applied Earth Observations and Remote Sensing, 2014, 7（5）: 1493-1500.

[24] LOWE S T, MEEHAN T, YOUNG L. Direct signal enhanced semicodeless processing of GNSS surface-reflected signals［J］. IEEE Journal of Selected Topics in Applied Earth Observations and Remote Sensing, 2014, 7（5）: 1469-1472.

[25] LI W, YANG D, D'ADDIO S, et al. Partial interferometric processing of reflected GNSS signals for ocean altimetry［J］. IEEE Geoscience and Remote Sensing Letters, 2014, 11（9）: 1509-1513.

[26] MARTÍN A F. Interferometric GNSS-R processing: modeling and analysis of advanced processing concepts for altimetry［D］. Barcelona: Universitat Politècnica de Catalunya, 2015.

[27] PASCUAL D, CAMPS A, MARTIN F, et al. Precision bounds in GNSS-R ocean altimetry［J］. IEEE Journal of Selected Topics in Applied Earth Observations and Remote Sensing, 2014, 7（5）: 1416-1423.

[28] MARTÍN F, D'ADDIO S, CAMPS A, et al. Modeling and analysis of GNSS-R waveforms sample-to-sample correlation［J］. IEEE Journal of Selected Topics in Applied Earth Observations and Remote Sensing, 2014, 7（5）: 1545-1559.

[29] SCHIAVULLI D, GHAVIDEL A, CAMPS A, et al. GNSS-R wind-dependent polarimetric signature over the ocean［J］. IEEE Geoscience and Remote Sensing Letters, 2015, 12（12）: 2374-2378.

[30] GARRISON J L, KATZBERG S J. Detection of ocean reflected GPS signals: theory and experiment［C］//Proceedings IEEE SOUTHEASTCON'. Engineering the New Century, Blacksburg, 1997.

[31] LOWE S T, KROGER P, FRANKLIN G, et al. A delay/Doppler-mapping receiver system for GPS-reflection remote sensing［J］. IEEE Transactions on Geoscience and Remote Sensing, 2002, 40（5）: 1150-1163.

[32] GERMAIN O, RUFFINI G, SOULAT F, et al. The eddy experiment: GNSS-R speculometry for directional sea-roughness retrieval from low altitude aircraft［J］. Geophysical Research Letters, 2004, 31（21）: L21307-1-4.

[33] NOGUÉS O, SUMPSI A, CAMPS A, et al. A 3 GPS-channels Doppler-delay receiver for remote sensing applications［C］//2003 IEEE International Geoscience and Remote Sensing Symposium, Toulouse, July 21-35, 2003.

[34] MARCHAN-HERNANDEZ J F, RAMOS-PÉREZ I, BOSCH-LLUIS X, et al. PAU-GNSS/R, a real-time GPS-reflectometer for earth observation applications: architecture in-

sights and preliminary results [C]//2007 IEEE International Geoscience and Remote Sensing Symposium. IEEE, 2007: 5113-5116.

[35] VALENCIA E, CAMPS A, MARCHAN-HERNANDEZ J F, et al. Advanced architectures for real-time delay-Doppler map GNSS-reflectometers: the GPS reflectometer instrument for PAU (griPAU) [J]. Advances in Space Research, 2010, 46 (2): 196-207.

[36] CAMPS A, MARCHAN J F, VALENCIA E, et al. PAU instrument aboard INTA MicroSat-1: a GNSS-R demonstration mission for sea state correction in L-band radiometry [C]// International Geoscience and Remote Sensing Symposium. IEEE, 2011: 4126-4129.

[37] NOGUÉS-CORREIG O, RIBÓ S, ARCO J C, et al. The proof of concept for 3-cm altimetry using the PARIS interferometric technique [C]//International Geoscience and Remote Sensing Symposium. IEEE, 2010: 3620-3623.

[38] MARTÍN-NEIRA M, D'ADDIO S, BUCK C, et al. The PARIS ocean altimeter in-orbit demonstrator [J]. IEEE Transactions on Geoscience and Remote Sensing, 2011, 49 (6): 2209-2237.

[39] OLIVÉ R, AMEZAGA A, CARRENO-LUENGO H, et al. Implementation of a GNSS-R payload based on software-defined radio for the 3CAT-2 mission [J]. IEEE Journal of Selected Topics in Applied Earth Observations and Remote Sensing, 2016, 9 (10): 4824-4833.

[40] WICKERT J, CARDELLACH E, MARTÍN-NEIRA M, et al. GEROS-ISS: GNSS reflectometry, radio occultation, and scatterometry onboard the international space station [J]. IEEE Journal of selected topics in applied Earth observations and Remote Sensing, 2016, 9 (10): 4552-4581.

[41] HELM A. Ground-based GPS altimetry with the L1 open GPS receiver using carrier phase-delay observations of reflected GPS signals [D]. Potsdam: Deutsches GeoForschungsZentrum GFZ Potsdam, 2008.

[42] SOUTHWELL B J. Techniques for spaceborne remote sensing of Earths oceans using reflected GNSS signals [D]. Sydney: School of Electrical Engineering and Telecommunications, the University of New South Wales, 2019.

[43] ROUSSEL N, FRAPPART F, RAMILLIEN G, et al. Simulations of direct and reflected wave trajectories for ground-based GNSS-R experiments [J]. Geoscientific Model Development, 2014, 7 (5): 2261-2279.

[44] SEMMLING M. Altimetric monitoring of Disko Bay using interferometric GNSS observations on L1 and L2 [D]. Potsdam: Deutsches GeoForschungs Zentrum, 2012.

[45] GORDON W B. A method for locating specular points [J]. IEEE Transactions on Antennas and Propagation, 2014, 62 (4): 2269-2271.

[46] LI W, CARDELLACH E, RIBÓ S, et al. Exploration of multi-mission spaceborne GNSS-R raw IF data sets: processing, data products and potential applications [J]. Remote Sensing, 2022, 14 (6): 1344.

[47] MONTENBRUCK O, STEIGENBERGER P, PRANGE L, et al. The multi-GNSS experiment (MGEX) of the International GNSS Service (IGS): achievements, prospects and challenges [J]. Advances in Space Research, 2017, 59 (7): 1671-1697.

[48] CLARIZIA M P, ZAVOROTNY V. Cyclone global navigation satellite system CYGNSS) [EB/OL]. [2023-08-10]. https://cygnss.engin.umich.edu/wp-content/uploads/sites/534/2021/07/148-0138-ATBD-L2-Wind-Speed-Retrieval-R6_release.pdf.

[49] HAN S, ZHANG H, ZHENG Y. A global study of temporal and spatial variation of SWH and wind speed and their correlation [J]. Acta Oceanologica Sinica, 2014, 33 (11): 48-54.

[50] 井成. 基于 GNSS-R 技术的海面风场反演算法研究 [D]. 北京: 中国科学院大学, 2016.

[51] WILSON B W. Numerical prediction of ocean waves in the North Atlantic for December, 1959 [J]. Deutsche Hydrografische Zeitschrift, 1965, 18 (3): 114-130.

[52] LI W, CARDELLACH E, FABRA F, et al. Assessment of spaceborne GNSS-R ocean altimetry performance using CYGNSS mission raw data [J]. IEEE Transactions on Geoscience and Remote Sensing, 2019, 58 (1): 238-250.

[53] KATZBERG S J, TORRES O, GANOE G. Calibration of reflected GPS for tropical storm wind speed retrievals [J]. Geophysical Research Letters, 2006, 33 (18), L18602.

[54] LI W, RIUS A, FABRA F, et al. Revisiting the GNSS-R waveform statistics and its impact on altimetric retrievals [J]. IEEE Transactions on Geoscience and Remote Sensing, 2018, 56 (5): 2854-2871.

[55] KAPLAN E D, HEGARTY C J. Understanding GPS: principles and applications [M]. Norwood, MA: Artech House, 2006.

[56] ELFOUHAILY T, THOMPSON D, VANDEMARK D, et al. Weakly nonlinear theory and sea state bias estimations [J]. Journal of Geophysical Research: Oceans, 1999, 104 (C4): 7641-7647.

[57] MILLET F W, WARNICK K F, ARNOLD D V. Electromagnetic bias at off-nadir incidence angles [J]. Journal of Geophysical Research: Oceans, 2005, 110 (C9): C09017.

[58] GHAVIDEL A, SCHIAVULLI D, CAMPS A. Numerical computation of the electromagnetic bias in GNSS-R altimetry [J]. IEEE Transactions on Geoscience and Remote Sensing, 2015, 54 (1): 489-498.

[59] TREUHAFT R N, LOWE S T, ZUFFADA C, et al. 2-cm GPS altimetry over Crater Lake

[J]. Geophysical Research Letters, 2001, 28 (23): 4343-4346.

[60] MARTIN-NEIRA M, COLMENAREJO P, RUFFINI G, et al. Altimetry precision of 1cm over a pond using the wide-lane carrier phase of GPS reflected signals [J]. Canadian Journal of Remote Sensing, 2002, 28 (3): 394-403.

[61] SEMMLING A M, BECKHEINRICH J, WICKERT J, et al. Sea surface topography retrieved from GNSS reflectometry phase data of the GEOHALO flight mission [J]. Geophysical Research Letters, 2014, 41 (3): 954-960.

[62] CARDELLACH E, AO C O, DE LA TORRE JUÁREZ M, et al. Carrier phase delay altimetry with GPS-reflection/occultation interferometry from low Earth orbiters [J]. Geophysical Research Letters, 2004, 31 (10): L10402.

[63] SEMMLING A M, BEYERLE G, STOSIUS R, et al. Detection of Arctic Ocean tides using interferometric GNSS-R signals [J]. Geophysical Research Letters, 2011, 38 (4): L04103.

[64] FABRA F, CARDELLACH E, RIUS A, et al. Phase altimetry with dual polarization GNSS-R over sea ice [J]. IEEE Transactions on Geoscience and Remote Sensing, 2011, 50 (6): 2112-2121.

[65] BECKMANN P, SPIZZICHINO A. The scattering of electromagnetic waves from rough surfaces [M]. Oxford: Pergamon Press, 1963.

[66] UNWIN M, JALES P, TYE J, et al. Spaceborne GNSS-Reflectometry on TechDemoSat-1: early mission operations and exploitation [J]. IEEE Journal of Selected Topics in Applied Earth Observations and Remote Sensing, 2016, (9): 4525-4539.

[67] RUF C S, ATLAS R, CHANG P S, et al. New ocean winds satellite mission to probe hurricanes and tropical convection [J]. Bulletin of the American Meteorological Society, 2016, 97 (3): 385-395.

[68] JING C, NIU X, DUAN C, et al. Sea surface wind speed retrieval from the first Chinese GNSS-R mission: technique and preliminary results [J]. Remote Sensing, 2019, 11 (24): 3013.

[69] NGUYEN V A, NOGUÉS-CORREIG O, YUASA T, et al. Initial GNSS phase altimetry measurements from the Spire satellite constellation [J]. Geophysical Research Letters, 2020, 47 (15): e2020GL088308.

[70] FREEMAN V, MASTERS D, JALES P, et al. Earth surface monitoring with Spire's new GNSS reflectometry (GNSS-R) CubeSats [C]//EGU General Assembly Conference Abstracts, Vienna, 2020.

[71] CAMPS A, GOLKAR A, GUTIERREZ A, et al. FSSCAT, the 2017 Copernicus masters' "ESA Sentinel Small Satellite Challenge" winner: a federated polar and soil moisture tandem mission based on 6U Cubesats [C]//IGARSS 2018-2018 IEEE International Geo-

science and Remote Sensing Symposium. IEEE, 2018: 8285-8287.

[72] UNWIN M, RAWLINSON J, KING L, et al. GNSS-Reflectometry activities on the DoT-1 microsatellite in preparation for the hydrognss mission [C]//International Geoscience and Remote Sensing Symposium. IEEE, 2021: 1288-1290.

[73] XIA J, BAI W, SUN Y, et al. Calibration and wind speed retrieval for the Fengyun-3E meteorological satellite GNSS-R mission [C]//IEEE Specialist Meeting on Reflectometry using GNSS and other Signals of Opportunity (GNSS+R). IEEE, 2021: 25-28.

[74] 孙中苗, 管斌, 翟振和, 等. 海洋卫星测高及其反演全球海洋重力场和海底地形模型研究进展 [J]. 测绘学报, 2022, 51 (6): 923-934.

[75] UNWIN M, GLEASON S, BRENNAN M. The space GPS reflectometry experiment on the UK disaster monitoring constellation satellite [C]//Proceedings of the 16th International Technical Meeting of the Satellite Division of the Institute of Navigation (ION GPS/GNSS 2003), 2003: 2656-2663.

[76] GLEASON S, HODGART S, SUN Y, et al. Detection and processing of bistatically reflected GPS signals from low earth orbit for the purpose of ocean remote sensing [J]. IEEE Transactions on Geoscience and Remote Sensing, 2005, 43 (6): 1229-1241.

[77] FOTI G, GOMMENGINGER C, JALES P, et al. Spaceborne GNSS reflectometry for ocean winds: first results from the UK TechDemoSat-1 mission [J]. Geophysical Research Letters, 2015, 42 (13): 5435-5441.

[78] CLARIZIA M P, RUF C, CIPOLLINI P, et al. First spaceborne observation of sea surface height using GPS-Reflectometry [J]. Geophysical Research Letters, 2016, 43 (2): 767-774.

[79] LI W, CARDELLACH E, FABRA F, et al. First spaceborne phase altimetry over sea ice using TechDemoSat-1 GNSS-R signals [J]. Geophysical Research Letters, 2017, 44 (16): 8369-8376.

[80] CARRENO-LUENGO H, CAMPS A, VIA P, et al. 3Cat-2: an experimental Nanosatellite for GNSS-R Earth observation: mission concept and analysis [J]. IEEE Journal of Selected Topics in Applied Earth Observations and Remote Sensing, 2016, 9 (10): 4540-4551.

[81] LI W, CARDELLACH E, FABRA F, et al. Lake level and surface topography measured with spaceborne GNSS-reflectometry from CYGNSS mission: Example for the lake Qinghai [J]. Geophysical Research Letters, 2018, 45 (24): 13332-13341.

[82] MUNOZ-MARTIN J F, CAPON L F, RUIZ-DE-AZUA J A, et al. The flexible microwave payload-2: a SDR-based GNSS-reflectometer and L-Band radiometer for CubeSats [J]. IEEE Journal of Selected Topics in Applied Earth Observations and Remote Sensing, 2020, 13: 1298-1311.

[83] SUN Y, LIU C, DU Q, et al. Global navigation satellite system occultation sounder Ⅱ (GNOS Ⅱ) [C]//2017 IEEE International Geoscience and Remote Sensing Symposium (IGARSS). IEEE, 2017: 1189-1192.

[84] FRAGNER H, DIELACHER A, MORITSCH M, et al. Status of the ESA pretty mission [C]//IGARSS 2020-2020 IEEE International Geoscience and Remote Sensing Symposium. IEEE, 2020: 3345-3348.

[85] MARTÍN-NEIRA M, LI W, ANDRÉS-BEIVIDE A, et al. "Cookie": a satellite concept for GNSS remote sensing constellations [J]. IEEE Journal of Selected Topics in Applied Earth Observations and Remote Sensing, 2016, 9 (10): 4593-4610.

[86] CARDELLACH E, WICKERT J, BAGGEN R, et al. GNSS transpolar earth reflectometry exploring system (G-TERN): mission concept [J]. IEEE Access, 2018, 6: 13980-14018.

[87] UNWIN M J, PIERDICCA N, CARDELLACH E, et al. An introduction to the HydroGNSS GNSS reflectometry remote sensing mission [J]. IEEE Journal of Selected Topics in Applied Earth Observations and Remote Sensing, 2021, 14: 6987-6999.

[88] JUANG J C, LIN C T, TSAI Y F. Comparison and synergy of BPSK and BOC modulations in GNSS reflectometry [J]. IEEE Journal of Selected Topics in Applied Earth Observations and Remote Sensing, 2020, 13: 1959-1971.

[89] GARRISON J L, PIEPMEIER J, SHAH R, et al. SNOOPI: a technology validation mission for P-band reflectometry using signals of opportunity [C]//IEEE International Geoscience and Remote Sensing Symposium. IEEE, 2019: 5082-5085.

第5章 双星跟飞卫星测高基本原理

目前,已经发射的具备海洋重力场探测功能的卫星有 Geosat、ERS-1、Cryosat-2 和 SARAL 等,它们的轨间距在 6~8km。如果要实现全球高精度(如 3mGal)、高分辨率(如 1′)的海洋重力场探测,传统的单星海洋测高模式不仅耗时过长,而且观测数据受海面时变因素影响,难以达到高精度要求,因此兼顾效率和精度两个方面设计新的卫星运行模式是必要的。卫星运行模式的设计不仅要考虑地面轨迹的覆盖密度,更要考虑在此模式下海洋重力场产品(包括重力异常、大地水准面、垂线偏差)反演所能达到的精度。在反演精度分析方面,国外学者将正常重力水平分量与垂线偏差的简单线性关系作为量化依据,这显然不够严谨,为此,需要从理论和实际处理出发探求比较严密的重力场反演精度的评估方法和技术。

5.1 双星跟飞卫星测高模式

5.1.1 卫星测高组网模式比较

为设计最佳卫星测高模式,首先需要确定卫星产品的总体技术指标,结合未来发展需求,不妨假定如下主要目标:重力场反演分辨率为 1′×1′、精度为 3mGal;轨道设计至少满足全球海洋区域(81°S-81°N)1′×1′格网内有一个高度计测量值。

根据上述目标,对比分析了单星模式、双星对称模式、双星跟飞模式和四星组网模式共4种模式。4种模式分别示于图 5.1(a)、(b)、(c)、(d)中。

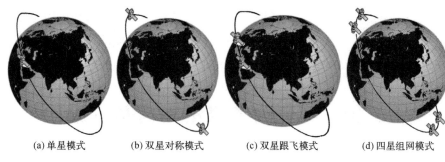

(a) 单星模式　　(b) 双星对称模式　　(c) 双星跟飞模式　　(d) 四星组网模式

图 5.1　卫星测高组网模式示意图

1) 单星模式

单星模式即单颗卫星在预设轨道上（假设轨道高度 900km，倾角 99°）进行观测，在地球自转作用下不断覆盖所有海洋区域。为了实现快速覆盖和轨迹加密，单星任务实现时分为两个阶段。第一个阶段，按照轨迹间距 2′ 的标称轨迹进行推扫，经过 5 个小周期推扫后完成全球 2′ 轨间距的地面轨迹覆盖。5 个小周期约 2.4 年，考虑到小周期间的转移时间，以及升轨、降轨，可以得到 2.5 年后完成一次全球覆盖，每个 1′×1′ 网格内至少有一个高度计测量值。第二个阶段，卫星对第一阶段形成的地面轨迹进行加密，标称轨迹从第一阶段两条初始轨迹间的中间位置开始，按照轨迹间距 2′ 的标称轨迹进行推扫，再经过 5 个小周期推扫后与第一阶段的推扫结果配合，完成全球 1′ 轨间距的地面轨迹覆盖。单星两个阶段完成后即 5 年后可完成 1′ 轨间距全球覆盖，每个 1′×1′ 网格内至少有两个高度计测量值。

2) 双星对称模式

双星对称模式是指 2 颗卫星以轨道相位相差 180° 的空间状态进行测量。两星（以 A 和 B 分别命名）同时入轨后，通过运载分离或卫星机动分离方式，利用轨道高度差形成相对速度拉开彼此相位，可在两星相位相差 180° 附近的位置处找到某一相位，实现 B 星的地面轨迹在 A 星地面轨迹中间附近，且距离 A 星标称轨迹的东边距离为 4′。A 星和 B 星按照各自小周期运行，双星对称分布完成一遍 1′ 的地面轨迹推扫约 2.4 年，考虑到小周期间的转移时间，以及升轨、降轨，双星对称分布 2.5 年后可完成 1′ 轨间距全球覆盖，每个 1′×1′ 网格内至少有两个高度计测量值，5 年内实现两遍 1′ 轨间距全球覆盖。

3) 双星跟飞模式

双星跟飞模式是指 2 颗卫星前后相距一定距离（时间相差约 4s），前后跟飞的模式，双星地面瞬时轨间距 1′，单星轨间距 2′。两星入轨后通过相位调整实现 A 星的地面轨迹与 B 星地面轨迹相距 1′。A 星和 B 星按照各自小周期运行，5 个小周期后 A 星推扫完编号为"0""2""4""6""8"共 5 条 1′的轨迹，B 星完成编号为"1""3""5""7""9"（"0"和"9"为重叠轨迹）的 1′轨迹，此时完成一遍 1′的地面轨迹推扫。考虑到小周期间的转移时间，以及升轨、降轨，双星跟飞模式 2.5 年后可完成 1′轨间距全球覆盖。

4）四星组网模式

该模式由 4 颗卫星组成，2 颗卫星为一组形成串行编队，两组卫星呈对称组网分布。与双星跟飞模式相比，获得同样重力场反演精度的时间缩短一半。该模式下四星 1.25 年可获得 1 次 1′×1′全球覆盖，每个 1′×1′格网可获得 2 个观测量；2.5 年可获得 2 次 1′×1′全球覆盖，每个 1′×1′格网可获得 4 个观测量；5 年可获得 4 次 1′×1′全球覆盖，每个 1′×1′格网可获得 8 个观测量。

对比 4 种模式，单就地面 1′分辨率的覆盖效率而言，双星模式比单星快 1 倍，四星模式又比双星模式快 1 倍，这是显而易见的。双星跟飞模式与双星对称模式的效率相同，但跟飞模式的主要优势在于其轨道设计能够使两颗卫星的星下点地面轨迹的实时间距保持在 1′左右，即 2 颗卫星是对星下点 1′左右的同一区域进行同步观测，这为消除或减弱两颗卫星的同类观测误差创造了条件。众所周知，卫星测高反演重力场的经典做法是利用海面高差求解垂线偏差，再进一步计算重力异常和大地水准面高等。显然，海面高差的测量精度最为关键。双星跟飞模式同时测量沿轨道方向和跨轨道方向约 1′间距的海面高差（或梯度），此时，轨道误差表现为星间或单星历元间的相对轨道误差（从单星的约 5cm 降为约 1cm），而大气传播和地球物理效应等长周期改正，对于地面轨迹间距只有 1′的双星而言近似相等，在海面高差中几无体现，因此海面高差的精度相比于传统的单星测量有显著提高，在 5.2 节和 5.3 节将对此进行详细讨论。四星模式是两组双星跟飞模式的组合，当然比双星模式要好，但其投入接近双星模式的 2 倍。因此，从满足需求程度和效费比角度考虑，双星跟飞模式是最优选择。

5.1.2 海面高差观测模型

回到第 2 章，将 A 星、B 星测量的瞬时海面高按式（2.2）表示如下：

$$\begin{cases} \text{SSH}_A = r_{\text{alt}}^A - h_{\text{alt}}^A - (R_{\text{dry}}^A + R_{\text{wet}}^A + R_{\text{ion}}^A + R_{\text{ssb}}^A + R_{\text{st}}^A + R_{\text{pt}}^A + R_{\text{ot}}^A + R_{\text{inv}}^A + R_{\text{hf}}^A) \\ \text{SSH}_B = r_{\text{alt}}^B - h_{\text{alt}}^B - (R_{\text{dry}}^B + R_{\text{wet}}^B + R_{\text{ion}}^B + R_{\text{ssb}}^B + R_{\text{st}}^B + R_{\text{pt}}^B + R_{\text{ot}}^B + R_{\text{inv}}^B + R_{\text{hf}}^B) \end{cases} \quad (5.1)$$

式中：r_{alt} 为卫星质心相对于参考椭球面的高度；h_{alt} 为高度计测量的卫星到瞬

时海面的垂直距离；R_{dry} 为干对流层改正；R_{wet} 为湿对流层改正；R_{ion} 为电离层改正；R_{ssb} 为海况偏差改正；R_{st} 为固体潮改正；R_{pt} 为极潮改正；R_{ot} 为海潮改正（包括负荷潮汐）；R_{inv} 为逆气压改正；R_{hf} 为海面高高频起伏改正。

将式（5.1）的上下两式求差，得到卫星 A 和卫星 B 的海面高差为

$$\Delta SSH_{AB} = \Delta r_{alt}^{AB} - \Delta h_{alt}^{AB} - (\Delta R_{dry}^{AB} + \Delta R_{wet}^{AB} + \Delta R_{ion}^{AB} + \Delta R_{ssb}^{AB} + \Delta R_{st}^{AB} + \Delta R_{pt}^{AB} + \Delta R_{ot}^{AB} + \Delta R_{inv}^{AB} + \Delta R_{hf}^{AB})$$
(5.2)

式中：符号 Δ 为式（5.1）中关于卫星 A 和卫星 B 的两个对应量的差值。

我们将在 5.3 节证明，式（5.2）右端括弧内的各项，除了电离层改正项和海况偏差改正项 ΔR_{ion}^{AB}、ΔR_{ssb}^{AB} 之外，其他各项均接近于零或其误差小至可以忽略，因此，式（5.2）可以简化为

$$\Delta SSH_{AB} = \Delta r_{alt}^{AB} - \Delta h_{alt}^{AB} - \Delta R_{ion}^{AB} - \Delta R_{ssb}^{AB}$$
(5.3)

该式即为双星跟飞卫星测高模式海面高差测量的基本模型。

式（5.2）中，Δh_{alt}^{AB} 是卫星 A 和卫星 B 高度计的测距值之差，假设两个高度计有相同的测距精度，那么 Δh_{alt}^{AB} 的误差为单个高度计误差的 $\sqrt{2}$ 倍。

5.2 星间相对定轨技术

5.2.1 单点定位/绝对定轨

星载接收机观测到 n 颗 GNSS 卫星，获得 n 个伪距观测量，伪距观测方程如下：

$$P^i = \rho^i(\boldsymbol{r}, \boldsymbol{r}^i, t) + c \cdot \Delta t - c \cdot \Delta t^i + \omega$$
(5.4)

式中：$\boldsymbol{r}$ 和 $\boldsymbol{r}^i$ 分别为用户卫星与 GNSS 卫星 i 的位置矢量；Δt 和 Δt^i 分别为接收机与卫星钟差。$\boldsymbol{r}^i$ 和 Δt^i 为已知量。上述方程线性化如下：

$$\Delta P^i = \rho^i(\boldsymbol{r}, \boldsymbol{r}^i, t) - (\rho^i(\bar{\boldsymbol{r}}, \boldsymbol{r}^i, t) - c \cdot \Delta t^i) = \frac{\partial \rho^i}{\partial \boldsymbol{r}} \Delta \boldsymbol{r} + c \cdot \Delta t + \omega$$
(5.5)

式中：$\bar{\boldsymbol{r}}$ 为用户卫星的近似坐标；$\Delta \boldsymbol{r}$ 为改正值矢量。采用最小二乘得到定位结果，即

$$\hat{\boldsymbol{r}} = \bar{\boldsymbol{r}} + \Delta \hat{\boldsymbol{r}}$$

$\Delta \hat{\boldsymbol{r}}$ 由以下公式计算，即

$$\begin{bmatrix} \Delta \hat{r} \\ c \cdot \Delta t \end{bmatrix} = \begin{bmatrix} \Delta x \\ \Delta y \\ \Delta z \\ c \cdot \Delta t \end{bmatrix} = (\boldsymbol{H}^{\mathrm{T}} \boldsymbol{H})^{-1} \boldsymbol{H} \begin{bmatrix} \Delta p^1 \\ \vdots \\ \Delta p^n \end{bmatrix} \tag{5.6}$$

$$\boldsymbol{H} = \begin{bmatrix} \dfrac{\partial \rho^1}{\partial \boldsymbol{r}} & 1 \\ \vdots & \vdots \\ \dfrac{\partial \rho^1}{\partial \boldsymbol{r}} & 1 \end{bmatrix}$$

对应的协方差矩阵为

$$\boldsymbol{\Omega} = \boldsymbol{Q} \sigma_0^2 \tag{5.7}$$

式中：$\boldsymbol{Q} = (\boldsymbol{H}^{\mathrm{T}} \boldsymbol{H})^{-1}$ 为协因数矩阵，也就是精度映射矩阵；σ_0^2 为观测量方差。对应卫星位置的协方差矩阵为 $\boldsymbol{\Omega}$ 的前 3 行 3 列：

$$\boldsymbol{\Omega}_{3\times 3} = \boldsymbol{Q}_{3\times 3} \sigma_0^2 \tag{5.8}$$

则 $\boldsymbol{Q}_{3\times 3}$ 为卫星位置的精度衰减矩阵，是计算定位精度衰减因子的依据，如

$$\mathrm{PDOP} = \sqrt{q_{11} + q_{22} + q_{33}} \tag{5.9}$$

表示位置精度衰减因子。

假设卫星 R、T 和 N 方向的 3 个单位矢量分别为 $\boldsymbol{e}_R$、$\boldsymbol{e}_N$、$\boldsymbol{e}_T$，则径向或高程方向的精度衰减因子 $\tilde{q}_{11}$ 为

$$\tilde{q}_{11} = \boldsymbol{e}_R^{\mathrm{T}} \boldsymbol{Q}_{3\times 3} \boldsymbol{e}_R \tag{5.10}$$

同理，水平/横向方向的精度衰减因子为

$$\tilde{q}_{22} + \tilde{q}_{33} = \boldsymbol{e}_T^{\mathrm{T}} \boldsymbol{Q}_{3\times 3} \boldsymbol{e}_T + \boldsymbol{e}_N^{\mathrm{T}} \boldsymbol{Q}_{3\times 3} \boldsymbol{e}_N \tag{5.11}$$

5.2.2 相对定位/相对定轨

假设卫星 A 和卫星 B 进行相对定位/定轨，得到观测方程：

$$\begin{cases} P_A^i = \rho_A^i(\boldsymbol{r}_A, \boldsymbol{r}^i, t) + c \cdot \Delta t_A - c \cdot \Delta t^i + \omega_A \\ P_B^i = \rho_A^i(\boldsymbol{r}_B, \boldsymbol{r}^i, t) + c \cdot \Delta t_B - c \cdot \Delta t^i + \omega_B \end{cases} \tag{5.12}$$

以 A 星为参考星，考察单差观测方程：

$$P_{AB}^i = P_B^i - P_A^i = \rho_A^i(\boldsymbol{r}_B, \boldsymbol{r}^i, t) - \rho_A^i(\boldsymbol{r}_A, \boldsymbol{r}^i, t) + c \cdot \Delta t_{AB} + \omega_{AB} \tag{5.13}$$

线性化得到

$$\Delta P_{AB}^i = (P_B^i - P_A^i) - [\rho_B^i(\bar{\boldsymbol{r}}_B, \boldsymbol{r}^i, t) - \rho_A^i(\boldsymbol{r}_A, \boldsymbol{r}^i, t)] = \dfrac{\partial \rho_B^i}{\partial \boldsymbol{r}_B} \Delta \boldsymbol{r}_B + c \cdot \Delta t_{AB} + \omega_{AB} \tag{5.14}$$

可见，在形式上，式（5.14）和式（5.5）完全一样，所以最小二乘解及其精度因子的计算公式也完全等同于式（5.6）~式（5.11），只是随机噪声方差是式（5.5）的2倍。

和地面相对定位一样，卫星相对定轨提高精度的原理是通过差分观测量大幅度消除空间相关的误差，如卫星轨道误差、卫星钟差误差以及大气延迟（如电离层延迟）误差。

假设GNSS卫星轨道高度约为20200km，A、B双星轨道高度为1000km、距离为30km，则两星距离相对于GNSS卫星的最大张角为$0.0895°$，通过双星组差可以消除99.9998%的轨道误差和几乎全部的钟差误差。假设导航卫星的轨道误差在A星连线方向的误差为10cm，则引起A、B两星星间差分观测量的误差不超过0.002mm。导航卫星速度精度可以达到0.1mm/s，如果A、B两卫星的时间同步精度为1ms，则因时间不同步引起的位置误差小于10^{-4}mm；导航卫星钟变率的精度为1×10^{-13}s/s，时间不同步引起钟差等效距离误差为0.00003mm。

用户卫星轨道高度1000km，电离层密度较低，两星距离短，几乎可以消除绝大部分电离层延迟，单差观测量的主要误差源为随机误差，假设载波测量随机噪声为1mm，组成消电离层组合后，随机噪声为3mm，组成单差观测量，噪声放大$\sqrt{2}$倍。设R方向的精度衰减因子达到1.5，则两星相对高差的精度约为6.4mm。

5.2.3 历元间位置差

假设用历元A和B的观测量计算历元间位置差，两个历元的非差观测方程如下：

$$\begin{cases} P_A^i = \rho_A^i(\boldsymbol{r}_A, \boldsymbol{r}^i, t) + c\cdot\Delta t_A - c\cdot\Delta t^i + \omega_A \\ P_B^i = \rho_A^i(\boldsymbol{r}_B, \boldsymbol{r}^i, t) + c\cdot\Delta t_B - c\cdot\Delta t^i + \omega_B \end{cases} \quad (5.15)$$

可见，观测方程在形式上与式（5.12）完全一致，因此其解和精度估计方法也完全一致。假设两个历元的采样间隔为1s，卫星自身运动速度为7.8km/s，两个历元位置相对于导航卫星的张角小于$0.025°$，历元差分后位置误差几乎完全消除。导航卫星速度精度可以达到0.1mm/s，因此卫星速度误差引起的历元间差分观测量的误差为0.1mm；导航卫星钟变率的精度为1×10^{-13}s/s，引起钟差误差为0.03mm。电离层延迟同样完全消除，观测值的误差来源主要是测量噪声。假设载波测量随机噪声为1mm，组成消电离层组合后，随机噪声为

3mm，组成单差观测量，噪声放大$\sqrt{2}$倍；随机噪声为4.2mm。设R方向的精度衰减因子达到1.5，则前后历元相对高差的精度约为6.4mm，与相对定轨的效果相当。

5.2.4 相对定位和历元位置差分的轨道径向精度比较

表5.1给出了相对定位和历元位置差分的轨道径向精度比较，表中"**"表示估算值。以上分析是指纯粹几何定位的结果，在实际定轨中，通过动力学信息进行平滑，可以大幅度提高精度，不妨假设平滑后精度提高倍数相同。电离层延迟部分的影响在分析中完全忽略，实际上对相对定位和历元位置差的影响因素有所差异，前者主要由电离层的空间变化决定，后者主要由时间变化决定，如果通过两星单差或历元差分后电离层影响仍然不能忽略，则需要采用消电离层组合观测量，此时，随机噪声将会明显放大（约3倍）。总体来看，两种方式的高程相对精度差异不大。

表5.1 相对定位和历元位置差分的轨道径向精度比较

模式	高程DOP	轨道位置（轨道精度10cm）**	轨道速度（速度精度0.1mm/s）**	钟差（0.1ns）**	钟速（1×10^{-13} s/s）**	电离层（50cm）**	随机噪声（单频载波1mm）**	定位精度
绝对定位	1.5**	10cm	0.0000mm	0.1ns	0.000ns	双频绝大部分消除	单频：1mm 双频：3mm	双频：19.95cm
相对定位（星间距50km）		0.003mm	0.0001mm	0.000ns	10×10^{-7}ns 或 1×10^{-5}mm	双频或单差绝大部分消除	单频：1.4mm 双频：4.2mm	单频：2.14mm 双频：6.5mm
历元位置差（1s）		0.000mm	0.1mm	0.000ns	1×10^{-4}ns 1×10^{-2}mm	双频或单差绝大部分消除		单频：2.28mm 双频：6.78mm

GRACE-A/B星（相距约200km）的KBR观测可以用于检核卫星编队相对定轨横向精度。国内外已有结果表明[1-3]，采用相对定轨方法，星间相对距离精度可以达到1mm（平滑）或4.2mm（几何）；仿真表明，低轨卫星高程或径向方向与横向方向的精度衰减因子（DOP）值的平均比率约为1.6（HDOP平均为0.89，VDOP平均为1.42），由此推算，高程方向的相对精度可以达到1.6cm（平滑）或6.72mm（几何），与表5.1理论分析结果吻合。

5.3 海面高差误差模型

5.3.1 对流层改正差值误差

1)干对流层改正差值误差

由式(2.39)可得,干对流层改正差值为

$$\Delta R_{\text{dry}}^{AB} = -0.2277(P_0^B - P_0^A) - 0.2277 \times 0.0026 \cdot (P_0^B \cos 2\phi_B - P_0^A \cos 2\phi_A) \tag{5.16}$$

P_0通常采用ECMWF的业务化模型和再分析模型,这些模型的分辨率为0.125°×0.125°或0.75°×0.75°不等[4-5],但均远大于星下点1′间距,故可以认为$P_0^B = P_0^A$。同时,考虑到1′距离上$\cos 2\phi$的差异在10^{-8}量级,因此,对于两个高度计在星下点同一1′范围内的同步采样而言,干对流层改正差值接近于0,即

$$\Delta R_{\text{dry}}^{AB} \approx 0 \tag{5.17}$$

2)湿对流层改正差值误差

有多个模型用于计算湿对流层改正。不失一般性,仅对基于柱内水汽总量(TCWC)的两个模型作分析。由式(2.50)、式(2.52)可得,湿对流层改正差值为

$$\begin{aligned}\Delta R_{\text{vap}}^{AB} &= -\left(0.101995 + \frac{1725.55}{50.40 + 0.789T_0^B}\right) \cdot \frac{\text{TCWV}_B}{1000} + \left(0.101995 + \frac{1725.55}{50.40 + 0.789T_0^A}\right) \cdot \frac{\text{TCWV}_A}{1000} \\ &= 1.01995 \times 10^{-4} \times (\text{TCWV}_A - \text{TCWV}_B) + 1.72555 \times \left(\frac{\text{TCWV}_A}{50.40 + 0.789T_0^A} - \frac{\text{TCWV}_B}{50.40 + 0.789T_0^B}\right)\end{aligned} \tag{5.18}$$

$$\Delta R_{\text{vap}}^{AB} = [a_0(\text{TCWV}_A - \text{TCWV}_B) + a_1(\text{TCWV}_A^2 - \text{TCWV}_B^2) + a_2(\text{TCWV}_A^3 - \text{TCWV}_B^3) + a_3(\text{TCWV}_A^4 - \text{TCWV}_B^4)] \times 10^{-2} \tag{5.19}$$

以上两式中,TCWV可由数值天气模型或大气校正辐射计的亮度温度计算得到,数值天气模型目前最高为分辨率为0.125°,而辐射计测量分辨率在20km左右,因此,对于星下点相同的1′区域,两式右端括弧项均近似为0,从而湿对流层改正差值接近于0,即有

$$\Delta R_{\text{vap}}^{AB} \approx 0 \tag{5.20}$$

5.3.2 电离层改正差值误差

考虑单个频率载波信号的电离层延迟模型,有

$$R_{ion}(f) = -\frac{40.3 \times 10^6}{f^2}\int_0^R n_e(z)\mathrm{d}z = -\frac{40.3 \times \mathrm{VTEC}}{f^2} \quad (5.21)$$

式中:f 为载波频率(Hz);垂直电子总含量(VTEC)为垂直传播路径上的总电子含量($1/\mathrm{m}^2$)。

电离层对 A、B 卫星两个高度计测距的影响之差为

$$\Delta R_{ion}^{AB} = -\frac{40.3}{f^2}\Delta\mathrm{VTEC}^{AB} \quad (5.22)$$

对于测高卫星 Ku 波段的载波信号(13.575GHz),1TECu(1TECu = $10^{16}/\mathrm{m}^2$)的 VTEC 变化引起约 2.186mm 的延迟变化。然而,TECu 是很大的电子总含量(TEC)计量单位,在小的空间尺度上(1′)与小的时间间隔内(4s),$\Delta\mathrm{VTEC}^{AB}$ 很难达到 1TECu。

通过 GPS 多频载波相位观测数据,可以计算电离层 TEC 的变化率[6]。我们将在 5.3.2.1 节~5.3.2.3 节采用 GNSS 实测数据计算 $\Delta\mathrm{VTEC}^{AB}$,表明即使在电离层闪烁期间其最大值约为 2.13TECu,对应于 Ku 波段的延迟变化量不超过 4.65mm,而对于电离层活动一般情况,最大值不超过 0.25TECu,相应的延迟变化量不超过 0.55mm。由此可以认为,相对于 2cm 左右高度计测距误差,该项误差可以略去不计,即有

$$\Delta R_{ion}^{AB} \approx 0 \quad (5.23)$$

再从双频电离层改正模型进行分析。由式(2.63)得 A 星和 B 星高度计的电离层延迟改正之差为

$$\Delta R_{ion}^{AB}(f_{Ku}) = \frac{[(\hat{h}_{Ku}+R_{SSB}^{Ku})-(\hat{h}_C+R_{SSB}^C)]_B - [(\hat{h}_{Ku}+R_{SSB}^{Ku})-(\hat{h}_C+R_{SSB}^C)]_A}{(f_{Ku}/f_C)^2 - 1}$$

$$(5.24)$$

式(5.24)中,若假设同频段的海况偏差可以消去,则 ΔR_{ion}^{AB} 的误差决定于高度计的测距误差,令高度计在 Ku 波段和 C 波段的观测值误差均为 2cm,代入 f_{Ku} = 13.58GHz,f_C = 5.25GHz,可得

$$\delta\Delta R_{ion}^{AB} = 0.7\mathrm{cm} \quad (5.25)$$

这显然与式(5.23)的结论不符,其原因在于用式(5.24)求解 ΔR_{ion}^{AB} 时引入了两个高度计的双频测距误差,如果海况偏差影响不像假设的那样可以

消去，则会引入更多误差，因此，可以认为，式（5.23）的结论更符合实际情况。5.3.3 节将对海况偏差影响作进一步分析。

5.3.2.1 利用 GPS 三频载波相位观测量计算 VTEC 变化率

1）计算模型

现有对 TEC 变化的研究可分为两个方面：一是在大的时间或空间尺度下的研究，如利用电离层 TEC 格网数据或通过载波相位平滑伪距等方法求解 VTEC，研究电离层的日变化、季节变化与空间分布特性；二是在小时间尺度下的研究，包括对 TEC 变化趋势的研究以及对 TEC 变化率的研究。双星跟飞测高模式中，2 颗卫星前后的时间间隔约 4s，地面瞬时轨间距约 1′（约 2km），ΔR_{iono} 实际上反映的是电离层在小的空间与时间尺度上的变化。

双频载波相位观测量可用于计算 TEC 变化率（ROT）[7-8]，进而研究电离层闪烁等现象[9-10]。ROT 的研究对象通常是倾斜总电子含量（STEC），它包含 VTEC 的变化与传播路径差异两部分。VTEC 的变化却更能清晰地反映电离层的变化，在天底测高模式中具有直接应用价值。本节采用高采样率载波相位观测数据，研究小尺度 VTEC 变化情况。

通过载波频率分别为 f_1、f_2 的双频接收机接收 GPS 信号，两个频率的载波相位观测方程分别为[11]

$$\Phi_1 \lambda_1 = \rho - \frac{40.28}{f_1^2} \times \frac{1}{F(z)} \times \text{VTEC} - N_1 \times \lambda_1 + B_1^s - B_1^r + \Delta \quad (5.26)$$

$$\Phi_2 \lambda_2 = \rho - \frac{40.28}{f_2^2} \times \frac{1}{F(z)} \times \text{VTEC} - N_2 \times \lambda_2 + B_2^s - B_2^r + \Delta \quad (5.27)$$

式中：λ_1 与 λ_2 为载波波长；Φ 为载波相位观测值；ρ 为接收机到卫星的几何距离；z 为接收机处的天顶角距；$F(z)$ 为与 z 有关的映射函数；$\text{VTEC} = \text{STEC} \times F(z)$；$B^s$ 为卫星硬件的相位延迟；B^r 为接收机硬件的相位延迟；N 为整周模糊度；Δ 为包括接收机钟差、卫星钟差、对流层延迟与多路径改正在内的非电离层延迟误差的改正项组合。

选用欧洲定轨中心的单层电离层模型投影函数 $F(z)$，其表达式为[12]

$$F(z) = \cos\left(\arcsin\left(\frac{R}{R+H} \times \sin(\alpha \times z)\right)\right) \quad (5.28)$$

式中：R 为地球平均半径；系数 $\alpha = 0.9782$；H 为选定的电离层单层模型的高度，此处取为 350km。

将式（5.39）与式（5.38）相减，得 VTEC 为

$$\text{VTEC} = \frac{F(z)}{40.28} \frac{f_1^2 f_2^2}{f_1^2 - f_2^2} (L_4 - \Delta\text{Amb} - \text{DCB}) \tag{5.29}$$

式中：$L_4 = \Phi_1 \lambda_1 - \Phi_2 \lambda_2$；$\text{DCB} = (B_1^s - B_2^s) - (B_1^r - B_2^r)$ 为频间偏差；$\Delta\text{Amb} = N_2 \lambda_2 - N_1 \lambda_1$。

将同一接收机在前后相隔很近的两个时刻对同一卫星的 VTEC 观测值作差，即得两个时刻之间 VTEC 的变化量：

$$\Delta\text{VTEC} = \text{VTEC}' - \text{VTEC} = \frac{F(z')}{40.28} \frac{f_1^2 f_2^2}{f_1^2 - f_2^2} (L_4' - \Delta\text{Amb}' - \text{DCB}') - \frac{F(z)}{40.28} \frac{f_1^2 f_2^2}{f_1^2 - f_2^2} (L_4 - \Delta\text{Amb} - \text{DCB}) \tag{5.30}$$

将式（5.30）中的 $F(z')$ 变换为 $F(z') - F(z) + F(z)$，则式（5.30）可以改写为

$$\Delta\text{VTEC} = \frac{F(z') - F(z)}{40.28} \frac{f_1^2 f_2^2}{f_1^2 - f_2^2} (L_4' - \Delta\text{Amb}' - \text{DCB}') + \frac{F(z)}{40.28} \frac{f_1^2 f_2^2}{f_1^2 - f_2^2} (L_4' - \Delta\text{Amb}' - \text{DCB}' - L_4 + \Delta\text{Amb} + \text{DCB}) \tag{5.31}$$

假设两个时刻之间，载波相位的观测未发生周跳，即 $\Delta\text{Amb}' = \Delta\text{Amb}$；另外，短时间内卫星与高性能接收机的相位延迟应该保持不变，则有 $\text{DCB}' = \text{DCB}$。因而，式（5.31）中右二项中的相关量可以约减，并有 $L_4' - L_4 = \Delta\Phi_1 \lambda_1 - \Delta\Phi_2 \lambda_2$，另将式（5.31）右端的第一项写作 STEC' 的形式，则有

$$\Delta\text{VTEC} = \delta F(z')\text{STEC}' + \frac{F(z)}{40.28} \frac{f_1^2 f_2^2}{f_1^2 - f_2^2} (\Delta\Phi_1 \lambda_1 - \Delta\Phi_2 \lambda_2) \tag{5.32}$$

式中：$\delta F(z') = F(z') - F(z)$，代表 $F(z)$ 的值随 z 的变化量。

STEC 可采用相位平滑伪距的方法求解，其思路是将未发生周跳的一段时间内 STEC 的伪距计算结果 STECa_i 与载波相位计算结果 STECr_i 之差的算术平均值作为 STECr_i 的整周模糊度修正量，得到当前时刻 STEC：

$$\text{STEC}_i = \text{STECr}_i + \frac{1}{N} \sum_{i=1}^{N} (\text{STECa}_i - \text{STECr}_i) \tag{5.33}$$

电离层 VTEC 变化率（RVTEC）可以更直观地描述电离层 VTEC 的变化，将 ΔVTEC 除以时间间隔 Δt，即得 RVTEC：

$$\text{RVTEC} = \frac{\Delta\text{VTEC}}{\Delta t} = \frac{\delta F(z')\text{STEC}'}{\Delta t} + \frac{F(z)}{40.28\Delta t}\frac{f_1^2 f_2^2}{f_1^2 - f_2^2}(\Delta\Phi_1\lambda_1 - \Delta\Phi_2\lambda_2) \quad (5.34)$$

文献 [7-8] 将 ROT 定义为一定时间间隔（1min 或 30s）前后 STEC 之差，即

$$\text{ROT}(t') = \text{STEC}(t') - \text{STEC}(t) = \frac{1}{40.28}\frac{f_1^2 f_2^2}{f_1^2 - f_2^2}(\Delta\Phi_1\lambda_1 - \Delta\Phi_2\lambda_2) \quad (5.35)$$

对比式（5.34）与式（5.35），RVTEC 相当于在 ROT 乘以映射函数的基础上增加一项与映射函数变化量 $\delta F(z')$ 以及 STEC′ 有关的量。值得注意的是，RVTEC 针对 VTEC 的变化，而 ROT 针对 STEC 的变化。

2）误差估算

现在分析 RVTEC 的计算误差。对于式（5.34）右边第二项，由于卫星至测站的基线长度超过20000km，因而天顶角距 z 的误差可忽略，同时载波的频率与波长是固定的，故该项的误差仅由载波相位的测量误差引起。在观测仰角为45°时，$F(z) \approx 0.7524$，假设载波频率分别为 L1 与 L2，不考虑周跳时，根据误差传播定律，可计算得到该项误差 m 为

$$m = \frac{F(z)}{40.28\Delta t}\frac{f_1^2 f_2^2}{f_1^2 - f_2^2}\sqrt{m_1^2\lambda_1^2 + m_1^2\lambda_1^2 + m_2^2\lambda_2^2 + m_2^2\lambda_2^2} \quad (5.36)$$

$$= 7.17 \times \sqrt{2m_1^2\lambda_1^2 + 2m_2^2\lambda_2^2} \quad (\text{TECu/s})$$

式中：TECu 为电子总含量的计量单位，1 TECu $= 10^{16}/\text{m}^2$；m_1 与 m_2 分别为载波相位的测量误差。假设载波相位的测量精度是整周长的1%，即 m_1 与 m_2 均为 0.01，可得 $m = 3.14 \times 10^{-2}$ TECU/s。

对于式（5.34）右边第一项，误差来源于 STEC′ 的误差。STEC 的误差在低太阳活动条件下为 2~3TECu，在高太阳活动条件下为 8~10TECu[13-15]。考虑 $\delta F(z')$ 的最大值，测站位于卫星轨道的地面轨迹上时，天顶角变化最快，因而 $\delta F(z')$ 也越大。为排除低观测仰角时其他传播延迟因素对电离层 VTEC 计算的干扰，只考虑高观测仰角的卫星。计算结果表明[16]，测站对卫星的观测仰角越大时，$F(z)$ 的变化越小，即使在30°仰角观测条件下，对于 1s 时间间隔，$\delta F(z')$ 最大不超过 6×10^{-5}，实际情况下，由于卫星运动方向相对于测站的随机性，$\delta F(z')$ 还要更小。以 5TECu 作为 STEC 的计算精度，式（5.34）右边第一项的误差应不超过 3×10^{-4} TECu/s，相对于右边第二项的误差可以忽略。

3）结果分析

（1）一般空间环境下 RVTEC 的一致性。GPS 系统现代化以来，开始使用

第三个频点 L5（1227.60MHz）发播民用信号，使得 L1、L2、L5 三个频点可以分别组合为 L1/L2、L1/L5、L2/L5 三种观测量用于计算 RVTEC 并互为比较。考虑到 GPS 载波的三个频率 L1（1575.42MHz）、L2（1227.60MHz）、L5（1176.45MHz），式（5.34）中的系数项 $f_1^2 f_2^2/(f_1^2-f_2^2)$ 对应于 L1/L2、L1/L5、L2/L5 三种组合的值分别为 3.836×10^{18}、3.129×10^{18}、1.696×10^{19}，对于相同的载波相位测量误差，L2/L5 组合对该误差的放大为最大，故宜使用 L1/L2、L1/L5 组合计算 RVTEC。

文献［16］随机选择了南北半球各纬度范围的 7 个 IGS 多 GNSS 试验（MGEX）测站[17]，利用对 9 颗卫星 1s 采样率的载波相位观测数据计算了 RVTEC。L1/L2 与 L1/L5 组合 RVTEC 差值的标准差小于 0.009TECu/s，标准差均值约 5.792×10^{-3}TECu/s，具有较好一致性，且使用不同纬度测站数据的计算结果基本相当。假设两种组合计算 RVTEC 的精度相同，则各双频组合求取 RVTEC 中的误差约为 4.1×10^{-3}TECu/s。该结果比式（5.36）假设 $\Delta\Phi$ 误差为 $0.01\times\sqrt{2}$ 时的误差估算 3.14×10^{-2}TECu/s 小一个量级，说明对 $\Delta\Phi$ 的误差假设过于保守。

（2）电离层活动剧烈时 RVTEC 的一致性。电离层的变化复杂，太阳活动、地磁场变化等许多因素都能使电离层发生剧烈变化，其中发生电离层闪烁时电离层 VTEC 的变化尤为剧烈。电离层闪烁是指当电波穿越电离层时，由于电离层结构的不均匀性和随机时变性，造成信号的振幅、相位、到达角等特性短周期变化而形成的现象。电离层闪烁现象在赤道及低纬地区的午夜前后较易发生[18-19]。文献［16］以赤道附近的 NKLG 测站（北纬 0.354°）为例，计算了当地时间 2015 年 058 年积日午夜前电离层闪烁较为剧烈期间的 RVTEC。18：00 至 24：00 之间，共有 24 号与 25 号两颗卫星先后经过 NKLG 测站 30°仰角之内的范围。在该选定时间段内电离层总电子含量发生了剧烈变化，19：00 至 23：00 期间的 RVTEC 变化振幅达到 0.3TECu/s。L1/L2 与 L1/L5 组合计算的 RVTEC 总体相当，但某些时刻呈现较大差别，最大达 0.8TECu/s。这可能是因为电离层剧烈变化引起的某个周跳没有识别出来。

（3）RVTEC 实用计算步骤。利用 1s 采样率的三频载波相位观测数据计算电离层 RVTEC（简称 RVTEC 三频计算法）的实用步骤归纳如下。

① 挑选可用观测数据，包括卫星仰角计算和周跳检测，剔除无法用于 RVTEC 计算的载波相位观测值。

② 对于只有两个频点载波相位观测值的情况，直接计算 RVTEC。

③ 对于有三个频点载波相位观测值的情况，分别计算 L1/L2、L1/L5 组合的 RVTEC，若两者差值的绝对值小于 0.018TECu/s，则取其均值作为 RVTEC；否则，认为两者之一含有粗差，取绝对值小者作为 RVTEC。

第③步中，考虑到一般空间环境下两个组合计算的 RVTEC 差值的标准差均值约为 0.006TECu/s，故以该均值的 3 倍即 0.018TECu/s 作为识别有否粗差的阈值。该阈值可以根据实际电离层变化程度进行调整。

5.3.2.2 利用北斗 GEO 卫星观测数据计算 VTEC

1) 计算模型

由于 GPS 卫星随地球的运动，利用 GPS 观测数据计算的 VTEC 变化率包含了时间与空间两部分变化。两部分变化不可分割，无法区分各自影响。地球静止轨道 GEO 卫星的"静地"特性使得测站与卫星之间的路径相对固定，利用 GEO 卫星上发播的导航信号能够直接用于研究固定路径上 VTEC 的时变特性，而分离出空间变化。北斗卫星导航系统（BDS）中的 5 颗 GEO 卫星恰好可用于对固定路径上的 VTEC 进行高频率连续监测，使用 GEO 卫星的高频载波相位观测数据，可以计算固定传播路径上的高频时变率。

对于 GEO 卫星，由于其在 Δt 前后相对于固定测量的天顶角距几乎不变，故有 $\delta F(z') = 0$，此时，式（5.34）右边第一项为零，即对于 GEO 卫星进行观测时，VTEC 的变化率为

$$\mathrm{RVTEC} = \frac{F(z)}{40.28\Delta t} \frac{f_1^2 f_2^2}{f_1^2 - f_2^2}(\Delta\Phi_1\lambda_1 - \Delta\Phi_2\lambda_2) \tag{5.37}$$

2) 中低纬地区 VTEC 时变特性

GEO 卫星始终位于赤道面上，位于中低纬地区的测站对 GEO 卫星具有良好观测条件。MGEX 项目有 10 多个测站具备 BDS 的 GEO 卫星观测能力。文献［16］选取 JFNG、MAYG、NKLG、PTGG 和 SEYG 5 个测站为例，其中 JFNG 在中纬地区，MAYG 与 PTGG 在 10°～20°纬度之间，NKLG 与 SEYG 在赤道附近。BDS 通过 B1、B2、B3 三个频点播发导航信号，因 B1/B2 组合计算的 VTEC 误差较其他两种双频组合小[15]，计算时采用 GEO 卫星 B1、B2 频点的 1s 采样率载波相位观测量，选择 30°为观测截止仰角，以尽可能地减少其他误差源的影响。

在 2015 年 4 个季度当中分别随机选取连续 3 天的观测数据进行 RVTEC 变化情况统计，时间段分别为 057—059、147—149、237—239、327—329 年积

日。基本结论是：①处于中纬地区的 JFNG 站附近的 VTEC 变化最为平缓，RVTECI（RVTEC Index，指 5min 内 RVTEC 的标准差）均值约为 0.006TECu/s、最大值为 0.024TECu/s，1min RVTEC 均值最大为 0.011 TECu/s；②MAYG 站 VTEC 变化情况接近 JFNG 站，变化也较为平缓，PTGG 站相对 JFNG 站，VTEC 变化较大，其中 RVTECI 的最大值达 0.210TECu/s；③变化最大的为 057～059 年积日内处于赤道附近的 NKLG 与 SEYG 站的观测结果，其中 SEYG 站观测的 RVTECI 最大达 0.467TECu/s，1min RVTEC 均值最大为 0.133TECu/s，意味着 VTEC 在 1min 内最大变化了 8TECu，而这主要源自电离层闪烁的影响。

3）X 射线耀斑期间电离层 VTEC 的时变率

太阳耀斑按照其 X 射线峰值的流量可分为 A、B、C、M、X 五级，所释放能量依次增大。M 级以下耀斑对电离层造成的影响不易通过对 GNSS 卫星进行观测的方式获取，因侧重分析 RVTEC 对耀斑的最大响应，故而仅研究 X 级耀斑的影响。文献［16］选取 2013 年至 2015 年的耀斑事件进行分析，期间 X 级耀斑发生的次数分别为 12、16、2，耀斑最强的为 2014 年 2 月 25 日发生的 X4.9 级耀斑。选择对 BDS 具有观测能力并处于能够有效观测 GEO 卫星区域的 JFNG、MAYG、NKLG 三个测站，设定 30° 为对卫星观测的截止仰角。分析得出的基本特征有：①耀斑发生期间 RVTEC 不一定发生明显增大；②即使耀斑发生期间 RVTEC 出现明显增大，其持续高出正常水平并不贯穿于整个耀斑过程；③耀斑所引起的 VTEC 的最快变化不一定发生在 X 射线通量最大时刻；④耀斑的发生对 RVTEC 的影响不可一概而论，相同级别的耀斑对于太阳天顶角相同的地区所造成的影响可以不同，强度高的耀斑可能并不会引起明显的 RVTEC 变化，耀斑发生期间，RVTEC 与耀斑的级别、太阳的天顶角距没有绝对的对应关系，耀斑对 RVTEC 的影响势必受空间环境中其他一系列因素的影响；⑤即使 VTEC 呈下降趋势时，耀斑影响下 VTEC 也可能阶段性增多，且太阳天顶角较小时 VTEC 增加的幅度较大；⑥耀斑会引起 RVTEC 的明显变化，然而概率并不大。综合所有可用观测数据，X3.2 级以下耀斑观测结果中 RVTEC 最大不超过 0.03TECu/s。

5.3.2.3 电离层延迟变化量计算分析

对式（5.21）中 $\Delta R_{\text{ion}}^{AB}$ 项量级的分析，即是要分析相隔 4s、星下点相距 2km 尺度上的电离层延迟变化量。卫星高度计在工作时，垂直于海面发射脉冲信号，星下点相距 2km 意味着脉冲信号在电离层的穿刺点相距约 2km。

式（5.28）中将电离层单层模型的高度设为 350km，根据 GPS 的轨道参数推求卫星的平均运动角速度约 $1.4586×10^{-4}$ rad/s，相隔 1s 前后 GPS 卫星运动的距离约 3874m。对于地面观测站，穿刺点运动轨迹与 GPS 卫星运动轨迹之间存在比例关系，据此可推算得出相隔 1s 前后两穿刺点间的距离约为 67.1592m，则 GPS 卫星运动 30s 时间所对应的电离层穿刺点相距约 2km。由此可根据 GPS 卫星运动 30s 时间前后 TEC 的变化量来估计双星跟飞测高模式中 2km 间隔的电离层延迟变化量。

由 5.3.2.2 节可知，在当地时间 2015 年 059 年积日，SEYG 测站上空发生了较为剧烈的电离层闪烁现象，使用 RVTEC 三频计算法重新计算该期间的 RVTEC。根据计算结果累加计算得到 30s VTEC 的变化量，其绝对值最大为 4TECu，标准差为 0.71TECu，根据 3 倍中误差准则，可以认为其最大值一般不超过 2.13TECu，对应于 Ku 波段的脉冲信号，由此产生的延迟变化量不超过 4.65mm[16]。对于电离层活动一般情况，该最大值的绝对值不超过 0.25TECu，此时，对应的延迟变化量不超过 0.55mm。电离层闪烁一般出现在赤道、低纬或极区的特定时段，海洋测高卫星一般不在极区等高纬度范围内施测，对于测高任务来说，电离层影响较大的只有赤道与低纬地区的当地时间午夜前后，这种情况占整个测高任务比例较小。

采用式（5.35）的 ROT 计算方法也可反映 2km 尺度下的电离层延迟变化量[16]。IGS 的 JFNG 测站位于北纬 30.5°，利用该站 2015 年全年对 30°以上仰角 GPS 卫星的观测数据，计算得到约 520 万个有效 ROT，对其绝对值进行统计，全年均值为 0.0807TECu，中位数为 0.0413TECu，98.73% 小于 0.6TECu，以 99.7% 的置信水平小于 1.15TECu。ROT 反映的是 TEC 在相距 2km、相隔 30s 前后的变化量，对于相距 2km、相隔 4s 前后的 VTEC 变化量可认为不大于 ROT。由此，在中纬地区，与 ΔR_{ion}^{AB} 项相关的 VTEC 变化量小于 1.15TECu，相应的 Ku 波段（13.575GHz）延迟量之差 ΔR_{ion}^{AB}<2.51mm。

5.3.3 海况偏差改正差值误差

考察计算海况偏差改正的 BM4 模型，即

$$\text{BM4}(U,\text{SWH}) = \text{SWH}[a_1+a_2\text{SWH}+a_3U+a_5U^2] \tag{5.38}$$

式中：a_1、a_2、a_3、a_5 为常数。

再考虑 SSB 的非参数估计结果，它是对应于风速 U 和有效波高 SWH 的二维查找表。

利用式（5.38）或 SSB 二维查找表，根据高度计实测风速和有效波高或者 ECMWF 等提供的相应数据就可算得海况偏差改正。

如果采用 ECMWF 模型，因其分辨率最高只有 $0.125°×0.125°$，远大于海面 1′间距，于是，由此计算得到的高度计 A 和 B 的海况偏差改正近似相等。

若利用高度计实测风速和有效波高，由于 A 星和 B 星的前后跟飞时间差仅为 4s，星下点轨迹相距只有 1′间隔，因此可以假设 A 星和 B 星高度计感知的海况条件非常接近，即认为 A 星和 B 星高度计测得的风速和有效波高分别近似相等，由此计算得到的海况偏差改正之差接近于零。另外，有效波高定义为高度计视场中最高波的 1/3 高度，通常认为等于海面高标准偏差的 4 倍[1]，对于 A 星和 B 星的沿轨道方向或 A 星与 B 星间的跨轨道方向的 1′间隔范围内，有效波高按此定义显然相差十分微小，可以忽略其差异。

接着，分析海况偏差改正差值的实际大小。T/P 与 Jason-1、Jason-1 与 Jason-2、Jason-2 和 Jason-3 均存在前后串行阶段。两颗卫星在串行阶段位于同一轨道面上，前后间隔约 70s，在几乎相同海况条件下采集数据。文献[21]估算了串行阶段两颗卫星的 SSB 差值。估算时对比了三种不同模型，分别为 SSB_{CLS} [22-23]、SSB_{tran} [24] 和 SSB_{upt} [21]，全球平均比较结果如表 5.2 所列。其中，$-3.8\% \cdot SWH$ 仅取决于测高有效波高，串行阶段的平均差异接近零。SSB_{tran} 模型的差值均值均在 0.2cm 以内；SSB_{CLS} 除了 Jason-1/2 串行阶段差值接近 3cm，其他两个阶段均在 0.5cm 之内，而 SSB_{upt} 在 Jason-1/2 串行阶段呈现出较高的 SSB 残差为 4.44cm，在 Jason-2/3 串行阶段为 2.76cm。文献[21]认为这可能是由于 SSB_{upt} 为每个高度计定制了不同的 SSB 模型参数，即 SSB 与仪器误差的影响有关。由于串行阶段只能揭示相对差异，而非绝对差异，因此只能推断 Jason-2 的仪器影响大于 Jason-1 和 Jason-3。

表 5.2 串行阶段两个高度计 SSB 估值的差值统计

单位：cm

串行卫星	比较项目	$-3.8\% \cdot SWH$	SSB_{CLS}	SSB_{tran}	SSB_{upt}
T/P 与 Jason-1	平均值	-0.09	0.32	—	-0.61
	标准差	0.28	0.61	—	0.83
Jason-1/2	平均值	0.07	-2.80	0.15	-4.44
	标准差	0.33	0.42	0.33	0.67
Jason-2/3	平均值	0.00	-0.08	-0.08	2.76
	标准差	0.26	0.22	0.25	0.52

文献［25］进一步利用非参数方法估算了 Jason-1/2/3 全球平均 SSB 的时间序列，如图 5.2 所示，其中包括 Jason-3 的三维估算结果。可见，全球平均 SSB 的大小整体上为-11.5~10.0cm，变化幅度在 1.5cm 左右。

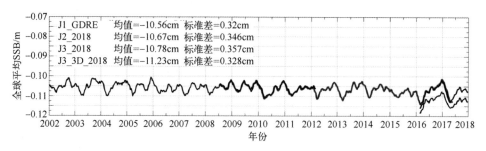

图 5.2　Jason-1/2/3 全球平均 SSB 的时间序列[25]

上述两个例子均是全球范围统计结果，非参数 SSB 估值差值的大小在几个厘米之内。有理由相信，对于星下点间距只有 1′的 A 星和 B 星，其 SSB 之差不应大于 1.5cm。

5.3.4　潮汐改正差值误差

1）固体潮改正差值误差

固体潮汐改正可采用 IERS 规范推荐的改正公式，也可以采用式（2.70）的简化模型，但对于星下点相距约 1′的两个高度计观测值，其计算结果非常接近，即有

$$\Delta R_{st}^{AB} \approx 0.0 \text{cm} \tag{5.39}$$

2）海潮改正差值误差

潮汐改正通常采用潮汐模型进行计算。主要的全球海潮模型见表 2.2，其中常用模型包括法国潮汐小组研发的 FES 系列模型、美国戈达德航天飞行中心的 GOT 系列模型、德国大地测量研究所的 EOT 系列模型和美国俄勒冈州立大学的 TPXO 系列海潮模型等。目前，FES2012 和 FES2014 的分辨率最高，为 0.0625°。因此，对于星下点相距约 1′的两个高度计观测值，该项改正几乎相同，海潮改正差值接近于 0，即

$$\Delta R_{ot}^{AB} \approx 0.0 \text{cm} \tag{5.40}$$

3）极潮改正差值误差

重写极潮改正模型如下：

$$R_{\mathrm{pt}} = -69.435\sin2\theta \cdot [(x_{\mathrm{p}}-\bar{x}_{\mathrm{p}})\cos\lambda - (y_{\mathrm{p}}-\bar{y}_{\mathrm{p}})\sin\lambda] \tag{5.41}$$

因在星下点 1′距离上 $\sin2\theta\cos\lambda$、$\sin2\theta\sin\lambda$ 的差异在 10^{-10} 量级，因此，A 星和 B 星的极潮改正可认为是相等的，其差值近似为 0，即

$$\Delta R_{\mathrm{pt}}^{\mathrm{AB}} \approx 0.0\mathrm{cm} \tag{5.42}$$

5.3.5 逆气压改正差值误差

逆气压改正差值为

$$\Delta R_{\mathrm{inv}}^{\mathrm{AB}} = -0.99484(P_0^{\mathrm{B}} - P_0^{\mathrm{A}}) \tag{5.43}$$

与干对流层改正一样，对于星下点 1′间距，可以认为 $P_0^{\mathrm{B}} = P_0^{\mathrm{A}}$，故逆气压改正差值接近于 0，即

$$\Delta R_{\mathrm{inv}}^{\mathrm{AB}} \approx 0 \tag{5.44}$$

5.3.6 海面高差的总误差

综合 5.3.1 节~5.3.5 节讨论可知，对于双星跟飞卫星测高模式，$\Delta R_{\mathrm{dry}}^{\mathrm{AB}}$、$\Delta R_{\mathrm{wet}}^{\mathrm{AB}}$、$\Delta R_{\mathrm{st}}^{\mathrm{AB}}$、$\Delta R_{\mathrm{pt}}^{\mathrm{AB}}$、$\Delta R_{\mathrm{ot}}^{\mathrm{AB}}$、$\Delta R_{\mathrm{invt}}^{\mathrm{AB}}$ 和 $\Delta R_{\mathrm{hf}}^{\mathrm{AB}}$ 均近似为零，可从式（5.2）中略去，即可得到式（5.3），重写如下：

$$\Delta \mathrm{SSH}_{\mathrm{AB}} = \Delta r_{\mathrm{alt}}^{\mathrm{AB}} - \Delta h_{\mathrm{alt}}^{\mathrm{AB}} - \Delta R_{\mathrm{ion}}^{\mathrm{AB}} - \Delta R_{\mathrm{SSB}}^{\mathrm{AB}} \tag{5.45}$$

于是，有

$$\delta\Delta\mathrm{SSH}_{\mathrm{AB}} = \sqrt{(\delta\Delta r_{\mathrm{alt}}^{\mathrm{AB}})^2 + (\delta\Delta h_{\mathrm{alt}}^{\mathrm{AB}})^2 + (\delta\Delta R_{\mathrm{ion}}^{\mathrm{AB}})^2 + (\delta\Delta R_{\mathrm{SSB}}^{\mathrm{AB}})^2} \tag{5.46}$$

合成孔径雷达高度计的测距精度可达 1.8cm，星间或沿轨道方向历元间的轨道径向分量的相对精度为 0.5cm，电离层改正差值剩余误差为 0.7cm，海况偏差差值剩余误差为 1.5cm，将它们代入式（5.46）得

$$\delta\Delta\mathrm{SSH}_{\mathrm{AB}} = \sqrt{(0.5)^2 + (1.8\times\sqrt{2})^2 + (0.7)^2 + (1.5)^2} = 3.1\mathrm{cm} \tag{5.47}$$

若能略去电离层改正影响，则 $\delta\Delta\mathrm{SSH}_{\mathrm{AB}} = 3.0\mathrm{cm}$。

若星下点 1′间距的海况偏差相等，进一步略去海况偏差影响，则 $\delta\Delta\mathrm{SSH}_{\mathrm{AB}} = 2.6\mathrm{cm}$，此时，海面高差的误差主要为高度计的测距误差。

对于传统的单星海面高测量，综合 Jason 系列卫星的 GDR 数据实际情况[20,26]，各误差改正项的概略精度列于表 5.3，其中海面高的总误差约为 5.0cm。利用单星海面高观测量求解跨轨方向的海面高差（进而求解垂线偏差）时，假设各项误差相互独立，则海面高差的误差为 7.0cm。

表5.3 传统海面高测量误差汇总

序号	误差项	误差改正精度/cm
1	轨道径向分量误差	3.0
2	高度计测距误差	1.8
3	电离层误差	0.5
4	干对流层误差	0.8
5	湿对流层误差	1.2
6	海况偏差误差	2.0
7	极潮改正	1.0
8	固体潮改正	1.0
9	海潮改正	1.5
10	逆气压改正	1.0
11	海面高高频改正	1.0
12	总误差	5.0

5.3.7 海面高差误差实例分析

1）误差改正项频域特性

分析各误差改正项的频域特性，旨在找出其中的长波变化项，这些改正项在海面高差求解过程中较易抵消。Jason-2卫星的GDR数据产品延迟60天左右发布。本节以GDR-D版本Jason-2卫星数据产品作为谱分析的基础数据，分析过程中电离层延迟与湿对流层延迟均采用实测改正值而非模型计算值。

分别选取不同周期穿越太平洋、大西洋、印度洋的上升与下降弧段进行各误差改正项的谱分析，所得结果颇为一致，这里仅给出典型的第56弧段的分析结果。第56弧段穿越太平洋，地面轨迹在50°N与65°S之间均为海洋区域，没有陆地对测高数据的污染，数据连续性较好，各误差改正项变化连续。使用韦尔奇功率谱估计方法，计算各误差项改正值的功率谱，图5.3所示为各误差改正项的时序变化图（为了将所有改正项相对清楚地呈现于一张图中，R_{dry}在原值上加2.5m，R_{iono}在原值上减0.2m），图5.4所示为与其对应的韦尔奇功率谱图双对数曲线。

由图5.4可见，所有的8项改正项均呈现出低频特性，信号的主要能量均集中在0.01Hz以下的频段，对应的误差项波长均在500km以上尺度。由各

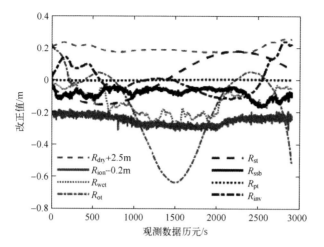

图 5.3　各误差改正项时序变化图（见彩图）

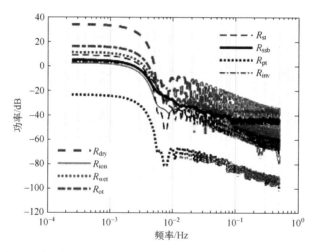

图 5.4　各误差改正项的功率谱（共 2911 历元数据）（见彩图）

误差改正项的功率谱可以推估，在双星跟飞模式下，A 星和 B 星星下点相距约 1′时，各误差改正项的变化不大，在跨轨方向海面高差求解过程中可绝大部分抵消。

2）误差改正项时域特性

对 Jason-2 卫星实测数据产品进行差分结果的时域特性统计分析，得到各误差改正项差值的变化特性与变化范围。Jason-2 的重复周期约 9.9 天，随机选择 2015 年中的 6 个完整周期（周期之间相隔约两个月）的测量数据作为分析对象。

按照 Jason-2 数据产品手册中推荐的数据选取原则，选择无冰海域

(surface_type 为 0 同时 ice_flag 为 0）的全部有效历元数据进行分析。将前后两个历元均为有效的数据作差，得到一帧差分值，将各周期内所有有效差分值作为整体进行统计，一个完整周期所有弧段的测量结果可得约 50 万帧有效差分数据。

对各个完整周期中不同误差改正项的 1s 差分结果进行统计计算，结果如图 5.5 所示，其中图 5.5（a）为各个周期不同误差项差分序列的标准差（STD），图 5.5（b）为相应的中位数绝对偏差（MAD），MAD 定义为

$$MAD = b \cdot \text{med}(|x - \text{med}(x)|) \quad (5.48)$$

式中：$\text{med}(x)$ 为序列 x 的中位数；$b = 1.4826$。MAD 被认为是在高斯分布下，对标准差具有抗差特性的鲁棒估计值。

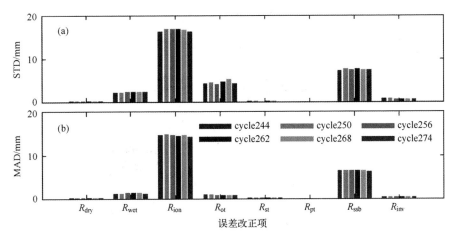

图 5.5 各误差改正项差分序列统计结果（见彩图）

对比图 5.5（a）与图 5.5（b），R_{wet}、R_{iono}、R_{ot}、R_{ssb} 4 项的 STD 相对较大，其中 R_{iono} 与 R_{ssb} 2 项的 STD 与 MAD 较为接近，而 R_{wet} 与 R_{ot} 两项的 STD 较 MAD 要大许多。由于 MAD 的稳健特性，认为这种差异产生的原因是 R_{wet} 与 R_{ot} 的差值序列中存在着较大粗差，在大粗差的影响下整个序列的 STD 变得较大，从而认为 MAD 更能代表 R_{wet} 与 R_{ot} 序列的变化特性，其标准差应接近图 5.5（b）中的结果，即均小于 1.2mm。由此，R_{iono} 与 R_{ssb} 的变化相对剧烈，对应差分序列的标准差分别在 16mm 与 7.5mm 量级；其他误差项的变化较为平缓，差分序列标准差均小于 1.2mm 量级，可忽略它们的影响。根据以上分析，在式（5.45）考虑电离层延迟与海况偏差两差值项的影响是合理的。但电离层延迟改正值在空间尺度上变化较大，1s 差值的标准差达到 1.6cm，显然有些偏离实际。其原因已在 5.3.2 节做了分析，主要是在计算电离层延迟

时引入了 Ku、C 波段测距误差以及海况偏差改正误差。

5.4 基于海面高的垂线偏差计算

5.4.1 垂线偏差定义

在物理大地测量理论中,垂线偏差是点 P 的实际重力方向与对应的正常椭球法线方向之间的偏差,对于海洋而言,将扣除海面地形影响后的平均海平面等同于大地水准面,此时,P 点的垂线偏差 ε 可用图 5.6 表示。

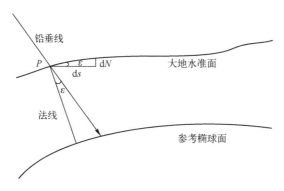

图 5.6 垂线偏差示意图

如图 5.6 所示,dN 表示大地水准面对应距离 ds 的变化,则 P 点垂线偏差定义为

$$\varepsilon = -\frac{dN}{ds} \tag{5.49}$$

垂线偏差通常以其子午分量 ξ 和卯酉分量 η 表示,分别为[28]

$$\xi = -\frac{dN}{ds_\phi} = -\frac{1}{R}\frac{\partial N}{\partial \phi} \tag{5.50}$$

$$\eta = -\frac{dN}{ds_\lambda} = -\frac{1}{R\cos\phi}\frac{\partial N}{\partial \lambda} \tag{5.51}$$

式中:ds_ϕ、ds_λ 分别为纬度 ϕ 和经度 λ 方向上的变化。

从天文观测角度,垂线偏差的子午分量 ξ 和卯酉分量 η 分别为

$$\xi = \phi_{天} - \phi \tag{5.52}$$

$$\eta = (\lambda_{天} - \lambda)\cos\phi_{天} \tag{5.53}$$

式中:$\lambda_{天}$、$\phi_{天}$ 分别为天文经度、天文纬度。

5.4.2 黄金维求解法

该方法由学者黄金维在文献[29]中提出,它实质上是式(5.49)的具体应用。由于沿轨迹方向相邻星下点的海面地形特征非常相近,因此,可将沿轨迹大地水准面的坡度近似为海面高的坡度,即可将式(5.49)表示为

$$\varepsilon_i = -\frac{\mathrm{d}N_i}{\mathrm{d}s_i} = -\frac{\mathrm{SSH}_{i+1} - \mathrm{SSH}_i}{\mathrm{d}s_i} = -\frac{\Delta \mathrm{SSH}_i}{\mathrm{d}s_i} \quad (5.54)$$

对于多个坡度 ε_i,构成如下观测方程,利用最小二乘法计算得到垂线偏差的子午分量 ξ 和卯酉分量 η:

$$\varepsilon_i + v_i = \xi \cos\alpha_i + \eta \sin\alpha_i \quad (i=1,2,\cdots,n) \quad (5.55)$$

式中:n 为该格网及其邻近海域中沿轨迹海面高观测点的数目;v_i 为残差;α_i 为 ε_i 的方位角,它是星下点纬度 ϕ 和测高卫星轨道倾角 I 的函数:

$$\alpha = \arcsin\left[(\sin^2 I - \sin^2\phi)/(1-\sin^2\phi)\right]^{-1/2} \quad (5.56)$$

对于双星跟飞模式,A 星和 B 星按照 5.1.1 节第 1 款轨迹飞行,在 2.5 年后将形成如图 5.7 所示的地面轨迹覆盖与网格关系。以 A 星上的 P 点为例,它可以和其周围相距约 1′距离的 $P_1 \sim P_8$ 点构成垂线偏差观测量,具体分为 3 种情况。

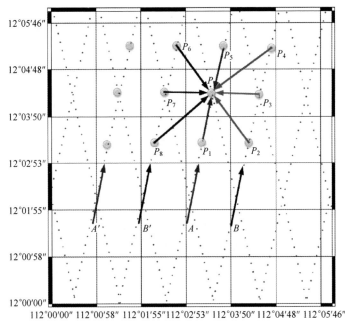

图 5.7 双星 2.5 年后地面轨迹覆盖与网格关系示意图

情况1：单星沿轨迹方向垂线偏差。通过P点与沿轨迹方向的P_1和P_5的海面高差按式（5.54）求解。海面高差的精度按照式（5.46）估算，约为3.1cm，则垂线偏差精度约为3.5″。

情况2：双星跟飞交轨方向垂线偏差。利用P点与相邻轨迹的P_2、P_3和P_4的同步海面高观测量分别求差分解算垂线偏差。海面高差精度及相应垂线偏差精度与情况1相当，这是双星跟飞模式优势的最主要体现。

情况3：传统交轨方向垂线偏差。利用P点与相邻历史轨迹的P_6、P_7和P_8的非同步海面高观测量分别求差分解算垂线偏差。海面高差精度按表5.3估算，约为7.0cm，相应垂线偏差精度约为7.8″。

将3种情况的垂线偏差计算值按式（5.55）组成方程组，利用加权最小二乘法即可求得P点垂线偏差的子午分量和卯酉分量，精度可由最小二乘估计的中误差给出。

5.4.3 桑德韦尔法

该方法由美国加利福尼亚大学圣迭戈分校的桑德韦尔教授提出，用于计算交叉点处垂线偏差的子午和卯酉分量[30]。大地水准面高N沿升弧和降弧对时间t的导数分别为

$$\dot{N}_a = \frac{\partial N_a}{\partial t} = \frac{\partial N}{\partial \phi}\dot{\phi}_a + \frac{\partial N}{\partial \lambda}\dot{\lambda}_a \tag{5.57}$$

$$\dot{N}_d = \frac{\partial N_d}{\partial t} = \frac{\partial N}{\partial \phi}\dot{\phi}_d + \frac{\partial N}{\partial \lambda}\dot{\lambda}_d \tag{5.58}$$

式中：ϕ、λ分别为大地纬度和经度；$\dot{\phi}$、$\dot{\lambda}$分别为卫星沿地面轨迹在纬度和经度方向上的速率，当卫星轨道近似椭圆时，有

$$\dot{\phi}_a = -\dot{\phi}_d,\quad \dot{\lambda}_a = \dot{\lambda}_d \tag{5.59}$$

联合式（5.57）~式（5.59）得到地面轨迹交叉点处的大地水准面在纬度和经度方向的梯度为

$$\frac{\partial N}{\partial \phi} = \frac{1}{2|\dot{\phi}|}(\dot{N}_a - \dot{N}_d) \tag{5.60}$$

$$\frac{\partial N}{\partial \lambda} = \frac{1}{2\dot{\lambda}}(\dot{N}_a + \dot{N}_d) \tag{5.61}$$

式中：$\dot{\phi}$、$\dot{\lambda}$、$\dot{N}_a$、$\dot{N}_d$可由测高剖面测点的时间和位置信息得到。

将式（5.60）、式（5.61）分别代入式（5.50）和式（5.51）即可算得

垂线偏差的子午分量 ξ 与卯酉分量 η。

考虑到多种卫星轨迹混合交叉，有可能出现多对升降弧近似交叉于同一点，例如，有两对升降弧交叉于同一点，分别用下标 a_1、d_1 和 a_2、d_2 表示，则有

$$\begin{bmatrix} \dot{N}_{a_1} \\ \dot{N}_{d_1} \\ \dot{N}_{a_2} \\ \dot{N}_{d_2} \end{bmatrix} = \begin{bmatrix} \dot{\phi}_{a_1} & \dot{\lambda}_{a_1} \\ \dot{\phi}_{d_1} & \dot{\lambda}_{d_1} \\ \dot{\phi}_{a_2} & \dot{\lambda}_{a_2} \\ \dot{\phi}_{d_2} & \dot{\lambda}_{d_2} \end{bmatrix} \begin{bmatrix} \partial N / \partial \phi \\ \partial N / \partial \lambda \end{bmatrix} \quad (5.62)$$

该方程若有多余观测量，可按照最小二乘平差方法求解得到 $\partial N/\partial \phi$、$\partial N/\partial \lambda$。

桑德韦尔法仅适用于计算测高卫星地面轨迹交叉点的 (ξ, η)。对于一般的测高卫星重复轨道，交叉点空间分布比较稀疏，且不均匀，如 T/P 卫星地面轨迹交叉点每周期只有 7000 个左右，ERS-1/2 卫星（在35天周期时）交叉点约为 55000 个，桑德韦尔法通常难以满足高分辨率要求。但是测高卫星漂移轨道的地面轨迹较密，利用桑德韦尔法在获取交叉点垂线偏差后可以直接内插所求格网点的垂线偏差。

5.4.4 奥尔贾蒂法

该方法源于文献 [31]，称为沿轨内插法。首先计算测高卫星地面轨迹交叉点的位置，利用沿轨迹大地水准面的一次差分按式（5.54）计算交叉点处沿轨迹方向的垂线偏差。然后，利用交叉点处的两个沿轨迹垂线偏差，根据下式计算交叉点处垂线偏差的子午分量 ξ 和卯酉分量 η：

$$\begin{cases} \varepsilon_a = \eta\cos\alpha + \xi\sin\alpha \\ \varepsilon_d = \eta\cos\alpha - \xi\sin\alpha \end{cases} \quad (5.63)$$

式中：ε_a、ε_d 分别为沿升、降轨迹方向的垂线偏差。

由式（5.63）可得

$$\begin{cases} \xi = \dfrac{\varepsilon_a - \varepsilon_d}{2\sin\alpha} \\ \eta = \dfrac{\varepsilon_a + \varepsilon_d}{2\cos\alpha} \end{cases} \quad (5.64)$$

为了提高测高垂线偏差的空间分辨率，传统测高模式计算每条弧上逐个

观测点的沿轨迹方向垂线偏差,并利用交叉点处两个沿轨迹方向的垂线偏差推算该点交轨方向的垂线偏差,从而利用交叉点在交轨方向的垂线偏差,内插逐个观测点交轨方向的垂线偏差,最后利用逐个观测点上的沿轨方向垂线偏差以及交轨方向的垂线偏差联合解算该点垂线偏差的子午分量 ξ 和卯酉分量 η。

沿轨内插法能够计算测高卫星逐个采样观测点和交叉点的 (ξ,η),(ξ,η) 的空间分辨率很高,为利用卫星测高数据反演高分辨率海洋重力场提供了条件。但该方法沿轨迹于相邻交叉点之间各观测点处内插交轨方向的垂线偏差,影响了 (ξ,η) 的精度。

5.4.5 海面高至垂线偏差的差分方法比较

目前,卫星测高数据的实际处理中,一般将大地水准面的一次差分作为一点在某个方向上的垂线偏差,由于稳态海面地形的长波特性,使其在一次差分中予以抵消,此时,垂线偏差被简化为海面高的一次梯度。从式(5.49)定义可见,一点垂线偏差实际上是大地水准面在该点处对距离的导数,显然,大地水准面与距离之间的函数关系并不明确,也无法按照定义获得准确的垂线偏差理论值。但可以对海面高求解垂线偏差所用的数值差分方法作对比分析。

以代数多项式数值微分为例,假设需要求解大地水准面格网中心点 P_1(图 5.8)的垂线偏差。

首先,按照式(5.49)进行求解,即

$$\varepsilon_{P_1} = -\frac{N_{P_2}-N_{P_1}}{\mathrm{d}s} \quad (5.65)$$

式中:$\mathrm{d}s$ 为 P_1 与 P_2 的距离,此时,海面高的一次梯度相当于数值微分中的两点公式。

其次,按照数值微分中的三点公式进行求解,此时点 P_1 的垂线偏差表示为

$$\varepsilon_{P_1} = -\frac{N_{P_2}-N_{P_0}}{2\mathrm{d}s} \quad (5.66)$$

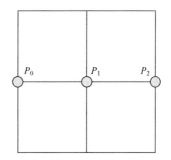

图 5.8 大地水准面格网示意图

最后,按照数值微分中的四点公式进行求解,此时点 P_1 的垂线偏差表示为

$$\varepsilon_{P_1} = -\frac{\left(-\frac{11}{6}N_{P_1}+3N_{P_2}-\frac{3}{2}N_{P_3}+\frac{1}{3}N_{P_4}\right)}{\mathrm{d}s} \quad (5.67)$$

从两点、三点公式来看，大地水准面及海面地形都表现为一次差分，而四点差分则包含了临近点大地水准面的复杂变化而不仅仅是一次差分。一般而言，三点公式优于两点公式，而四点公式优于三点公式和两点公式（当然，实践中并不一定如此）。因此无论是理论上还是数值微分角度，垂线偏差并不简单是大地水准面的一次差分。如果海面高呈线性变化，则式（5.65）和式（5.66）是等价的，而当海面呈非线性变化时，式（5.65）、式（5.66）和式（5.70）显然不同。为了分析垂线偏差具体求解过程不同数值差分的差异，采用 Jason 2 卫星 062 弧段和 240 弧段数据做进一步分析，计算点分别为两个弧段上的 P 点和 Q 点。

分别利用式（5.65）、式（5.66）和式（5.70）计算 P 点和 Q 点的沿轨垂线偏差，统计于表 5.4。

表 5.4 不同弧段不同数值微分的计算结果（″）

测量弧段	点位	两点差分公式	三点差分公式	四点差分公式
062	P 点	0.55	0.04	0.94
	Q 点	-6.07	-6.02	-5.99
240	P 点	12.64	11.53	14.65
	Q 点	-5.11	-5.37	-4.95

由表 5.4 可见，由于两个弧段上的 Q 点都处在海面变化缓慢且近似线性变化的区域，此时，不同数值差分方法求解的垂线偏差相差较小，量级在 $0″\sim0.4″$，而 P 点处在海面变化较大区域，此时，不同数值差分方法求解的垂线偏差相差达到 $1″\sim3″$。从一般规律来讲，四点微分公式比三点微分公式要准确，而三点微分公式比两点微分公式要准确，因此，为了使沿轨垂线偏差求解更加准确，应尽量减小节点的步长同时使用较多点数据参与计算。

5.5 卫星测高数据与重力异常的误差传播关系

利用卫星测高数据反演海洋重力场，一般先由海面高和垂线偏差作为数据源，因此，这两类数据与海洋重力异常之间的误差传播关系就成为卫星组网模式设计的参考依据。本节利用球谐分析方法导出误差传播关系并进行量化分析。利用卫星测高数据反演海洋重力场，一般先由海面高和垂线偏差作为数据源，因此，这两类数据与海洋重力异常之间的误差传播关系就成为卫星组网模式设计的参考依据。本节利用球谐分析方法导出误差传播关系并进行量化分析。

5.5.1 海面高与重力异常的误差传播关系

海面高由两部分组成即大地水准面高和海面地形，为了讨论方便，文中不再对海面地形进行考虑，此时海面高 SSH 即可视为大地水准面高，则利用扰动位与大地水准面高的泛函关系可以得到大地水准面高的球谐展开式为

$$\mathrm{SSH} = R\sum_{n=0}^{n_{\max}}\sum_{m=0}^{n}(\bar{C}_{nm}^{*}\cos(m\lambda)+\bar{S}_{nm}\sin(m\lambda))\bar{P}_{nm}(\sin\phi) \quad (5.68)$$

式 (5.68) 为球近似表达式，精度为扁率级，但其不影响问题的讨论结果。式中：$n_{\max}$ 为频域中位系数的最高阶数，通常定义为

$$n_{\max} = \frac{180°}{\Delta S} \quad (5.69)$$

式中：ΔS 为观测数据的格网边长。

根据球谐函数的正交性，由海面高计算位系数的公式为

$$\left\{\begin{matrix}\bar{C}_{nm}^{*}\\ \bar{S}_{nm}\end{matrix}\right\}_{H} = \frac{1}{4\pi R}\iint_{\sigma}\mathrm{SSH}\left\{\begin{matrix}\cos(m\lambda)\\ \sin(m\lambda)\end{matrix}\right\}\bar{P}_{nm}(\sin\phi)\mathrm{d}\sigma \quad (5.70)$$

按照误差传播定律可以得到海面高误差 ΔSSH 计算位系数误差的公式为

$$\left\{\begin{matrix}\Delta\bar{C}_{nm}^{*}\\ \Delta\bar{S}_{nm}\end{matrix}\right\}_{H} = \frac{1}{4\pi R}\iint_{\sigma}\Delta\mathrm{SSH}\left\{\begin{matrix}\cos(m\lambda)\\ \sin(m\lambda)\end{matrix}\right\}\bar{P}_{nm}(\sin\phi)\mathrm{d}\sigma \quad (5.71)$$

实用中，ΔSSH 取经纬格网内的平均大地水准面高的误差，$\mathrm{d}\sigma$ 取该格网的面积。

假设海面高观测数据均匀分布在边长为 ΔS 的方块中且相互独立，其中误差为 m_{SSH}，则由海面高计算位系数的中误差为

$$m_{\bar{C}_{nm}^{*},\bar{S}_{nm}}^{2} = m_{\mathrm{SSH}}^{2}\cdot\left(\frac{1}{4\pi R}\right)^{2}\iint_{\sigma}\left\{\begin{matrix}\cos(m\lambda)\\ \sin(m\lambda)\end{matrix}\right\}\bar{P}_{nm}(\sin\phi)\mathrm{d}\sigma\iint_{\sigma}\left\{\begin{matrix}\cos(m\lambda)\\ \sin(m\lambda)\end{matrix}\right\}\bar{P}_{nm}(\sin\phi)\mathrm{d}\sigma$$

$$= m_{\mathrm{SSH}}^{2}\cdot\left(\frac{1}{4\pi R}\right)^{2}\iint_{\sigma}\left\{\begin{matrix}\cos(m\lambda)\\ \sin(m\lambda)\end{matrix}\right\}\bar{P}_{nm}(\sin\phi)\left\{\begin{matrix}\cos(m\lambda)\\ \sin(m\lambda)\end{matrix}\right\}\bar{P}_{nm}(\sin\phi)\mathrm{d}\sigma\mathrm{d}\sigma$$

$$= m_{\mathrm{SSH}}^{2}\cdot\left(\frac{1}{4\pi R}\right)^{2}4\pi\mathrm{d}\sigma$$

$$(5.72)$$

即

$$m_{\overline{C}_{nm}^*, \overline{S}_{nm}} = \frac{\Delta S / \Delta \rho}{2R\sqrt{\pi}} \cdot m_{\text{SSH}} \tag{5.73}$$

式中：$\Delta S / \Delta \rho$ 为以弧度为单位的格网边长，该式即海面高与位系数的误差传播公式。可以看出，海面高误差越小、分辨率越高则位系数的误差越小，且位系数误差与阶次无关。

利用扰动位与重力异常的泛函关系，重力异常的球谐展开式可表述为

$$\Delta g = \gamma \sum_{n=0}^{n_{\max}} (n-1) \sum_{m=0}^{n} (\overline{C}_{nm}^* \cos(m\lambda) + \overline{S}_{nm} \sin(m\lambda)) \overline{P}_{nm}(\sin\phi) \tag{5.74}$$

式中：$n_{\max}$ 由式（5.69）确定。

由于重力异常通常以平均格网形式出现，因此，需要将式（5.74）在单位格网上进行积分，忽略推导过程可以得到平均重力异常 $\overline{\Delta g}$ 的公式为

$$\overline{\Delta g} = \frac{GM}{\Delta_\sigma r^2} \sum_{n=2}^{n_{\max}} (n-1) \left(\frac{a}{r}\right)^n \sum_{m=0}^{n} \int_{\lambda=\lambda_1}^{\lambda_2} \int_{\theta=\theta_1}^{\theta_2} (\overline{C}_{nm}^* \cos(m\lambda) + \overline{S}_{nm} \sin(m\lambda)) \overline{P}_{nm}(\cos\theta) \sin\theta \, d\theta \, d\lambda$$

$$\tag{5.75}$$

式中：Δ_σ 为网格在单位球面上的面积；λ_1、λ_2、θ_1、θ_2 分别为网格边缘的经度和极距；r 为地心向径。

为了简化计算，可以采用平滑因子代替式（5.75）的积分运算：

$$\overline{\Delta g} = \gamma \sum_{n=0}^{n_{\max}} \beta_n (n-1) \sum_{m=0}^{n} (\overline{C}_{nm}^* \cos(m\lambda) + \overline{S}_{nm} \sin(m\lambda)) \overline{P}_{nm}(\sin\phi)$$

$$\tag{5.76}$$

式中：γ 为计算点的正常重力；β_n 为每一阶的平滑因子，β_n 可采用如下递推公式进行计算：

$$\beta_n = \frac{2n-1}{n+1} \cos\psi_0 \beta_{n-1} - \frac{n-2}{n+1} \beta_{n-2} \tag{5.77}$$

计算时采用的初始值为

$$\beta_0 = 1, \quad \beta_1 = \frac{1}{2}(1+\cos\psi_0), \quad \psi_0 = \frac{\Delta S}{\sqrt{\pi}}$$

由于式（5.75）利用有限阶次的位系数模型计算平均重力异常，因此，需要考虑到位模型存在的截断误差 Δ_{Tg}，将重力异常和位系数真误差以及截断误差代入式（5.75）得到：

$$\Delta \overline{\Delta g} = \gamma \sum_{n=0}^{n_{\max}} \beta_n (n-1) \sum_{m=0}^{n} (\Delta \overline{C}_{nm}^* \cos(m\lambda) + \Delta \overline{S}_{nm} \sin(m\lambda)) \overline{P}_{nm}(\sin\phi) + \Delta_{\text{Tg}}$$

$$\tag{5.78}$$

式中：$\Delta \overline{C}_{nm}^*$ 和 $\Delta \overline{S}_{nm}$ 为位系数误差。

将式（5.78）简化表述为

$$\Delta \overline{\Delta g} = \gamma \sum_{n=2}^{n_{\max}} \beta_n \Delta \Delta g_n + \Delta_{Tg} \tag{5.79}$$

式中

$$\Delta \Delta g_n = (n-1) \sum_{m=0}^{n_{\max}} (\Delta \overline{C}_{nm}^* \cos(m\lambda) + \Delta \overline{S}_{nm} \sin(m\lambda)) \overline{P}_{nm}(\sin\varphi)$$

假设截断误差和位系数误差以及位系数误差之间相互独立，则式（5.79）两边取平方并取数学期望（即空间平均）得到重力异常中误差和位系数中误差及截断误差之间的关系为

$$M(\Delta \overline{\Delta g}^2) = \gamma^2 \frac{1}{4\pi} \iint_\omega \left[\sum_{n=2}^{n_{\max}} \beta_n \Delta \Delta g_n\right]^2 d\omega + M(\Delta_{Tg}^2) \tag{5.80}$$

交换积分与求和的顺序后得到

$$M(\Delta \overline{\Delta g}^2) = \gamma^2 \sum_{n=2}^{n_{\max}} \beta_n^2 \frac{1}{4\pi} \iint_\omega \Delta \Delta g_{nn}^2 d\omega + M(\Delta_{Tg}^2) \tag{5.81}$$

由球谐函数间的正交关系（即不同阶异常之间不相关）得到

$$M(\Delta \overline{\Delta g}^2) = \gamma^2 \sum_{n=2}^{n_{\max}} \beta_n^2 (n-1)^2 \sum_{m=0}^{n} (\Delta \overline{C}_{nm}^{*2} + \Delta \overline{S}_{nm}^2) + M(\Delta_{Tg}^2) \tag{5.82}$$

$M(\Delta_{Tg}^2)$ 的计算式如下：

$$M(\Delta_{Tg}^2) = \sum_{n=n_{\max}}^{\infty} C_n \tag{5.83}$$

式中：C_n 表示重力异常阶方差，与格网平均重力异常相对应。截断误差也应是平均重力异常对应的截断误差，这里同样用平滑因子予以处理，$M(\overline{\Delta_{Tg}}^2)$ 的计算公式为

$$M(\overline{\Delta_{Tg}}^2) = \sqrt{\sum_{n=n_{\max}}^{\infty} \beta_n^2 C_n} \tag{5.84}$$

考虑到带谐项中当 $m=0$ 时，$S_{nm}=0$，因此位系数误差 $\Delta \overline{S}_{nm}=0$，由此可以得出，式（5.82）中位系数的每一阶只有 $2n+1$ 项误差项。将式（5.84）两边取概率意义上的数学期望，此时用中误差形式代替空间平均得到

$$m_{\overline{\Delta g}}^2 = \gamma^2 \sum_{n=2}^{n_{\max}} \beta_n^2 (n-1)^2 \sum_{m=0}^{n} (m_{\overline{C}_{nm}^*}^2 + m_{\overline{S}_{nm}}^2) + m_{\overline{\Delta}_{Tg}}^2 \tag{5.85}$$

将式（5.73）代入式（5.85），得到海面高与平均重力异常的误差传播公式为

$$m_{\overline{\Delta g}} = \sqrt{\frac{\gamma^2 m_{\text{SSH}}^2 (\Delta S/\Delta \rho)^2}{4R^2\pi} \sum_{n=2}^{n_{\max}} \beta_n^2 (n-1)^2 (2n+1) + m_{\overline{\Delta_{\text{Tg}}}}^2} \qquad (5.86)$$

忽略截断误差 $m_{\overline{\Delta_{\text{Tg}}}}$ 时，式（5.86）转换为

$$m_{\overline{\Delta g}} = \frac{\gamma \cdot \Delta S/\Delta \rho}{2R\sqrt{\pi}} \sqrt{\sum_{n=2}^{n_{\max}} \beta_n^2 (n-1)^2 (2n+1)} \cdot m_{\text{SSH}} \qquad (5.87)$$

5.5.2 垂线偏差与重力异常误差传播的球谐分析

由式（5.74）可得

$$\Delta g = \gamma \sum_{n=0}^{n_{\max}} (n-1) \sum_{m=0}^{n} (\overline{C}_{nm}^* \cos(m\lambda) + \overline{S}_{nm} \sin(m\lambda)) \overline{P}_{nm}(\sin\phi)$$

$$M(\Delta g^2) = \gamma^2 \sum_{n=2}^{\infty} (n-1)^2 \sum_{m=0}^{n} (\overline{C}_{nm}^{*2} + \overline{S}_{nm}^2) \qquad (5.88)$$

进而得到

$$M(\Delta \Delta g^2) = \gamma^2 \sum_{n=2}^{\infty} (n-1)^2 \sum_{m=0}^{n} (\Delta \overline{C}_{nm}^{*2} + \Delta \overline{S}_{nm}^2) \qquad (5.89)$$

垂线偏差与位系数之间的误差传播关系为

$$m_{\overline{C}_{nm},\overline{S}_{nm}} = \frac{m_\theta/\rho \cdot S/\rho}{2\sqrt{\pi}\sqrt{n(n+1)}} \qquad (5.90)$$

将式（5.90）代入式（5.89）得

$$M(\Delta \Delta g) = \frac{\gamma m_\theta/\rho \cdot S/\rho}{2\sqrt{\pi}} \sqrt{\sum_{n=2}^{n_{\max}} \frac{(n-1)^2(2n+1)}{n(n+1)}} \qquad (5.91)$$

进一步得到垂线偏差与平均重力异常之间的误差传播关系：

$$M(\Delta \overline{\Delta g}) = \frac{\gamma \cdot S/\rho}{2\sqrt{\pi}} \sqrt{\sum_{n=2}^{n_{\max}} \frac{\beta_n^2(n-1)^2(2n+1)}{n(n+1)} + m_{\overline{\Delta_{\text{Tg}}}}^2} \cdot m_\theta/\rho \qquad (5.92)$$

5.5.3 重力异常阶方差模型的构建

重力异常阶方差对于认识地球重力场的概况、分析地球重力场的特性、误差分析及在相关领域的总体设计中都具有重要作用。从上面分析也可以看出，为了描述位模型的截断误差，需要利用重力异常阶方差模型去计算截断至一定阶数后的误差。经典的重力异常阶方差模型有 Tscherning&Rapp 模型[32]、Jekeli 模型[33]、Rapp 模型[34]等。文献 [35] 最早开展扰动场元的频

谱特性研究，利用 Tscherning&Rapp 的重力异常阶方差模型给出了基于该模型的截止 36000 阶的扰动场元的频谱特征分布。由于重力测量的制约和重力场模型自身的限制，经典的阶方差模型一般由早期的低阶重力场模型拟合得到，因此，这些模型很难保证准确地描述重力场中、高频部分的特征。国内外众多学者的研究表明，EGM2008 模型表征重力场方面较之传统重力场模型有明显的提高，因此，有必要以 EGM2008 模型为基础构建新的重力异常阶方差模型，并以此为基础计算海面高与重力异常误差传播中的截断误差。

重力异常的阶方差在球近似下可用扰动位模型的位系数表示为

$$C(\Delta g)_n = \gamma^2 (n-1)^2 \sum_{m=0}^{n} (\overline{C}_{nm}^{*2} + \overline{S}_{nm}^2) \qquad (5.93)$$

式中：n 为扰动位模型的阶数；$C(\Delta g)_n$ 为第 n 阶的重力异常阶方差；γ 为正常重力；$\overline{C}_{nm}^*$、$\overline{S}_{nm}$ 为正常化的扰动位位系数。

传统的重力异常阶方差模型都是当时的低阶位模型利用式（5.93）获得的有限阶数的阶方差值拟合而来。Moritz 提出了式（5.94）的阶方差两分量模型，得到广泛认可和使用，Jekeli 和 Rapp 的阶方差模型都采用这种形式：

$$C(\Delta g)_n = C_1 \frac{n-1}{n+A} C_2^{n+2} + C_3 \frac{n-1}{(n-2)(n+B)} C_4^{n+2} \qquad (5.94)$$

在式（5.94）中，共有 6 个参数，其中 A、B 两个参数为整数，C_1、C_3 的单位为 $(10^{-5}\text{m/s}^2)^2$。

为了对经典重力异常阶方差模型进行分析比较，这里选取 3 个典型的阶方差模型予以分析，即 Tscherning（1974）模型：

$$C(\Delta g)_n = \frac{425.28(n-1)}{(n-2)(n+24)} 0.999617^{n+2} \qquad (5.95)$$

Jekeli 模型如下：

$$C(\Delta g)_n = 18.3906 \times \frac{n-1}{n+100} \times 0.9943667^{n+2} + 658.6132 \times \frac{n-1}{(n-2)(n+20)} \times 0.9048949^{n+2}$$

$$(5.96)$$

Rapp（1979）模型：

$$C(\Delta g)_n = 3.404 \times \frac{n-1}{n+1} \times 0.998006^{n+2} + 140.03 \times \frac{n-1}{(n-2)(n+2)} \times 0.914232^{n+2}$$

$$(5.97)$$

将扰动场元频谱划分为 3 个频段，即 3~36 阶、37~360 阶和 361~2160 阶，分别计算 3 个频段内阶方差模型的计算值并和 EGM2008 位模型计算得到的阶方差值进行比较，比较后的统计结果如表5.5所列，3种阶方差模型与EGM2008位模型获得的重力异常阶方差在不同频段的比较如图5.9~图5.11所示。

表5.5 3种经典阶方差模型与EGM2008位模型在不同频段的比较

单位：mGal

阶方差模型	统计值	3~36阶	37~360阶	361~2160阶	3~2160阶
Tscherning	均值	3.27	0.60	0.22	0.35
	标准差	5.43	0.66	0.12	0.76
Jekeli	均值	0.60	2.06	0.13	0.43
	标准差	2.10	0.46	0.30	0.80
Rapp	均值	-0.30	0.60	0.38	0.40
	标准差	2.52	0.63	0.34	0.51

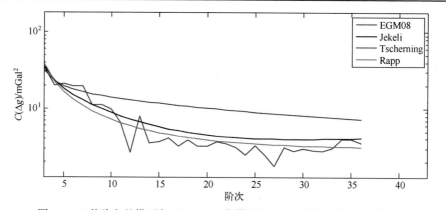

图5.9 3种阶方差模型与EGM2008位模型在3~36阶的比较（见彩图）

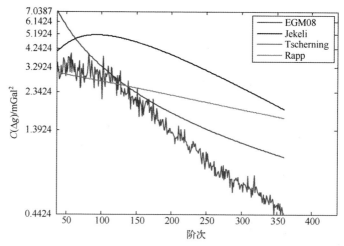

图5.10 3种阶方差模型与EGM2008位模型在37~360阶的比较（见彩图）

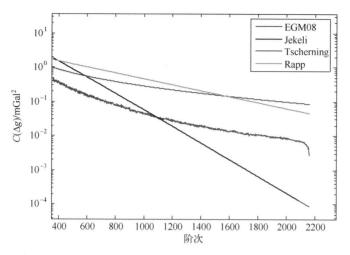

图 5.11　3 种阶方差模型与 EGM2008 位模型在 361~2160 阶的比较（见彩图）

从表 5.5 和图 5.9~图 5.11 可以看出，重力异常阶方差总体上呈现出随着阶数增加而逐渐减小的趋势。在 3~36 阶的重力场低频部分，Tscherning 模型比 Jekeli 模型和 Rapp 模型要差；在 37~360 阶的重力场中频部分，Jekeli 模型与其他两个模型相比表现出较大系统偏差，3 种经典模型总体上在量级上都要高于 EGM2008 模型。在 361~2160 阶的扰动重力场的高频部分，Jekeli 模型衰减幅度最大，另外两种模型的表现较为接近，在数值量级上也较小，但考虑到这一频段阶方差本身的量级在 10^{-3}~10^{-2}，因此，总体上 3 种阶方差模型的表现都较差。综上所述，3 种传统阶方差模型限于当时观测条件，模型效果与 EGM2008 位模型的计算结果表现出较大差异，已经很难准确地描述扰动场元在各个频段的频谱分布。

文献 [36] 利用 EGM2008 模型计算的阶方差数据，将阶方差模型分为 3~36 阶和 37~2160 阶两段进行拟合，得到如式（5.98）所示的阶方差模型，称为 TSD 模型。TSD 模型与其他阶方差模型的对比如图 5.12 所示，显然，TSD 模型的阶方差在变化趋势上更加符合 EGM2008 模型的变化趋势，即

$$\begin{cases} C(\Delta g)_n = 0.98132 \dfrac{n-1}{n+100} 1.06252^{n+2} + 595.65818 \dfrac{n-1}{(n-2)(n+20)} 0.92609^{n+2}, & 3 \leqslant n \leqslant 36 \\ C(\Delta g)_n = 13.43980 \dfrac{n-1}{n+100} 0.99073^{n+2} + 46.67648 \dfrac{n-1}{(n-2)(n+20)} 0.99950^{n+2}, & 37 \leqslant n \leqslant 2160 \end{cases}$$

(5.98)

通过重力异常阶方差可以相应获得其他重力场扰动场元，如扰动重力、大地水准面高、垂线偏差等的阶方差，进而可以描述扰动场元在不同频段内的能

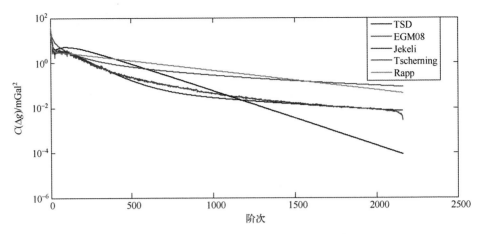

图 5.12　5 种阶方差模型的变化曲线图（见彩图）

量分布即频谱敏感性。根据已有频谱分布规律，将扰动场元的阶次划分为 2~36 阶、37~360 阶、361~3600 阶、3601~36000 阶。所计算的扰动场元包括重力异常、大地水准面高、扰动重力、垂线偏差。在球近似下，大地水准面高、扰动重力、垂线偏差的阶方差都可以用重力异常的阶方差表示，具体如下：

扰动重力（径向）的阶方差为

$$C(\delta g)_n = \left(\frac{n+1}{n-1}\right)^2 C(\Delta g)_n \qquad (5.99)$$

大地水准面高的阶方差为

$$C(N)_n = \frac{R^2}{\gamma^2} \frac{1}{(n-1)^2} C(\Delta g)_n \qquad (5.100)$$

垂线偏差的阶方差为

$$C(\nu)_n = \frac{1}{\gamma^2} \frac{n(n+1)}{(n-1)^2} C(\Delta g)_n \qquad (5.101)$$

实际计算时采用 TSD 阶方差模型，而重力异常的 2 阶阶方差利用 EGM2008 模型获得，扰动场元的频谱特征如表 5.6 所列。

表 5.6　扰动场元的频谱敏感性

扰动场元	TSD 阶方差模型				Tscherning 阶方差模型			
	2~36	37~360	361~3600	3601~36000	2~36	37~360	361~3600	3601~36000
大地水准面高	99.67%	0.33%	0.00%	0.00%	99.2%	0.8%	0.00%	0.00%
重力异常	26.55%	62.53%	10.58%	0.33%	22.5%	41.9%	32.7%	2.8%
扰动重力	43.82%	48.05%	7.88%	0.25%	32.2%	37.3%	28.1%	2.4%
垂线偏差	39.25%	51.91%	8.58%	0.26%	—	—	—	—

可以看出，大地水准面高的频谱特性并没有太大的变化，其能量主要分布在 360 阶以下的低频部分；TSD 阶方差模型的重力异常和扰动重力在 360 阶前的频谱比重有较大增加，2~36 阶分别增加 4%和 11%，37~360 阶分别增加 21%和 11%，在前 360 阶的比重总体增加 25%和 22%，而 360 阶后的比重则相应的减少；垂线偏差的频谱分布也有明显变化，在 360 阶以后占的比重大幅减少。扰动场元频谱敏感性的变化本质上反映了 TSD 模型与 Tscherning 模型的差异，TSD 模型 360 阶以后的阶方差量级明显要小于 Tscherning 模型，这就造成了 360 阶以后的频谱特性必然有较大的改变。总体而言，利用 TSD 阶方差模型获得的扰动场元频谱分布较之传统分析结果有较大的变化，其中重力异常、扰动重力及垂线偏差在中、低频部分的能量有明显的增加而高频及甚高频部分的比重有明显的减少。

5.5.4 误差传播的量化分析

从前面分析可以看出，在大地水准面高与重力异常的误差传播过程中，位模型的最高阶数是一个很重要的参数。传统意义上可以利用采样定理，即按照式（5.69）来计算观测数据频域的最高阶数。为了准确计算格网平均重力异常误差，还必须对截断误差进行确定。由式（5.99）计算的不同分辨率的截断误差如表 5.7 所列。

表 5.7　不同阶方差模型对应的平均重力异常截断误差

单位：mGal

分辨率	1′	2′	3′	5′	10′
TSD 阶方差模型	0.10	0.47	0.81	1.24	1.78
Moritz 阶方差模型	0.00	0.12	0.75	3.12	9.18

可以看出，随着数据分辨率的提高，所对应相同分辨率的平均重力异常的截断误差随之减小。分辨率高于 3′时，截断误差较小，对重力异常精度影响有限；分辨率低于 3′时，截断误差较大，对重力异常误差有较大影响。

随着卫星测高技术的发展，雷达高度计的精度已经优于 10cm 且未来测高卫星具有高分辨率、高精度的发展趋势，因此将海面高数据的分辨率分别设定为 1′、3′、5′、10′，将海面高数据的精度分别设定为 0.01m、0.02m、0.03m、0.05m、0.08m。按照表 5.7 的截断误差可以计算出不同分辨率、不同精度的大地水准面高数据所对应的相同分辨率的平均重力异常的精度，列于表 5.8。

表 5.8 平均重力异常精度

单位：mGal

m_N/m	Moritz 阶方差模型分辨率				TSD 阶方差模型分辨率			
	1′	3′	5′	10′	1′	3′	5′	10′
0.08	63.81	21.28	13.13	11.17	63.81	21.28	12.81	6.60
0.05	39.88	13.31	8.56	10.00	39.88	13.32	8.07	4.34
0.03	23.92	8.00	5.71	9.48	23.92	8.02	4.94	2.95
0.02	15.95	5.36	4.46	9.31	15.95	5.37	3.42	2.35
0.01	7.97	2.75	3.50	9.21	7.97	2.77	2.02	1.90

可以看出，由 Moritz 重力异常阶方差模型计算获得的重力异常精度随着分辨率的降低而出现了降低的情况，这显然与经典的误差传播规律不相符。基于 TSD 重力异常阶方差模型计算获得的重力异常精度总体上随着分辨率的降低而提高，符合一般意义的误差传播规律，由此可以看出，TSD 阶方差模型要比 Moritz 等传统阶方差模型更符合重力场的现状。从表 5.7 也可以看出，在低于 5′情况下，Moritz 阶方差模型的截断误差明显大于 TSD 阶方差模型，此时，截断误差甚至会掩盖观测数据的精度，这也是 Moritz 阶方差模型计算重力异常精度出现异常的主要原因。

将垂线偏差的分辨率同样分别设定为 1′、3′、5′、10′，精度分别设定为 1″、2″、3″、5″。按照表 5.7 的截断误差及式（5.92）计算得到不同分辨率、不同精度垂线偏差对应的平均重力异常数据的精度，结果如表 5.9 所列。

表 5.9 由垂线偏差反演重力异常的精度

单位：mGal

$m_\theta/('')$	分辨率			
	1′	3′	5′	10′
1	3.46	2.82	2.68	2.49
2	6.93	5.59	5.18	4.50
3	10.39	8.37	7.73	6.60
5	17.32	13.94	12.83	10.88

5.5.5 海面高与重力异常误差传播关系的仿真计算

前面基于球谐分析方法对海面高、垂线偏差、重力异常之间的误差关系进行了分析和计算，但它难以完全反映误差传播的实际情况，因为球谐模型忽视了实际地形不同带来的差异。为进一步量化分析，本节将从重力异常反演的理论公式出发,通过加入随机误差仿真计算得到大地水准面、垂线偏差与重力异常之间误差的对应关系。由于目前利用垂线偏差数据反演重力场是比较公认的处理方法,因此采用逆威宁曼尼兹方法进行仿真计算。

首先利用 DNSC08 海面高模型生成全球 1′分辨率海面高数据,然后按照逆威宁曼尼兹方法(将海面高一次差分近似认为是垂线偏差)反演 1′分辨率重力异常。海面高分别加入 3cm、5cm、7cm 随机误差后(对应垂线偏差误差分别为 4.2″、7″、9.8″)与未加误差的重力异常进行比较。反演区域为北纬 40°~30°、经度 0°~360°,比较结果如表 5.10 所列。

表 5.10 1′分辨率数据反演海洋重力异常结果

单位:mGal

海面高误差	垂线偏差误差	最大值	最小值	平均值	标准差
0.03m	4.2″	29.82	-23.70	0.00	5.15
0.05m	7″	63.02	-69.51	0.00	8.57
0.07m	9.8″	96.22	-95.30	0.00	11.94

对表 5.10 的试验结果分析表明,1cm 精度的海面高对应约 1.7mGal 精度的重力异常,进而推断 1cm 精度的海面高差对应约 1.2mGal 精度的重力异常。1″精度的垂线偏差对应约 1.2mGal 精度的重力异常。按照上述结果分析,1′分辨率、5mGal 精度的重力异常需要 1′分辨率垂线偏差精度达到 4.2″。

5.6 不同运行模式下的重力场反演精度分析

如 5.3.6 节讨论,单星模式下一点的海面高精度约为 5.0cm。单星 2.5 年获得一次 2′×2′全球覆盖(轨间距 2′),每个 1′×1′格网内有一个海面高观测值,对应精度 5.0cm。依据现有不同测高卫星平差处理统计结果,交叉点处海面高精度经平差后可提高 1.2~2 倍,即海面高精度可提高至 4.2~2.5cm。此时,按照误差传播关系得到 1′×1′重力异常反演精度为 7.1~4.2mGal。单星 5 年后对轨间距进行加密,获得 1′×1′全球覆盖,每个 1′×1′格网内有两个观测值,经过交叉点平差与格网化处理后,海面高精度由 5cm 提高至 2.9~1.8cm,对应重力异常精度为 5.0~3.0mGal。

双星对称模式下,2.5 年覆盖全球一次,1′×1′格网内有两条弧段即两个高度计测量值,根据单星模式分析,海面高精度 5cm。经过平差处理后,海面高精度提高至 4.2~2.5cm,格网化后对应 1′×1′海面高差精度为 4.2~

2.5cm。根据仿真计算推算双星 2.5 年 1′×1′ 重力异常精度为 5.0~3.0mGal，双星两次重复观测即 5 年时间 1′×1′ 重力异常精度为 3.5~2.1mGal，双星三次重复观测即 7.5 年时间 1′×1′ 重力异常精度为 2.9~1.7mGal。

双星跟飞模式下，双星 2.5 年可获得一次轨间距 1′的全球覆盖，利用双星瞬时轨间距 1′的海面高观测量，处理可以得到 2 组分辨率为 1′×1′ 的垂线偏差。考虑到升弧和降弧的作用，2.5 年时间得到 2 组分辨率为 1′×1′ 的垂线偏差，5 年时间得到 4 组分辨率为 1′×1′ 的垂线偏差。因此，双星跟飞模式测量 2.5 年时间，海面高差精度可达到 2.1cm，对应重力异常精度 2.5mGal。5 年时间，重力异常精度可达到 1.7mGal，7.5 年重力异常精度为 1.4mGal。

四星组网模式是双星跟飞模式的两次应用，按照上述分析，该模式下 1.25 年即可获得 2.5mGal 精度的重力场产品，2.5 年即可获得 1.5mGal 精度的重力场产品，5 年则可以获得精度 1.2mGal 的重力场产品，7.5 年则可以获得精度 1.0mGal 的重力场产品。

以上 4 种卫星组网模式的重力场反演精度概括于表 5.11 中。

表 5.11　不同卫星组网模式下 1′分辨率重力场反演精度

单位：mGal

组网模式	测量时间			
	1.25 年	2.5 年	5 年	7.5 年
单星	—	7.1~4.2	5.0~3.0	4.1~2.4
双星对称	—	5.0~3.0	3.5~2.1	2.9~1.7
双星跟飞	—	2.5	1.7	1.4
四星组网	2.5	1.5	1.2	1.0

以 5.1.1 节设定的重力场分辨率为 1′×1′、精度为 3mGal 作为衡量标准，单星模式 7.5 年可以满足要求、双星对称模式 5 年测量可以满足要求，双星跟飞 2.5 年可满足要求，四星组网模式 1.25 年即可满足要求。

参考文献

[1] KROES R, MONTENBRUCK O, BERTIGER W, et al. Precise GRACE baseline determination using GPS [J]. GPS Solutions, 2005, 9 (1): 21-31.

[2] JÄGGI A, HUGENTOBLER U, BOCK H, et al. Precise orbit determination for GRACE using undifferenced or doubly differenced GPS data [J]. Advances in Space Research, 2007, 39 (10): 1612-1619.

[3] 邵凯, 张厚喆, 秦显平, 等. 分布式 InSAR 编队卫星精密绝对和相对轨道确定 [J]. 测绘学报, 2021, 50 (5): 580-588.

[4] MILLER M, BUIZZA R, HASELER J, et al. Increased resolution in the ECMWF deterministic and ensemble prediction systems [J]. ECMWF Newsletter, 2010, 124: 10-16.

[5] DEE D P, UPPALA S M, SIMMONS A J, et al. The ERA-interim reanalysis: configuration and performance of the data assimilation system [J]. Quarterly Journal of the Royal Meteorological Society, 2011, 137 (656): 553-597.

[6] WANNINGER L. Ionospheric monitoring using IGS data [C]//Proceedings of the 1993 IGS Workshop. Berne: Astronomical Institute, University of Berne, 1993: 351-360.

[7] WANNINGER L. The occurrence of ionospheric disturbances above Japan and their effects on precise GPS positioning [J]. Proceedings of the CRCM, 1993, 93: 175-179.

[8] PI X, MANNUCCI A J, LINDQWISTER U J, et al. Monitoring of global ionospheric irregularities using the worldwide GPS network [J]. Geophysical Research Letters, 1997, 24 (18): 2283-2286.

[9] OLADIPO O A, ADENIYI J O, OLAWEPO A O, et al. Large-scale ionospheric irregularities occurrence at Ilorin, Nigeria [J]. Sapce Weather, 2014, 12 (5): 300-305.

[10] TANNA H J, PATHAK K N. Longitude dependent response of the GPS derived ionospheric ROTI to geomagnetic storms [J]. Astrophysics and Space Science, 2014, 352 (2): 373-384.

[11] GUO J, LI W, LIU X, et al. Temporal-spatial variation of global GPS-derived total electron content, 1999-2013 [J]. PloS One, 2015, 10 (7): e0133378.

[12] 安家春, 章迪, 杜玉军, 等. 极区电离层梯度的特性分析 [J]. 武汉大学学报 (信息科学版), 2015, 39 (1): 75-79.

[13] BRUNINI C, AZPILICUETA F. GPS slant total electron content accuracy using the single layer model under different geomagnetic regions and ionospheric conditions [J]. Journal of Geodesy, 2010, 84 (5): 293-304.

[14] CONTE J F, AZPILICUETA F, BRUNINI C. Accuracy assessment of the GPS-TEC calibration constants by means of a simulation technique [J]. Journal of Geodesy, 2011, 85 (10): 707-714.

[15] 吴晓莉, 韩春好, 平劲松. GEO 卫星区域电离层监测分析 [J]. 测绘学报, 2013, 42 (1): 13-18.

[16] 管斌. 海洋测高卫星高度计定标理论与方法研究 [D]. 郑州: 信息工程大学, 2017.

[17] MONTENBRUCK O, STEIGENBERGER P, KHACHIKYAN R, et al. IGS-MGEX: preparing the ground for multi-constellation GNSS science [J]. Inside GNSS, 2014, 9 (1): 42-49.

[18] 罗伟华, 徐继生, 朱正平. 赤道-低纬电离层不规则结构和闪烁活动出现率的理论模型构建 [J]. 地球物理学报, 2013, 56 (9): 2892-2905.

[19] 侍颢, 张东和, 郝永强, 等. 低纬度地区电离层闪烁效应模式化研究 [J]. 地球物理学报, 2014, 57 (3): 691-702.

[20] CHELTON D B, RIES J C, HAINES B J, et al. Satellite altintetry [C]//Satellite Altintetry and Earth Sciences: A Handbook of Techniques and Applications, San Diego, California: Academic Press, 2001: 1-131.

[21] PIRES N, FERNANDES M J, GOMMENGINGER C, et al. Improved sea state bias estimation for altimeter reference missions with altimeter-only three-parameter models [J]. IEEE Transactions on Geoscience and Remote Sensing, 2018, 57 (3): 1448-1462.

[22] GASPAR P, FLORENS J P. Estimation of the sea state bias in radar altimeter measurements of sea level: Results from a new nonparametric method [J]. Journal of Geophysical Research, 1998, 103 (C8): 15803-15814.

[23] GASPAR P, LABROUE S, OGOR F, et al. Improving nonparametric estimates of the sea state bias in radar altimeter measurements of sea level [J]. Journal of Atmospheric and Oceanic Technology, 2002, 19 (10): 1690-1707.

[24] TRAN N, PHILIPPS S, POISSON J C, et al. Impact of GDR_D standards on SSB corrections [C]//Ocean Science Topography Science Team Meeting. Venice, 2012, 2229: 1-12.

[25] TRAN N, VANDEMARK D, ZARON E D, et al. Assessing the effects of sea-state related errors on the precision of high-rate Jason-3 altimeter sea level data [J]. Advances in Space Research, 2021, 68 (2): 963-977.

[26] DUMONT J P, ROSMORDUC V, PICOT N, et al. OSTM/Jason-2 products handbook [R]. France: CNES, 2011.

[27] PICOT N, MARECHAL C, COUHERT A, et al. Jason-3 products handbook [R]. France: CNES, 2018.

[28] HEISKANEN W A, MORITZ H. Physical geodesy [M]. San Francisco: Freeman and Company, 1967.

[29] HWANG C, HSU H Y, JANG R J. Global mean sea surface and marine gravity anomaly from multi-satellite altimetry: applications of deflection-geoid and inverse Vening Meinesz formulae [J]. Journal of Geodesy, 2002, 76 (8): 407-418.

[30] SANDWELL D T. Antarctic marine gravity field from high-density satellite altimetry [J]. Geophysical Journal International, 1992, 109 (2): 437-448.

[31] OLGIATI A, BALMINO G, SARRAILH M, et al. Gravity anomalies from satellite altimetry: comparison between computation via geoid heights and via deflections of the vertical [J]. Bulletin Géodésique, 1995, 69 (4): 252-260.

[32] TSCHERNING C C, RAPP R. Closed covariance expressions for gravity anomalies, geoid undulations, and deflections of the vertical implied by anomaly degree variance models [R]. Columbus: Ohio State University, 1974.

[33] JEKELI C. An investigation of two models for the degree variances of global covariance funcitons [R]. Columbus: Ohio State University, 1978.

[34] RAPP R. Potential coefficient and anomaly degree variance modelling revisited [R]. Columbus: Ohio State University, 1979.

[35] SCHWARZ K P. Data types and their spectral properties [C]//Proceedings of the Beijing International Summer School on Local Gravity Field Approximation. Beijing, 1984: 1-66.

[36] 翟振和. 海洋测高卫星数据处理理论及应用方法研究 [D]. 郑州: 信息工程大学, 2015.

第6章 卫星测高绝对定标与相对定标

6.1 引　　言

6.1.1 高度计定标意义

在卫星测高技术应用中，海面高（SSH）是最主要的观测量，而海面高的系统偏差是最为重要的一项改正。确定卫星高度计测量海面高系统偏差的过程称为卫星高度计定标。确定单颗卫星高度计的海面高系统偏差称为绝对定标，确定两颗以上卫星的多个高度计之间海面高相对偏差称为相对定标。绝对定标主要借助于地面观测设备实现，相对定标主要通过对全球范围内多颗卫星高度计的观测结果进行分析实现[1]。

卫星高度计定标是所有卫星测高应用的基础与前提。在大地测量领域，将多项卫星测高任务的海量观测数据用于全球重力场模型的构建时，需要将不同卫星获得的观测数据统一于相同的观测基准，才能综合多任务测量数据进行全球重力场反演；海洋学对全球平均海面高的研究需要精确地估计各颗卫星的海面高测量偏差，才能通过长期的测高任务获得海面的长期变化[2]，通过卫星测高技术实现全球平均海面变化的 1mm/a 精度监测仍然是科学界的重要目标，高度计的定标与验证工作是实现该目标至关重要的组成部分[1]。

卫星高度计定标在保证测量数据有效性、判别卫星测高系统问题、提高系统可靠性等方面也具有非常关键的作用。一方面，高度计系统虽然可以实现对系统内部参数的内定标，然而，海面高测量偏差只有通过外部定标才能实现；另一方面，任何系统都会存在着不同程度的不足，许多测高任务都通过绝对定标发现了仪器或算法的不同问题，如 ERS 卫星的单点目标响应与超稳晶振的漂移改正、T/P卫星的振荡器漂移以及Jason-1卫星的微波辐射计湿延迟改正[3]。对Jason-2卫星高度计的定标结果表明，其Ku波段存在160mm以上的海面高测量偏差[4-6]，这明显的偏差让该卫星项目的科学团队对高度计测量系统的各个环节进行反复检查，最后发现其产生原因是Jason-2卫星数据处理时存在一项约15.6cm的仪器误差[7]，将其进行修正后，Jason-2卫星高度计的海面高测量偏差接近于零。在Jason-2卫星测高系统中发现的问题，正是卫星高度计定标最重要的价值体现。

卫星高度计定标同样需要不断的迭代和精化过程。在T/P定标过程中，曾因生成TOPEX数据时的软件误差问题，致使最后定标结果表明全球平均海面存在7mm/年的漂移，但该问题最终被发现并得到纠正[8]；在Jason-1发射升空之初，世界三大主要定标场先期给出的定标结果十分一致地认为Jason-1的海面高测量偏差均值约138mm，然而，3年后更精细定标结果表明，Jason-1高度计的误差要比先前结果小40mm左右，该结果最终被认可为Jason-1所搭载高度计的定标结果[4]。

卫星高度计定标的主要意义可以概括如下：长期、连续的多次定标，可以确定由测高卫星系统测得的海面高偏差及其随时间的漂移；通过高度计的定标与验证工作，能够快速反馈测量数据质量，在数据产品发布前进行必要的数据质量评估；通过精细的高度计定标工作，还能够发现测高系统中可能存在的系统或误差模型缺陷。

6.1.2 主要定标场概况

卫星高度计绝对定标的基本思路如下：当卫星经过定标场海域上空时，以定标场设备测量的海面高为基准，将卫星高度计在定标场海域测量的海面高与之进行比较，得到海面高的偏差作为卫星高度计系统的海面高测量偏差。由于卫星高度计在近岸区域的测量精度较低，因而，选择的两种海面高比较点应在离岸一定距离（如大于15km）的星下点附近，比较点处的基准海面高由装配有不同观测设备的地面定标场直接或间接测量得到。

在卫星测高技术的发展过程中，根据不同测高任务需求，先后在百慕大（Bermuda）群岛、威尼斯（Venice）海湾、兰佩杜萨（Lampedusa）岛、伊利（Erie）湖、伊塞克（Issykkul）湖等地区建设了定标场或实施了定标试验[9-13]，其中部分定标场在完成任务后另作他用。目前与在轨卫星测高任务相配套的主要业务定标场包括哈沃斯特（Harvest）石油平台定标场、科西嘉岛（Corsica）定标场、巴斯海峡（Bass）定标场和哥沃德斯岛（Gavdos）定标场。这些定标场的概略位置如图 6.1 所示，图中黑色线条表示 Jason 系列卫星的部分地面轨迹，"Pass N"表示弧段号。不同定标场使用的定标观测设备及相应的定标方法不尽相同，定标设备主要包括海中固定平台、GNSS 浮标、验潮站和海洋锚泊阵列 4 类，对应定标方法分别称为固定平台法、GNSS 浮标法、验潮站法和锚泊阵列法。

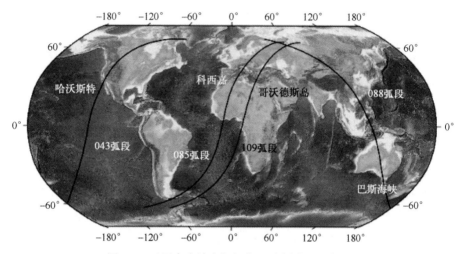

图 6.1　卫星高度计定标场位置示意图（见彩图）

1) 哈沃斯特定标场

哈沃斯特定标场是现有定标场中采用固定平台法的唯一代表。其石油平台距加州海岸约 10km，位于圣巴巴拉海峡西部入口。平台固定于海底（图 6.2），处于典型的开阔海域，水深约 200m，有效波高和平均风速分别为 2m 和 6m/s，但经常会遇到极端海况。1923 年 9 月，美军七艘驱逐舰在距离哈沃斯特平台约 12km 的珀德纳尔斯角搁浅，这仍然是迄今为止美国海军舰艇在和平时期的最大损失[14]。该平台建造于 1985 年，1991 年选作 T/P 卫星高度计的定标场，先后用于 T/P、Jason-1、Jason-2 以及 Jason-3 卫星高度计的定标，并服务于其他后续任务。

哈沃斯特石油平台被用于高度计定标的优势[4]：首先，它离海岸足够远（大于 10km），卫星过顶时高度计的雷达脉冲所照射的区域中没有陆地对高度计雷达信号的污染，并且该平台足够小而不足以影响雷达信号的反射；同时，因为它位于典型波高为 2~3m 的开阔海域，正好与卫星测高系统的测量模式

图 6.2 哈沃斯特定标场的石油平台

相匹配;最后,该平台距离加州以及美国西海岸的卫星激光测距站较近,对于卫星精密定轨具有重要意义。

固定平台法通过哈沃斯特定标场得到实现,多年来的定标结果表明,该方法具有较高的精度与可靠性,这得益于其固有优势:直接位于星下点附近观测海面高,所得基准海面高可以与高度计测量海面高进行直接比较,而不需要进行额外的潮汐改正等。然而,这类海上平台并不易获取,即使在卫星地面轨迹附近有可用平台,还存在着维护成本高昂等现实问题。哈沃斯特也受制于石油生产变化引起的平台非线性垂直运动,以及验潮仪在汹涌海况时的异常特性等影响。

为支持哈沃斯特的测高验证工作,顾及定标的准确性、稳定性、可靠性、安全性和易于服务,该石油平台部署有声学系统、压力传感器、激光雷达和雷达等多种水位测量设备。SWOT 计划在其雷达足迹内布设多个 GNSS 浮标系统,天基信号反射用作定标基准也在考虑之列[15]。

在被选为 T/P 主要验证地点 30 年后,哈沃斯特未来发展面临不确定性。该石油平台 2015 年停产并计划退役,但确切时间未知,实验传感器的正常运行尚未受此影响。未来计划尽可能长时间地继续收集数据,并预防平台无法再承载传感器的意外情况。最有可能是在哈沃斯特平台附近设置一个永久性的锚泊 GNSS 浮标,并辅以海岸潮汐测量仪。2018 年 8 月至 12 月,哈沃斯特附近部署了一对原型 GPS 浮标,其初步作业结果与平台结果相当。不管哈沃斯特平台的确切命运如何，它的观测历史将继续下去。

2）科西嘉岛定标场

科西嘉岛定标场位于地中海西部，用于系列卫星高度计的绝对校准，主要目标是估计高度计偏差和相关漂移。定标场包括 Senetosa（P_1）、Ajaccio（P_2）、Capraia（P_3）和 Macinaggio（P_4）4 个站点，如图 6.3 所示[1]。

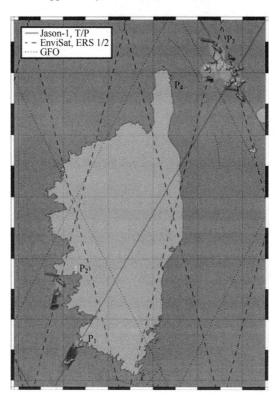

图 6.3　科西嘉岛定标场位置示意图

Senetosa 站点自 1998 年起配有 3 个验潮仪，分别位于 T/P 和 Jason-1 地面轨迹的两侧（东侧 M_3，西侧 $M_{4/5}$），专门用于高度计校准。2005 年 6 月，在 M_3 附近安装了第四个验潮仪（M_6），以监测其他验潮仪的长期变化。M_6 采样率设置为 30min，可自主运行 1 年多时间，其他验潮仪采样率为 5min，自主运行时间为几个月。2000 年，在 GPS 基准站附近安装了气象站，大气压观测数据用于校正验潮仪测量值和计算干对流层延迟，风速用作卫星相应测量值的比较基准。

Ajaccio 站点所在港口相对较小，航运量很少。1999 年以来，装有 GPS 连续运行基准站和自动验潮仪。该站点靠近 ERS 和 Envisat 地面下降轨迹

(No.130),2005年起一直用于Envisat高度计校准。Capraia站点和Macinaggio站点分别装有1套验潮仪。

2000年以来,科西嘉岛定标场使用了GNSS浮标法。在海况条件不太恶劣,可以确保航行安全情况下,一般在卫星星下比较点附近(离岸约10km)布设约1h的GNSS浮标观测。GNSS浮标法可以对高度计进行直接校准,同时将其海面高测量值与沿海验潮站的海面高测量值进行比较,可以得到相对大地水准面、潮汐相位和幅度差异等信息。

Senetosa站点附近区域的水准面模型由1998年与1999年实施的两次GPS测量任务得到,其测量范围包含了从海岸到Senetosa离岸20km的范围。1999年使用GPS双体船的测量作业[16-17],覆盖了以高度计地面轨迹为中心的约20km×5.4km范围,后通过格网化与插值等方法解算得到区域水准面梯度。2004年采用相同GPS测量方法分别对Capraia和Macinaggio验潮站与卫星地面轨迹海域的水准面进行了测量[5]。

3)巴斯海峡定标场

巴斯海峡将澳大利亚大陆与塔斯马尼亚岛隔开,为一片浅水区域,水深为60~80m。定标场位于布米市附近的西南侧(40°39′S,145°36′E),属于T/P、Jason-1和Jason-2等测高卫星的首个南半球绝对校准场。与哈沃斯特和科西嘉岛不同,巴斯海峡定标设施位于T/P高度计的下降弧段(弧段088),如图6.4所示。

巴斯定标场最初采用基于验潮站的间接定标方法[18],考虑到所用水准面模型和潮汐模型精度对定标精度的制约,综合采用了GPS浮标法[19]和锚泊阵列法[20]。巴斯定标场首次提出锚泊阵列法,并作为其主要定标方法,也是4个主要定标场中唯一使用该方法的定标场。对于图6.4所示的比较点A,锚泊阵列得到的是相对于海平面的变化,其绝对基准通过GPS浮标的并置同步观测来实现[21]。GPS浮标则通过与岸基连续运行GPS基准站网的同步观测对齐参考框架,由此得到的是比较点的绝对海面高时间序列,可与高度计测量的海面高进行直接比较。

将沿海验潮仪观测的海平面与锚泊海面高绝对时间序列进行比较,其时间序列差异包括平均偏移量,反映了传感器之间的基准差异(如验潮仪数据相对当地海图基准,没有连接到地心参考框架),而剩余差异主要由仪器之间相距约40km的潮汐信号引起。对剩余差异的潮汐分析,可以预测任何给定时间的海上比较点的海面高度(当有验潮仪数据而无锚泊数据时)。由于潮汐预测包括平均偏移量（即基准偏移量），将其添加到原始验潮仪数据中，可以有效地将验潮仪观测值转换到海上比较点，而无须估计大地水准面。这种改进的间接方法允许从 T/P 的第一个周期开始测定绝对偏差。

Jason-2 发射前，将之前使用的主要海上比较点 A 沿着下降弧段向西北移动到 B 点，以利于消除卫星辐射计数据中的陆地污染（图 6.4）。校准方法仍以海洋锚泊阵列为主。锚泊系统的绝对基准仍然使用 GPS 浮标确定，持续观测时间为 8~10h。

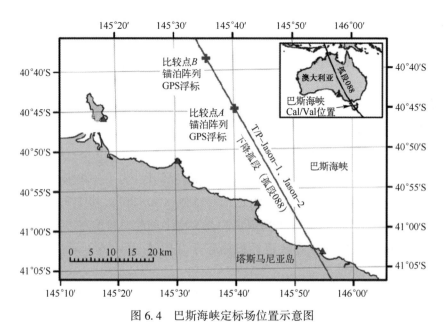

图 6.4 巴斯海峡定标场位置示意图

4）哥沃德斯岛定标场

哥沃德斯岛是希腊克里特岛以南约 40km 处的一座孤岛，只有 30~50 名永久居民，来往船只稀少，尤其是在冬季，那里大部分地区都处于极端天气条件下。该定标场称得上是卫星测高校准任务的战略位置，因其南部延伸至 500 多 km 的深海，直至非洲，其间没有岛屿污染卫星信号。此处海潮很小，只有几厘米，且已经建立高精度的海洋环流和重力、大地水准面高、平均动态地形、海洋环流、水深等参考模型。该位置正好位于 Jason 系列卫星（TOPEX/Poseidon、Jason-1、Jason-2、Jason-3 和 Jason CS）地面轨迹的交叉点处，并与 Envisat 轨迹相邻，适合对 Jason 系列的上升和下降轨道进行校准。

定标场于 2002 年开始筹备，2004 年开始投入使用。定标设备分布在 3 个不同地点：Karave 港（船只停泊的岛屿港口）、Theophilos 站和用于部署微波应答器的 DIAS 站点。定标初期安装有 2 台 GNSS 接收机、2 个验潮仪（1 个声学传感器和 1 个压力传感器）、1 个 DORIS 信标、1 个微波应答器和气象传感器。期间，由于极端天气损坏或正常磨损，更换过几台仪器。当前，Karave 的设备配置如图 6.5（a）所示。

哥沃德斯岛 2001 年时没有市电，只能依赖太阳能电池板和风力发电机为电池充电，再供电给所有观测设备。岛上市电 2010 年由政府提供，由此观测设备采用混合供电。定标场建成初期，缺乏像样且稳定的电话和通信联系。为确保克里特理工大学的运行控制中心能够随时访问观测结果，几经试验采用较为可靠的卫星通信手段，目前采用卫星通信和 GPRS 链路两个独立通信通道。

该定标场在 DIAS 站点设置了如图 6.5（b）所示的有源定标器，主要用于估计高度计测距值的偏差及其变化[22]。

(a) Karave 站点　　　　　　　　(b) DIAS 站点

图 6.5　哥沃德斯岛定标场设备配置示意图

5）珠海万山定标场

我国具备测高功能的卫星为原国家海洋局（现自然资源部）发射的 HY-2 系列卫星，目前，该系列卫星的定标主要通过国家海洋卫星应用中心在珠海万山群岛建设的万山定标场来实施，主要使用的方法即为验潮站法。万山定标场于 2020 年 6 月正式业务化运行，定标场部署示意图如图 6.6 所示。

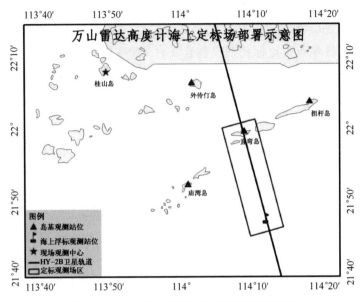

图 6.6　万山雷达高度计定标场部署示意图

6.2　卫星高度计绝对定标

6.2.1　基本原理

当测高卫星飞越定标场上空时，通过精确确定卫星轨道高度以及不同的误差改正项，可以得到海面高（高度计海面高）。与此同时，定标场装配有高精度 GNSS 测站、验潮站等海面高测量设备，能够独立地对定标场海域的海面高进行测量。

以定标场设备得到的海面高 SSH_{insitu} 为基准，将未经海面高绝对偏差改正的高度计海面高（记为 SSH_{alt}，其计算过程中不含 bias）与之相减，即可得到卫星高度计测得海面高的绝对偏差为

$$\text{bias} = SSH_{alt} - SSH_{insitu} \tag{6.1}$$

式中：SSH_{alt} 按照式（2.2）求解，但不含 bias，即

$$SSH_{alt} = r_{alt} - h_{alt} - (R_{dry} + R_{wet} + R_{ion} + R_{ssb} + R_{st} + R_{pt} + R_{ot} + R_{inv} + R_{hf}) \tag{6.2}$$

当式（6.1）所得偏差为负时，说明卫星高度计得到的海面高过低，反映出高度计所测距离偏长或卫星轨道高度值偏低。

综合各种观测量,计算得到 bias 的过程即为绝对定标过程。式(6.1)是相对理想的情况,即 SSH_{alt} 与 SSH_{insitu} 测量的是相同位置的海面高。然而,实际情况下,两测量位置并不完全一致,还需要通过其他变量将两种海面高关联起来。

在基于海面高比较的绝对定标方法中,SSH_{alt} 的计算过程是相同的,不同的是 SSH_{insitu} 的获取过程,与此对应的是不同定标方法。

6.2.2 固定平台法

哈沃斯特石油平台首先用于 T/P 卫星的定标,该定标场已运行 20 余年,目前仍是唯一用于卫星高度计定标的海中固定平台。该定标法的基本原理如图 6.7 所示,固定平台直接位于卫星星下点附近,通过在平台上安装的验潮站获取海面高度的变化量,并根据 GPS 基准站的高度以及验潮站与基准站之间的高差,得到平台设备观测得到的基准海面高 SSH_{insitu}。

通过平台上长期运行的 GPS 测站得到该 GPS 参考站的高度 H_{gps},根据参考站与平台参考点之间的高差 H_{gp}、平台参考点与验潮设备参考点的高差 H_{pt} 以及验潮设备测量的设备参考点相对于海面的高差 H_{tg},加上负荷潮、地球固体潮以及极潮对平台高度的影响改正(合计为 H_{st}),得到基准海面高 SSH_{insitu};高度计海面高由卫星轨道高 H_{sat} 与经过测距误差改正后的高度计测距值 R_{gdr} 相减得到,图 6.7 中体现为 $H_{sat} - R_{gdr}$。将高度计海面高与 SSH_{insitu} 相减,再考虑到平台与卫星轨迹之间水准面高差的改正量 H_{gg}(该改正量实际上是对平均海面高差的近似),即得绝对偏差 bias,bias 的完整计算式为[2]

$$\text{bias} = H_{sat} - R_{gdr} - (H_{gps} + H_{st}) - H_{gp} - H_{pt} - H_{tg} - H_{gg} \tag{6.3}$$

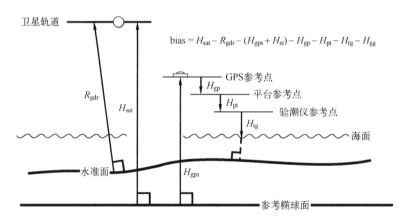

图 6.7 Harvest 平台绝对定标原理示意图

6.2.3 GNSS 浮标法

浮标法的原理示意图如图 6.8 所示，需要的最少设备包括岸上 GNSS 基准站以及 GNSS 浮标。应用过程中，浮标的位置同样尽可能地布设于卫星星下点附近；一般情况下，浮标与海岸之间的距离在 12km 以上。卫星过顶时，通过 GNSS 浮标测量的海面高可记为 SSH_{bouy}，GNSS 基准站为其提供精确的差分解算坐标基准。

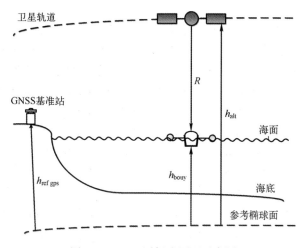

图 6.8 GNSS 浮标法原理示意图

连续运行 GNSS 基准站的坐标扣除了多种潮汐影响，其值相对于无潮汐刚性地壳，因而，由 GNSS 基准站间接计算的 SSH_{bouy} 也相对于无潮汐刚性地壳。经潮汐改正，由式（6.2）计算的高度计海面高 SSH_{alt} 与 SSH_{bouy} 统一在同一参考基准下，能够进行比较。

然而，由于两种海面高的测量点并不完全一致，还需要考虑到两者之间的水准面梯度改正量 $CTGG_{corr}$（同式（6.3）中 H_{gg}），高度计绝对偏差 bias 为

$$\text{bias} = SSH_{alt} - SSH_{bouy} + CTGG_{corr} \tag{6.4}$$

利用 GNSS 浮标的定标方法是一种基础的定标方法，该方法实现过程中 GNSS 浮标测量海面高的误差以及滤波处理方法将在 6.3 节讨论。

6.2.4 验潮站法

验潮站法中，验潮站通常设置在沿岸，而卫星高度计测量值在离开陆地一定距离以上的海域才有效，因而，验潮站法中 SSH_{alt} 与 SSH_{insitu} 的测量区域

通常相隔一定距离，在进行两者的比较时，需要通过某种关系将两者相联系。

科西嘉岛定标场利用大地水准面高差将不同区域两点的 SSH 联系起来[16]。如果 SSH_{alt} 与 SSH_{insitu} 所在两点之间的大地水准面高差 Δ_{geoid}，则绝对偏差为

$$\text{bias} = SSH_{alt}^{TG} - SSH_{insitu}^{TG} + \Delta_{geoid} \tag{6.5}$$

不同海域对应的水准面起伏不同，如科西嘉岛附近海域的大地水准面梯度可达 6cm/km，而海岸与离岸比较点之间的距离通常在 10km 以上，其水准面变化对于绝对偏差的求解不可忽视。

哥沃德斯岛定标场除顾及 SSH_{alt} 与 SSH_{insitu} 所在两点间的大地水准面高差之外，还考虑了平均海面地形（MDT）的影响[22]。在定标过程中，使用的比较量为海面高异常（SLA），SLA 由海面高 SSH 减去水准面高 N 和 MDT 得到：

$$SLA = SSH - N - MDT \tag{6.6}$$

此时，高度计绝对偏差为

$$\text{bias} = SLA_{alt} - SLA_{TG} \tag{6.7}$$

式中：SLA_{alt} 为由高度计测量值计算的卫星星下点处的 SLA；SLA_{TG} 为由验潮站观测数据计算的验潮站处的 SLA。

式（6.7）实际上也考虑了两点之间的水准面高差，但在绝对偏差计算中增加了验潮站测量点与离岸比较点之间的 MDT 之差，在哥沃德斯岛定标场海域，MDT 之差约在 1cm 量级。原理上，利用式（6.7）计算绝对偏差更加严密。

6.2.5 锚泊阵列法

巴斯定标场在 Jason 系列卫星地面轨迹经过的海域布设了远、中、近 3 组锚泊阵列，它们离海岸的距离各不相同，海水深度在 30~50m 不等。离岸相对较近的两组锚泊阵列包含流速计，位于远海区域的锚泊阵列包含水压仪、温度与盐度记录仪、流速计，用于测定 SSH_{insitu} 的仪器主要是远海阵列中的水压仪、温度与盐度记录仪。

海洋锚泊阵列所测量出的海面高序列没有高度基准，需要通过 GNSS 浮标为其提供高度基准。通过将同时测量的浮标测定的海面高 SSH_{bouy} 与锚泊阵列测量的水深 $d_{mooring}$ 进行比较，其差值的均值可作为 $d_{mooring}$ 的高度基准，从而得到锚泊阵列测量的海面高 $SSH_{mooring}$（即 SSH_{insitu}）为

$$SSH_{mooring} = d_{mooring} + \text{mean}(SSH_{bouy} - d_{mooring}) \tag{6.8}$$

与 GNSS 浮标法的应用相同，根据岸上 GNSS 基准站坐标差分解算的 SSH_{bouy} 一般相对于无潮汐刚性地壳定义，因而，通过式（6.8）得到的 $SSH_{mooring}$ 定义在无潮汐参考框架中。由式（6.2）计算的高度计海面高 SSH_{alt} 与 $SSH_{mooring}$ 统一在同一参考基准下，能够进行直接比较。将两种海面高作差，同时考虑 $CTGG_{corr}$ 改正项，则可得高度计绝对偏差 bias 为

$$bias = SSH_{alt} - SSH_{mooring} + CTGG_{corr} \quad (6.9)$$

6.2.6 微波应答器法

通过精细的微波应答器（简称应答器）也可独立地实现高度计的定标，其基本原理是：地面应答器接收、放大并返回雷达高度计脉冲，卫星重新对该信号进行接收并记录，通过测量脉冲的往返时间即可测得卫星与应答器之间的距离，从而估计出高度计测距值的偏差[22]。

应答器通常布设在卫星运动轨迹的正下方，从而对雷达信号进行反射，因而可以把它作为精确确定的反射点。澳大利亚科学院空间研究中心与克里特理工大学联合在 Jason 卫星 18 与 109 弧段的地面交叉点附近建设了应答器，所布设应答器是由英国 Ulmo 系统公司制造的 MK-II 型应答器，其中心频率为 13.7GHz，带宽为 600MHz。应答器天线 42cm 孔径相对应的信号增益为 77dB 以上。

不同于海面反射的回波，由应答器返回的脉冲波形并不服从于布朗模型，而是显示出单波峰的回波特性。当卫星接近应答器时，它所接收到的回波信号功率不断增加，波数不断变短，直至两者达到最短距离。

按照应答器的回波特性，能够非常清晰地识别与分析应答器反射的回波信号，根据雷达脉冲传播时间计算得到的距离，通过干、湿对流层及电离层改正，并考虑地球物理改正后，即得到卫星与应答器之间的实际距离。以上改正项中湿对流层延迟是变化较大且难以预报，它可以通过星载微波辐射计测量的大气亮度温度估计得到。

要得到实际距离值，还需要通过 GNSS 观测及水准测量等方式得到应答器的位置（特别是相对于参考椭球的高度），并精确估计应答器的系统延迟，其中，应答器的内部延迟，可以在高频实验室得到确定。此外，卫星定轨误差是整个定标过程中的一项重要的误差源。

2010 年 10 月至 2012 年 1 月，哥沃德斯岛定标场对 Jason-2 卫星高度计作了 26 次应答器定标任务。每次任务实施期间当卫星接近应答器时，将卫星高

度计的跟踪模式切换为适合于开展应答器定标的 DIODE/DEM 模式。在卫星距离最接近应答器位置前 3.5s 时，跟踪模式开始切换，切换过程约 1s，在此之后，DIODE/DEM 模式持续约 5s 后恢复到正常测高模式。在上述 5s 时间内，大约平均有 100 个回波在 DIODE/DEM 模式中记录，其中有 50~60 次波形能够呈现出应答器的特征，即回波的功率显著增大，当卫星经过应答器上空时，回波的功率达到最大，且与抛物线的顶点一致。

在 26 次定标任务中，最终由 S-GDR 数据导出的 Jason-2 卫星高度计测量偏差为 25.8cm±0.3cm，显示出超高的一致性。传统定标技术得到的定标结果偏差标准差在 1cm 量级，应答器定标技术在定标结果的一致性上具有颇强的优势。

尽管由应答器方法所得偏差序列标准差很小，然而，初期哥沃德斯岛定标场得到的定标结果与其他传统方法的定标结果相比存在约 8cm 的偏移量[23]。通过对参考框架、地球物理改正量、轨道不确定性以及回波跟踪算法的反复检查，未找出明确的偏差原因，从而认为该差异产生的可能原因为应答器的系统延迟，在高度计定标试验开展的 10 年前对应答器所做的标定值可能由于长时间的环境条件影响等发生了漂移，从而最终导致了应答器系统的性能下降。克里特理工大学认为，在高频实验室中对应答器系统进行精确标定是延续该项研究的必要前提[23]。

微波应答器定标方法可运用于内陆以及海岸等不同环境，且不受任何海洋动态特征的影响，是一种实用定标方法。

6.2.7 绝对定标方法比较

基于海面高比较的定标方法可根据基准海面高的测量位置分为两类：一类是基准海面高的测量点位于离岸星下比较点附近的方法，可称为直接定标方法；另一类是在岸边进行海面高观测并通过水准面等模型计算得到离岸比较点处基准海面高的方法，可称为间接定标方法。其中，直接定标方法包括固定平台法、锚泊阵列法以及 GPS 浮标法，间接定标方法主要包括验潮站法。

不同定标方法各有其优缺点，直接定标方法在海况条件允许时，往往能够取得较高的定标精度与定标结果的一致性。相比于直接定标方法，间接定标方法的优点体现在逻辑上实现简单、每个重复周期都能够稳定地实现一次定标，缺点在于所用的大地水准面模型或潮汐模型的精度是该类方法的瓶颈。使用间接定标方法时，需要考虑到潮汐与大气压等因素的影响，这些影响不仅与当地的环境因素相关，而且与定标场设备到比较点的距离相关。

定标方法的选择只是定标工作的一个方面，为提高定标精度，不同定标方法都需要尽可能地提高 SSH_{alt} 的获取精度，这其中需要许多其他技术手段的支持，它们的作用主要体现在提高式（6.2）中各误差改正项的精度。例如，为提高卫星轨道高度的精度，在定标场附近可以安装激光测量设备，如科西嘉岛定标过程中使用的流动激光测距站；为提高电离层延迟改正项的精度，除星载水汽辐射计外，也可以在定标场附近安装相关的测量设备，以减少星载湿对流层延迟观测值受定标场区域陆地污染的影响；另外，还需要获取各种环境参数以提高逆气压改正等改正项的精度。只有多种数据来源的精密合作与配合，才能获取有效的、高精度的绝对定标结果。

6.3 GNSS 浮标定标原理

6.3.1 GNSS 浮标典型结构与测量原理

GNSS 浮标的典型结构如图 6.9 所示，巴斯定标场使用的 MK Ⅱ 型浮标即为此种结构，其俯视图示于图 6.10 中。浮标主要结构包括 1 个浮筒以及 3 个浮球，浮球通过金属杆与浮筒相连以增加整体系统的浮力，浮筒中的设备包括 GNSS 接收机、蓄电池以及天线等。GNSS 接收机与蓄电池装配在浮筒舱体内相对较低的位置，以尽量降低整个系统的重心，使浮标在水中处于稳定状态；GNSS 扼流圈天线安装于浮筒上端，其上安装一副天线罩，天线罩用于密封浮标的舱体。

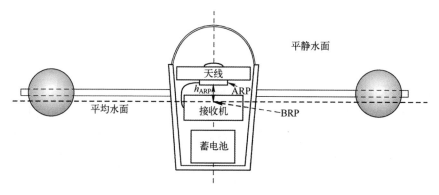

图 6.9 GNSS 浮标结构剖面图

通过浮标中的 GNSS 接收机获取 GNSS 观测数据，可以得到浮标天线参考点（ARP）相对于参考椭球的高度（简称"ARP 高度"），实际应用中需要获取的是水面相对于参考椭球的高度（简称"水面高"），两者之间存在着一定的差别，即 ARP 到水面的距离。如图 6.9 所示，将浮标置于静水中时 ARP 到平均水面的距离记为 h_{ARP}，它可称为 GNSS 浮标天线参考点高[21]。GNSS 浮标对水面高的测量原理可归纳如下：通过浮标观测数据得到的 ARP 高度减去天线参考点高即得水面高。

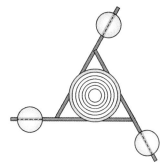

图 6.10 浮标俯视结构图

通过 GNSS 浮标观测数据计算水面高时，需要确定天线 ARP 到水面的距离 h_{ARP}，这是 GNSS 浮标应用于绝对定标的必要条件。

在确定 MK Ⅱ型 GNSS 浮标天线参考点高时，首先将浮标按照作业状态进行安装，后将浮标置于装有已知盐度（33.2‰）海水的容器中，浮标体侧面对称地安装 3 把轻质量标尺，这些标尺垂直于水面并伸入水中[21]。浮标置于容器之中不受风浪等因素影响，使用裸眼对标尺的读数精度可达 1mm。在扰动浮标并待其重新回归静止状态后，对标尺进行 4 组重复观测。根据标尺观测结果，结合其他光学测量结果以及天线结构参数即可计算得到 h_{ARP}。文献 [24] 也是在浮标布设过程中直接对浮标边缘的标记进行观察，进而推算得到 h_{ARP}。

确定浮标天线参考点高的过程称为"天线参考点高的标定"，可以归纳如下：在特定温、盐度的静水中，测量浮标特定点距离水面的高度，并根据浮标的结构参数及其他光学观测结果计算天线参考点高。

6.3.2 海水温度、盐度对定标影响

6.3.2.1 天线参考点高变化量计算

GNSS 浮标的天线参考点高 h_{ARP} 通常在特定温、盐度的静水中进行标定。不同温、盐度的水体密度不同，浮标的吃水深度会因此发生变化，h_{ARP} 相应地也会产生变化，其变化量直接反映至 GNSS 浮标的水面高测量结果，因而，在卫星高度计定标应用中需要精确确定这一变化。

假设进行天线参考点高 h_{ARP} 标定时的水体密度为 ρ_0，h_{ARP} 标定值为 h_0，当

水体的温、盐条件发生变化时，受水体密度变化影响，h_{ARP}的变化量为∂h。

浮标布设于水面时，浮力F与浮标的重力G相等。根据阿基米德原理，$F=\rho g V$，其中，ρ、g、V分别为水体密度、重力加速度和排水体积。$G=mg$，其中，m为浮标系统的整体质量。由于$F=G$，则有$\rho g V=mg$，即$\rho V=m$。

假设水体密度为ρ_0时，排水体积为V_0，当水体密度变为ρ时，排水体积为V，因浮标系统的质量m不变，则有

$$\rho V = \rho_0 V_0 \tag{6.10}$$

即$V=\dfrac{\rho_0}{\rho}V_0$，排水体积的变化量用$\partial V$表示，即

$$\partial V = V - V_0 = \dfrac{\rho - \rho_0}{\rho} V_0 \tag{6.11}$$

由于水体密度的变化量很小，排水体积的变化量也很小，可以认为浮标的吃水横截面积S不变，因而，吃水深度的变化亦即h_{ARP}的变化为

$$\partial h = \dfrac{\partial V}{S} = \dfrac{\rho-\rho_0}{\rho S}V_0 = \dfrac{\rho-\rho_0}{\rho S}\cdot\dfrac{m}{\rho_0} = \dfrac{(\rho-\rho_0)m}{\rho\rho_0 S} \tag{6.12}$$

S可以通过测定静水下浮标的吃水深度并根据浮标的设计规格参数计算得到，水体密度可以根据水温与盐度测量值计算得到，从而能够得到h_{ARP}的变化量∂h。

6.3.2.2 不同海水温度、盐度条件下天线参考点高的变化

许多学者对水体密度与温度、盐度之间的对应关系进行了研究，所得到的水体密度与温度、盐度之间的函数关系差异不大，这里使用1个大气压下水体密度随温度、盐度变化的关系式[25]：

$$\begin{aligned}\rho = &\,(0.999841594+6.793952\times10^{-5}t-9.095290\times10^{-6}t^2+\\&\,1.001685\times10^{-7}t^3-1.120083\times10^{-9}t^4+6.536332\times10^{-12}t^5)+\\&\,(8.25917\times10^{-4}-4.4490\times10^{-6}t+1.0485\times10^{-7}t^2-\\&\,1.2580\times10^{-9}t^3+3.315\times10^{-12}t^4)S_A+\\&\,(-6.33761\times10^{-6}+2.8441\times10^{-7}t-1.6871\times10^{-8}t^2+\\&\,2.83258\times10^{-10}t^3)S_A^{1.5}+\\&\,(5.4705\times10^{-7}-1.97975\times10^{-8}t+1.6641\times10^{-9}t^2-\\&\,3.1203\times10^{-11}t^3)S_A^2\end{aligned} \tag{6.13}$$

式中：ρ为水体密度（g/cm³）；t为温度（℃）；S_A为盐度（‰）。

当水温在0~40℃、盐度在0‰~40‰范围内变化时，由式（6.13）得到的水体密度变化情况如图6.11所示。

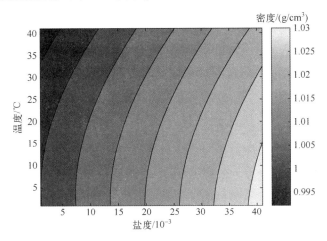

图6.11 水体密度受温度、盐度影响变化示意图（见彩图）

由图6.11可以看出，水的盐度越高，水体密度越大；当水温在4℃以上时，水温越高，密度越小；水体密度在0.996~1.03g/cm³变化，变化幅度达6%。同时，盐度变化相比水温变化对水体密度的影响更大，相同盐度下水体密度随温度的最大变化为7.7×10^{-3}~10.5×10^{-3}g/cm³；相同温度下水体密度随盐度的最大变化为0.033~0.029g/cm³。

设浮标总质量为60kg，吃水横截面面积为0.3m²。以温度为20℃、盐度为30‰时的浮标天线参考点高为参考基准，当水体的温度、盐度发生变化时，浮标天线参考点的变化值∂h随温度、盐度变化如图6.12所示。

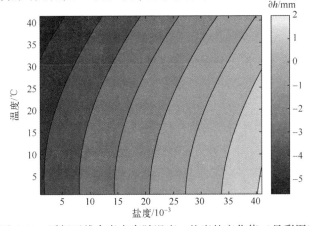

图6.12 浮标天线参考点高随温度、盐度的变化值（见彩图）

由图 6.12 可以看出,若浮标天线参考点高在水温为 20℃、盐度为 30‰ 的条件下进行了标定,当水温在 0~40℃、盐度在 0‰~40‰ 变化时,浮标天线参考点高相对于原标定结果将有最大约 5mm 的变化。对于 cm 级卫星高度计定标精度,有必要对温度、盐度引起的天线参考点高的变化量进行改正。

6.3.2.3 淡水条件下测量浮标天线参考点高的有效性

考虑到室内标定浮标天线参考点高时,淡水相对于一定盐度的海水更易于获取,在淡水条件下标定天线参考点高更易于实施,若是淡水条件下标定天线参考点高的结果同样可用于天线参考点高的改正,则标定工作在淡水中完成可以降低难度并减少工作量。

显然,在淡水条件下测得的天线参考点高同样可用于不同温、盐度条件下浮标天线参考点高的改正,因而,在淡水条件下对浮标天线参考点高进行标定是可行的。假设在 20℃ 淡水条件下进行了天线参考点高的测量,则可得 ∂h 随温度、盐度变化情况如图 6.13 所示。

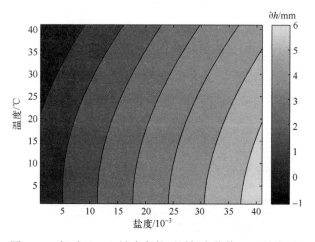

图 6.13　相对于 20℃ 淡水条件下浮标变化值 ∂h（见彩图）

由图 6.13 可以看出,在相同的温度、盐度变化范围内,天线参考点高的变化值 ∂h 相对于 20℃ 淡水条件的天线参考点高的最大变化可达 6mm。显然,淡水中浮标天线参考点高的标定结果不能直接用于海面高测量,而必须使用天线参考点高的变化量对其进行改正。

6.3.2.4 近岸与布设区域温度、盐度对改正量的影响

在一定温度、盐度变化范围内,天线参考点高的变化表现为确定性误差,

虽然变化量仅在 mm 量级，仍然有必要对天线参考点高受温度、盐度影响的差异进行改正。

在 GNSS 浮标布设点附近测量海水温度、盐度的难度与复杂度相比，在近岸海面进行同样的测量要大，在进行浮标天线参考点高变化量的具体改正过程中，可能面临着这样一个工程问题，即是否能够直接在近岸海面对海水温度、盐度进行测量，用该数据计算浮标在布设点处天线参考点高的改正量，从而尽量减少海上作业量。

上述问题涉及两个区域温、盐度的差异有多大。考虑到这两处海域实际上都在同一片海域，相距在 20~30km，两测量点之间的温度、盐度差异应该不大，这里假设两测量点之间的温度差异在 ±5℃、盐度差异在 ±5‰ 范围内。设近岸海面测得的温度范围为 5~35℃、盐度范围为 5‰~35‰，对两个不同测量点对应的不同温度、盐度条件下浮标天线参考点高改正量的差异进行计算，得到相对于近岸海面不同温度、盐度条件下天线参考点高改正量的差异结果（布设区域与近岸海面的温度、盐度在 ±5℃、±5‰ 差异范围内天线参考点高改正量差异绝对值的最大值）如图 6.14 所示。

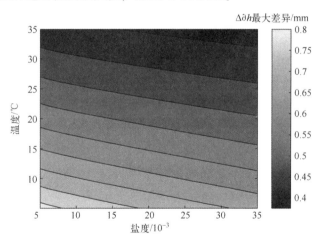

图 6.14 近岸与布设区域温度、盐度差异引起的 ∂h 改正量的最大差异（见彩图）

由图 6.14 可以看出，当浮标布设区域温、盐度与近岸海域相差分别在 ±5℃ 与 ±5‰ 范围内时，两测量条件下天线参考点高改正量的最大值在 0.4~0.8mm 变化，由于该差异与浮标天线参考点高标定过程中的测量误差水平相当，同时又呈现出随机性，因而该差异可以忽略，即可以通过在近岸海面进行海水温度、盐度测量，用所测量数据计算浮标在布设点处天线参考点高的改正量。

6.3.2.5 海水温度、盐度变化特性及对 GNSS 浮标测量值影响

美国国家海洋和大气管理局下设的国家浮标数据中心（NDBC）在环太平洋与环大西洋海域布设了数以百计用于测定并提供海洋环境信息的锚定浮标，这些浮标可测量并传送包含大气压、风向、风速、空气与海水温度、波浪谱等在内的信息，其中部分浮标还具备通过测定海水电导率间接测定海水盐度的功能，这些浮标的测量数据可由 NDBC 官方网站公开获取。文献［26］使用这些锚定浮标的观测数据对海水温度、盐度变化特性进行了分析，基本结论如下：

（1）固定位置海水表面温度、盐度从长期看变化均匀，其中温度的年变化量约在 10℃ 以内，盐度的年变化量约在 5 ‰ 以内（部分区域可能受洋流等影响一段时期内变化增大）。

（2）短期内海水表面温度、盐度的变化较小，其中温度的单日变化量约在 2℃ 以内，盐度的单日变化量约在 2 ‰ 以内。

（3）间隔 60km 范围内，海水表面温度的差异一般在 ±4℃ 以内；间隔 30km 范围内，海水表面盐度的差异一般不超过 ±2 ‰。

由此可知，由于全年海水温度、盐度在一定范围内变化，在不同时间采用 GNSS 浮标进行定标时需要分别测定海水温度、盐度；由于海水温度、盐度的单日变化范围较小，则可以认为浮标单次布设过程天线参考点高受温度、盐度变化的影响很小，每次布设过程只需测定一次海水温度、盐度；可以通过近岸海面测量的海水温度、盐度计算浮标在布设点处天线参考点高改正量。

6.3.3 海浪对 GNSS 浮标定标影响

6.3.3.1 GNSS 浮标随海浪的运动模拟

浮标处于静水中时，浮标中心线与平均水面的交点称为浮标参考点（图 6.9 中的 BRP 点）。天线参考点高 h_{ARP} 即为 ARP 与 BRP 之间的距离，可在静水中标定得到。在动态水面环境之中，受浮标姿态变化影响，ARP 点会偏离原高度，而水面高计算仍然是用 ARP 点高度减去原天线参考点高标定结果，因而，水面高测量结果与实际情况有偏离。

要分析浮标观测结果在海浪条件下的变化过程，首先要对海面波浪进行模拟，并同时模拟浮标在波浪中的倾斜变化。水面波浪可以看作是一平稳随机过程，由多个不同周期和不同随机初始相位的正弦波叠加而成。为简化分

析，将海浪模拟为来源于某单一方向固定频率的正弦波，并假设浮标中的对称浮球在海浪中的吃水程度一致。图 6.15 描述了在海浪条件下浮标跟随海浪运动的瞬时姿态，根据假设，当浮标所在的海面倾斜时，浮标随之倾斜且中心线依然与水面垂直。

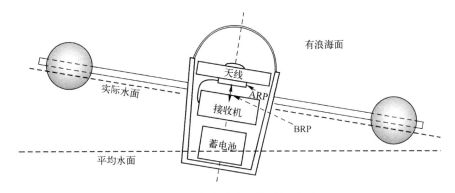

图 6.15 受海浪影响时的浮标示意图

假定单向规则海浪由单个圆频率为 T、振幅为 A、波长为 λ 的正弦波组成，波浪传播方向为 x 轴正向，初始相位为 0，海面波形如图 6.16 所示。

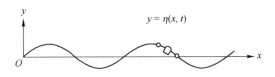

图 6.16 海面波形及浮标位置示意图

设 $\eta(x,t)$ 是横轴坐标值为 x 的固定点处波动水面相对于平均水面在 t 时刻的瞬时高度：

$$\eta(x,t)=A\sin\left(\frac{2\pi}{\lambda}x-\frac{2\pi}{T}t\right) \tag{6.14}$$

设 t 时刻浮标位置如图 6.16 所示，相应的浮标参考点位置如图 6.17 所示。

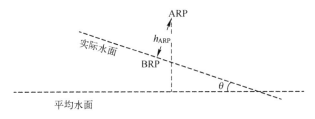

图 6.17 浮标参考点空间位置示意图

记浮标 BRP 点的横轴坐标为 x，则 t 时刻 BRP 点的高度 $H_{BRP}=A\sin(2\pi x/\lambda-2\pi t/T)$，该点的切线斜率 k 为 H_{BRP} 对 x 的导数，即 $k=\mathrm{d}H_{BRP}/\mathrm{d}x=(2\pi/\lambda)A\cos(2\pi x/\lambda-2\pi t/T)$，相对应的图 6.17 中海面倾角 θ 的大小为 $|\arctan k|$（$\theta\in[0,\pi/2)$）。

设平均水面的高度为 0，则 t 时刻对应的 ARP 点高 $H_{ARP}=H_{BRP}+h_{ARP}\cos\theta$。在该种海浪条件下，采用事先标定的天线参考点高 h_{ARP}，则由 GNSS 浮标测得海面高 SSH_{bouy} 应为

$$SSH_{bouy}=H_{ARP}-h_{ARP}=H_{BRP}+h\cos\theta-h_{ARP}=A\sin(2\pi x/\lambda-2\pi t/T)+h_{ARP}\cos(\arctan k)-h_{ARP}$$

(6.15)

6.3.3.2 海浪对 GNSS 浮标海面高测量影响

1) 天线参考点高不同时海面高测量结果比较

若不考虑 GNSS 接收机测量误差，海面高测量值 SSH_{bouy} 是实际海面高 H_{BRP} 的反映，两者之差即为测量误差 SSH_{error}：

$$SSH_{error}=SSH_{bouy}-H_{BRP}=h_{ARP}\cos(\arctan k)-h_{ARP} \qquad (6.16)$$

对 GNSS 浮标测得海面高序列的功率谱分析表明[27]，海浪分量周期主要为 7s、9s、10s、13s 和 15s，海浪总的振幅在 1m 左右。由此将简单海面波浪模拟成周期为 7s、振幅为 1m 的规则海浪，设波浪传播速度为 5m/s，则 $\lambda=5\mathrm{m/s}\times7\mathrm{s}=35\mathrm{m}$。

由式（6.16）可知，当天线参考点高 h_{ARP} 分别为 5cm、10cm、20cm 时，SSH_{error} 的时序变化如图 6.18 所示（设 BRP 点横轴坐标 $x=5\mathrm{m}$，为图示清晰，仅给出 3 个海浪周期的结果），图中实线为海面倾角 θ 的变化（即浮标倾斜的变化），其他 3 条虚线分别对应不同 h_{ARP} 时的 SSH_{error}。由于接收机天线一般置于平均水面之上，故不考虑 $h_{ARP}<0$ 的情况。

由式（6.16）可知，当 $h_{ARP}=0$ 时，$SSH_{error}=0$，该条件下浮标在有限范围内发生倾斜时，不会给天线参考点高带来额外误差。由图 6.18 可以看出，对于所设参数条件，海面倾角最大约 10°；在 $h_{ARP}>0$ 时，测量误差为负，即海面高测量结果低于实际海面高；不同天线参考点高条件下海面高的测量误差与天线参考点高成正比，天线参考点高越大时，海面高测量误差越大；当天线参考点高为 20cm 时，测量误差峰值约 -3.1mm，误差均值约 -1.6mm。

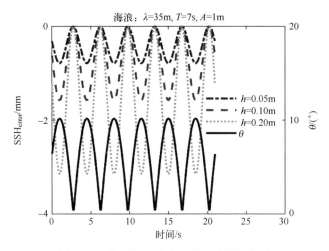

图 6.18　海面倾角变化及海面高测量误差

2）不同海况对海面高测量影响

除了天线参考点高对浮标海面高测量精度有影响之外，也需考虑不同海况的影响。文献［21］所设计浮标的天线参考点高为 2.9cm，此处将其设为 5cm。浮标的海面高测量能力与其自身设计有关，"骑浪式"浮标仅适用于一般海况条件，如 MK Ⅱ 型浮标仅能工作在小于 Beaufort 标准中 3~4 级的海况条件下[21]，这里仅模拟 3~4 级以下海况。

假设海面波浪的传播速度为 5m/s，模拟海浪周期分别为 4s、7s、10s 以及振幅分别为 0.2m、0.5m、1m（分别对应于 Beaufort 标准中 2 级、3 级、3~4 级海况）条件下的误差影响。计算得到的浮标倾斜最大角度如表 6.1 所列，测量海面高误差时序如图 6.19 所示。

表 6.1　不同海况条件下浮标倾斜的最大角度

单位：(°)

海况等级	振幅 A	海浪周期 T		
		4s	7s	10s
2 级	0.2m	3.6	2.1	1.4
3 级	0.5m	8.9	5.1	3.6
3~4 级	1.0	17.4	10.2	7.2

结合表 6.1 与图 6.19，海浪周期越长时，浮标倾斜越小，同时海面高的测量误差越小，如图 6.19（c）中的 SSH_{error} 约为图 6.19（a）中的 1/5；海浪波高越大时，浮标倾斜越大，同时海面高的测量误差越大，如图 6.19 各子图

中 A 每增加 1m 时，SSH_{error} 呈倍数的增大。

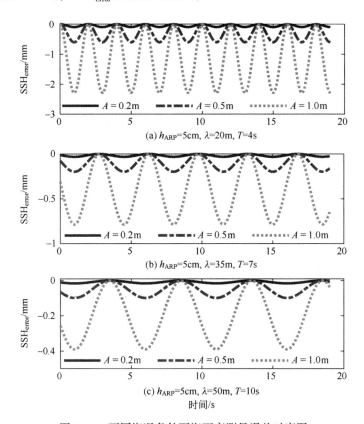

图 6.19 不同海况条件下海面高测量误差时序图

对应于 Beaufort 标准中的 3~4 级海况，海浪振幅最大达 1m，当 A 为 1m 时，对应于图中 3 种海浪周期的最大海面高测量误差 SSH_{error} 分别为 -2.3mm、-0.8mm 和 -0.4mm，相应误差均值为 -1.2 mm、-0.4mm 和 -0.2mm。

应用 GNSS 浮标进行高度计定标时，通常利用卫星过顶前后一段时间的浮标海面高测量值的低通滤波结果估算星下点区域的平均海面高，因而，海浪对浮标的姿态变化影响进而引起的浮标测量海面高与实际平均海面高之间的偏差实际上对应于上述测量误差的均值。对于特定的浮标体，海况一定时，这种测量偏差体现为系统误差。

由上述仿真条件计算的测量偏差在海浪周期为 4s 时最大，对应偏差值为 -1.2mm，因而，对于 cm 量级定标精度，其影响可忽略。然而，对于不同浮标以及不同海况，其影响是不同的，例如，当浮标的天线参考点高为 20cm

时,与-1.2mm相同海况下的测量偏差将变为-4.8mm,此时就不可忽略。

3) GNSS 浮标定标应用建议

为尽可能提高 GNSS 浮标测量海面高的精度,GNSS 浮标用于卫星高度计定标时,需要着重关注:①因测量海面高误差与天线参考点高成正比,故天线参考点高应尽可能地设计为接近于零;②定标场应选择常年海况相对平缓海域,以减少浮标随海浪的倾斜从而减少浮标测量海面高误差;③浮标设计时,应尽量保持浮标在垂直方向的稳定性以减小浮标摆动产生的倾斜。

对于关注点①,若天线参考点高过小,则因天线位置较低,卫星信号易受遮挡,且当天线过于接近水面时,GNSS 信号受海浪影响容易发生失锁,在相对恶劣的环境条件下,信号频繁失锁,将使 GNSS 观测数据的分析和利用变得更为复杂。在进行浮标天线位置设计时,应该至少综合两方面的因素,即天线是否易受遮挡或因海浪等影响而产生信号捕获问题以及天线参考点高尽可能接近于零,这对于浮标的设计提出更高要求。

6.3.4 海面高滤波处理

卫星高度计测量的是星下点足印范围内的平均距离,海面高也是该范围内的平均海面高,而浮标测量的是海面上某点的瞬时高度,因而,原始的浮标海面高观测值不能直接应用于高度计绝对定标计算。另外,GNSS 浮标测量的海面高受 GNSS 测量误差、海浪、浮标姿态变化等影响而存在大量的噪声。在定标应用中,典型做法是先对浮标测量的海面高序列作低通滤波处理,再计算浮标临近区域的平均海面高,然后与卫星测量的海面高进行比较。其中的低通滤波模型在实际应用中没有约定俗成。

常用的数字滤波器包括无限冲激响应(IIR)滤波器与有限冲激响应(FIR)滤波器等。IIR 滤波器只需较少阶次就能达到强衰减,但存在非线性相位的不足;FIR 滤波器可以设计成线性相位,但为了满足过渡带和阻带的强衰减往往需要较高阶数。

高度计绝对定标应用中,通常利用卫星过顶前后数小时的浮标海面高观测数据,通过滤波插值得到卫星过顶时的海面高,过顶之外的海面高不用于后续计算,因而,FIR 滤波器的边界效应对定标应用影响甚微,而其具有精确线性相位的优点正是应用所需。窗函数法是 FIR 滤波器的常用设计方法,一般需要事先确定滤波器的截止频率和阶数。

由测高卫星 1Hz 数据产品计算的 SSH_{alt} 实际上约为卫星地面轨迹 1s 内海面高的测量均值,以 Jason 系列卫星的地面星下点运动速度约为 5.8km/s 为例,SSH_{alt} 约为 5.8km 地面轨迹上平均海面高。由于涌浪、风浪等海浪的波长远小于 5.8km,因而,通过 SSH_{bouy} 求取平均海面高时,涌浪、风浪等信号(频率范围一般在 0.003~1Hz)需要进行滤除。此外,受接收机测量噪声、浮标姿态等影响而产生的 GNSS 浮标观测噪声相对于海浪信号属高频噪声,同样需要进行滤除。

在通过浮标海面高求取平均海面高的应用中,对海面高的滤波处理可以仅保留潮汐的影响部分,比潮汐频率更高的信号可以作为噪声滤除。潮汐周期一般大于数小时,而海浪周期一般小于 5min,两者处于不同频段,因而,从海面高观测数据的谱分析结果能够较为明显地将潮汐信号谱与海浪信号谱进行区分,从而设计出适当的低通滤波器,将海浪以及比海浪频率更高的噪声信号滤除,得到平均海面高。由此,低通 FIR 滤波器截止频率可以根据低频海浪的频率来确定。

滤波器阶数的设计需要顾及两个因素,阶数必须足够高,以满足截止频率等设计需求,但又不宜过高,以减少边界效应影响。令窗函数主瓣近似宽度的一半等于实际的截止频率,可估算得到滤波器长度。归一化主瓣近似宽度 $\Delta\omega_n$ 与截止频率 f_c 的关系可以表示为

$$\frac{f_c}{f_{Nyquist}} = \frac{\Delta\omega_n/2}{\omega_{Nyquist}} \tag{6.17}$$

式中:$f_{Nyquist}$ 与 $\omega_{Nyquist}$ 为奈奎斯特频率的两种表现形式,$f_{Nyquist} = f_s/2$,$\omega_{Nyquist} = \pi rad/s$,$f_s$ 为采样频率,故而

$$f_c = \frac{1}{4} f_s \cdot \frac{\Delta\omega_n}{\omega_{Nyquist}} \tag{6.18}$$

以汉明窗为例,$\Delta\omega_n = 8/N rad/s$,则 $f_c = 2f_s/N$,有 $N = 2f_s/f_c$。据此,对于 1Hz 采样的信号,要设置低通滤波器的截止频率为 0.01Hz,滤波器阶数 N 可设计为 200。根据 f_c 与 N 的关系,当 N 小于该值时,实际截止频率要比设计截止频率大,此时,滤波器的低通设计存在性能方面的缺陷。

关于低通滤波器设计及其在大地测量中应用的更多信息可见参考文献[28]。

6.4 综合绝对定标

6.4.1 综合定标设备配置

为持续地对测高系统的性能进行监测和评估,需要选择合适位置的定标场,并为其配置必要的定标设备。定标场选址的基本原则一般包括以下几方面。

(1) 定标场位于卫星星下点轨迹附近。

(2) 定标场海域能够找到合适的星下比较点,比较点应距离最近海岸 12km 以上,且以比较点为中心的 12km 半径范围内没有大型岛屿。

(3) 比较点距离海岸的距离不宜超过 35km,以利于通过岸上 GNSS 基准站使用差分方式计算比较点海域的基准海面高和通过模型将验潮站观测数据推算至比较点。

(4) 在卫星轨迹到达比较点之前,应具有 20s 左右的有效观测。

(5) 比较点海域的平均海面或水准面起伏尽可能平缓。

(6) 比较点海域有效波高尽可能小。

(7) 比较点海域应尽量避开海上繁忙交通线。

(8) 尽量靠近已有的 SLR 观测站以提高径向定轨精度。

(9) 定标场固定设备安装或观测区域的地面运动应尽可能小,即地质结构应尽可能稳定。

定标场设备配备应能以满足绝对定标精度为目的,可从 3 个方面考虑,即提高高度计测量海面高(SSH_{alt})的精度、提高地面设备测量海面高(基准海面高 SSH_{insitu})的精度、提高基准海面高测量点与星下比较点之间海面高差改正量的精度。

1) 提高高度计海面高测量精度的设备需求

海面高的精确计算,除了高度计的高精度测距之外,还需要卫星的精密轨道和各项误差改正。当前,高精度卫星轨道均依靠多种手段综合实现,如 Jason-2、Jason-3 综合 DORIS、SLR、星载 GNSS 接收机等多种观测信息。星载 GPS 接收机、DORIS 接收机、激光反射器已成为主流测高卫星定轨的标准配置。由于 DORIS 地面信标网的永久信标站在全球分布比较均匀,DORIS 系统能作为一种独立手段完成卫星精密定轨任务,在定标场增设 DORIS 地面信标站并非迫切。相比之下，SLR 测站分布不均匀，定标场附近区域的 SLR 测站对于精密定轨的作用更为明显。哈沃斯特石油平台选址时考虑的重要因素之一是它离加州以及美国西海岸的卫星跟踪站较近；科西嘉岛定标场利用法国的流动激光测距系统，在 2002 年和 2005 年对 Jason-1 的定标任务中发挥了重要作用。为提高卫星轨道的径向精度，在定标场附近建设相应的 SLR 测站是适宜的。

在计算海面高的各项改正中，固体潮、海潮和极潮改正可以通过模型进行计算，其主要与计算点的经纬度和时间有关，电离层延迟主要通过双频测距进行改正，海况偏差改正主要与有效波高和风速有关，故在定标场增加观测设备来提高它们的计算精度不切实际。干对流层延迟与逆气压改正分别与高度计测量区域的海洋表面大气压值相关，1mbar 约分别引入 2.3mm 干对流层延迟计算误差以及 1cm 的逆气压改正误差，通过在定标场设立气压计有助于提高此两项改正项的计算精度。

湿对流层延迟变化较大且难以预测，它是测量偏差的重要来源。近年来的测高卫星都搭载有微波辐射计，用于估计大气中的水汽含量。然而，当卫星星下点靠近陆地时，星载微波辐射计的观测结果会受陆地污染[4]。星载微波辐射计的地面足印半径为 10~20km，该范围内的陆地将直接影响湿对流层延迟的改正精度[22]。文献 [29] 提出了一种卫星星下点靠近陆地时辐射计数据的湿对流层延迟恢复算法，在消除海岸地区陆地的污染影响方面取得较好效果。巴斯定标场在对 Jason-2 卫星高度计进行定标时，将比较点由起初的离岸不到 20km 移至离岸约 25km，目的是减少陆地区域对校正辐射计的观测影响。随着 GNSS 技术的不断发展，利用 GNSS 观测数据验证卫星湿对流层延迟成为主流方法。文献 [22] 使用 GPS 观测量，在 T/P、Jason-1/2 卫星过顶科西嘉岛定标场时恢复湿对流层延迟值，与相应微波辐射计观测量差异的重复性在 1cm 量级，总体差异的均值为零；文献 [5, 30] 使用 GNSS 得到的湿对流层延迟观测量与辐射计观测结果相比较，平均差异小于 1cm 量级。因而，在定标场附近布设合理数量的 GNSS 接收机，用于对星载微波辐射计的性能进行评估是可行的。

2）提高基准海面高测量精度的设备需求

（1）固定平台。类似哈沃斯特石油平台，在卫星轨道的离岸星下点开阔海域建设足够稳定而又不影响卫星高度计测量性能的固定平台，是最稳定、精确获取基准海面高的方法之一。然而，该种固定平台所需投资巨大，同时，由于需要架设得离岸足够远，因而建成后的维护与后勤保障成本高昂，对于单颗卫星高度计的定标而言费用过高而不易实现。满足定标要求的平台在实施定标任务时，还需要配备 GNSS 基准站和验潮站等设施。

（2）验潮站。用于获取海岸边的海面高，观测量为相对值，需要事先确定验潮站参考点的高度基准。一般通过在验潮站附近布设 GNSS 基准站，采用水准测量实现高度基准传递。验潮站至少需要 2 个，以确保实现连续测量和观测量之间的相互比对和验证。

（3）GNSS 浮标。GNSS 浮标可以独立地实现卫星高度计的绝对定标，也可以为锚泊阵列等提供高度基准而间接地用于卫星高度计的定标。GNSS 浮标位置通常采用差分定位获得，需要 2 个以上岸基 GNSS 基准站。考虑到海水温、盐度对 GPS 浮标测量的影响，需要相应的海水温、盐度测量仪。

（4）锚泊阵列。核心传感器为压力仪，用于计算水深；温、盐度传感器为辅助传感器，用于测量海水温、盐度，对水深观测值进行补偿。典型的锚泊阵列如图 6.20 所示[20]，其中，流速计可用于辅助对离岸比较点与海岸之间（非潮汐影响的）的海面高差异进行研究。锚泊阵列只能得到海面高的相对变化，需要 GNSS 浮标为其提供高度基准。

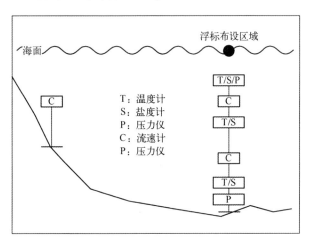

图 6.20　典型的锚泊阵列结构示意图

（5）GNSS 基准站。GNSS 基准站在定标中的作用十分重要，不同定标方法中都需要使用 GNSS 基准站，它用于直接或间接地提供基准海面高测量值在特定参考框架下的高度基准。使用不同定标方法时，GNSS 基准站的布设与应用方法略为不同，基本原则是基准站与使用其作为基准的测量设备之间布设位置尽量接近。

3）设备配置方案

定标场建设所需要的其他通用设备（设施）还包括数据传输系统、供电系统等。数据传输系统用于定标场与外界的数据传输，供电系统为定标场所有设备提供电力支持。建设长期运行的业务定标场时，需要增加这些基础设备和必备的营房等基础设施建设。综合绝对定标场的设备配置方案汇总于表6.2，具体建设定标场时可视情选择。

表6.2 定标场所需设施配置方案

设备	固定平台法	GNSS 浮标法	验潮站法	锚泊阵列法	应答器法
GNSS 基准站	≥1	≥2	≥2	≥1	≥1
验潮站	≥2	—	≥2	1	—
水准仪	1	—	1	—	1
GNSS 浮标	—	≥1	—	≥1	—
锚泊阵列	—	—	—	1	—
温度传感器	—	1	—	1	—
盐度传感器	—	1	—	1	—

注：其他可视情选择的设施包括 SLR 观测站、GNSS 接收机阵列、气压计、湿度计、温度计、数据传输、供电系统等

6.4.2 定标基准建立与统一

6.4.2.1 定标高程基准建立

1）在国际地球参考框架（ITRF）下建立大地高基准

长期运行的 GNSS 基准站可用于建立定标场的大地高基准，其实质是精密计算 GNSS 基准站在 ITRF 下的坐标。GNSS 精密星历是精密计算基准站坐标的基础，而精密星历在 ITRF 下给出，由此求得的测站坐标定义在 ITRF 框架下。同时，卫星精密轨道通常也在 ITRF 下确定，因此，在 ITRF 下建立定标场的高程基准便于各地面设备观测量与卫星高度计的观测结果相比较。

国际上有多款知名的高精度 GNSS 数据处理分析软件，可用于 ITRF 下 GNSS 基准站坐标的高精度解算，如瑞士伯尔尼大学天文研究所研制的 BERNESE 软件、NASA 喷气推进实验室研制的 GIPSY 软件、美国麻省理工学院与斯克里普斯海洋研究所联合开发研制的 GAMIT/GLOBK 软件和我国武汉大学研制的 PANDA 等。

2) GNSS 浮标高程基准统一

应用 GNSS 浮标进行定标时，浮标按照定标要求布设于距 GNSS 基准站 15~25km 的海面星下点附近，GNSS 浮标与岸基 GNSS 基准站同时进行观测，采用差分解算方式解算 GNSS 浮标的坐标即可实现 GNSS 浮标的高程基准统一。GNSS 基准站的精确坐标在 ITRF 中解算，以该坐标为基准，差分解算得到的 GNSS 浮标坐标同样为 ITRF 下的坐标。

3) 验潮站高程基准统一

验潮站测量的是海面高度的相对变化，要得到海面高度的绝对变化，需要首先确定验潮站参考点的高度基准。通过水准测量的方法将验潮站测量系统与 GNSS 基准站相关联，能够将验潮站的高程基准统一至 ITRF 之中，验潮站与 GNSS 基准站之间的简化关联关系如图 6.21 所示。

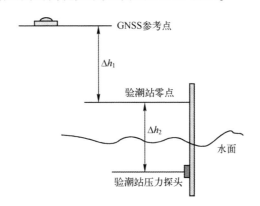

图 6.21　验潮仪高程传递原理图

图 6.21 中，Δh_1 为水准测量得到的 GNSS 参考点到验潮站零点的高差，Δh_2 为验潮站仪器零点到验潮站压力探头处的高差。由 GNSS 参考点在 ITRF 参考框架下的高度 h_{GPS}、Δh_1、Δh_2 以及验潮站读数 d_{TG}（水面到验潮站压力探头处的高度），即可计算得到验潮站测量的 ITRF 下的绝对海面高 d_{TG}，即

$$h_{TG}=h_{GPS}-(\Delta h_1+\Delta h_2)+d_{TG} \tag{6.19}$$

由此可知，即将验潮站观测海面高的高程基准统一于 ITRF 下。

4) 锚泊阵列高程基准统一

与验潮站一样，锚泊阵列测量的也是海面高的相对变化值，要通过锚泊阵列获取海面的绝对高度变化以用于定标计算，需要通过其他设备来提供基准。巴斯定标场采用 GNSS 浮标为海洋学阵列提供高度基准，其过程是：在锚泊阵列布设后将 GNSS 浮标布设于其上方海面，将一段时间内浮标测得的

ITRF下的海面高序列与锚泊阵列海面高的相对变化序列求差值并取平均，即得锚泊阵列在ITRF下的绝对高程基准[20]。

记GNSS浮标获取的ITRF下海面高为h_{bouy}，相同时间段锚泊阵列的读数为$d_{mooring}$，则通过多段时间的连续观测，锚泊阵列的"零点基准"相对于ITRF参考椭球的绝对高度$\Delta h_{mooring\_bouy}$为

$$\Delta h_{mooring\_bouy} = \mathrm{mean}(h_{bouy} - d_{mooring}) \tag{6.20}$$

通过多次同时段的测量并求取$\Delta h_{mooring\_bouy}$，之后锚泊阵列连续测量期间即可由锚泊阵列的观测值$d_{mooring}$得到ITRF下的海面高$h_{mooring}$的连续变化：

$$h_{mooring} = d_{mooring} + \Delta h_{mooring\_bouy} \tag{6.21}$$

由此可知，即将锚泊阵列观测海面高的高程基准统一于ITRF下。

6.4.2.2 平均海面高差计算

测高卫星不同周期的地面轨迹不完全重合，如Jason系列卫星地面轨迹在轨迹法向±1km的范围内变化，因而，各周期卫星高度计测量海面高的位置不完全一致，定标计算中将高度计海面高与基准海面高进行比较时，需要将两种海面高在空间上进行统一，为此，需要确定两测量位置之间的瞬时海面高差或平均海面高差。哈沃斯特与巴斯定标场首先计算比较点附近的海面高梯度，再将梯度与两点之间的距离相乘，得到海面高差改正量[4,6,21]。

平均海面高可以看作大地水准面与平均海面地形的叠加，其中水准面的变化量级较平均海面地形的变化量级大得多。海面高差可通过平均海面高模型计算得到，若忽略短距离内平均海面地形变化的影响，海面高差也可通过水准面模型来近似求取。

得益于数十年卫星测高数据的积累，全球海面高模型的空间分辨率最高达$1'\times 1'$，而地球重力场模型的空间分辨率最高为$5'\times 5'$，因而，通过分辨率较高的平均海面高模型求取海面上临近两点之间的平均海面高差更为准确。

如图6.22所示，AB为卫星地面轨迹，CP点表示比较点，PCA表示轨迹上与CP最接近的点，CP点对应于不同定标方法可以是固定平台或GNSS浮标或锚泊阵列所在位置。

求解CP、PCA两点之间的海面高差，可以首先求解两点之间的海面高梯度（记为grad_{mss}），再与两点之间的距离l相乘。图6.22中，定义y轴正向与北向一致，轨迹法向与y轴的夹角为$\theta([-\pi,\pi]$，以y轴绕原点顺时针方向为正)。

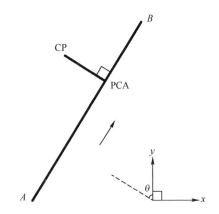

图 6.22 比较点与卫星星下点位置关系示意图

平均海面高模型可采用丹麦科技大学发布的系列模型,如 DTU13 MSS[31]、DTU18 MSS[32] 和 DTU21 MSS[33],它们的空间分辨率均为 $1'\times1'$。CP 与 PCA 之间的距离应小于 1km,可以直接通过求取 CP 点的海面高梯度作为 $grad_{mss}$。为求取 $grad_{mss}$,首先分别求取 x 方向与 y 方向的海面高梯度(分别记为 $grad_x$ 与 $grad_y$)。

以 y 方向为例,说明 $grad_y$ 的求取。设用于计算的模型网格区域如图 6.23 所示,其中 S_1、S_2、N_1、N_2 分别为南、北区域边界处在东西两个方向最接近 CP 的格网点。使用 N 点与 S 点之间的海面高之差除以两点之间的距离 l_{NS},即得 $grad_y$。N 点的海面高可以通过 N_1、N_2 两点的海面高线性插值求得,S 点

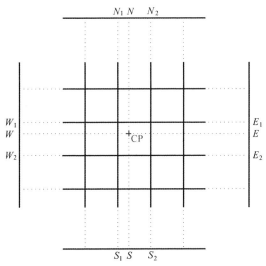

图 6.23 选定格网区域位置关系示意图

海面高的计算类似，因而，有

$$\text{grad}_y = \frac{\text{mss}_N - \text{mss}_S}{l_{NS}} \quad (6.22)$$

x 方向的海面高梯度也可以通过类似方法求取，即

$$\text{grad}_x = \frac{\text{mss}_E - \text{mss}_W}{l_{EW}} \quad (6.23)$$

将 grad_x 与 grad_y 在沿轨法向投影并叠加，即得 CP、PCA 两点之间的海面高梯度 grad_{mss}：

$$\text{grad}_{mss} = \text{grad}_x \sin\theta + \text{grad}_y \cos\theta \quad (6.24)$$

6.4.3 卫星海面高拟合插值

卫星高度计测量的海面高偏差可概括为

$$\text{bias} = \text{SSH}_{alt} - \text{SSH}_{insitu} + \Delta\text{corr} \quad (6.25)$$

式中：Δcorr 指不同定标方法中将 SSH_{alt} 与 SSH_{insitu} 进行空间统一的改正量，如水准面梯度改正等。

因 SSH_{alt} 与 SSH_{insitu} 随时间变化，应用式（6.24）计算 bias 时需要将其插值到相同时刻（TCA）。以 Jason-3 卫星数据为例，要确定高度计测量海面高偏差，则需要通过 GDR 数据拟合插值计算 TCA 时刻卫星测量的海面高 SSH_{alt}，并计算得到相同时刻地面设备观测的海面高 SSH_{insitu}。不同定标场采用的定标方法不同，相应的 SSH_{insitu} 获取方法各不相同，同时，由于不同定标场所处地理位置与环境不同，由 GDR 数据通过式（6.24）计算 TCA 时刻 SSH_{alt} 的过程中各变量的拟合插值策略也不尽相同。

文献 [1] 汇总了哈沃斯特、科西嘉岛、巴斯海峡定标场所用拟合插值的处理策略，不同策略根据定标场的当地环境、卫星过顶的路线、附近陆地分布以及定标计算方法综合考虑得到；结合文献 [34] 给出的哥沃德斯岛定标场的数据处理策略，整理得到 4 个主要定标场用于定标计算的 TCA 时刻不同参数变量拟合插值策略，如表 6.3 所列。

由表 6.3 可知，不同定标场使用的拟合插值策略同而存异，相同之处为用于 TCA 时刻拟合与插值的数据大都采用了星下点在海面期间的测量数据，而较少使用星下点靠近陆地的数据；不同之处在于不同定标场选择的数据拟合的策略不同，主要体现在所用的拟合多项式的阶数不同，例如，对于 Ku 波段测距值的拟合，有的使用五阶多项式拟合，有的使用线性拟合，有的则使

用三阶多项式拟合,事实证明,由这些不同拟合方法得到的计算结果基本一致。

表 6.3 各定标场使用的 TCA 时刻各变量的数据处理策略

参数项	哈沃斯特定标场	科西嘉岛定标场	巴斯海峡定标场	哥沃德斯岛定标场
电离层	TCA 时刻−21s 至 1s 求均值	TCA−21 至−1s 求均值	39°48′S ~ 40°48′S 所有值的平均	TCA−21s 至−1s 求均值
干对流层	TCA−5s 至+2s 线性拟合;在 TCA 时刻插值	TCA−5s 至+2s 线性拟合;在 TCA 时刻插值	比较点两边的 1Hz 数据线性拟合;在 TCA 时刻插值	TCA−7s 至−1s 线性拟合;在 TCA 时刻插值
湿对流层	TCA−15s 至−5s 线性拟合;在 TCA−5s 点插值(为避免距离陆地 30km 范围的干扰)	TCA−15s 至−5s 线性拟合;在 TCA−5s 点插值(为避免距离陆地 30km 范围的干扰)	39°54′S ~ 40°27′数据线性拟合,在 TCA 时刻插值	TCA−15s 至−3s 线性拟合;在 TCA 时刻插值
海况偏差	TCA−10s 至+1.1s 三次拟合;在 TCA 时刻插值	TCA 时刻−10s 至−1s 三次拟合;在 TCA 时刻插值	比较点两边的 1Hz 数据线性拟合;在 TCA 时刻插值	TCA−10s 至+1s 三次拟合在 TCA 时刻插值
Ku 波段测距值	TCA−10s 至+1s 高频数据五阶多项式拟合;在 TCA 时刻插值	沿轨 20km 表面数据求平均	比较点两边的 1Hz 数据线性拟合;在 TCA 时刻插值	三阶多项式拟合
验潮站	TCA−1100s 至+1100s 线性拟合;在 TCA 时刻插值	TCA − 15min 至+15min 线性拟合;在 TCA 时刻插值	线性拟合并在 TCA 时刻插值	前后共 1h 数据曲线拟合,在 TCA 时刻插值

6.4.4 综合定标数据处理

在利用多种定标方法进行综合定标时,可以得到海面高的多个绝对偏差 $\text{bias}_i(i=1,2,\cdots,N)$,如果第 i 个 bias_i 服从均值为 μ_i、标准差为 σ_i 的高斯分布,则利用加权平均法可以得到多个定标结果的融合解为

$$\text{bias} = \sum_{i=1}^{N} w_i \cdot \text{bias}_i \tag{6.26}$$

式中:w_i 为加权因子,取为

$$w_i = \frac{1}{\sigma_i^2 \cdot \sum_{i=1}^{N} \frac{1}{\sigma_i^2}} \tag{6.27}$$

假设各种定标方法得到的 bias_i 之间互不相关,则根据误差传播定律可知,bias 的估计精度为

$$\sigma_{\text{bias}} = \frac{1}{\sqrt{\sum_{i=1}^{N} \frac{1}{\sigma_i^2}}} \tag{6.28}$$

对于验潮站法、GNSS 浮标法和锚泊阵列法而言，在定标基准传递和统一过程中，都直接或间接利用了定标场附近岸基 GNSS 基准站的观测数据，因而，3 种方法的定标结果存在一定的相关性，这点需在利用式（6.28）进行精度估计时予以关注。

6.5 双星跟飞模式相对定标

6.5.1 相对定标计算模型

5.1 节给出了双星跟飞卫星测高模式海面高差测量的基本模型，如果在海面高差中继续顾及其测量偏差 Δbias_{AB}，则可将式（5.3）写成

$$(\Delta \text{SSH}_{AB} + \Delta \text{bias}_{AB}) = \Delta r_{\text{alt}}^{AB} - \Delta h_{\text{alt}}^{AB} - \Delta R_{\text{ion}}^{AB} - \Delta R_{\text{SSB}}^{AB} \tag{6.29}$$

由此得到双星海面高差的系统偏差为

$$\Delta \text{bias}_{AB} = \Delta r_{\text{alt}}^{AB} - \Delta h_{\text{alt}}^{AB} - \Delta R_{\text{ion}}^{AB} - \Delta R_{\text{SSB}}^{AB} - \Delta \text{SSH}_{AB} \tag{6.30}$$

式（6.30）的 ΔSSH_{AB} 本是未知量，此处则可以采用定标场的实测值（参考值）代替。

不妨假设采用 GNSS 浮标直接定标法。A、B 两星过顶定标场时前后相差约 4s 时间，星下点距离不到 2km。如果 GNSS 浮标置于 A、B 两星地面轨迹中间位置，观测时间持续 1h 以上，因解算的动态位置序列需做必要的低通滤波处理，故由 GNSS 浮标确定的定标参考值是星下点附近一定范围内的平均值，该值对于双星跟飞模式的 A、B 两星是近似相等的，由此可以认为 $\Delta \text{SSH}_{AB} \approx 0$。于是，$\Delta \text{bias}_{AB}$ 的确定精度由式（6.30）右端的前 4 项确定，即其等价于 A、B 两星海面高差的测定精度。

根据 5.3 节的讨论，假设高度计测距精度为 1.8cm，星间轨道径向分量的相对精度为 0.5cm，电离层改正差值剩余误差为 0.7cm，海况偏差差值剩余误差为 1.5cm，则 $\delta \Delta \text{bias}_{AB} = 3.1\text{cm}$；若略去电离层改正影响，则 $\delta \Delta \text{bias}_{AB} = 3.0\text{cm}$。若进一步略去海况偏差影响，则 $\delta \Delta \text{bias}_{AB} = 2.6\text{cm}$。经过 10 次独立定标，A、B 两星海面高差偏差的确定精度可以控制在 1cm 以内。

式（6.30）的 ΔSSH_{AB} 也可以通过平均海面高模型进行计算，平均海面高梯

度误差可保守地估计为±0.30cm/km[26]，2km 相对应的海面高差的确定误差约为±0.60cm，相对于高度计测距误差，基本可以忽略不计，仍有$\delta\Delta bias_{AB}=3.1cm$。

6.5.2 对地观测任务阶段相对定标实现

双星跟飞卫星的相对定标可以从两方面实现。其一，与绝对定标一样采用专用定标场，在卫星进入观测任务轨道之前，设定一段时间的特殊定标任务阶段，即通过轨道设计，让双星以较短周期重复性地飞越定标场上空，实施多次定标。其二，在对地观测任务阶段，进行观测任务阶段的定标。这两种方法实际上分别对应于式（6.30）中ΔSSH_{AB}的确定方法。既然两种方法的精度大致相当，那么，第二种方法不依赖于定标场的方法显然是合适选择。此时，相对定标理论上可以在全球海域范围内进行。

在利用式（6.30）估算$\delta\Delta bias_{AB}$时，假设电离层延迟差值的影响不到1cm，其前提是电离层 VTEC 的变化不大。当发生电离层闪烁等极端空间环境现象时，电离层延迟差值的量级可能变大，从而在相对偏差计算中产生更大影响，不利于相对偏差的高精度计算。但因为电离层闪烁等现象绝大部分发生在极区以及赤道等低纬地区的部分时段，其他纬度地区仍适宜于海面高差的相对定标。另外，为了保证卫星高度计的测距精度以得到高精度的相对偏差，需要限定两颗卫星的足迹范围内（如星下点周围 10km 范围内）不应有陆地或大型岛屿。

这种全球海域范围的相对定标方式与基于定标场的绝对定标方式有较大区别。卫星高度计的业务定标场主要用作绝对定标，定标海域均选择在离岸 30km 之内，以便于布设 GNSS 浮标与海洋锚泊阵列等设备以及便于海面高由海岸到星下比较点的传递等。上述相对定标可以通过地面轨迹处于全球诸多海域范围内的数据来实现，不限于某一定标海域。

这种相对定标计算思路，实际上对应了广义上的定标场，正是因为所设计双星跟飞模式的特点使得这种相对定标方式成为可能。它既不限于某固定定标场范围，也不受跟飞模式下卫星长重复周期的设计限制。借助于全球特定纬度范围内的相对定标，可以极大地利用所有测高观测数据，开阔海域的海面特性更适合于高度计的高精度测量，而且避免了陆地对高度计测量系统的干扰，故有望得到高可靠性的相对定标结果。

虽然双星跟飞模式海面高差的相对定标有望通过非固定定标场的广阔海洋实施，然而，绝对定标对于测高卫星仍然有着不可替代的重要作用。

参考文献

[1] BONNEFOND P, HAINES B J, WATSON C. In situ absolute calibration and validation - a link from open-ocean to coastal altimetry//Coastal Altimetry [M]. Springer, 2011.

[2] CHRISTENSEN E J, HAINES B J, KEIHM S J, et al. Calibration of TOPEX/Poseidon at platform Harvest [J]. Journal of Geophysical Research, 1994, 99 (C12): 24465-24485.

[3] BONNEFOND P, EXERTIER P, LAURAIN O. Absolute calibration of Jason-1 and TOPEX/Poseidon altimeters in Corsica [J]. Marine Geodesy, 2003, 26: 261-284.

[4] HAINES B J, DESAI S D, BORN G H. The Harvest experiment: calibration of the climate data record from TOPEX/Poseidon, Jason-1 and the ocean surface topography mission [J]. Marine Geodesy, 2010, 33 (S1): 91-113.

[5] BONNEFOND P, EXERTIER P, LAURAIN O, et al. Absolute calibration of Jason-1 and Jason-2 altimeters in Corsica during the formation flight phase [J]. Marine Geodesy, 2010, 33 (S1): 80-90.

[6] WATSON C, WHITE N, CHURCH J, et al. Absolute calibration in Bass Strait, Australia: TOPEX, Jason-1 and OSTM/Jason-2 [J]. Marine Geodesy, 2011, 34 (3-4): 242-260.

[7] BONNEFOND P, DESJONQUERES J D, HAINES B, et al. Absolute calibration of the TOPEX/POSEIDON and Jason measurement systems: twenty years of monitoring from dedicated sites [C]//20 Years of Progress in Radar Altimetry Symposium Proceedings, Venice, 2013.

[8] HAINES B J, DONG D, BORN G H, et al. The harvest experiment: monitoring Jason-1 and TOPEX/POSEIDON from a California offshore platform [J]. Marine Geodesy, 2003, 26 (3/4): 239-259.

[9] KOLENKIEWICZ R. SEASAT altimeter height calibration [J]. Journal of Geophysical Research, 1982, 87 (C5): 3189-3197.

[10] FRANCIS C R. The height calibration of the ERS-1 radar altimeter [C]//Proceedings of First ERS-1 Symposium on Space at the Service of Our Environment, 1993.

[11] MÉNARD Y, JEANSOU E, VINCENT P. Calibration of the TOPEX/POSEIDON altimeters at Lampedusa: additional results at Harvest [J]. Journal of Geophysical Research, 1994, 99 (C12): 24487-24504.

[12] SHUM C, YI Y, CHENG K, et al. Calibration of JASON-1 altimeter over Lake Erie [J]. Marine Geodesy, 2003, 26: 335-354.

[13] CRÉTAUX J F, CALMANT S, ROMANOVSKI V, et al. Absolute calibration of jason radar altimeters from GPS kinematic campaigns over Lake Issykkul [J]. Marine Geodesy, 2011, 34 (3/4): 291-318.

[14] HAINES B, DESAI S D, KUBITSCHEK D, et al. A brief history of the Harvest experiment: 1989-2019 [J]. Advances in Space Research, 2021, 68 (2): 1161-1170.

[15] SHAH R, GARRISON J, LI Z, et al. Coastal application of sea surface height measurement using direct broadcast satellite signals [C]//IEEE International Geoscience and Remote Sensing Symposium. IEEE, 2018: 7676-7679.

[16] BONNEFOND P, EXERTIER P, LAURAIN O, et al. Leveling the sea surface using a GPS-catamaran special issue: Jason-1 calibration/validation [J]. Marine Geodesy, 2003, 26 (3/4): 319-334.

[17] BONNEFOND P, EXERTIER P, LAURAIN O, et al. Corsica: a 20-Yr multi-mission absolute altimeter calibration site [J]. Advances in Space Research, 2021, 68 (2): 1171-1186.

[18] WHITE N J, COLEMAN R, CHURCH J A, et al. A southern hemisphere verification for the TOPEX/POSEIDON satellite altimeter mission [J]. Journal of Geophysical Research, 1994, 99 (C12): 24505-24516.

[19] WATSON C, COLEMAN R, WHITE N, et al. Absolute calibration of TOPEX/Poseidon and Jason-1 using GPS buoys in Bass Strait, Australia special issue: Jason-1 calibration/validation [J]. Marine Geodesy, 2003, 26 (3/4): 285-304.

[20] WATSON C, WHITE N, COLEMAN R, et al. TOPEX/Poseidon and Jason-1: absolute calibration in bass strait, Australia [J]. Marine Geodesy, 2004, 27 (1-2): 107-131.

[21] WATSON C S. Satellite altimeter calibration and validation using GPS buoy technology [D]. Tasmania, Australia: University of Tasmania, 2005.

[22] MERTIKAS S P, IOANNIDES R T, TZIAVOS I N, et al. Statistical models and latest results in the determination of the absolute bias for the radar altimeters of Jason satellites using the Gavdos facility [J]. Marine Geodesy, 2010, 33 (S1): 114-149.

[23] HAUSLEITNER W, MOSER F, DESJONQUERES J D, et al. A new method of precise Jason-2 altimeter calibration using a microwave transponder [J]. Marine Geodesy, 2012, 35 (sup1): 337-362.

[24] CHENG K C, KUO C Y, TSENG H Z, et al. Lake surface height calibration of Jason-1 and Jason-2 over the Great Lakes [J]. Marine Geodesy, 2010, 33 (S1): 186-203.

[25] MILLERO F J, CHEN C T, BRADSHAW A, et al. A new high pressure equation of state for seawater [J]. Deep Sea Research Part A. Oceanographic Research Papers, 1980, 27 (3/4): 255-264.

[26] 管斌. 海洋测高卫星高度计定标理论与方法研究 [D]. 郑州: 信息工程大学, 2017.

[27] KELECY T, BORN G, ROCKEN C. GPS buoy and pressure transducer results from the August 1990 Texaco Harvest oil platform experiment [J]. Marine Geodesy, 1992, 15 (4): 225-243.

[28] 孙中苗. 航空重力测量理论、方法及应用研究 [D]. 郑州：信息工程大学，2004.

[29] BROWN S. A novel near-land radiometer wet path-delay retrieval algorithm: application to the Jason-2/OSTM advanced microwave radiometer [J]. Geoscience and Remote Sensing, IEEE Transactions Geoscience Remote Sensing, 2010, 48 (4): 1986-1992.

[30] MERTIKAS S P, DASKALAKIS A, TZIAVOS I N, et al. First calibration results for the SARAL/AltiKa altimetric mission using the gavdos permanent facilities [J]. Marine Geodesy, 2015, 38 (S1): 249-259.

[31] ANDERSEN O B, KNUDSEN P, STENSENG L. The DTU13 MSS (mean sea surface) and MDT (mean dynamic topography) from 20 years of satellite altimetry [C]//IGFS 2014. Springer, Cham, 2015: 111-121.

[32] ANDERSEN, O B, KNUDSEN P, STENSENG L. A new DTU18 MSS mean sea surface: improvement from SAR altimetry [C]//Abstract from 25 years of progress in radar altimetry symposium. Portugal, 2018.

[33] ANDERSEN O B, ABULAITIJIANG A, ZHANG S, et al. A new high resolution mean sea surface (DTU21MSS) for improved sea level monitoring [EB/OL]. [2023-09-05]. https://meetingorganizer.copernicus.org/EGU21/EGU21-16084.html.

[34] MERTIKAS S P, DASKALAKIS A, TZIAVOS I N, et al. Altimetry, bathymetry and geoid variations at the Gavdos permanent Cal/Val facility [J]. Advances in Space Research, 2013, 51: 1418-1437.

第7章 卫星测高反演海洋重力场

7.1 引 言

海洋重力场研究主要包含3个内容,即海洋重力异常(或扰动重力)、海洋垂线偏差、海洋大地水准面,垂线偏差前面已经论述,这里重点讨论重力异常、扰动重力和大地水准面。在反演海洋重力异常方面,国内外学者进行了大量研究,常用的方法包括逆威宁曼尼兹方法、逆斯托克斯方法及最小二乘配置法,其中逆威宁曼尼兹方法在实际计算中表现较优,成为目前主要采用的方法。在确定海洋大地水准面方面有两种思路:一是由垂线偏差反演大地水准面;二是在获得重力异常/扰动基础上利用司托克斯方法、莫洛琴斯基方法、霍廷方法确定大地水准面。在确定海洋垂线偏差方面也有两种思路:一是利用大地水准面确定垂线偏差;二是在获得重力异常基础上利用威宁曼尼兹方法反演垂线偏差。理论上分析,如果观测数据及计算过程不存在误差,则各种海洋重力场元素的求解思路是等价的(图7.1)。

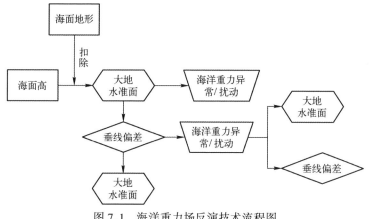

图7.1 海洋重力场反演技术流程图

但若观测数据存在误差，此时，不同的求解思路可能会存在一定的差异，显然，这种差异是客观存在的，因此，本书的重点是研究提高海洋重力场解算准确性的确定方法。考虑到海洋测高卫星观测数据量巨大，构建一种快速而又不损失精度的计算方法也成为精细重力场反演的主要关键问题。在海洋重力场数据生成方面，虽然国外目前已经发布了1′格网分辨率的重力数据库，但测高卫星的真实分辨率是否如此还需要用实测数据进行探讨。此外，扰动重力作为重力异常的"孪生兄弟"，在海洋重力场、海底地形反演中是否有其独到之处也需要进行深入研究。

7.2 海洋重力异常反演

7.2.1 逆斯托克斯法

由物理大地测量基本理论可知，大地水准面上一点 P 的重力异常可表示如下：

$$\Delta g_p = -\frac{\partial T}{\partial r} - \frac{2}{r}T \tag{7.1}$$

由布隆斯公式可得

$$N_p = \frac{T_p}{\gamma} \tag{7.2}$$

将式（7.2）代入式（7.1），并作球近似后得

$$\Delta g_p = -\gamma \frac{\partial N_p}{\partial r} - \frac{2\gamma}{R} N_p \tag{7.3}$$

大地水准面的径向导数可表示如下：

$$\left. \frac{\partial N_p}{\partial r} \right|_R = -\frac{1}{R} N_p + \frac{R^2}{2\pi} \int_{\lambda'=0}^{2\pi} \int_{\theta'=0}^{\pi} \frac{N_q - N_p}{l_0^3} \sin\theta' \mathrm{d}\theta' \mathrm{d}\lambda' \tag{7.4}$$

综合可得，由大地水准面起伏推求重力异常的逆斯托克斯公式为

$$\Delta g_p = -\frac{\gamma}{R} N_p - \frac{\gamma}{16\pi R} \iint_\sigma \frac{N_q - N_p}{\sin^3 \frac{\psi}{2}} \mathrm{d}\sigma \tag{7.5}$$

式（7.5）离散化后可写为

$$\Delta g_p = -\frac{\gamma}{R} N_p - \frac{\Delta\phi\Delta\lambda}{16\pi R} \gamma \sum_{\phi_q=\phi_1}^{\phi_n} \sum_{\lambda_q=\lambda_1}^{\lambda_n} \left[(N_q - N_p) \cos\phi_q \right] \cdot S(\psi) \tag{7.6}$$

式中：R 为地球平均半径；N_p、N_q 分别为计算点 p 和流动点 q 处的大地水准面起伏；$\Delta\phi$、$\Delta\lambda$ 分别为网格在纬度方向和经度方向上的间隔；$S(\psi)$ 为

$$S(\psi)=\frac{1}{\left[\sin^2(\phi_p-\phi)/2+\sin^2(\lambda_p-\lambda)/2\cdot\cos\phi_p\cos\phi\right]^{3/2}} \tag{7.7}$$

当 $\psi\to 0$ 时，式 (7.7) 会出现奇异问题，这种奇异很难从理论上进行彻底解决，文献 [1] 提出了一种解决思路，即将积分区域分为内区 Δg_i 和外区 Δg_e，在内区将核函数简化得到

$$S(\psi)=\frac{8}{\psi^3} \tag{7.8}$$

Δg_i 利用极坐标表示得到

$$\Delta g_{pi}=-\frac{\gamma}{R}N_p-\frac{\gamma}{2\pi R}\int_{\alpha=0}^{2\pi}\int_{\psi=0}^{\psi_0}\frac{N_q-N_p}{\psi^3}\mathrm{d}\sigma \tag{7.9}$$

考虑到

$$R^2\mathrm{d}\sigma=s\mathrm{d}s\mathrm{d}\alpha \tag{7.10}$$

$$\frac{1}{\psi^3}\doteq\frac{R^3}{s^3} \tag{7.11}$$

则

$$\Delta g_{pi}=-\frac{\gamma}{R}N_p-\frac{\gamma}{2\pi R}\int_{\alpha=0}^{2\pi}\int_{s=0}^{s_0}(N_q-N_p)\frac{R}{s^2}\mathrm{d}s\mathrm{d}\alpha \tag{7.12}$$

为了解析化，将 N_q 在平面局部坐标系（图 7.2）中泰勒级数展开。

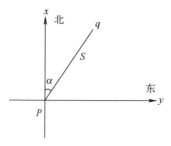

图 7.2 平面局部坐标系

于是有

$$N_q=N_p+xN_x+yN_y+\frac{1}{2!}(x^2N_{xx}+y^2N_{yy}+2xyN_{xy})+\cdots \tag{7.13}$$

式中：N_x、N_{xx} 分别表示在 x 方向上的一阶、二阶导数。考虑到 $x=s\cos\alpha$，$y=s\sin\alpha$，同时忽略式 (7.13) 中二次以上小项得到

$$\Delta g_{pi} = -\frac{\gamma}{R}N_p - \frac{\gamma}{4\pi}\int_{\alpha=0}^{2\pi}\int_{s=0}^{s_0}(s^2\cos\alpha^2 N_{xx} + s^2\sin\alpha^2 N_{yy})\frac{1}{s^2}dsd\alpha$$

$$= -\frac{\gamma}{R}N_p - \frac{\gamma}{4\pi}\int_{s=0}^{s_0}(\pi N_{xx} + \pi N_{yy})ds \qquad (7.14)$$

$$= -\frac{\gamma}{R}N_p - \frac{\gamma}{4}(N_{xx} + N_{yy})s_0$$

7.2.2 逆威宁曼尼兹法

由逆威宁曼尼兹公式可得一点重力异常的表达式为

$$\Delta g(\phi_p,\lambda_p) = \frac{\gamma}{4\pi R}\iint_\sigma\left(3\csc\psi - \csc\psi\csc\frac{\psi}{2} - \tan\frac{\psi}{2}\right)\frac{\partial N}{\partial \psi}d\sigma \qquad (7.15)$$

式中

$$\frac{1}{R}\frac{\partial N}{\partial \psi} = \xi\cos\alpha + \eta\sin\alpha \qquad (7.16)$$

上式采用了莫洛金斯基构造的核函数，同时也可以采用文献［2］的核函数求解重力异常，其核函数形式为

$$H(\psi_{pq}) = \frac{1}{\sin\frac{\psi_{pq}}{2}} + \ln\left(\frac{\sin^3\frac{\psi_{pq}}{2}}{1+\sin\frac{\psi_{pq}}{2}}\right) \qquad (7.17)$$

当 $\psi\to 0$ 时，式（7.15）也会出现奇异问题，同样即将积分区域分为内区 Δg_i 和外区 Δg_e 分别进行计算。

考虑到 $\sin\frac{\psi}{2}\doteq\frac{\psi}{2}$，在内区将核函数 $M(\psi) = 3\csc\psi - \csc\psi\csc\frac{\psi}{2} - \tan\frac{\psi}{2}$ 简化得到

$$M(\psi) = \frac{3}{\psi} - \frac{1}{\psi}\frac{2}{\psi} - \frac{\psi}{2} = \frac{3}{\psi} - \frac{2}{\psi^2} - \frac{\psi}{2} = \frac{3R}{s} - \frac{2R^2}{s^2} - \frac{s}{2R} \qquad (7.18)$$

Δg_p 利用极坐标表示得到

$$\Delta g(\phi_p,\lambda_p) = \frac{\gamma}{4\pi R^2}\int_{\alpha=0}^{2\pi}\int_{s=0}^{s_0}\left(\frac{3R}{s} - \frac{2R^2}{s^2} - \frac{s}{2R}\right)(\xi_q\cos\alpha + \eta_q\sin\alpha)sdsd\alpha$$

$$= \frac{\gamma}{4\pi R^2}\int_{\alpha=0}^{2\pi}\int_{s=0}^{s_0}\left(\frac{3R}{s} - \frac{2R^2}{s^2} - \frac{s}{2R}\right)(\xi_q\cos\alpha + \eta_q\sin\alpha)sdsd\alpha$$

$$(7.19)$$

则为了进一步解析化，将 ξ_q、η_q 泰勒级数展开得到

$$\xi_q = \xi_p + x\xi_x + y\xi_y + \frac{1}{2!}(x^2\xi_{xx} + y^2\xi_{yy} + 2xy\xi_{xy}) + \cdots \tag{7.20}$$

$$\eta_q = \eta_p + x\eta_x + y\eta_y + \frac{1}{2!}(x^2\eta_{xx} + y^2\eta_{yy} + 2xy\eta_{xy}) + \cdots \tag{7.21}$$

式中：$x = s\cos\alpha$；$y = s\sin\alpha$；η_x、η_{xx} 分别为 x 方向上的一阶、二阶导数；η_y、η_{yy} 分别为 y 方向上的一阶、二阶导数；ξ_x、ξ_{xx} 含义同上。

考虑到垂线偏差子午分量在东西方向上的偏导数为零，即

$$\begin{cases} \xi_y = 0 \\ \xi_{yy} = 0 \\ \xi_{xy} = 0 \end{cases} \tag{7.22}$$

垂线偏差卯酉分量在南北方向上的偏导数为零，即

$$\begin{cases} \eta_x = 0 \\ \eta_{xx} = 0 \\ \eta_{xy} = 0 \end{cases} \tag{7.23}$$

因此，ξ_q、η_q 可简化为

$$\xi_q = \xi_p + s\cos\alpha\xi_x + \frac{1}{2!}(s^2\cos^2\alpha\xi_{xx}) + \cdots \tag{7.24}$$

$$\eta_q = \eta_p + s\sin\alpha\eta_y + \frac{1}{2!}(s^2\sin^2\alpha\eta_{yy}) + \cdots \tag{7.25}$$

将其代入式（7.19）得

$$\begin{aligned}\Delta g(\phi_p, \lambda_p) = & \frac{\gamma}{4\pi R^2} \int_{\alpha=0}^{2\pi} \int_{s=0}^{s_0} \left(\frac{3R}{s} - \frac{2R^2}{s^2} - \frac{s}{2R}\right) \cdot \\ & \left[\xi_p\cos\alpha + s\cos^2\alpha\xi_x + \frac{1}{2}(s^2\cos^3\alpha\xi_{xx}) + \cdots + \right. \\ & \left. \eta_p\sin\alpha + s\sin^2\alpha\eta_y + \frac{1}{2}(s^2\sin^3\alpha\eta_{yy}) + \cdots\right] s ds d\alpha\end{aligned} \tag{7.26}$$

由于

$$\int_0^{2\pi}\sin\alpha d\alpha = \int_0^{2\pi}\cos\alpha d\alpha = \int_0^{2\pi}\sin\alpha\cos\alpha d\alpha = 0 \tag{7.27}$$

忽略 1 次项以上小项，得

$$\begin{aligned}\Delta g(\phi_p, \lambda_p) &= \frac{\gamma}{4\pi R^2} \int_{s=0}^{s_0} \left(\frac{3R}{s} - \frac{2R^2}{s^2} - \frac{s}{2R}\right) s^2 ds(\pi\xi_x + \pi\eta_y) \\ &= \frac{\gamma}{4\pi} \int_{s=0}^{s_0} \left(\frac{3s}{R} - 2 - \frac{s^3}{2R^3}\right) ds(\pi\xi_x + \pi\eta_y)\end{aligned}$$

$$= \frac{-\gamma s_0}{2}(\xi_x + \eta_y) \tag{7.28}$$

该式与文献[2]导出的公式相差一个负号，主要在于方位角的定义是相反的。

7.2.3 最小二乘配置法

最小二乘配置法属于一种经典方法，可以联合不同类型的重力场参量数据确定重力异常，求解的数值稳定性好，结果平滑，目前在利用测高数据恢复海洋重力场中得到比较广泛的应用。在近海、浅滩区域，将船测重力等资料与海洋测高垂线偏差数据联合，用配置法求解重力异常，能有效降低近海海域卫星回波信号受到陆地、岛屿等的干扰而造成的海面高误差，进而提高海洋重力异常反演精度。这一方法由于确定协方差函数和相应协方差矩阵计算工作量巨大，适用于局部小范围计算。

在不考虑系统参数条件下，任一重力场的扰动场元都可表示为

$$l_i = L_i T + n_i, \quad i = 1, 2, \cdots, q \tag{7.29}$$

或

$$l_i = t_i + n_i, \quad l = t + n \tag{7.30}$$

式中：L_i 为线性泛函算子；n 为观测噪声；t 为 l 的信号部分，则有最小二乘预估公式，见文献[3]：

$$\hat{S} = C_{st}(C_{tt} + C_{nn})^{-1} l \tag{7.31}$$

式中：$\hat{S}$ 为待估信号；$C_{st} = C_{sl}$，$C_{tt} = C_{ll}$ 以及 C_{nn} 为协方差矩阵，可由相应的已知协方差函数确定。

在采用最小二乘配置法处理不同重力场参量数据时，需要根据扰动位的协方差函数 $K(P, Q)$ 推导出其他扰动场元（如 Δg、N、ξ、η）所有的协方差。

利用配置方法反演海洋重力异常，通常采用"移去-恢复"处理技术并以参考重力场作为先验信息。由大地水准面高估算重力异常 $\Delta \hat{g}$ 及其精度 $m_{\Delta g}^2$ 的数学式如下：

$$\Delta \hat{g} = C_{\Delta gh}(C_{hh} + D)^{-1}(h - h_{\text{ref}}) + \Delta g_{\text{ref}} \tag{7.32}$$

$$m_{\Delta g}^2 = C_{\Delta g \Delta g} - C_{\Delta gh}(C_{hh} + D)^{-1} C_{h\Delta g} \tag{7.33}$$

式中：$\Delta \hat{g}$ 为推估的重力异常；h 为由测高推估的大地水准面起伏"观测"矢量（需由 SSH 扣除海面地形后得到）；$C_{\Delta gh}$ 为推估重力异常和大地水准面的互协方差；C_{hh} 为大地水准面高的自协方差阵；D 为"观测"的大地水准面误差

协方差对角矩阵,其对角元素是测高观测值的方差;$C_{\Delta g \Delta g}$为推估的重力异常自协方差矩阵,可由参考重力场得出;h_{ref}和Δg_{ref}分别为参考重力场的大地水准面和重力异常在推估点处的值;$m_{\Delta g}$为推估重力异常的标准差。

由垂线偏差两分量估算重力异常$\Delta \hat{g}$及其精度$m_{\Delta g}^2$的表达式如下:

$$\Delta \hat{g} = (C_{\Delta g \xi}, C_{\Delta g \eta}) \begin{bmatrix} C_{\xi\xi}+D_{\xi} & C_{\xi\eta} \\ C_{\eta\xi} & C_{\eta\eta}+D_{\eta} \end{bmatrix}^{-1} \begin{pmatrix} \xi-\xi_{ref} \\ \eta-\eta_{ref} \end{pmatrix} + \Delta g_{ref} \quad (7.34)$$

$$m_{\Delta g}^2 = C_{\Delta g \Delta g} - (C_{\Delta g \xi}, C_{\Delta g \eta}) \begin{bmatrix} C_{\xi\xi}+D_{\xi} & C_{\xi\eta} \\ C_{\eta\xi} & C_{\eta\eta}+D_{\eta} \end{bmatrix}^{-1} \begin{bmatrix} C_{\xi \Delta g} \\ C_{\eta \Delta g} \end{bmatrix} \quad (7.35)$$

式中:$C_{\Delta g \xi}$和$C_{\Delta g \eta}$为重力异常与垂线偏差的互协方差;$C_{\xi\xi}$和$C_{\eta\eta}$为垂线偏差的自协方差。

7.3 海洋扰动重力反演

传统的海洋重力场一般是指由各种观测手段获得的重力异常,随着空间大地测量学及物理大地测量学的发展,扰动重力较重力异常表现出更多优势。首先,海洋区域由于海面高的高度由卫星测高技术直接测得,扰动重力的确定可以避免重力异常计算过程中的归算问题,因此,扰动重力的确定要比重力异常精确。其次,从物理大地测量边值问题理论出发,以扰动重力为观测数据的霍廷公式在实际计算中具有一定的优势[4-7]。基于上述原因,越来越多的学者研究将扰动重力作为地球重力场的基础数据。文献[8]给出了利用垂线偏差反演重力异常的频域计算公式,然而,少有文献讨论由卫星测高数据反演径向扰动重力的解析计算公式及实现方法。

7.3.1 大地水准面高反演扰动重力

大地水准面上一点P的扰动重力与扰动位的关系,在球近似情况下可表示为

$$\delta g_p = g_p - \gamma_p = -\left(\frac{\partial W}{\partial r} - \frac{\partial U}{\partial r}\right) = -\frac{\partial T_p}{\partial r} \quad (7.36)$$

考虑到$T_p = \gamma_p N_p$,则

$$\delta g_p = -\frac{\partial (\gamma_p N_p)}{\partial r} \quad (7.37)$$

大地水准面的径向导数为（球近似）

$$\frac{\partial N_p}{\partial r} = -\frac{1}{R}N_p + \frac{R^2}{2\pi}\iint_\sigma \frac{N-N_p}{l^3}\mathrm{d}\sigma \qquad (7.38)$$

代入式（7.36）得大地水准面反演扰动重力的公式：

$$\delta g_p = \frac{\gamma_p}{R}N_p - \frac{\gamma_p R^2}{2\pi}\iint_\sigma \frac{N-N_p}{l^3}\mathrm{d}\sigma \qquad (7.39)$$

7.2.1 节给出了由大地水准面反演重力异常的逆司托克斯公式，利用重力异常与扰动重力的转换关系也可以得到上述的大地水准面反演扰动重力的公式，这里不再详述。

7.3.2 垂线偏差反演扰动重力

大地水准面高在球近似下表示为

$$N(\varphi,\lambda) = R\sum_{n=2}^{\infty}\sum_{m=0}^{n}\sum_{\alpha=0}^{1} C_{nm}^{\alpha} Y_{nm}^{\alpha}(\varphi,\lambda) \qquad (7.40)$$

扰动重力在球近似下可以表示如下：

$$\delta g_p = \gamma_0 \sum_{n=2}^{\infty}(n+1)\sum_{m=0}^{n}\sum_{\alpha=0}^{1} C_{nm}^{\alpha} Y_{nm}^{\alpha}(\varphi,\lambda) \qquad (7.41)$$

引入核函数 $K(\psi_{pq})$

$$K(\psi_{pq}) = \sum_{n=2}^{\infty}\frac{(2n+1)}{n}P_n(\cos\psi_{pq}) \qquad (7.42)$$

考虑到

$$P_n(\cos\psi_{pq}) = \frac{1}{2n+1}\sum_{m=0}^{n}\sum_{\alpha=0}^{1} Y_{nm}^{\alpha}(\varphi_p,\lambda_p)Y_{nm}^{\alpha}(\varphi_q,\lambda_q) \qquad (7.43)$$

将式（7.43）代入式（7.42），得

$$\iint_\sigma \nabla_q K(\psi_{pq}) \cdot \nabla_q N(q) \mathrm{d}\sigma_q$$

$$= R\iint_\sigma \left[\sum_{n=2}^{\infty}\frac{1}{n}\sum_{m=0}^{n}\sum_{\alpha=0}^{1} Y_{nm}^{\alpha}(p)\nabla_q Y_{nm}^{\alpha}(q)\right] \times \left[\sum_{n=2}^{\infty}\sum_{m=0}^{n}\sum_{\alpha=0}^{1} C_{nm}^{\alpha}\nabla_q Y_{nm}^{\alpha}(q)\right]\mathrm{d}\sigma_q$$

$$= R\sum_{n=2}^{\infty}\frac{1}{n}\sum_{m=0}^{n}\sum_{\alpha=0}^{1} C_{nm}^{\alpha} Y_{nm}^{\alpha}(p) \times \iint_\sigma [\nabla_q Y_{nm}^{\alpha}(q) \cdot \nabla_q Y_{nm}^{\alpha}(q)]\mathrm{d}\sigma_q$$

$$(7.44)$$

式中：∇_q 为梯度算子，且

$$\nabla_q = \left(\frac{\partial}{\partial \varphi} \quad \frac{\partial}{\cos\varphi \, \partial \lambda} \right) \tag{7.45}$$

考虑到

$$\iint_\sigma [\nabla_q Y_{nm}^\alpha(q) \cdot \nabla_q Y_{nm}^\alpha(q)] \mathrm{d}\sigma_q = 4\pi n(n+1) \tag{7.46}$$

则式 (7.44) 转化为

$$\iint_\sigma \nabla_q K(\psi_{pq}) \cdot \nabla_q N(q) \mathrm{d}\sigma_q = 4\pi R \sum_{n=2}^\infty (n+1) \sum_{m=0}^n \sum_{\alpha=0}^1 C_{nm}^\alpha Y_{nm}^\alpha(p) \tag{7.47}$$

对比式 (7.47) 和式 (7.41) 得到

$$\delta g_p = \frac{\gamma_0}{4\pi R} \iint_\sigma \nabla_q K(\psi_{pq}) \cdot \nabla_q N(q) \mathrm{d}\sigma_q \tag{7.48}$$

考虑到

$$\sum_{n=0}^\infty P_n(\cos\psi) = \frac{1}{2\sin\frac{\psi}{2}} \tag{7.49}$$

$$\sum_{n=1}^\infty \frac{1}{n} P_n(\cos\psi) = -\log\left[\sin\frac{\psi}{2}\left(1 + \sin\frac{\psi}{2}\right)\right] \tag{7.50}$$

$$P_0 = 1, \quad P_1 = \cos\psi \tag{7.51}$$

则核函数 $K(\psi_{pq})$ 的闭合形式如下：

$$\begin{aligned} K(\psi_{pq}) &= \sum_{n=2}^\infty \frac{(2n+1)}{n} P_n(\cos\psi_{pq}) \\ &= \sum_{n=2}^\infty \left(2 + \frac{1}{n}\right) P_n(\cos\psi_{pq}) \\ &= \frac{1}{\sin\frac{\psi}{2}} - 2 - 3\cos\psi - \log\left[\sin\frac{\psi}{2}\left(1 + \sin\frac{\psi}{2}\right)\right] \end{aligned} \tag{7.52}$$

核函数 $K(\psi_{pq})$ 的导数推导如下：

$$K(\psi_{pq})' = \frac{-\cos\frac{\psi}{2}}{2\sin^2\frac{\psi}{2}} - \frac{\cos\frac{\psi}{2}\left(1 + 2\sin\frac{\psi}{2}\right)}{2\sin\frac{\psi}{2}\left(1 + \sin\frac{\psi}{2}\right)} + 3\sin\psi \tag{7.53}$$

由于

$$\frac{\partial \psi_{pq}}{\partial \phi_q} = -\cos\alpha_{qp}, \quad \frac{\partial \psi_{pq}}{\partial \lambda_q} = -\cos\phi_q \sin\alpha_{qp} \tag{7.54}$$

可将式（7.48）转化为

$$\delta g_p = \frac{\gamma}{4\pi} \iint_\sigma (K' \cdot \cos\alpha \cdot \xi + K' \cdot \sin\alpha \cdot \eta) d\sigma \qquad (7.55)$$

式中：ξ、η 分别为垂线偏差的子午分量和卯酉分量。

根据经典物理大地测量理论，由垂线偏差的南北和东西分量可确定扰动重力的纬度分量与经度分量，即

$$\begin{cases} \delta g_\varphi = -\gamma \xi \\ \delta g_\lambda = -\gamma \eta \end{cases} \qquad (7.56)$$

综合利用式（7.55）和式（7.56）即可由垂线偏差获得空间一点的三维扰动重力矢量，这为卫星测高数据的推广应用提供了理论支撑。

7.3.3 海洋扰动重力反演的频域形式

该方法最早由文献［8］提出，本章进行重新梳理。

考虑到扰动位 T 是调和函数，因此，T 满足如下拉普拉斯方程：

$$\frac{\partial T^2}{\partial x^2} + \frac{\partial T^2}{\partial y^2} + \frac{\partial T^2}{\partial z^2} = 0 \qquad (7.57)$$

在空间直角坐标系下，扰动重力及垂线偏差的卯酉分量、子午分量可表示如下：

$$\delta g = -\frac{\partial T}{\partial z} \qquad (7.58)$$

$$\xi = -\frac{\partial T}{\gamma \partial y} \qquad (7.59)$$

$$\eta = -\frac{\partial T}{\gamma \partial x} \qquad (7.60)$$

将以上 3 式代入式（7.57），得到

$$\frac{\partial \delta g}{\partial z} = -\gamma_0 \left(\frac{\partial \xi}{\partial y} + \frac{\partial \eta}{\partial x} \right) \qquad (7.61)$$

按照上述思路，也可以得到重力异常梯度与垂线偏差梯度之间的关系：

$$\frac{\partial \Delta g}{\partial z} = \frac{2\gamma_0}{R^2} N + \frac{\gamma_0}{R} \xi \tan\phi - \gamma_0 \left(\frac{\partial \xi}{\partial y} + \frac{\partial \eta}{\partial x} \right) \qquad (7.62)$$

考虑到傅里叶变换在求导数时的性质，对式（7.61）进行傅里叶变换后可得

$$Ft\left(\frac{\partial \delta g}{\partial z} \right) = -2\pi i \gamma_0 (u Ft(\xi) + v Ft(\eta)) \qquad (7.63)$$

u、v 分别表示 x、y 方向上的空间频率，即

$$Ft(\delta g(z)) = Ft(\delta g(z=0))\exp(-2\pi|k|z) \quad (7.64)$$

将上式求导（并令 $z=0$）得

$$Ft\left(\frac{\partial \delta g}{\partial z}\right) = -Ft(\delta g(z=0))2\pi|k| \quad (7.65)$$

式中：$|k|=\sqrt{u^2+v^2}$，结合式（7.64）得

$$Ft(\delta g(z=0)) = \frac{i\gamma_o}{|k|}(uFt(\xi)+vFt(\eta)) \quad (7.66)$$

上式即利用垂线偏差反演扰动重力的频域形式。

7.4 海洋重力场反演的精确快速方法

随着卫星测高技术发展，观测数据的数量大幅提升，计算方法的精确性和快速性成为制约重力场应用的主要问题。为了解决计算慢的问题，诸多学者较早研究分析了 FFT 在重力场反演中的应用[9-12]，国内学者对此也开展了深入细致的研究[13-15]，特别是文献［16］在二维 FFT 算法应用上，开展了详细的研究和分析。FFT 算法可提高计算速度，但是直接用于重力场反演时将产生混叠、边缘效应等问题，这些问题使得重力场反演的精度有所下降。针对以上问题，考虑到一维球面 FFT 算法相比较于其他算法更为精确，本节结合一维球面 FFT 算法提出解决上述问题的方法并进行计算分析。

将目前反演重力异常方法抽象化，则重力异常 Δg 可看作观测量 O_b 与核函数 $H(\phi,\lambda)$ 在计算区域的积分：

$$\Delta g = \int_\sigma O_b \cdot H(\phi,\lambda)d\sigma \quad (7.67)$$

同时，由卷积定义可知，Δg 可看作观测量 O_b 与核函数 $H(\phi,\lambda)$ 关于经度 λ 的卷积，即

$$\Delta g = O_b * H(\lambda) \quad (7.68)$$

利用 FFT 及卷积定理可得

$$\text{FFT}(\Delta g) = \text{FFT}(O_b) \cdot \text{FFT}(H(\lambda)) \quad (7.69)$$

$$\Delta g = \text{IFFT}\{\text{FFT}(O_b) \cdot \text{FFT}(H(\lambda))\} \quad (7.70)$$

式中：IFFT 为逆 FFT 变换。

对于一维球面 FFT 算法而言，在每一纬度圈进行 FFT 计算，而在经度方

向上进行求和运算，此时，O_b 与核函数 $H(\lambda)$ 可看作两个离散的实数序列，序列长度是同一纬度圈被计算点的格网数 n。如果直接进行 FFT 计算，则如前所述是不准确的，为了解决这一问题，首先对核函数 $H(\lambda)$ 进行分析，对于同一纬度圈而言，在解析公式计算中核函数 $H(\lambda)$ 实际组成了一个 n 维的对称阵或反对称阵 H_M，而此时 O_b 序列组成一个观测矩阵 O_M，即

$$\Delta g = H_M \cdot O_M \tag{7.71}$$

对于一个卷积计算，如下式：

$$Y = A * a \tag{7.72}$$

式中：A、a 为两个序列，其中 $a = a_k (k=0,1,\cdots,n)$。

如果由序列 a 组成了一个循环矩阵 C，即

$$C = \begin{pmatrix} a_0 & a_{n-1} & a_{n-2} & \cdots & a_{n-2} & a_1 \\ a_1 & a_0 & a_1 & \cdots & a_{n-1} & a_2 \\ \vdots & \vdots & \vdots & & \vdots & \vdots \\ a_{n-1} & a_{n-2} & a_{n-3} & \cdots & a_1 & a_0 \end{pmatrix} \tag{7.73}$$

则有

$$Y = A * a = \text{IFFT}\left[\text{FFT}(a) \cdot \text{FFT}(A)\right] = C \cdot A \tag{7.74}$$

由循环矩阵的这个特点可知，如果核函数 $H(\lambda)$ 组成的矩阵是一个循环矩阵，则可以直接利用一维球面 FFT 算法获得与原解析表达式同样精度的结果。如果核函数 $H(\lambda)$ 不能构成循环矩阵，则需要将核函数序列 $H(\lambda)$ 进行改造，增加 $n-2$ 个数，然后 $H(\lambda)$ 变成新的序列 $H(\lambda)_{\text{new}}$：

$$H(\lambda)_0, H(\lambda)_1, H(\lambda)_2, \cdots, H(\lambda)_{n-1}, H(\lambda)_{n-2}, \cdots, H(\lambda)_1 \tag{7.75}$$

同时，O_b 也增加 $n-2$ 个零值，形成新的序列 $O_{b\text{new}}$，则

$$\Delta g_{\text{new}} = O_{b\text{new}} * H(\lambda)_{\text{new}}$$
$$= \text{IFFT}\left[\text{FFT}(O_{b\text{new}}) \cdot \text{FFT}(H(\lambda)_{\text{new}})\right] \tag{7.76}$$
$$= H_{M\text{new}} \cdot O_{M\text{new}}$$

式中：$H_{M\text{new}}$、$O_{M\text{new}}$ 分别为 $H(\lambda)_{\text{new}}$、$O_{b\text{new}}$ 组成的矩阵。重要的是，$H_{M\text{new}}$ 的前 $n \times n$ 个元素正好构成矩阵 H_M，因此，Δg_{new} 的前 n 个序列是我们所求的 Δg。

利用上述快速算法得到逆斯托克斯方法计算全球重力异常的表达式如下：

$$\Delta g_p = \frac{\gamma}{R} N_p \frac{\Delta\phi\Delta\lambda}{4\pi R} \gamma \left\{ F^{-1}\left[F(N_q \cos\phi_q) \cdot F\{Z(\psi)\}\right] - N_p F^{-1}\left[F(\cos\phi_q) \cdot F(Z(\psi))\right] \right\} \tag{7.77}$$

令

$$\mathrm{IV}_\xi = \left(3\csc\psi - \csc\psi\csc\frac{\psi}{2} - \tan\frac{\psi}{2}\right)\cos\alpha$$

$$= \left[\frac{\cos\phi_p\sin\phi - \sin\phi_p\cos\phi\cos(\lambda_p - \lambda)}{4\sin^3\frac{\psi}{2}\left(1 - \sin^2\frac{\psi}{2}\right)}\right] \cdot \left(-2\sin^3\frac{\psi}{2} + 3\sin\frac{\psi}{2} - 1\right)$$

(7.78)

$$\mathrm{IV}_\eta = \left(3\csc\psi - \csc\psi\csc\frac{\psi}{2} - \tan\frac{\psi}{2}\right)\sin\alpha$$

$$= -\left[\frac{\cos\phi\sin(\lambda_p - \lambda)}{4\sin^3\frac{\psi}{2}\left(1 - \sin^2\frac{\psi}{2}\right)}\right] \cdot \left(-2\sin^3\frac{\psi}{2} + 3\sin\frac{\psi}{2} - 1\right)$$

(7.79)

则由逆威宁曼尼兹公式计算全球重力异常的精确快速算法如下：

$$\Delta g(\phi_p, \lambda_p) = \frac{\gamma}{4\pi}\iint_\phi \left\{\begin{array}{l}[\xi(\phi_p, \lambda)\cos\phi_q] * \mathrm{IV}_\xi(\phi_p, \phi, \lambda_p - \lambda) + \\ [\eta(\phi_p, \lambda)\cos\phi_q] * \mathrm{IV}_\eta(\phi_p, \phi, \lambda_p - \lambda)\end{array}\right\}\mathrm{d}\phi$$

$$= \frac{\gamma}{4\pi}F_1^{-1}\left\{\iint_\phi \left\{\begin{array}{l}F_1[\xi(\phi_p, \lambda)\cos\phi_q] \cdot F_1[\mathrm{IV}_\xi(\phi_p, \phi, \lambda_p - \lambda)] + \\ F_1[\eta(\phi_p, \lambda)\cos\phi_q] \cdot F_1[\mathrm{IV}_\eta(\phi_p, \phi, \lambda_p - \lambda)]\end{array}\right\}\mathrm{d}\phi\right\}$$

$$= \frac{\gamma\Delta\phi\Delta\lambda}{4\pi}F_1^{-1}\left\{\sum_{\phi_q=\phi_1}^{\phi_n}\begin{array}{l}F_1[\xi(\phi_q, \lambda)\cos\phi_q] \cdot F_1[\mathrm{IV}_\xi(\phi_p, \phi_q, \lambda_p - \lambda_q)] + \\ F_1[\eta(\phi_q, \lambda)\cos\phi_q] \cdot F_1[\mathrm{IV}_\eta(\phi_p, \phi_q, \lambda_p - \lambda_q)]\end{array}\right\}$$

(7.80)

海洋扰动重力反演的精确快速方法可以参考以上思路进行，主要区别在于核函数不同。

7.5 海洋重力场反演计算

7.5.1 海洋重力场仿真计算

为了验证重力场反演算法，利用 EGM2008 模型生成全球 2.5′×2.5′大地水准面。EGM2008 模型由美国地理空间情报局于 2008 年发布，该模型可扩展至 2190 阶 2159 次，模型构建过程中广泛采用了包括卫星重力、卫星测高在内的全球重力数据，在描述重力场低频甚至中高频部分都有较大的提高[17]。

首先利用模型大地水准面按照 7.3.1 节方法反演海洋扰动重力，然后在大地水准面基础上生成 2.5′垂线偏差（图 7.3 和图 7.4），并利用 7.3.2 节方法反演海洋扰动重力，将上述两种扰动重力进行比较分析。

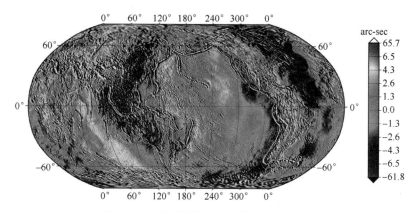

图 7.3　全球垂线偏差卯酉分量（见彩图）

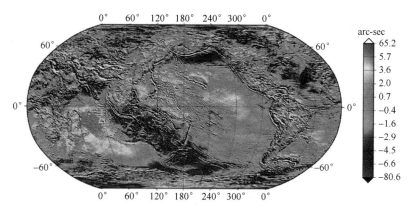

图 7.4　全球垂线偏差子午分量（见彩图）

对采用上述两种方法获得的扰动重力与 EGM2008 模型 2.5′格网中心扰动重力点值进行比较，比较范围是 50°N~0°N、0°E~180°E，去除大于 10mGal 的数值占总数 1.2%。比较结果如表 7.1 所列。

表 7.1　两种方法获得的扰动重力与 EGM2008 模型扰动重力比较结果

单位：mGal

使用方法	最小值	最大值	平均值	标准差
逆斯托克斯方法	-9.9	10.0	-0.8	2.7
逆威宁曼尼兹方法	-7.8	10.0	0.0	1.8

其次进行局部区域扰动重力计算，使用的数据是 EGM2008 地球重力场模型生成的 2.5′分辨率大地水准面及垂线偏差数据，数据范围是 110°E~120°E，

纬度范围是 $10°N \sim 20°N$。实际计算时采用 7.4 节的改进方法，得到局部区域海洋扰动重力。

由于解析算法结果与快速算法完全一样，因此不再单独列出。通过比较分析，精确快速算法在不降低计算精度的同时计算速度提高了 20 倍左右（以全球计算 $2.5°$ 数据为例）。为了对两种反演方法进行对比，以局部区域反演为例，对由大地水准面和垂线偏差分别计算的扰动重力进行比较，差值均值为 -0.4mGal，差值标准差为 0.8mGal，最大和最小差值分别为 14.7mGal、-17.4mGal，表明两种反演方法非常一致。

为进一步说明扰动重力快速算法的有效性，将两种方法获得的扰动重力转化为重力异常，再与 DTU10 模型重力异常进行比较，结果如表 7.2 所列。可见，利用模型数据按照快速方法解算得到的重力异常与 DTU10 模型值有约 3mGal 差异，基本符合海洋重力场的实际精度。

表 7.2　两种方法获得的重力异常与 DTU10 模型重力异常的比较结果

单位：mGal

反演方法	最小值	最大值	平均值	标准差
大地水准面反演	-51.5	49.4	1.1	3.4
垂线偏差反演	-59.5	46.2	0.2	3.0

7.5.2　海洋重力场实测数据反演计算

利用 ERS-1、Jason-1 卫星的大地测量任务数据开展海洋重力场反演计算。ERS-1 数据为 168 天大地测量任务阶段数据，Jason-1 卫星数据为 500~537 周期的大地测量阶段 1Hz GRD 数据。计算区域选择我国南海局部海域，范围为 $10°N \sim 20°N$、$110°E \sim 120°E$，区域内水域深且海底地形复杂，具有一定代表性。计算时，先采用反距离加权法形成格网海面高数据，再构成格网垂线偏差，然后按照精确快速算法进行求解，并以船测重力异常为参考进行精度比较和评估。

Jason-1 卫星数据在该区域的地面覆盖密度如图 7.5 所示。可见，Jason-1 卫星大地测量阶段的地面数据覆盖整体上较为均匀，但在某些上升或下降阶段的区域数据存在缺失，Jason-1 的海面高数据分辨率在 $3'$ 左右。ERS-1 数据在该区域的分辨率与 Jason-1 卫星类似，因此将重力异常数据的分辨率定为 $3'$。

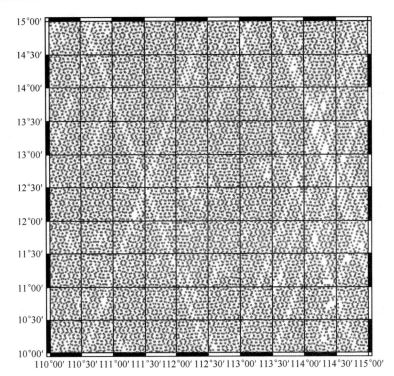

图 7.5 Jason-1 局部区域观测点分布图

利用 ERS-1 数据、Jason-1 数据和 ERS-1+Jason-1 数据分别反演得到局部区域的重力异常，图 7.6 示出了 ERS-1 数据和 ERS-1+Jason-1 数据的反演结果。3 种反演结果与相同区域的船测重力异常（3′分辨率）进行比较，比较区域为 16°N~20°N、110°E~115°E，计算所用数据区域为 15°N~21°N、109°E~116°E。比较时，剔除互差大于 50mGal 的点，统计结果如表 7.3 所列。

表 7.3 反演重力异常与船测重力异常比较的统计结果

单位：mGal

比 较 项 目	最 大 值	最 小 值	标 准 差	平 均 值
ERS-1	49.8	−48.6	10.8	−8.1
ERS-1+Jason-1	49.9	−49.8	8.9	−7.4
Jason-1	47.0	−39.9	7.4	1.1
ERS-1*	48.9	−49.7	10.8	−1.3
DTU 10	49.3	−49.5	6.7	0.2

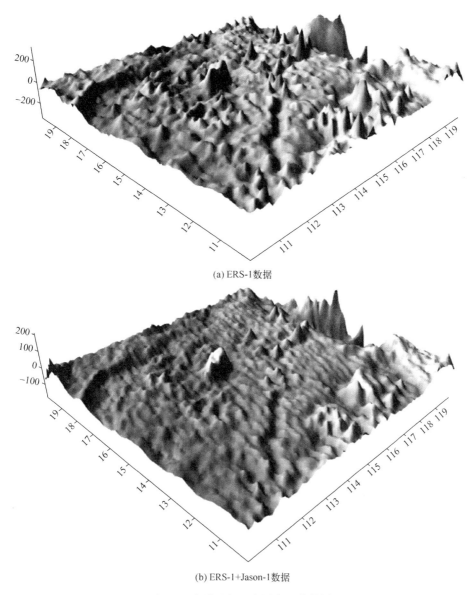

(a) ERS-1 数据

(b) ERS-1+Jason-1 数据

图 7.6 海域局部重力异常反演结果

从表 7.3 可以看出，单独使用 Jason-1 数据的反演效果最好，单独使用 ERS-1 数据的反演效果最差，且存在较大系统差，联合使用 ERS-1、Jason-1 数据的反演效果介于 ERS-1 和 Jason-1 之间。ERS-1 数据反演精度较差源于数据本身的观测精度不高，系统差则是因为 ERS-1 数据的坐标基准未与船测重力基准（采用 WGS84 椭球）对齐而直接参与计算。Jason-1 卫星的坐标基准与 WGS84 椭球一致，因此不存在大的偏差，但精度偏低。为解决

多代测高数据之间坐标基准不统一的问题,可采用文献[18]给出的如下改正公式:

$$dh = -Wda + \frac{a}{W}(1-f)\sin^2\phi df \qquad (7.81)$$

式中:dh 表示由一种坐标基准向另一基准转换得到的海面高改正量;da 表示两个参考椭球长半轴之差;df 表示两个参考椭球扁率之差;$W=\sqrt{1-e^2\sin^2\phi}$。按照上述公式重新利用 ERS-1 数据反演重力异常,选择相同的区域进行比较,结果见表 7.3 第 5 行(ERS-1*)。

为进一步比较反演效果,选取丹麦科技大学发布的 DTU10 局部区域重力异常与船测重力数据进行比较。比较区域为 16°N~20°N、110°E~115°E,比较点数量 6349 个,剔除互差大于 50mGal 的点(共计 13 个),船测与反演结果的互差统计于表 7.3 第 6 行。

可以看出,单独使用 Jason-1 卫星数据的反演效果比 DTU10 模型的精度偏低 0.7mGal,考虑到 DTU10 模型综合使用了多代多颗测高卫星数据,因此,Jason-1 卫星数据的重力场反演效果与实际相符。进一步,采用精确快速方法,基于 Jason-1 卫星数据以及 DTU10 海面地形模型反演了北半球(0°N~60°N)海域的扰动重力,格网分辨率为 3′,示于图 7.7。

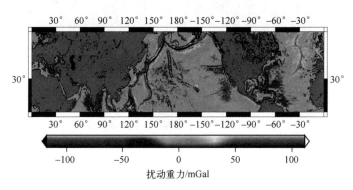

图 7.7 Jason-1 卫星数据反演北半球海域重力场(见彩图)

在重力场反演中,为了考察误差改正项的影响,在不进行传播误差、地球物理改正、环境误差改正的情况下,重新反演北半球海域扰动重力场,积分范围为 0°N~60°N、0°E~360°E。利用 EGM2008 大地水准面模型转换为重力异常后与船测重力异常进行比较,比较区域为 16°N~20°N、110°E~115°E,结果统计于表 7.4。

表 7.4　Jason-1 卫星数据反演北半球海域重力场

单位：mGal

项　目	最 大 值	最 小 值	平 均 值	标 准 差
加误差改正项	45.6	-30.8	1.0	7.2
不加误差改正项	57.2	-35.2	1.4	7.5

从表 7.4 可见，不加误差改正项时，标准差增大约 0.3mGal，系统偏差增加约 0.4mGal。从数值上看，误差改正项对重力场反演影响不大，这意味着，在求解垂线偏差过程中，很多误差可能已经抵消或极大降低，这与第 6 章中对各项误差改正项具有系统误差特征的分析结论是一致的。另一原因可能是由于 Jason-1 卫星 1Hz 数据的分辨率勉强达到 3′，而在格网化过程中，势必会在计算点周围引入更多观测点，在一定程度上起平滑作用，从而降低观测数据误差的自身影响。

7.6　大地水准面计算

7.6.1　基于赫尔默特第二压缩法的大地水准面计算

根据大地边值问题的定义，基于重力异常反演大地水准面属于第三大地边值问题，而基于扰动重力反演大地水准面属于第二大地边值问题。边值理论解算（似）大地水准面时要求边界面外不存在地形质量，对此，可通过赫尔默特第二压缩法将边界面外的地形压缩成覆盖在边界面上的质量薄层，即利用赫尔默特第二压缩法求解第二大地边值问题。

将利用赫尔默特第二压缩法把边界面外地形压缩成覆盖在边界面上的质量薄层后的空间称为赫尔默特空间。由于边界面外的真实空间存在地形质量，不满足霍廷积分的条件，而赫尔默特空间在边界面外不存在地形质量（即赫尔默特空间具有调和性质），因此将扰动重力转化到赫尔默特空间后可进行霍廷积分运算，最终得到的赫尔默特（似）大地水准面也要再恢复到真实空间。

将边界面外真实地形产生的引力位标记为 V^t，压缩地形产生的引力位标记为 V^c，二者之差为残余地形位 δV（即 $\delta V = V^t - V^c$）。

扰动位 T 为重力位 W 与正常重力位 U 之差，即

$$T = W - U = V^g + V^t + V^\omega - U \tag{7.82}$$

式中：V^ω 为离心位；V^g 为边界面内地形产生的引力位。将边界面外压缩地形

产生的扰动位称为赫尔默特扰动位 T^H，则有

$$T^H = V^g + V^c + V^\omega - U = T - \delta V \quad (7.83)$$

下面给出球近似下霍廷-赫尔默特边值问题的理论方法。第二大地边值问题是以扰动重力作为边值条件，即

$$\left.\frac{\partial T}{\partial r}\right|_E = -\delta g^* \quad (7.84)$$

式中：E 为参考椭球面；δg^* 为参考椭球面上的扰动重力。将扰动位与赫尔默特扰动位之间的关系式（7.83）代入式（7.84）可得霍廷-赫尔默特边值问题的边值条件为

$$\left.\frac{\partial T^H}{\partial r}\right|_E = -\left(\delta g + \frac{\partial \delta V}{\partial r}\right)^* \quad (7.85)$$

右端括号中的量即为赫尔默特扰动重力，将其记为 δg^H：

$$\delta g^H = \delta g + \delta A \quad (7.86)$$

式中：δA 为地形压缩对重力产生的直接影响，其与残余地形位的关系式为 $\delta A = \partial \delta V / \partial r$。式（7.85）实际上是第二大地边值条件在赫尔默特空间的表示，根据霍廷理论以及布隆斯公式可得到下列积分解式：

$$\begin{cases} \zeta^H = \dfrac{R}{4\pi\gamma} \iint_{\Omega_0} (\delta g^H)^* H(r_P, \psi) \mathrm{d}\Omega' \\ N^H = \dfrac{R}{4\pi\gamma_0} \iint_{\Omega_0} (\delta g^H)^* H(\psi) \mathrm{d}\Omega' \end{cases} \quad (7.87)$$

式中：ζ^H、N^H 分别为赫尔默特高程异常与赫尔默特大地水准面高，赫尔默特空间的（似）大地水准面通常称为调整（似）大地水准面，其与真实空间高程异常/大地水准面高的关系式为

$$\begin{cases} \zeta^H + \delta\zeta = \dfrac{T^H(P)}{\gamma} + \dfrac{\delta V(P)}{\gamma} = \dfrac{T(P)}{\gamma} = \zeta \\ N^H + \delta N = \dfrac{T^H(P_0)}{\gamma_0} + \dfrac{\delta V(P_0)}{\gamma_0} = \dfrac{T(P_0)}{\gamma_0} = N \end{cases} \quad (7.88)$$

式中：ζ 为高程异常；N 为大地水准面高；γ 为地面点的正常重力；γ_0 为参考椭球面上投影点（即 Q_0）的正常重力；$\delta\zeta$ 为地形压缩对似大地水准面产生的间接影响，其与残余地形位的关系为 $\delta\zeta = \delta V(P)/\gamma$；$\delta N$ 为地形压缩对大地水准面产生的间接影响，其与残余地形位的关系为 $\delta N = \delta V(P_0)/\gamma_0$。

最终可得到霍廷-赫尔默特边值理论求解（似）大地水准面的计算公式为

$$\begin{cases} \zeta = \dfrac{R}{4\pi\gamma} \iint_{\Omega_0} (\delta g + \delta A)^* H(r_P, \psi) d\Omega' + \delta\zeta \\ N = \dfrac{R}{4\pi\gamma_0} \iint_{\Omega_0} (\delta g + \delta A)^* H(\psi) d\Omega' + \delta N \end{cases} \quad (7.89)$$

应用赫尔默特第二压缩法时需先指定使用的压缩准则。采用不同的压缩准则时，压缩地形的面密度是不同的，因此，产生的直接、间接影响也存在差异。由于直接、间接影响由同一个压缩过程产生，不管采用何种压缩准则，应确保直接、间接影响使用一致的压缩准则。目前，主要有 3 种压缩面密度模型。

（1）平均密度原则。使用此压缩准则时压缩面密度为

$$\sigma = \rho h \quad (7.90)$$

式中：σ 为压缩地形的面密度；ρ 为地形质量的密度；h 为地形网格单元的高程。

（2）质量守恒原则。使用此压缩准则时压缩面密度为

$$\sigma = \rho h \left(1 + \frac{h}{R} + \frac{h^2}{3R^2}\right) \quad (7.91)$$

式中：R 为地球平均半径；其他符号含义同上。

（3）质心不变原则。使用此压缩准则时压缩面密度为

$$\sigma = \rho h \left(1 + \frac{3h}{2R} + \frac{h^2}{R^2} + \frac{h^3}{4R^3}\right) \quad (7.92)$$

7.6.2 节地形影响算法均采用式（7.91）的质量守恒原则。若使用其他压缩准则，只需将算法中的压缩面密度替换为其他压缩准则下对应的压缩面密度即可。

7.6.2 大地水准面计算的解析延拓算法

考虑到赫尔默特压缩的复杂处理过程，有必要研究直接应用海面扰动重力计算大地水准面的方法，这里重点考虑以扰动重力为观测值的解析延拓解法。在解析延拓中将海面一点 p 的扰动重力 δg_p 延拓至对应该点的水准面得到 $\delta g'_p$，此时可得

$$\delta g'_p = \delta g_p + \sum_{n=1}^{\infty} g_{pn} \quad (7.93)$$

其中 g_{pn} 项为

$$g_{pn} = -\sum_{m=1}^{n} H_p^m D_{Lm}(g_{p,n-m}) \quad (7.94)$$

式中：D_{Lm} 为垂线方向导数算子，即

$$D_{Ln} = \frac{1}{n} D_{L1}(D_{Ln-1}) \quad (7.95)$$

h_p 表示点 p 相对于该水准面的高度，g_{p2} 项为

$$g_{p2} = -h_p D_{L1}(g_{p1}) - h_p^2 D_{L2}(\delta g_p) \quad (7.96)$$

$D_{L1}(\delta g_p)$ 即扰动重力的径向导数，其计算公式为

$$D_{L1}(\delta g_p) = \frac{\partial \delta g_p}{\partial r}\bigg|_R = \frac{R^2}{2\pi} \int_{\lambda'=0}^{2\pi} \int_{\theta'=0}^{\pi} \frac{(\delta g - \delta g_p)}{l_0^3} \sin\theta' d\theta' d\lambda' \quad (7.97)$$

由调和函数性质可以得到，$r\delta g$ 也为调和函数，因此，满足球谐函数 $V_p(r,\theta,\lambda)$ 的求导公式：

$$\frac{\partial V_p}{\partial r}\bigg|_R = -\frac{1}{R} V_p + \frac{R^2}{2\pi} \int_{\lambda'=0}^{2\pi} \int_{\theta'=0}^{\pi} \frac{V - V_p}{l_0^3} \sin\theta' d\theta' d\lambda' \quad (7.98)$$

将 $r\delta g$ 代入式（7.98）并推导得到

$$\frac{\partial^2(\delta g_p)}{\partial r^2}\bigg|_R = -\frac{3}{R} \frac{\partial \delta g_p}{\partial r}\bigg|_R + \frac{R^2}{2\pi} \int_{\lambda'=0}^{2\pi} \int_{\theta'=0}^{\pi} \frac{\frac{\partial \delta g}{\partial r} - \frac{\partial \delta g_p}{\partial r}\big|_R}{l_0^3} \sin\theta' d\theta' d\lambda'$$

$$(7.99)$$

将式（7.99）代入式（7.96）可以得到解析延拓 g_{p2} 项如下：

$$g_{p2} = \frac{h_p^2}{2} \left(-\frac{3}{R} \frac{\partial \delta g_p}{\partial r}\bigg|_R + \frac{R^2}{2\pi} \int_{\lambda'=0}^{2\pi} \int_{\theta'=0}^{\pi} \frac{\frac{\partial \delta g}{\partial r} - \frac{\partial \delta g_p}{\partial r}\big|_R}{l_0^3} \sin\theta' d\theta' d\lambda' \right)$$

$$(7.100)$$

由于 $-\frac{3}{R} \frac{\partial \delta g_p}{\partial r}\bigg|_R$ 数值很小，可以忽略此项，考虑更高阶的扰动重力导数，其形式可表述为

$$\frac{\partial^n(\delta g_p)}{\partial r^n}\bigg|_R = \frac{R^2}{2\pi} \int_{\lambda'=0}^{2\pi} \int_{\theta'=0}^{\pi} \frac{\frac{\partial^{n-1} \delta g}{\partial r^{n-1}} - \frac{\partial^{n-1} \delta g}{\partial r^{n-1}}\big|_R}{l_0^3} \sin\theta' d\theta' d\lambda' \quad (7.101)$$

由文献［19］可知，重力异常的高阶求导形式如下：

$$\frac{\partial^n(\Delta g_p)}{\partial r^n}\bigg|_R = \frac{R^2}{2\pi} \int_{\lambda'=0}^{2\pi} \int_{\theta'=0}^{\pi} \frac{\frac{\partial^{n-1} \Delta g}{\partial r^{n-1}} - \frac{\partial^{n-1} \Delta g}{\partial r^{n-1}}\big|_R}{l_0^3} \sin\theta' d\theta' d\lambda' \quad (7.102)$$

以扰动重力为观测值的解析延拓解与以重力异常为观测值的解析延拓解的表达形式是一样的,在确定大地水准面过程中,只是核函数的形式不相同。由此,得到以扰动重力为观测值的大地水准面解析延拓解,具体形式如下:

$$N = \frac{R}{4\pi\gamma_0}\iint_\sigma \left(\delta g - \frac{\partial(\delta g_p)}{\partial r}h - \frac{\partial^2(\delta g_p)}{\partial r^2}\frac{h^2}{2} - \cdots\right)H(\psi)\mathrm{d}\sigma \quad (7.103)$$

式(7.103)中 $H(\psi)$ 为霍廷核函数。采用解析延拓方法及图 7.7 所示的北半球海域 3′分辨率的扰动重力并联合 EGM2008 模型计算得到北半球海域的大地水准面(3′分辨率)。实际计算中,解析延拓计算至 2 阶项,考虑到海面地形量级较小,对于地形直接影响和间接影响忽略不计。

参考文献

[1] HEISKANEN W A, MORITZ H. Physical geodesy [M]. Vienna:Springer, 1967.
[2] HWANG C. Inverse Vening Meinesz formula and deflection-geoid formula:applications to the predictions of gravity and geoid over the South China Sea [J]. Journal of Geodesy, 1998, 72(5):304-312.
[3] MORITZ H. Advanced physical geodesy [M]. Karlsruhe:Herbert Wichmann Verlag, 1980.
[4] 管泽霖, 管铮, 黄谟涛. 局部重力场逼近理论和方法 [M]. 北京:测绘出版社, 1997.
[5] 吴晓平, 李姗姗, 张传定. 扰动重力边值问题与实际数据处理的研究 [J]. 武汉大学学报(信息科学版), 2003, 28(S1):73-76.
[6] PETR V, ZHANG C Y, LARS E S. A comparison of stokes and hotine's approaches to geoid computation [J]. Manuscripta Geodaetica, 1992, 17:29-35.
[7] CLAESSENS S J. Solutions to the ellipsoidal boundary value problems for gravity field modelling [D]. Bentley:Curtin University of Technology, 2006.
[8] SANDWELL D T, SMITH W H F. Marine gravity anomaly from Geosat and ERS 1 satellite altimetry [J]. Journal of Geophysical Research:Solid Earth, 1997, 102(B5):10039-10054.
[9] COLOMBO O L. Numerical methods for harmonic analysis on the sphere [R]. Ohio:The Ohio State University, 1981.
[10] FORSBERG R, SIDERIS M G. Geoid computations by the multi_banding spherical FFT approach [J]. Manuscripta Geodaetica, 1993, 18(2):82-90.

[11] HAAGMANS R. Fast evaluation of convolution integrals on the sphere using 1D FFT and a comparison with existing methods of Stokes' integral [J]. Manuscripta Geodaetica, 1993, 18: 227-241.

[12] SCHWARZ K P, SIDERIS M G, FORSBERG R. The use of FFT techniques in physical geodesy [J]. Geophysical Journal International, 1990, 100 (3): 485-514.

[13] 李建成, 陈俊勇, 宁津生, 等. 地球重力场逼近理论与中国 2000 似大地水准面的确定 [M]. 武汉: 武汉大学出版社, 2003.

[14] 李建成, 宁津生, 陈俊勇, 等. 中国海域大地水准面和重力异常的确定 [J]. 测绘学报, 2003, 32 (2): 114-119.

[15] 黄谟涛, 翟国君, 管铮. 利用卫星测高数据反演海洋重力异常研究 [J]. 测绘学报, 2001, 30 (2): 179-183.

[16] 黄谟涛, 翟国军, 管铮. 海洋重力场测定及其应用 [M]. 北京: 测绘出版社, 2005.

[17] PAVLIS N K, HOLMES S A, KENYON S C, et al. The development and evaluation of the earth gravitational model 2008 (EGM2008) [J]. Journal of Geophysical Research: Solid Earth, 2012, 117 (B4): B04406.

[18] 金涛勇, 李建成, 邢乐林, 等. 多源卫星测高数据基准的统一研究 [J]. 大地测量与地球动力学, 2008, 28 (3): 92-95.

[19] Hofmann-Wellenhof B, MORITZ H. Physical geodesy [M]. Wien: Springer, 2006.

第 8 章 海底地形反演理论与方法

海底地形是了解地球外部形状、海底构造运动、海底演化的直接依据，也是海洋经济开发、海洋科学研究和海洋军事应用等方面的重要基础数据[1-2]。海底地形测量经历了从人工到自动、单波束到多波束、单一船基测量到航天、航空、地面、水面、水下五位一体立体测量 3 次大的技术变革和飞跃。尤其是测高卫星数据反演海底地形技术的发展，加快了人类认识海洋、进军深蓝的步伐[3-6]。海洋重力异常和垂直重力梯度异常是反演海底地形的重要输入数据，频域法、空域法、迭代法是近年发展较快并得到广泛应用的地形反演方法。

8.1 海底地形和重力数据的相关关系

8.1.1 海底地形和重力数据的相关性

当已知某海域海底地形和重力异常、垂直重力梯度异常时，可以采用时间序列分析技术对两者关系进行研究[7]。两个输入参量的交叉谱相关是波长的函数，它意味着，经过线性滤波后，一个参量随另一个参量发生变化的大小。卫星测高重力数据中的一部分信号来源于海底地形，另一部分信号来源于地壳挠曲，地形反演就是要将海面重力场中来源于海底地形的信号部分提出，将来源于地壳挠曲的噪声部分剔除。频率域内，重力数据和海底地形相关估计 r 的最小二乘解可以写成如下形式：

$$r_{xy}^2(k) = \frac{|S_{xy}(k)|^2}{S_x(k)S_y(k)} \quad (0 \leqslant r_{xy}^2(k) \leqslant 1) \tag{8.1}$$

式中：k 为 $(k_x, k_y) = (1/\lambda_x, 1/\lambda_y)$，其中 (k_x, k_y) 和 (λ_x, λ_y) 为 x 和 y 方向的频

率和波长；$S_x(k)$、$S_y(k)$ 分别为信号 $x(t)$ 和 $y(t)$ 的自功率谱密度函数；$S_{xy}(k)$ 为信号 $x(t)$ 和 $y(t)$ 的互功率谱密度函数。相关系数 r^2 为 1 表示线性关系良好，为 0 表示两者无相关性，为 0.5 表示当 $x(t)$ 为无噪声状态时，$y(t)$ 的信号-噪声比为 1:1，通常认为，当 r^2 高于 0.4 时相关性较强，可以用于拟合推估。

图 8.1 和图 8.2 分别示出了海底地形和重力异常、垂直重力梯度异常的相关估计，不难看出：在 18~200km 波长段，重力数据和海底地形相关系数最高，该波段为预测波段；波长小于 18km 时两者相关性很弱，受向上延拓因素影响，小于 18km 波段重力场的信号-噪声比很小，用其反演海底地形是不"安全"的；在大于 200km 的长波段，受均衡效应影响，地形变化不会对重力场造成影响，该波段地形一般通过将船测水深控制点格网化后，采用低通滤波得到。

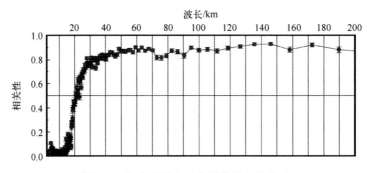

图 8.1 海底地形和重力异常的相关关系

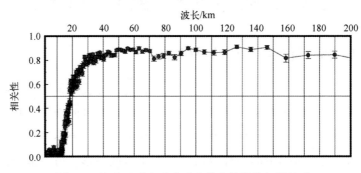

图 8.2 海底地形和垂直重力梯度异常的相关关系

8.1.2 帕克公式

为方便起见，假设在笛卡儿坐标系内，$\hat{z}$ 为垂直向上方向，空间位置采用 r 矢量表示，r 在 x-y 平面的投影用 $\bar{r}$ 表示。顾及质体引力作用，定义下边界

为 $z=0$，上边界为 $z=h(\boldsymbol{r})$。质量分布为常密度的质体在空间任一点 $\boldsymbol{r}_0$ 处产生的引力位为

$$U(\boldsymbol{r}_0) = G\rho\int_v \mathrm{d}V/|\boldsymbol{r}_0-\boldsymbol{r}| = G\rho\int_D \mathrm{d}S \int_0^{h(\boldsymbol{r})} \mathrm{d}z/|\boldsymbol{r}_0-\boldsymbol{r}| \quad (8.2)$$

式中：G 为万有引力常数；ρ 为质量密度；D 为设定的有限区域。假设观测点被局限于 $z=z_0$ 平面内，则 U 的大小仅取决于 $\boldsymbol{r}_0$。对式 (8.2) 进行傅里叶变换：

$$F[U(\boldsymbol{r}_0)] = \int_X \mathrm{d}S\, U(\boldsymbol{r}_0)\exp(\mathrm{i}\boldsymbol{k}\cdot\boldsymbol{r}_0)$$

$$= G\rho\int_X \mathrm{d}S_0 \int_D \mathrm{d}S \exp(\mathrm{i}\boldsymbol{k}\cdot\boldsymbol{r}_0)\int_0^{h(\boldsymbol{r})}\mathrm{d}z/|\boldsymbol{r}_0-\boldsymbol{r}| \quad (8.3)$$

式中：X 为整个 x-y 平面。交换积分顺序，可得

$$F[U] = G\rho\int_X \mathrm{d}S\int_D \mathrm{d}z\int_0^{h(\boldsymbol{r})}\mathrm{d}S_0\exp(\mathrm{i}\boldsymbol{k}\cdot\boldsymbol{r}_0)/|\boldsymbol{r}_0-\boldsymbol{r}| \quad (8.4)$$

将式 (8.4) 写成极坐标表达形式，经过代数运算，可得

$$F[U] = G\rho\int_X \mathrm{d}S\int_D \mathrm{d}z\{2\pi\exp(\mathrm{i}\boldsymbol{k}\cdot\boldsymbol{r}_0-|\boldsymbol{k}|(z_0-z))\}/|\boldsymbol{k}| \quad (8.5)$$

进行积分运算，可得

$$F[U] = 2\pi G\rho\int_X \mathrm{d}S\exp(\mathrm{i}\boldsymbol{k}\cdot\boldsymbol{r}_0-|\boldsymbol{k}|z_0)\{\exp[|\boldsymbol{k}|h(\boldsymbol{r})]-1\}/|\boldsymbol{k}| \quad (8.6)$$

通过泰勒级数展开，并重新排列求和，得到傅里叶变换的累加形式：

$$F[U] = 2\pi G\rho\exp(-|\boldsymbol{k}|z_0)\sum_{n=1}^{\infty}\frac{|\boldsymbol{k}|^{n-2}}{n!}F[h^n(\boldsymbol{r})] \quad (8.7)$$

重力异常是由质体的垂向吸引力引起的，在质体之上，势能表达式为

$$U(\boldsymbol{r}_0) = \frac{1}{4\pi}\int \mathrm{d}^2k\,\overline{U}(\boldsymbol{k})\exp(-|\boldsymbol{k}|\hat{z}\cdot\boldsymbol{r}_0-\mathrm{i}\boldsymbol{k}\cdot\boldsymbol{r}_0) \quad (8.8)$$

因此，有

$$F[U(\boldsymbol{r}_0)] = \overline{U}(\boldsymbol{k})\exp(-|\boldsymbol{k}|\hat{z}\cdot\boldsymbol{r}_0)$$

重力异常 Δg 定义为

$$\Delta g = +\partial U/\partial z \quad (8.9)$$

由上述关系式得出

$$F(\Delta g) = -|\boldsymbol{k}|F[U] \quad (8.10)$$

得到如下表达式[8]：

$$F(\Delta g) = -2\pi G\rho\exp(-|\boldsymbol{k}|z_0)\sum_{n=1}^{\infty}\frac{|\boldsymbol{k}|^{n-1}}{n!}F[h^n(\boldsymbol{r})] \quad (8.11)$$

8.1.3 奥尔登堡公式

1974年，奥尔登堡将帕克公式进行了重新整理，将描述频率域密度界面深度的一阶项与高阶项分离，写成迭代求解形式[9]：

$$F[h(r)] = -\frac{F[\Delta g(x,y)]}{2\pi G\rho}\exp(-kz_0) - \sum_{n=2}^{\infty}\frac{|k|^{n-1}}{n!}F[h^n(r)] \quad (8.12)$$

当 ρ 和 z_0 已知（或假设）时，可以用该方程迭代计算 $h(r)$。方法如下：$h(r)$ 的最近一次结果（对于第一次迭代，任意解或满足 $h(x) \equiv 0$）可用于式（8.4）右侧方程计算；对该数值进行傅里叶反变换可以得出新的地形值，通过迭代直到满足某个收敛准则或达到最大迭代次数。需要注意的是，通过式（8.4）得到 $h(r)$ 的计算量与求解正演算法的计算量大致相同，反演计算耗费总时间取决于满足收敛准则所需的迭代次数。

8.1.4 海底地形和重力梯度异常

重力梯度异常由水深变化所引起，若海水密度恒定为 ρ_w，假定海洋地壳密度为常数，则海洋表面重力梯度异常应接近于零。海洋表面重力梯度异常等于海洋水体质量亏缺的负贡献[10]。

根据牛顿引力定律，观测点 $p(\phi,\lambda,r)$（ϕ、λ、r 为地理纬度、经度和地球引力中心的半径距离）的海水质量亏缺势为

$$V_p = G\iiint_V \frac{\mathrm{d}m}{|r|} \quad (8.13)$$

式中：$|r|$ 为观测点到当前点的距离；$\mathrm{d}m$ 为质量元；V 为海水体积。平面近似情况下，式（8.13）可以写成

$$V(x_p, y_p, z_p) = G\Delta\rho \iiint_E \int_{-H}^{0} \frac{\mathrm{d}z}{|r|} \mathrm{d}x\mathrm{d}y \quad (8.14)$$

式中：$H \geqslant 0$ 为海洋深度；E 为二维平面；x_p、y_p、z_p 为局部坐标系中计算点 p 的坐标，其坐标轴分别指向北、东、向上；$\Delta\rho = \rho_c - \rho_w$ 为海底底质与海水之间的密度差，ρ_c 为海底底质密度；z_p 为观测点与海平面的垂直距离。投影 r 的距离可以写成

$$|r| = \sqrt{(x-x_p)^2 + (y-y_p)^2} \quad (8.15)$$

代入式（8.14），可得

$$V_p = G\Delta\rho \iiint_E \int_{-H}^{0} \frac{\mathrm{d}z}{\sqrt{|r|^2+(z-z_p)^2}} \mathrm{d}x\mathrm{d}y \quad (8.16)$$

海水质量亏损引起的重力变化可以写成

$$\delta g = -\frac{\partial V}{\partial z_p} = -G\Delta\rho \iint_E \left[\frac{1}{\sqrt{|\boldsymbol{r}|^2+z_p^2}} - \frac{1}{\sqrt{|\boldsymbol{r}|^2+(H+z_p)^2}} \right] \mathrm{d}x\mathrm{d}y \quad (8.17)$$

导数前的负号表示质量亏损产生的吸引力在$-z$方向。对式（8.17）求导可得海水质量亏损引起的重力梯度垂直分量：

$$\delta g_z = \frac{\partial \delta g}{\partial z_p} = G\Delta\rho \iint_E \left[-\frac{z_p}{\sqrt{|\boldsymbol{r}|^2+z_p^2}^3} + \frac{H+z_p}{\sqrt{|\boldsymbol{r}|^2+(H+z_p)^2}^3} \right] \mathrm{d}x\mathrm{d}y$$
$$= G\Delta\rho \iint_E \frac{H+z_p}{\sqrt{|\boldsymbol{r}|^2+(H+z_p)^2}^3} \mathrm{d}x\mathrm{d}y - 2\pi G\Delta\rho \quad (8.18)$$

这里使用了等式：

$$G\Delta\rho \iint_E \frac{z_p}{\sqrt{|\boldsymbol{r}|^2+z_p^2}^3} \mathrm{d}x\mathrm{d}y = 2\pi G\Delta\rho \quad (8.19)$$

在海面处$z_p=0$，式（8.19）可以写成

$$\delta g_z = G\Delta\rho \iint_E \frac{H}{\sqrt{|\boldsymbol{r}|^2+H^2}^3} \mathrm{d}x\mathrm{d}y - 2\pi G\Delta\rho \quad (8.20)$$

式（8.20）表示H与重力梯度垂直异常的非线性关系。若海洋深度H恒定，则式（8.20）简化为$\delta g_z = 0$。这意味着厚度恒定的板块，如布格板块，不会产生任何垂直重力梯度异常，也意味着，从垂直重力梯度数据不能得到平均海洋深度。同理，重力梯度异常在x、y方向的分量由式（8.17）可得

$$\begin{bmatrix} \delta g_x \\ \delta g_y \end{bmatrix} = \begin{bmatrix} \dfrac{\partial \delta g}{\partial x_p} \\ \dfrac{\partial \delta g}{\partial y_p} \end{bmatrix} = G\Delta\rho \iint_E \left[\frac{1}{\sqrt{|\boldsymbol{r}|^2+z_p^2}^3} - \frac{1}{\sqrt{|\boldsymbol{r}|^2+(H+z_p)^2}^3} \right] \begin{bmatrix} x-x_p \\ y-y_p \end{bmatrix} \mathrm{d}x\mathrm{d}y$$

$$(8.21)$$

式中

$$\frac{1}{\sqrt{|\boldsymbol{r}|^2+z_p^2}^3} = \frac{1}{\sqrt{|\boldsymbol{r}|^2+(H+z_p)^2-2Hz_p-H^2}^3}$$
$$= \frac{1}{\sqrt{|\boldsymbol{r}|^2+(H+z_p)^2}^3} \left[1 + \frac{3}{2}\frac{2Hz_p+H^2}{|\boldsymbol{r}|^2+(H+z_p)^2} - \cdots \right] \quad (8.22)$$

式（8.21）可以近似为

$$\begin{bmatrix} \delta g_x \\ \delta g_y \end{bmatrix} \approx \frac{3}{2} G \Delta \rho \iint_E \left[\frac{H^2 + 2Hz_p}{\sqrt{|\mathbf{r}|^2 + (H+z_p)^2}^5} \right] \begin{bmatrix} x - x_p \\ y - y_p \end{bmatrix} \mathrm{d}x \mathrm{d}y \quad (8.23)$$

在海面处 $z_p = 0$，式（8.23）可以写成

$$\begin{bmatrix} \delta g_x \\ \delta g_y \end{bmatrix} \approx \frac{3}{2} G \Delta \rho \iint_E \left[\frac{H^2}{\sqrt{|\mathbf{r}|^2 + H^2}^5} \right] \begin{bmatrix} x - x_p \\ y - y_p \end{bmatrix} \mathrm{d}x \mathrm{d}y \quad (8.24)$$

如果海洋深度 H 恒定，可得

$$\iint_E \left[\frac{H^2}{\sqrt{|\mathbf{r}|^2 + H^2}^5} \right] \begin{bmatrix} x - x_p \\ y - y_p \end{bmatrix} \mathrm{d}x \mathrm{d}y = \int_0^\infty \frac{H^2 \mathrm{d}l_0}{\sqrt{|\mathbf{r}|^2 + H^2}^5} \int_0^{2\pi} \begin{bmatrix} \cos\alpha \\ \sin\alpha \end{bmatrix} \mathrm{d}\alpha = 0$$
$$(8.25)$$

对于式（8.25）中的积分，我们使用极坐标系，将 $p(0, x, y)$ 作为计算原点。海洋深度 H 与重力梯度异常 x、y 分量的关系是非线性的，方程则更为复杂。从式（8.25）可知，布格板块不产生水平重力梯度异常，由重力梯度数据无法得到平均海洋深度。

受海洋水体质量亏损产生的二阶导数还有其他独立的组成部分，这些组成部分对水深预测不实用，因而通常被忽略。式（8.20）和式（8.24）是非线性的，只能通过迭代方式求解。

式（8.20）非常接近扰动势能向上延拓的方程。将式（8.20）分母中的海洋深度替换为局部平均海洋深度 d，可近似为

$$G \Delta \rho \iint_E \frac{H^2}{\sqrt{|\mathbf{r}|^2 + d^2}^3} \mathrm{d}x \mathrm{d}y \approx 2\pi G \Delta \rho + \delta g_z \quad (8.26)$$

将式（8.19）代入，可得

$$\delta g \approx G \Delta \rho \iint_E \frac{\Delta H}{\sqrt{|\mathbf{r}|^2 + d^2}^3} \mathrm{d}x \mathrm{d}y \quad (8.27)$$

式中：$\Delta H = H - d$ 为海洋深度与局部深度平均值之间的差异。式（8.27）是"扰动势能"$2\pi G \rho \Delta H / d$ 从平均海洋深度向上延拓至海洋表面的方程。从式（8.27）可知，由于向上延拓，δg_z 比海底地形更加平滑。众所周知，重力梯度异常是粗糙场，海底地形则更加粗糙，使得重力梯度异常反演深度的计算稳定性变差，因而，有必要对数据进行适当平滑或滤波以得

到稳定解。从重力异常水平导数与海洋深度的关系也可以得出类似结论，但 δg_x、δg_y 与海洋深度的关系更为复杂。在重力梯度异常与海洋深度的 3 种关系中，式（8.20）是最简单的，并且在水深计算和误差评定中起着重要作用。

8.2 频域反演法

采用导纳函数法进行线性计算，当波数很高或很低时，函数值趋于无穷且不存在 Hankel 转换，其高频部分的噪声会放大，低频部分的信号会被压制，反演模型极不稳定，因而引入带通滤波器 $W(k)$ 对其进行处理，该滤波器由高通和低通两部分组成[11]，即

$$W(\boldsymbol{k}) = W_1(\boldsymbol{k}) \cdot W_2(\boldsymbol{k}) \tag{8.28}$$

$$W_1(\boldsymbol{k}) = 1 - \exp[-2(\pi ks)^2] \tag{8.29}$$

$$W_2(\boldsymbol{k}) = [1 + Ak^4 \exp(4\pi kd)]^{-1} \tag{8.30}$$

式中：$W_1(\boldsymbol{k})$ 为高通滤波器；k 为圆频率，$k = \sqrt{k_x^2 + k_y^2}$；s 为维纳滤波参数，当 $s = 37.15$，$W_1(\boldsymbol{k})$ 在 200km 波长时为 0.5；$W_2(\boldsymbol{k})$ 为低通滤波器；A 为常数，其选取原则是要使得波数函数与观测到的谱特征相吻合。假设 $A = 9500\text{km}^4$，平均水深分别为 2km、4km、6km 时，对应的分辨率分别为 15km、20km、25km。

图 8.3 示出了带通滤波器 $W(\boldsymbol{k})$ 和 $W(\boldsymbol{k})\exp(2\pi kd)$ 随波数的变化，可以看出，A 值给定的情况下，水深越浅，模型的分辨率越高。

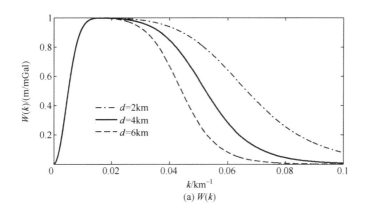

(a) $W(k)$

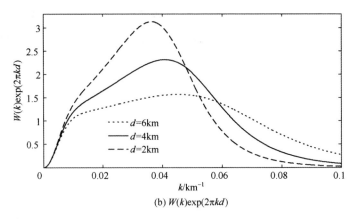

(b) $W(k)\exp(2\pi kd)$

图 8.3 带通滤波器

8.2.1 重力异常导纳

"导纳函数"可用于描述重力异常和海底地形的频谱关系，其具有线性、各向同性和空间不变性。当海底地形、重力异常模型已知时，在频率域内，观测导纳 $Z(\boldsymbol{k})$ 可以表征为

$$Z(\boldsymbol{k}) = \frac{\langle G(\boldsymbol{k}) \cdot H^*(\boldsymbol{k}) \rangle}{\langle H(\boldsymbol{k}) \cdot H^*(\boldsymbol{k}) \rangle} \tag{8.31}$$

式中：$Z(\boldsymbol{k})$ 为观测导纳；$G(\boldsymbol{k})$ 为重力异常的傅里叶变换；$H(\boldsymbol{k})$ 为海底地形的傅里叶变换；上角 * 为复数共轭；〈 〉为括号内两项谱乘积的实部在 ($k_i-\Delta k \leq k \leq k_i+\Delta k$) 环带内的均值。文献［12］采用式（8.31）计算岩石圈有效弹性厚度 T_e 时发现，某 6 个窗口恢复的平均 T_e 值虽然是一致的，但比输入 T_e 值降低了约 20%。分析认为，造成偏差是由于计算窗口的有限性，因而，改进观测导纳 $Z(\boldsymbol{k})$ 的计算公式如下：

$$Z(\boldsymbol{k}) = \frac{\langle (G(\boldsymbol{k}) * W(\boldsymbol{k})) \cdot (H(\boldsymbol{k}) * W(\boldsymbol{k}))^* \rangle}{\langle (H(\boldsymbol{k}) * W(\boldsymbol{k})) \cdot (H(\boldsymbol{k}) * W(\boldsymbol{k}))^* \rangle} \tag{8.32}$$

式中：W 为加窗函数的频谱表示；* 为卷积。

根据帕克公式描述重力异常和海底地形的关系，令 d 为平均海深，表示为

$$F(\Delta g) = 2\pi G(\rho_c - \rho_w)\exp(-2\pi kd) \sum_{n=1}^{\infty} \frac{|2\pi \boldsymbol{k}|^{n-1}}{n!} F(h^n(r)) \tag{8.33}$$

式中：F 为傅里叶变换；r 为地心向径。

当海底地形负荷的波长小于地壳的弹性厚度时,式(8.33)中的第一项起主要作用,此时,重力异常和海底地形是线性关系,在频域内,其关系可表示为

$$G(\boldsymbol{k}) = 2\pi G(\rho_c - \rho_w)\exp(-2\pi kd)H(\boldsymbol{k}) = Z_1(\boldsymbol{k})H(\boldsymbol{k}) \quad (8.34)$$

式中:$2\pi G(\rho_c - \rho_w)$ 为布格常数;$\exp(-2\pi kd)$ 为向上延拓(从海底到海面)算子,改写为

$$H(\boldsymbol{k}) = \frac{\exp(-2\pi kd)}{2\pi G(\rho_c - \rho_w)}G(\boldsymbol{k}) \quad (8.35)$$

即得到卫星测高重力异常计算海底地形的频域关系式,此时导纳函数为

$$Q_1(\boldsymbol{k}) = \frac{\exp(2\pi kd)}{2\pi G(\rho_c - \rho_w)} \quad (8.36)$$

式(8.36)为未补偿的导纳函数关系式。

研究表明,大尺度的海底地形特征都可以用地壳均衡补偿理论来解释,该理论描述了海底地形、地下质体层和重力异常的关系。挠曲均衡是艾黎提出的均衡理论的广义形式,如图8.4所示,按照艾黎的设想,海底地形浮于密度较大的流体岩浆上面,海山越高沉下去越深,挠曲模型考虑了岩石圈的弹性力,引进区域补偿代替局部补偿,将地形质量作为一种加在不断裂而有弹性的地壳层上的负荷[13]。文献[14]最早对挠曲理论进行了阐述,后人将其应用于实践并不断完善。

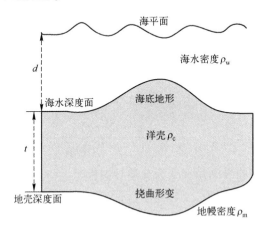

图 8.4 地壳挠曲形变模型

根据艾黎模型,海山和地形起伏造成的海底过剩质量反映在莫霍面上通常表现为"补偿根"的出现,令 h 为地形高,补偿根厚度为 w,由漂浮的平

衡条件可得

$$(\rho_c-\rho_w)gh+(\rho_m-\rho_c)gw=0 \tag{8.37}$$

式中：ρ_m 为莫霍面下的地幔密度；g 为重力加速度。由此可得

$$w=-\left[\frac{(\rho_c-\rho_w)}{(\rho_m-\rho_c)}\right]h \tag{8.38}$$

利用式（8.34）和式（8.38）得到由于 h 和 w 引起的重力异常变化，在频域上求解，得到顾及艾黎补偿的导纳函数表达式为

$$Q_2(\boldsymbol{k})=\frac{\exp(2\pi kd)}{2\pi G(\rho_c-\rho_w)[1-\exp(-2\pi kT_c)]} \tag{8.39}$$

式中：T_c 为平均地壳厚度。挠曲均衡理论考虑到了岩石圈弹性力对莫霍面形变 w 的抵制作用，抵制力用挠曲刚度 D 表示，形变方程为

$$D\nabla^4 w+(\rho_c-\rho_w)gh+(\rho_m-\rho_c)gw=0 \tag{8.40}$$

式中：$\nabla^4=(\partial^2/\partial x^2+\partial^2/\partial y^2)^2$；$D$ 为岩石圈挠曲刚度，它与岩石圈的有效弹性厚度 T_e 有关，且

$$D=\frac{ET_e^3}{12(1-v^2)} \tag{8.41}$$

式中：v 为岩石圈的泊松比；E 为弹性模量。对其进行傅里叶变换：

$$W=-\left[\frac{(\rho_c-\rho_w)}{(\rho_m-\rho_c)}\right]\phi(\boldsymbol{k})H \tag{8.42}$$

$\phi(\boldsymbol{k})$ 表达式如下：

$$\phi(\boldsymbol{k})=\left[1+\frac{(2\pi k)^4 D}{g(\rho_m-\rho_c)}\right]^{-1} \tag{8.43}$$

式中：g 为平均重力加速度，结合式（8.38）、式（8.42）可得

$$Q_3(\boldsymbol{k})=\frac{\exp(2\pi kd)}{2\pi G(\rho_c-\rho_w)[1-\phi(\boldsymbol{k})\exp(-2\pi kT_c)]} \tag{8.44}$$

当 $D=0$ 时，挠曲导纳模型变为艾黎导纳模型。

计算流程如图 8.5 所示。

由式（8.36）、式（8.39）和式（8.44）可知，导纳函数和地幔密度、海底洋壳密度、地壳密度、地壳厚度、岩石圈挠曲刚度、有效弹性厚度等相关。利用上述公式的逆变换计算各函数的理论值，其所采用的地球物理参数如表 8.1 所列。

第8章 海底地形反演理论与方法

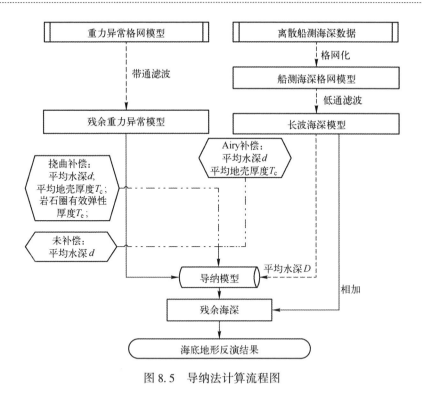

图8.5 导纳法计算流程图

表8.1 导纳函数中假设的地球物理参数

模型类型	参数	符号表示	取 值
未补偿模型	海水密度（下同）	ρ_w	$1030 kg \cdot m^{-3}$
	海底洋壳密度（下同）	ρ_c	$2670 kg \cdot m^{-3}$
艾黎补偿模型	平均海水深度（下同）	d	4.5km
挠曲补偿模型	地幔密度	ρ_m	$3330 kg \cdot m^{-3}$
	洋壳厚度	T_c	6.5km
	弹性模量	E	100GPa
	岩石圈的泊松比	ν	0.25
	平均海水深度	d	4.5km

图8.6（a）~（c）示出了式（8.36）、式（8.39）和式（8.44）的逆变换函数受各种参数影响所发生的变化，可知，平均海水深度 d、平均地壳厚度 T_c、岩石圈的有效弹性厚度 T_e 等的不同都会使导纳函数产生差异，反演海底地形时，获知其精确的地球物理参数十分必要。

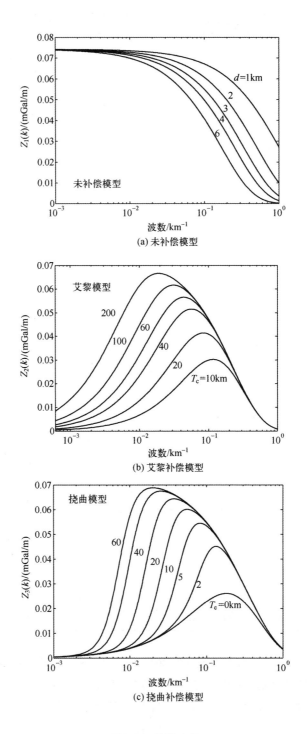

图 8.6 导纳函数

8.2.2 垂直重力梯度异常导纳

文献 [15] 根据帕克公式和傅里叶变换的导数理论，给出了频率域内海底地形和垂直重力梯度异常之间的频率响应函数关系式：

$$F(\Delta g_z) = 2\pi G(\rho_c - \rho_w)\exp(-2\pi kd)k(1-\phi(\boldsymbol{k})\exp(-2\pi kT_c))$$
$$\left\{H(\boldsymbol{k}) + \sum_{n=2}^{\infty}\frac{|2\pi \boldsymbol{k}|^n}{n!}F(h^n(\boldsymbol{r}))\right\} \quad (8.45)$$

各变量含义同上文。

地壳均衡影响长波海底地形，在实际处理时，长波项一般通过船测海深数据构建，在短波（≤200km）部分，均衡影响消失，受向上延拓效应影响，式（8.45）中的高次项也可以忽略，在 20～200km 波长范围，垂直重力梯度异常和海底地形的相关性很强。两者之间的导纳函数关系可简化为

$$F(\Delta g_z) = 2\pi G(\rho_c - \rho_w)\exp(-2\pi kd)kH(\boldsymbol{k}) \quad (8.46)$$

参考 SAS 方法，由于海底地质构造复杂，并且地壳密度未知，其线性比例系数不由式（8.46）中的理论参数计算，而是根据船测点上的残余垂直重力梯度异常和残余水深得到[16-17]。计算流程如图 8.7 所示。

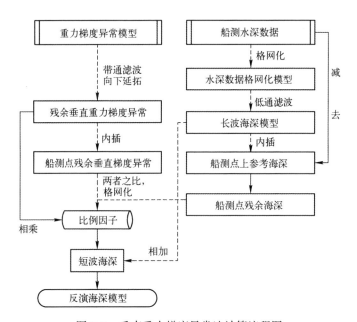

图 8.7 垂直重力梯度异常法计算流程图

8.2.3 导纳法的改进

图 8.8 示出了采用上述"导纳函数"模型得到的残余海深和残余重力异常在空间域内的关系图,经线性拟合后,其斜率为 $1/2\pi G\Delta\rho$,该值为理想化的线性比例因子,反映出两者良好的线性关系。但实际上海底地形复杂多变,其在空间域内和重力异常并非完全严密的线性关系。针对上述情况,文献[18] 采用抗差线性回归技术确定了海底地形和重力异常的比例关系,并反演了海底地形。

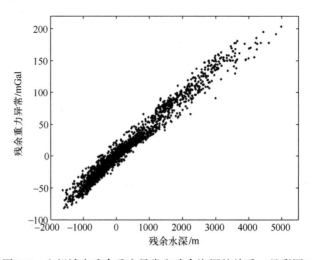

图 8.8 空间域内残余重力异常和残余海深的关系(见彩图)

基于重力异常和海底地形在一定波段高度相关的理论,将海底地形模型定义为 15~160km 的带通滤波值与长波部分的深度 $d_{lp}(x)$ 之和,即

$$\text{depth} = d_{lp}(x) + S(x)g(x) \tag{8.47}$$

式中:带通滤波值为经带通滤波及向下延拓后的重力异常 g 与比例因子 $S(x)$ 之积。

频率域的卫星测高重力异常 $G_0(\boldsymbol{k})$,经初始带通滤波向下延拓到平均海深 d,公式如下:

$$G_1(\boldsymbol{k}) = G_0(\boldsymbol{k})W(\boldsymbol{k})\exp(2\pi kd) \tag{8.48}$$

式中:$G_1(\boldsymbol{k})$ 为经带通滤波和向下延拓后的重力场。格网化的船测水深数据在频域内的初值为 $B_0(\boldsymbol{k})$,也采用带通滤波计算:

$$H(\boldsymbol{k}) = B_0(\boldsymbol{k})W(\boldsymbol{k}) \tag{8.49}$$

将 $B_0(\boldsymbol{k})$ 经低通滤波处理,可得

$$D_{LP}(\boldsymbol{k}) = B_0(\boldsymbol{k})\left[1 - W_1(\boldsymbol{k})\right] \quad (8.50)$$

$D_{LP}(\boldsymbol{k})$为频域内经低通滤波后的格网化船测海深模型,式(8.47)中,$d_{lp}(x)$、$g(x)$是$D_{LP}(\boldsymbol{k})$、$G_1(\boldsymbol{k})$在空间域的取值。SAS法计算流程如图8.9所示。

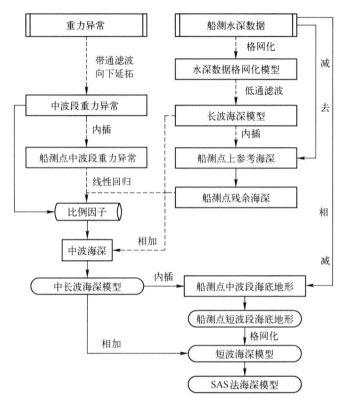

图8.9 SAS法计算流程

8.3 空域反演法

8.3.1 重力地质法

海水深度和重力异常之间的关系是非线性的,在大地测量计算中,非线性问题一般通过定义"残差场"和"参考场"将其线性化[19]。据此,将重力异常划分为短波残差场和长波参考场,其中长波部分由地壳下层物质的质量变化产生,短波部分由计算点附近的海底地形变化产生。将长波和短波合并,就得到了观测的重力异常（$g_{观}$），公式如下：

$$g_{观}=g_{短}+g_{长} \tag{8.51}$$

图 8.10 为重力地质法原理示意图，$j_n(n=1,2,\cdots)$ 为船测水深控制点。

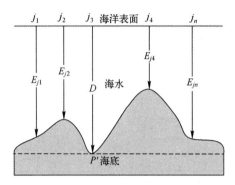

图 8.10　重力地质法原理图

在控制点 j_n 处，使用已知水深计算重力异常短波分量，公式如下：

$$g_{短}^{j_n}=2\pi G\Delta\rho(E_{j_n}-D) \tag{8.52}$$

式中：E_{j_n} 为控制点 j_n 的水深（m）；D 为参考深度，一般取所有船测控制点中的最大水深（m）。

由式（8.51）可知，从控制点观测重力异常中减去短波分量得到控制点的长波重力异常，通过插值计算可以得到未知海域内任意一点 i 的长波重力异常。于是，利用如下公式得到 i 点的短波重力异常和水深[20]：

$$g_{短}^{i}=g_{观}^{i}-g_{长}^{i} \tag{8.53}$$

$$E_i=\frac{g_{短}^{i}}{2\pi G\Delta\rho}+D \tag{8.54}$$

计算流程如图 8.11 所示。

不难看出，重力地质法基于如下假设，即垂直方向上的海水密度不发生变化，其关键是确定密度差异常数 $\Delta\rho$。

如式（8.54）所示，$\Delta\rho$ 决定了残余海深的幅度大小：若常数过小，反演模型的预测海深就会偏大；反之，若常数过大，预测海深就会接近参考海深 D[21]。密度差异常数没有明确的物理意义，其目的是使水深和重力异常保持良好的线性关系。根据重力地质法原理，利用船测水深控制点计算出不同密度差异常数下的水深模型，通过插值得到检核点的预测水深，将检核点预测水深和实测水深比较，得到不同密度差异常数下两者比较结果的 STD 和相关系数。实验证明，检核点实测水深和预测水深的相关系数越大，两

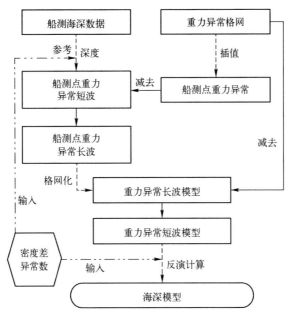

图 8.11 重力地质法计算流程图

者比较结果的 STD 就越小[22],相关系数最大且 STD 最小时的密度差异常数为最优。

也可以采用向下延拓算法确定密度差异常数,重力场延拓技术从 Possion 积分公式演变而来,分为向上延拓和向下延拓;然而,它们是完全不同的,向上延拓是一个平滑的过程,它的解唯一,向下延拓不够稳定,是一个病态问题,解不唯一[23]。

向下延拓通常采用傅里叶变换进行计算,相比其他算法,其优势在于计算快速,但其自身的边缘效应和循环卷积影响只有通过 100%的填补零技术才能解决。向上延拓计算中,从 $z=h_1$ 深度到 $z=h_2$ 深度,可以表达为频域的形式:

$$G_{h_2}(\boldsymbol{k}) = e^{-2\pi k \Delta h_{12}} G_{h_1}(\boldsymbol{k}) \quad (8.55)$$

式中:$G_{h_1}(\boldsymbol{k})$ 和 $G_{h_2}(\boldsymbol{k})$ 为重力场在 h_1 与 h_2 深度的二维傅里叶变换;$\Delta h_{12} = h_2 - h_1$。

与向上延拓技术相反,重力场从 $z=h_2$ 深度到 $z=h_1$ 深度可以表示为

$$G_{h_1}(\boldsymbol{k}) = e^{2\pi k \Delta h_{12}} G_{h_2}(\boldsymbol{k}) \quad (8.56)$$

通过傅里叶变换计算向下延拓本质上是一个高通滤波,它能够放大短波信号,尤其是高频噪声。为了削弱噪声影响,需要采用滤波平滑技术,故有

$$G_{h_1}(\boldsymbol{k}) = e^{2\pi k \Delta h_{12}} G_{h_2}(\boldsymbol{k}) F(\boldsymbol{k}) \tag{8.57}$$

式中：$F(\boldsymbol{k})$ 为低通滤波，一般选用高斯函数，形式如下：

$$F_{\text{Gau}}(\boldsymbol{k}) = e^{-w^2 k} \tag{8.58}$$

此时有

$$G_{h_1}(\boldsymbol{k}) = G_{h_2}(\boldsymbol{k}) e^{2\pi \Delta h_{12} w - w^2 k} \tag{8.59}$$

高斯函数具有一系列良好的性质，诸如，在各个方向上的平滑程度相同，具有旋转对称性；w 为频率域中高斯函数的半带宽，该参数表征了高斯滤波器的宽度和平滑程度，w 越大，频带越宽，平滑程度越好，通过调节半带宽 w，可以消除由于病态问题导致的高频噪声，消除噪声的同时有效信号会产生损失，因此对 w 值的选择非常重要。

顾及最大水深处质量变化的密度差异常数 $\Delta \rho_{\text{DWC}}$ 通常采用最深一点的向下延拓重力异常和海面重力异常之比，即 $\Delta g_{\text{DWC}} / \Delta g_{\text{SEA}}$，再乘以海水密度 $\Delta \rho_{\text{SEA}}$ 确定。

8.3.2 配置法

海底底质差异并不是造成大地水准面异常的唯一因素，大洋岩石圈内密度界面的起伏，如莫霍面不连续引起的横向密度差异也会导致产生大地水准面异常。岩石圈的密度差异变化主要是由于加载岩石圈的海底特征补偿引起的，考虑局部（艾黎模型）和区域补偿两种模型，对区域补偿，岩石圈的内部密度差异建模通过薄弹性板在有表面载荷情况下的弯曲响应实现，平板挠度由参数 α 控制，该参数与平板刚度 D、等效弹性厚度 T_e 等均有关：

$$\alpha = \sqrt[4]{\frac{4D}{\gamma \Delta \rho'}}, \quad D = \frac{ET_e}{12(1-\upsilon^2)} \tag{8.60}$$

式中：E 和 υ 为杨氏模量和泊松比；$\Delta \rho'$ 为载荷面相对周围海水的密度差异。区域补偿已被广泛用于有火山加载的海洋岩石圈力学研究。局部补偿的艾黎模型是 T_e 和 α 趋近于零的极限情况。

8.3.2.1 广义最小二乘反演

文献 [24] 最早提出该方法，并借鉴离散反演理论。海底地形通过离散反演理论中模型参数的最小二乘解计算得到，反演获得的模型参数由规则网格的水深离散点估计值组成，根据数据和模型参数之间的物理关系，以迭代方式确定系数，所得解被认为是最优系数数据的线性组合。考虑到模型参数的先验信息,以及影响数据和模型的其他因素,给出位置 r 处的海底深度 $b_n(r)$ 在第 n 次迭代时模型参数的后验值:

$$\boldsymbol{b}_n(r) = \boldsymbol{b}_0(r) + \boldsymbol{C}_{rr'}\boldsymbol{G}_n^{\mathrm{T}}\left[\boldsymbol{G}_n\boldsymbol{C}_{rr'}\boldsymbol{G}_n^{\mathrm{T}} + \boldsymbol{E}_{ss'}\right]^{-1}\{d(s) - g(s) + \boldsymbol{G}_n\left[\boldsymbol{b}_{n-1}(r) - \boldsymbol{b}_0(r)\right]\}$$
(8.61)

式中:r 和 s 分别为估计值和数据的位置;$\boldsymbol{b}_0(r)$ 为包含模型参数先验值的矢量;$\boldsymbol{b}_{n-1}(r)$ 为包含模型参数在 $n-1$ 次迭代时的后验值 $\boldsymbol{G}_n$ 及其转置 $\boldsymbol{G}_n^{\mathrm{T}}$ 的矢量,是经迭代改进的模型矩阵,由 $g(r,s)$ 的一阶项构成其元素,$g(r,s)$ 描述了数据 $d(s)$ 与模型参数之间直接的非线性关系;协方差矩阵 $\boldsymbol{C}_{rr'}$ 表示先验解的不确定性;矩阵 $\boldsymbol{E}_{ss'}$ 表示数据和模型的不确定性。该方法优势在于可以综合采用不同类型数据,根据数据类型,模型参数可以代表不同的地球物理量。对回声测深而言,在每个格网点建模的水深值代表了以该格网点为中心的单元离散的实际水深平均值,经过计算得到每个网格单元测深数据的中值,对这些网格点,模型参数等于正常测深值。大地水准面起伏与质量异常不呈线性关系,数据与模型参数的关系建立在重力扰动基础上,该扰动由与海底地形起伏相关的质量异常所引起。在式(8.61)中,g 不是 $b(r)$ 的线性函数,它对 $b(r)$ 的导数也并不独立于 $b(r)$。G 为矩阵系数,可用于确定 $b(r)$ 的导数,模型参数 $b(r)$ 的最终值通过迭代得到。

对于大地水准面高度基准,区域补偿条件下,在第 n 次迭代时,G_n 为

$$G(s,r,\tau = GH, \alpha \neq 0) = \frac{\Gamma}{\gamma}\Delta\Omega(r)\left\{(\rho_v - \rho_w)\mu\left(R_{sf} + \frac{b_{n-1}(\boldsymbol{r})}{2}, \psi_{sr}\right) + \right.$$

$$\frac{(\rho_v - \rho_w)R_{sf}^2}{\pi(\rho_m - \rho_s)\alpha^2}\sum_{r'\in s}\Delta\Omega(\boldsymbol{r}')\ker\left(\sqrt{2}\frac{|\boldsymbol{r}-\boldsymbol{r}'|}{\alpha}\right)\times$$

$$\left[(\rho_s - \rho_2)\mu\left(R_{sf} + \frac{w_{n-1}(\boldsymbol{r}')}{2}, \psi_{rr'}\right) + \right.$$

$$(\rho_2 - \rho_3)\mu\left(R_{2/3} + \frac{w_{n-1}(\boldsymbol{r}')}{2}, \psi_{rr'}\right) +$$

$$\left.\left.(\rho_3 - \rho_m)\mu\left(R_m + \frac{w_{n-1}(\boldsymbol{r}')}{2}, \psi_{rr'}\right)\right]\right\}$$
(8.62)

式中:γ 为平均重力;R_{sf} 为海底深度;$R_{2/3}$ 为 2/3 平面层深度;R_m 为莫霍面深度;ρ_v 为火山(载荷)密度;ρ_s 为填充层密度;ρ_2 为地壳层 2 密度;ρ_3 为地壳层 3 密度;D 为板块硬度;α 为挠曲长度;$\psi_{rr'}$ 为模型参数位置 $\boldsymbol{r}$ 与 $\boldsymbol{r}'$ 之间的

夹角；ker(·)为 Kelvin-Bessel 函数。

$$\mu(R,\psi) = \frac{R^2}{\sqrt{a^2+R^2+2aR\cos\psi}} \tag{8.63}$$

式中：a 为地球半径。

地球物理参数设置如图 8.12 所示。

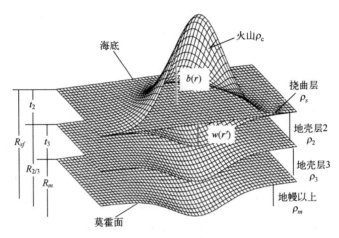

图 8.12 地球物理参数设置

由于海洋火山的压力作用使岩石圈上层发生形变，故当和未变形的岩石圈作横向比较时，其密度也发生了变化。$b(r)$ 和 $w(r')$ 分别为海山地形与岩石圈形变。

对于大地水准面高度基准，局部补偿的情况下，第 n 次迭代时，G_n 为

$$G(s,r,\tau=GH,\alpha=0) = \frac{\Gamma}{\gamma}\Delta\Omega(r)(\rho_v-\rho_w)\left[\mu\left(R_{sf}+\frac{b_{n-1}(r)}{2},\psi_{sr}\right)-\mu\left(R_m+\frac{t_{n-1}(r)}{2},\psi_{sr}\right)\right] \tag{8.64}$$

对于重力异常基准，区域补偿的情况下，第 n 次迭代时，G_n 为

$$G(s,r,\tau=GH,\alpha\neq 0) = \Gamma\Delta\Omega(r)\left\{(\rho_v-\rho_w)\mu\left(R_{sf}+\frac{b_{n-1}(r)}{2},\psi_{sr}\right)+\right.$$

$$\frac{(\rho_v-\rho_w)R_{sf}^2}{\pi(\rho_m-\rho_s)\alpha^2}\sum_{r'\in s}\Delta\Omega(r')\ker\left(\sqrt{2}\frac{|r-r'|}{\alpha}\right)\times$$

$$\left[(\rho_s-\rho_2)\mu\left(R_{sf}+\frac{w_{n-1}(r')}{2},\psi_{rr'}\right)+\right.$$

$$(\rho_2-\rho_3)\mu\left(R_{2/3}+\frac{w_{n-1}(r')}{2},\psi_{rr'}\right)+$$

$$(\rho_3 - \rho_m)\mu\left(R_m + \frac{w_{n-1}(\boldsymbol{r}')}{2}, \psi_{rr'}\right)\right]\right\} \quad (8.65)$$

式中

$$\mu(R, \psi) = \frac{(a-R)R^2}{\sqrt{a^2 + R^2 - 2aR\cos\psi}^3}$$

局部补偿条件下，对于重力异常基准，第 n 次迭代时，G_n 为

$$G(s, r, \tau = GH, \alpha = 0) = \Gamma\Delta\Omega(r)(\rho_v - \rho_w)\left[\mu\left(R_{sf} + \frac{b_{n-1}(\boldsymbol{r})}{2}, \psi_{sr}\right) - \mu\left(R_m + \frac{t_{n-1}(\boldsymbol{r})}{2}, \psi_{sr}\right)\right]$$

(8.66)

8.3.2.2 先验信息

先验信息由模型参数的先验值和与此先验值相关的误差协方差组成，将地形的先验模型值设为零，因此，先验不确定性的协方差矩阵应该是地形本身的协方差矩阵，与克里格/搭配公式一致。海底火山之间的高度和坡度差异太大，无法根据绘制好的火山图得到真实的协方差函数，并用于计算未知特征的先验协方差。对各种常用的解析协方差函数进行比较（高斯、指数、第二和第三马尔可夫、阻尼余弦、贝塞尔、希尔沃宁），希尔沃宁函数的表现较为突出，它在原点处有一个形似"钟形"的零导数，具有鲁棒性，并能在低 CPU 能耗下运行[25-26]。协方差函数为

$$C_{rr'} = \frac{\sigma_0^2}{1 + [\psi_{rr'}/L_c]^2} \quad (8.67)$$

式中：L_c 为相关长度（半相关角距离）；σ_0 为先验不确定性。未知参数的实际值可以用后验地形协方差函数逼近。如果已知要计算的海底地形结构是拉长的，则可以在先验信息中输入该结构。事实上，地形的自协方差也反映了这种各向异性。因此，在先验协方差矩阵的计算中，可以通过随方位角变化的相关长度来建模。在椭圆近似中，3 个方位角需要 3 个相关长度值：

$$L_c(\alpha) = \left[L_c(0)\cos\alpha - L_c\left(\frac{\pi}{2}\right)\sin\alpha\right](\cos\alpha - \sin\alpha) + L_c\left(\frac{\pi}{4}\right)\sin 2\alpha \quad (8.68)$$

式中：α 为 rr' 弧的方位角。

8.3.2.3 后验不确定性

后验模型参数的不确定性由后验协方差矩阵的对角元素 Σ_{rr} 确定[27]：

$$\sigma(r) = \sqrt{\Sigma_{rr'}(r=r')} \tag{8.69}$$

$\Sigma_{rr'}$ 可以表示成如下近似形式：

$$\Sigma_{rr'} = C_{rr'} - C_{rr'} \boldsymbol{G}_N^T \left[\boldsymbol{G}_N C_{rr'} \boldsymbol{G}_N^T + \boldsymbol{E}_{ss'} \right]^{-1} \boldsymbol{G}_N C_{rr'} \tag{8.70}$$

式中：N 为最终迭代达到收敛的指标。

式（8.69）和式（8.70）中，后验不确定性独立于实际数据值，反映了输入不确定性在建模过程中的传递性质。此外，后验不确定性不能反映未被考虑在内的模型误差，这些模型误差与预测解的长波部分有关，也与补偿模型和密度值的不确定性有关，忽视这些模型误差会低估后验不确定性。然而，计算这些模型误差非常耗时费力，因而目前不作考虑。为了得到更真实的不确定性，使用单位协方差因子衡量与全局解相关的后验协方差，单位协方差因子 χ^2 衡量的是数据不确定性 σ_d 与不符值的比例，通过计算测深数据不符值确定该单位协方差因子的近似值：

$$\chi^2 = \frac{1}{M} \sum \frac{[d(s)-b(s)]^2}{\sigma_d(s)^2} \tag{8.71}$$

式中：M 为回声测深存在的像素数 d_s 及其在网格中的位置。式（8.71）中，d_s 不是实际的回波测深值，而是每个网格单元内所有测深值的中值。最后，将后验方差 $\sigma^2(r)$ 与单位协方差因子进行比例变换，得到后验不确定性 $\bar{\sigma}(r)$ 的表达式：

$$\bar{\sigma}^2(r) = \chi^2 \sigma^2(r) \tag{8.72}$$

预测水深和回声测深数据之间的差异呈随机分布时可能会增大误差，例如，与不正确的 T_e 值相关的误差在古老的海洋盆地中比在大洋中脊附近更容易被发现；χ^2 是整个海域的平均值，在旧海底的粗糙区域（如在计算中使用了一个较大的 T_e 值），可能会低估不确定性；在平滑的地区，如没有海山的盆地，不确定性可能被高估了，在那里 T_e 不重要。然而，对比先前的研究，带有不确定性参数的地图制作是一个大的进步。

8.4　迭代反演法

8.4.1　垂直重力梯度异常的解析算法[28]

8.4.1.1　长方体产生的垂直重力梯度

假设有一个海底长方体海山 Ω，其长、宽、高分别为 $2a$、$2b$、$H-h$，其

中 H 为 Ω 底部至海平面的高度，h 为 Ω 顶部至海平面的高度（即 Ω 的海深），记 R 是 Ω 在海面对应的海域，显然，确定 Ω 的形状仅需求解 h。假设 P 是在海平面上任意一点，下面计算 Ω 在 P 处产生的垂直重力梯度。

建立图 8.13 所示的坐标系。

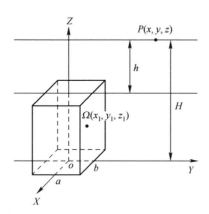

图 8.13　长方体海山

则 Ω 产生的重力位为

$$V(x,y,z) = G\rho \iiint_\Omega \frac{1}{\sqrt{(x-x_1)^2+(y-y_1)^2+(z-z_1)^2}} dV \qquad (8.73)$$

式中：ρ 是海山 Ω 的密度；(x_1,y_1,z_1) 为积分变量。因此，海山 Ω 在点 P 产生的垂直重力梯度为

$$\begin{aligned}
g_{zz}(P) &= \frac{\partial^2 V}{\partial z^2}\bigg|_P = G\rho \iiint_\Omega \frac{\partial}{\partial z^2}\left(\frac{1}{\sqrt{(x-x_1)^2+(y-y_1)^2+(H-z_1)^2}}\right) dx_1 dy_1 dz_1 V \\
&= G\rho \iint_R \frac{\partial}{\partial z}\left(\frac{1}{\sqrt{(x-x_1)^2+(y-y_1)^2+(H-z_1)^2}}\right)\bigg|_0^{H-h} dx_1 dy_1 \\
&= G\rho [I_R(H,x,y) - I_R(h,x,y)]
\end{aligned}$$

$$(8.74)$$

式中

$$I_R(H,x,y) = G\rho \iint_R \frac{1}{\sqrt{[(x-x_1)^2+(y-y_1)^2+H^2]^{\frac{3}{2}}}} dx_1 dy_1 \qquad (8.75)$$

积分区间 $R = \{(x_1,y_1); -a \leq x_1 \leq a, -b \leq y_1 \leq b\}$ 为矩形区间，进一步计算后可得 $I_R(H,x,y)$ 的表达式为

$$I(a,b,H,x,y) = \arctan\left[\frac{(a-x)(b-y)}{H}\frac{1}{\sqrt{(a-x)^2+(b-y)^2+H^2}}\right] +$$
$$\arctan\left[\frac{(a+x)(b-y)}{H}\frac{1}{\sqrt{(a+x)^2+(b-y)^2+H^2}}\right] +$$
$$\arctan\left[\frac{(a-x)(b+y)}{H}\frac{1}{\sqrt{(a-x)^2+(b+y)^2+H^2}}\right] + \quad (8.76)$$
$$\arctan\left[\frac{(a+x)(b+y)}{H}\frac{1}{\sqrt{(a+x)^2+(b+y)^2+H^2}}\right]$$

对于一般的矩形积分区间 $R = \{(x_1,y_1); -a \leq |x_1-x_0| \leq a, -b \leq |y_1-y_0| \leq b\}$，结合式（8.76），可写为

$$I_R(H,x,y) = I(a,b,H,x-x_0,y-y_0) \quad (8.77)$$

同理，式（8.74）中的 $I_R(h,x,y)$ 与 $I_R(H,x,y)$ 有相同的表达式。因此，得到了矩形海山 Ω 在海平面上任何一点 P 产生垂直重力梯度的表达式。

8.4.1.2 观测方程与可解性分析

为了讨论方便，恒设 $R=\{(x_1,y_1);-a \leq x,y \leq a\}$ 是海面上的一个正方形区域，Ω 是 R 下方对应的海山，密度为常数 ρ，形状为 $\Omega=\{(x,y,z);(x,y) \in R, H-h(x,y) \leq z \leq H\}$，其中，$h(x,y)$ 是 Ω 的顶部至海面的高，假设 R 上垂直重力梯度异常仅是由 Ω 产生，研究确定 $h(x,y)$ 的求解方法。选择一个步长 t，将区间 $[-a,a]$ 进行 $2N$ 等分，即 $a=N \cdot t$，以将区域 R 进行格网化，其中典型的子格网区域是 $R_{ij}=[x_i,x_{i+1}] \times [y_j,y_{j+1}]$，$x_i=it$，$y_j=jt$，$i,j=-N,\cdots,0,\cdots,N-1$，若步长 t 足够小，在 R_{ij} 中可以被看成是常数 h_{ij}，于是，利用式（8.76）、式（8.77）和叠加原理可知，由 Ω 生成的垂直重力梯度在海面 $P(x,y)$ 处的值 $\Gamma(x,y)$ 为

$$\Gamma(x,y) = G\rho \sum_{i,j=-N}^{N-1} [I_{R_{ij}}(H,x,y) - I_{R_{ij}}(h_{ij},x,y)] \quad (8.78)$$

在式（8.78）中去掉海水的影响，得到 Ω 在海面上 P 处产生的垂直重力梯度异常为

$$\delta\Gamma(x,y) = G\Delta\rho\left[I_R(H,x,y) - \sum_{i,j=-N}^{N-1} I_{R_{ij}}(h_{ij},x,y)\right] \quad (8.79)$$

如果事先能够给出海域 R 上的垂直重力梯度异常的观测值，例如，在 R 上所有格网点的垂直重力梯度异常是已知的，可得

$$\delta \varGamma(x_p,y_q) = G\Delta\rho \left[I_R(H,x_p,y_q) - \sum_{i,j=-N}^{N-1} I_{R_{ij}}(h_{ij},x_p,y_q) \right] \quad (8.80)$$

式中：(x_p,y_q) 是海面上区域 R 的观测点。这样，在垂直重力梯度异常仅由 Ω 产生的前提下，建立了关于 h_{ij} 的观测式（8.80），其中 h_{ij} 就是子格网 R_{ij} 的平均海深。在式（8.80）中，方程的个数是 $(2N+1)^2$，未知数 h_{ij} 的个数为 $(2N)^2$，满足可解条件。事实上，使用 h_{ij} 来替代 $h(x,y)$ 的本质就是分块求出 Ω 的海深，即使用分片函数来表达 Ω 的海深。因此，当分割步长越小时，预测的 Ω 地形就会越准确。

由于式（8.80）关于 h_{ij} 是非线性的，因此，在给定初始值 $h_{ij}^{(0)}$ 后，可用迭代的方法来求解，即

$$
\begin{aligned}
& G\Delta\rho \sum_{i,j=-N}^{N-1} \frac{\partial I_{R_{ij}}(h_{ij}^{(0)},x_p,y_q)}{\partial h_{ij}} (h_{ij}^{(k+1)} - h_{ij}^{(k)}) \\
& = -\delta \varGamma(x_p,y_q) + G\Delta\rho I_{R_{ij}}(H,x_p,y_q) - G\Delta\rho \sum_{i,j=-N}^{N-1} I_{R_{ij}}(h_{ij}^{(k)},x_p,y_q)
\end{aligned}
\quad (8.81)
$$

式（8.81）就是线性化后的海底深度与垂直重力梯度异常之间的观测方程组。

8.4.2 模拟退火算法[29]

地形崎岖海域需要顾及非线性效应。模拟退火是一种处理非线性逆问题的全局优化技术，通过渐进地找到一个概率为 1 的最优状态向量，使其代价函数（衡量观测值与相应的正演模型之间差异的质量指标）处于全局最小值，其所包含的待确定参数向量称为系统状态。

8.4.2.1 基本算法模型

将 b_0 设定为模拟退火算法的初始状态，代价函数为 $E(b_0)$。以概率 $a(b_k)$ 生成一个新的状态，$a(b_k)$ 由温度参数 T_k 控制，其中 k 为迭代步长数。通过 $b_k^j = b_{k-1}^j + y^i(B^i - A^i), i \in \{1,2,\cdots,D\}$ 产生新的状态 $A^i \leqslant b_k^j \leqslant B^i$，$D$ 为状态向量的元素数量，$y^i = \mathrm{sgn}(u^i - 1/2) T_k [(1+1/T_k)^{|2u^i-1|} - 1]$，$\mathrm{sgn}()$ 为符号函数，u^i 是一个均匀分布的随机数生成区间 $[-1,1]$，$[A^i,B^i]$ 是 b^i 的允许范围。在计算新状态的代价函数 $E(b_k)$ 时，使用 Metropolis 准则决定是否接受新状态，即当 $\Delta E = E(b_k) - E(b_{k-1}) \leqslant 0$ 时新状态被接受，当 $\Delta E \geqslant 0$ 时，则接受新状态的概率为 $1/[1+\exp(\Delta E/T_k)]$。接下来，根据冷却计划降低温度，生成一个新的状

态,开始另一个迭代周期。通过上述过程的不断迭代,直到代价函数不发生变化为止。

经证实,当冷却计划不快于

$$T_k = T_0 \exp(-ck^{1/D}) \tag{8.82}$$

时,状态 $a(b_k)$ 的概率分布由玻耳兹曼分布给出:

$$\lim_{T\to 0^+}\lim_{k\to\infty} a(b_k) = \lim_{T\to 0^+}\lim_{k\to\infty} pr(b=b_k) = \frac{\exp\left\{-\dfrac{E(b_k)-E_{\min}}{T_k}\right\}}{\sum_b \exp\left\{-\dfrac{E(b)-E_{\min}}{T_k}\right\}} \tag{8.83}$$

式(8.82)中,$c = me^{-n/D}$,其中,m、n 为自由参数,用于过程调整,使第 e^n 次迭代时温度变为 T_0。值得注意的是,初始温度 T_0 需要被设置得足够高,以使几乎每一个状态转换在开始时都能够被接受。随着温度降低,拒绝增加代价函数跃迁的概率逐渐接近于 1。这就是模拟退火可以在过程初始跳出代价函数的局部最小值,最终落在全局最小值上的原因。随着温度降低,Boltzmann 分布集中在成本最低的状态上,即以概率 1 渐近收敛到一个最优值:

$$\lim_{T\to 0^+}\lim_{k\to\infty} pr(b_k \in \mathbb{R}_{\text{optimal}}) = 1 \tag{8.84}$$

$\mathbb{R}_{\text{optimal}}$ 是全局最小状态集。

由式(8.82)可知,当参数维数 D 较大时,$k^{1/D}$ 的增加速度呈指数减慢,温度下降的速度会减慢,需要的计算资源也会非常大。加入淬火参数 Q 后,模拟退火转向次优选择:

$$T_k = T_0 \exp(-ck^{Q/D}) \tag{8.85}$$

式中:$c = me^{-nQ/D}$。但当淬火参数与 D 的阶数相同时,该算法无法统计收敛到全局最小值。实践中,模拟退火算法仍然是给定系统的最佳算法之一,它已经成功地应用于许多大维度的复杂问题处理。

8.4.2.2 正演模型与代价函数

正演模型中,海底深度(参数 b)可以通过最小化代价函数(观测到的重力梯度与正演计算的重力梯度之差 L^2 范数的平方),采用模拟退火算法来估计。与采用帕克公式的频域算法相比,模拟退火算法只需正演计算公式,避免了线性化,并且不需要类似于帕克公式的无限级数模型对数据分布加以限制,因而具有更大的灵活性。

采用模拟退火算法估计海洋深度,要建立局部笛卡儿坐标系,令其原点位于研究区域中心和参考椭球面上，x、y 和 z 轴分别指向东、北和上。将研究区海底建模为一组边缘平行于坐标轴的相邻直角棱柱，其中，x 和 y 坐标值已知，下面的 z 坐标为研究区平均深度，上面的 z 坐标表示海底深度，作为模拟退火状态向量的一部分，该参数是未知的。

海底地形质量密度引起的海面垂直重力梯度，采用直角棱柱模型进行计算。给定平均水深，通过 $b_r = b - d$ 与深度建立联系。当只考虑近区效应时，对于每个计算点，只考虑预设距离内的棱柱影响，通过棱柱计算并求和得到海平面上评估点的垂直重力梯度。远区效应 $\Delta \Gamma_{zz}^{\text{far}}$ 表示长波长，对整个研究区域采用一个常数近似，$\Delta \Gamma_{zz}^{\text{far}}$ 是未知的，将其添加到待确定的状态向量 $\boldsymbol{b}$ 中。图 8.14 示出了计算原理，海水与海底底质的密度差被假设是恒定的。综上所述，待确定的状态向量包含海底深度和近区外质量引起的重力梯度偏移。当棱柱密度假设为一常数，每个计算点的垂直重力梯度被视为近区棱柱引起的垂直重力梯度和远区质量引起的偏移量的总和：

$$^{i}\Gamma_{zz}^{\text{comp}}(b) = \Delta \Gamma_{zz}^{\text{far}} + \sum_{j=1}^{M} {}^{i}\Gamma_{zz}^{\text{comp}}(b_j) \qquad (8.86)$$

式中：$^{i}\Gamma_{zz}^{\text{comp}}(b)$ 是 i 点的垂直重力梯度；$\boldsymbol{b} = \{b_1, b_2, \cdots, b_M, \Delta \Gamma_{zz}^{\text{far}}\}$ 为状态向量；M 为近区内棱柱的数量；$^{i}\Gamma_{zz}^{\text{comp}}(b_j)$ 为第 j 个直角棱柱对 i 点垂直重力梯度的贡献[30]。

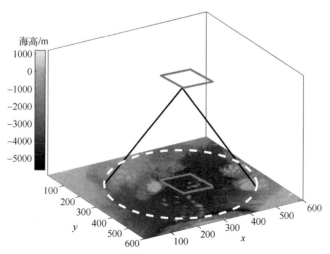

图 8.14 正演模型原理示意图（绿色矩形表示观测到的垂直重力梯度范围，红色矩形标记的正下方区域是有待估算的未知海底深度，红色矩形的深度值来自 SIO 全球地形模型，称为填充区，白色虚线圆圈标记为近区域，半径是截断距离）

$$^{i}\Gamma_{zz}^{\text{comp}}(b_{j}) = G\Delta\rho \cdot \arctan\frac{(x-\xi)(y-\eta)}{(z-\zeta)\sqrt{(x-\xi)^{2}+(y-\eta)^{2}+(z-\zeta)^{2}}}\bigg|_{\xi=xw_{j}}^{xe_{j}}\bigg|_{\eta=ys_{j}}^{yn_{j}}\bigg|_{\zeta=md_{j}}^{b_{j}}$$
(8.87)

式中：(x,y,z) 为观测点 i 的位置坐标；(ξ,η,ζ) 为对长方形棱柱的积分变量；xw_j、xe_j、ys_j、yn_j 是第 j 个棱柱的 x 轴和 y 轴边界；md_j 是 j 点平均深度的 z 坐标；b_j 是 j 点海底的 z 坐标。

将未知海底深度的搜索极限 $[A^i, B^i]$ 设置为固定值，例如，搜索上限设置为海面，下限设置为研究区域最大深度以下 1km，若搜索空间太大，计算效率就会很低。考虑到已公布的全球地形模型 SIO 采纳了船舶测深数据，模拟退火算法主要用于被忽略的产生微小影响的非线性项地形改进。将每个格点海底深度的上下限分别设定为 SIO 模型插值深度值的上、下 1km，可以减小搜索空间。观测值与 SIO 模型垂直重力梯度差值的平均值表明了远区质量造成的偏移量大小，在设置 $\Delta\Gamma_{zz}^{\text{far}}$ 搜索极限时对此要加以考虑。例如，某研究区域差值的平均值为-3E，根据经验将远区质量引起的重力梯度偏移的搜索域设置为 $-6E < \Delta\Gamma_{zz}^{\text{far}} < 0E$。

将卫星测高采集数据通过垂线偏差导数方法得到垂直重力梯度，用来估计海底地形。鉴于梯度计算值与实测值存在差异，通过模拟退火算法得到最优的状态向量丝线，代价函数定义如下：

$$E(b) = \frac{1}{N}[^{i}\Gamma_{zz}^{\text{obs}} - {}^{i}\Gamma_{zz}^{\text{comp}}(b)]^{2}$$
(8.88)

式中：N 为观测点数量；$^{i}\Gamma_{zz}^{\text{obs}}$ 为在 i 点的垂直重力梯度。

8.4.2.3 正向计算中的截断和解析错误

在预设的近区域采用离散数字地形模型，通过正演计算得到重力梯度。对每个计算点，将近区定义为棱柱与计算点的水平距离在预设截断距离 s_0 内的区域，s_0 以外的区域为远区。截断误差是在正向计算中忽略远区影响产生的计算点误差，其被假设具有长波长特性且近似为一个常数。为验证这一假设，可以采用计算相对截断误差办法，即研究区域内以水平距离分隔的两点之间截断误差之差。若相对截断误差小于观测噪声的水平，可以只用一个参数来表示整个区域的截断误差，见式（8.86）；若相对截断误差很大，则假设截断误差为常数不成立。此外，正演计算中，由于离散地形具有有限分辨率，会产生分辨率误差。相对截断误差方差的估计方程为[29]

$$(\sigma_{\Delta\varepsilon_z^{\text{trunc}}})^2 = 4\pi (G\Delta\rho)^2 \int_{\bar{f}=0}^{\infty} |\breve{\omega}_{zz}(\bar{f})|^2 \overline{\Theta}_{b,b_r}(\bar{f}) [1 - J_0(2\pi\bar{f}l)]\bar{f}d\bar{f} \quad (8.89)$$

式中：$\overline{\Theta}_{b,b_r}(\bar{f})$ 为地形 b_r 的方位平均周期图；J_0 是第一类零阶贝塞尔函数；$\breve{\omega}_{zz}(\bar{f})$ 可以表示为

$$\breve{\omega}_{zz}(\bar{f}) = (2\pi)^2 \bar{f}e^{2\pi\bar{f}d} + 2\pi \int_{s'=0}^{s_0} \left[\frac{1}{(s'^2+d^2)^{3/2}} - \frac{3d^2}{(s'^2+d^2)^{5/2}} \right] J_0(2\pi\bar{f}s')^2 s'ds' \quad (8.90)$$

式中

$$s' = \sqrt{x^2+y^2}$$

如果地形的 PSD 近似于幂律，$\overline{\Theta}_{b,b_r}(\bar{f}) = C\bar{f}^{-\beta}$，分辨率误差的方差估计为

$$(\sigma_{\Delta\varepsilon_z^{\text{res}}})^2 = 2^{2\beta-3} \pi^{\beta+1} (G\Delta\rho)^2 C d^{\beta-4} \Gamma^{\text{uigf}}(4-\beta, 4\pi d\bar{f}_N) \quad (8.91)$$

式中：$\Gamma^{\text{uigf}}(p,z)$ 表示以上不完全的伽马函数；$\bar{f}_N$ 为

$$\bar{f}_N = \sqrt{\frac{1}{(2\Delta x)^2} + \frac{1}{(2\Delta y)^2}} \quad (8.92)$$

参考文献

[1] 吴自银，阳凡林，罗孝文，等．高分辨率海底地形地貌：探测与处理理论技术［M］．北京：科学出版社，2017.

[2] SMITH W H F, SANDWELL D T. Global sea floor topography from satellite altimetry and ship depth soundings［J］. Science, 1997, 277（5334）：1956-1962.

[3] SUN Y, ZHENG W, LI Z, et al. Improved the accuracy of seafloor topography from altimetry-derived gravity by the topography constraint factor weight optimization method［J］. Remote Sensing, 2021, 13（12）：2277.

[4] 孙中苗，管斌，翟振和，等．海洋卫星测高及其反演全球海洋重力场和海底地形模型研究进展［J］．测绘学报，2022, 51（6）：923-934.

[5] HSIAO Y S, HWANG C, CHENG Y S, et al. High-resolution depth and coastline over major atolls of South China Sea from satellite altimetry and imagery［J］. Remote Sensing of Environment, 2016, 176：69-83.

[6] 胡敏章，李建成，金涛勇，等．联合多源数据确定中国海及周边海底地形模型［J］．武汉大学学报（信息科学版），2015, 40（9）：1266-1273.

[7] DORMAN L R M, LEWIS B T R. Experimental isostasy: 1. Theory of the determination of the earth's isostatic response to a concentrated load [J]. Journal of Geophysical Research, 1970, 75 (17): 3357-3365.

[8] PARKER R L. The rapid calculation of potential anomalies [J]. Geophysical Journal International, 1973, 31 (4): 447-455.

[9] OLDENBURG D W. The inversion and interpretation of gravity anomalies [J]. Geophysics. 1974, 39 (4): 526-536.

[10] WANG Y M. Predicting bathymetry from the Earth's gravity gradient anomalies [J]. Marine Geodesy, 2000, 23 (4): 251-258.

[11] YANG J, LUO Z, TU L, et al. On the feasibility of seafloor topography estimation from airborne gravity gradients: performance analysis using real data [J]. Remote Sensing, 2020, 12 (24): 4092.

[12] Kalnins L M, Watts A B. Spatial variations in effective elastic thickness in the Western Pacific Ocean and their implications for Mesozoic volcanism [J]. Earth and Planetary Science Letters, 2009, 286 (1/2): 89-100.

[13] AIRY G B. On the computation of the effect of the attraction of mountain-masses, as disturbing the apparent astronomical latitude of stations in geodetic surveys [J]. Philosophical Transactions of the Royal Society of London, 1855 (145): 101-104.

[14] Bendat J S, Piersol A G. Random data: analysis and measurement procedures [M]. New York: John Wiley & Sons, 2011.

[15] 胡敏章, 李建成, 邢乐林. 由垂直重力梯度异常反演全球海底地形模型 [J]. 测绘学报, 2014, 43 (6): 558-565, 574.

[16] 胡敏章, 张胜军, 金涛勇, 等. 新一代全球海底地形模型 BAT_ WHU2020 [J]. 测绘学报, 2020, 49 (8): 939-954.

[17] HU M, JIN T, JIANG W, et al. Bathymetry model in the northwestern Pacific Ocean predicted from satellite altimetric vertical gravity gradient anomalies and ship-board depths [J]. Marine Geodesy, 2022, 45 (1): 24-46.

[18] SMITH W H F, SANDWELL D T. Bathymetric prediction from dense satellite altimetry and sparse shipboard bathymetry [J]. Journal of Geophysical Research: Solid Earth, 1994, 99 (B11): 21803-21824.

[19] HWANG C. A bathymetric model for the South China Sea from satellite altimetry and depth data [J]. Marine Geodesy, 1999, 22 (1): 37-51.

[20] ANNAN R F, WAN X. Mapping seafloor topography of gulf of Guinea using an adaptive meshed gravity-geologic method [J]. Arabian Journal of Geosciences, 2020, 13 (7): 1-12.

[21] 欧阳明达,孙中苗,翟振和.基于重力地质法的南中国海海底地形反演[J].地球物理学报,2014,57(9):2756-2765.

[22] XING J, CHEN X X, MA L. Bathymetry inversion using the modified gravity-geologic method: application of the rectangular prism model and Tikhonov regularization [J]. Applied Geophysics, 2020, 17 (3): 377-389.

[23] HSIAO Y S, KIM J W, KIM K B, et al. Bathymetry estimation using the gravity geologic method: an investigation of density contrast predicted by the downward continuation method [J]. Terrestrial Atmospheric and Oceanic Sciences, 2011, 22 (3): 347-358.

[24] CALMANT S. Seamount topography by least-squares inversion of altimetric geoid heights and shipborne profiles of bathymetry and/or gravity anomalies [J]. Geophysical Journal International, 1994, 119 (2): 428-452.

[25] FAN D, LI S, MENG S, et al. Applying iterative method to solving high-order terms of seafloor topography [J]. Marine Geodesy, 2020, 43 (1): 63-85.

[26] FAN D, LI S, LI X, et al. Seafloor topography estimation from gravity anomaly and vertical gravity gradient using nonlinear iterative least square method [J]. Remote Sensing, 2020, 13 (1): 64.

[27] CALMANT S, BERGE-NGUYEN M, CAZENAVE A. Global seafloor topography from a least-squares inversion of altimetry-based high-resolution mean sea surface and shipboard soundings [J]. Geophysical Journal International, 2002, 151 (3): 795-808.

[28] 徐焕,于锦海,安邦,等.利用垂直重力梯度异常反演海底地形的解析方法[J].测绘学报,2022,51(1):53-62.

[29] YANG J, JEKELI C, LIU L. Seafloor topography estimation from gravity gradients using simulated annealing [J]. Journal of Geophysical Research: Solid Earth, 2018, 123 (8): 6958-6975.

[30] YANG J, LUO Z, TU L. Ocean access to Zachariæ Isstrøm glacier, northeast Greenland, revealed by OMG airborne gravity [J]. Journal of Geophysical Research: Solid Earth, 2020, 125 (11): e2020JB020281.

第9章 高分辨率、高精度海洋重力场应用

9.1 低空扰动重力场赋值

9.1.1 基于虚拟场元的赋值模式

海洋重力场的最重要应用之一是为弹道轨迹修正提供数据，这就要求利用海面格网平均扰动重力（或重力异常）计算飞行轨迹上的扰动引力。从工程应用角度考虑，虚拟点质量是一种实用高效的赋值模式[1]。这种赋值模式先利用海面不同分辨率的格网平均扰动重力构建对应分辨率的点质量，再以这些点质量组合解算空中扰动引力。同时，为确保点质量赋值模式的正确可靠，以直接法赋值模式作为检核。

9.1.1.1 基于扰动重力的虚拟质点赋值模式

将地球扰动位 T_p 表示成地球内嵌球上质点位的线性组合：

$$T_p = G \sum_{i=1}^{m} \frac{M_i}{\rho_{pi}} \tag{9.1}$$

式中：G 为引力常数；ρ_{pi} 为 p 点至 i 点的距离；M_i 为虚拟扰动质点的质量，其大小由地面条件决定。当已知地面场元为扰动重力 δg 时，边界条件即为

$$\delta g_i = G \sum_{j=1}^{m} \frac{r_i - R_B \cos\psi_{ij}}{\rho_{ij}^3} M_j \tag{9.2}$$

式中：ρ_{ij} 为第 i 个观测量至第 j 个质点的距离；m 为点质量个数；R_B 代表点质量所在球面的半径，定义以地球平均半径 R 与埋藏深度 D 之差，即

$$R_B = R - D \tag{9.3}$$

r_i 表示第 i 个观测点至球心的距离，即

$$r_i = R_i + H_i \qquad (9.4)$$

式中：R_i 为参考椭球面上 i 点到球心的距离；H_i 为观测点正常高；设 n 为 δg 的观测个数，构成方程组：

$$L = AM \qquad (9.5)$$

式中

$$L = \begin{bmatrix} \delta g_1 \\ \delta g_2 \\ \vdots \\ \delta g_n \end{bmatrix}, \quad A = (a_{ij})_{n \times m}, \quad M = \begin{bmatrix} GM_1 \\ GM_2 \\ \vdots \\ GM_n \end{bmatrix}$$

其中

$$a_{ij} = \frac{r_i - R_j \cos\psi_{ij}}{\rho_{ij}^3}$$

$$\cos\psi_{ij} = \sin\varphi_i \sin\varphi_j + \cos\varphi_i \cos\varphi_j \cos(\lambda_i - \lambda_j)$$

$$\rho_{ij}^2 = r_i^2 + R_j^2 - 2r_i R_j \cos\psi_{ij}$$

式中：$\{r, \varphi, \lambda\}$ 为点的球坐标。

当 $n = m$ 时，边界条件方程有唯一解：

$$M = A^{-1} L \qquad (9.6)$$

当 $n > m$ 时，边界条件方程有最小二乘解：

$$M = (A^T P A)^{-1} A^T P L \qquad (9.7)$$

式中：P 为 δg 的观测权阵。

由式（9.1）可得计算外空扰动引力三分量的计算公式，即

$$\begin{cases} \delta_r = -G \sum \dfrac{r_p - R_i \cos\psi_{pi}}{\rho_{pi}^3} M_i \\ \delta_\varphi = G \sum \dfrac{R_i \sin\psi_{pi}}{\rho_{pi}^3} \cos\alpha_{pi} M_i \\ \delta_\lambda = G \sum \dfrac{R_i \sin\psi_{pi}}{\rho_{pi}^3} \sin\alpha_{pi} M_i \end{cases} \qquad (9.8)$$

式中：α_{pi} 为 p 点至 i 点的方位角，计算公式为

$$\tan\alpha_{pi} = \frac{\cos\varphi_i \sin(\lambda_i - \lambda_P)}{\cos\varphi_P \sin\varphi_i - \sin\varphi_P \cos\varphi_i \cos(\lambda_i - \lambda_P)} \qquad (9.9)$$

式（9.8）即为外空扰动引力场的虚拟质点赋值模式。应用该式对外空场赋值时，关键在于虚拟点质量 M_i 的构制。

9.1.1.2 虚拟点质量的构制方法

虚拟点质量应当分频段构制，相应频段的数据分辨率通常为 5°、1°、20′、5′、1′，观测数据是海面的格网平均扰动重力。构制步骤如下。

首先以 5°×5° 平均扰动重力求解第一组点质量 M_1，M_1 响应的频段为 [2,36]；由 1°×1° 平均扰动重力与其所在的 5°×5° 均值构成差值，并以此计算 [37,180] 频段上的点质量 M_2；再以 20′×20′ 平均扰动重力与其所在的 1°×1° 均值构成差值，并以此求解 [181,540] 频段上的点质量 M_3；依次类推，可以构制出第四组点质量 M_4 和第五组点质量 M_5，它们相应的频段分别为 [541,2160] 和 [2160,10800]。

数据的覆盖范围，对于 5°×5°，无疑需要覆盖全球，这需要利用全球重力场模型来计算。1°×1° 点质量只需以计算点为中心覆盖 20°×20° 即可满足精度要求，20′、5′、1′ 点质量的覆盖范围分别要求为 6°×6°、5°×5° 和 30′×30′，这些范围的扰动重力数据可由卫星测高获得的海面 1′×1′ 格网平均扰动重力得到。

构制虚拟点质量，实质上就是按式（9.2）构成并求解方程组。20′、5′ 和 1′ 的点质量参数较少，方程组阶数不高较易求解；对于 5° 和 1° 点质量，其阶数分别为 2592 和 3300，且系数阵均为满秩阵，为提高计算效率，一般应用纬向 FFT 技术和"稀疏迭代法"分别求解 5° 点质量和 1° 点质量。

9.1.2 非奇异直接法赋值模式

9.1.2.1 经典直接法赋值模式

所谓直接法赋值模式，就是对地球的外空扰动位直接求导，从而得到外空扰动引力三分量。

地球外部扰动位 T 的球近似表达式为

$$T = \frac{R}{4\pi} \iint_\sigma \Delta g S(r,\psi) \, d\sigma \tag{9.10}$$

式中：Δg 为地面重力异常；$S(r,\psi)$ 是广义斯托克斯函数，定义为

$$S(r,\psi) = \frac{2R}{\rho} - \frac{3\rho R}{r^2} + \frac{R}{r} - \frac{5R^2\cos\psi}{r^2} - \frac{3R^2\cos\psi}{r^2} \cdot \ln\frac{r-R\cos\psi+\rho}{2r} \tag{9.11}$$

式中：R 为重力异常 Δg 所在表面的近似球面半径；r 为计算点至球心的距离；

ψ 为计算点至流动点 $d\sigma$ 的球面角距；ρ 为计算点至流动点 $d\sigma$ 的空间距离，即

$$\rho^2 = r^2 + R^2 - 2rR\cos\psi \tag{9.12}$$

$$\cos\psi = \sin\varphi'\sin\varphi + \cos\varphi'\cos\varphi\cos(\lambda'-\lambda) \tag{9.13}$$

$$d\sigma = \cos\varphi' d\varphi' d\lambda' \tag{9.14}$$

式中：φ、λ 为计算点的纬度、经度；φ'、λ' 为流动点的纬、经度。

将式 (9.10) 代入下式可得

$$\begin{cases} \delta_r = \dfrac{\partial T}{\partial r} \\ \delta_\varphi = \dfrac{1}{r}\dfrac{\partial T}{\partial \varphi} \\ \delta_\lambda = \dfrac{1}{r\cos\varphi}\dfrac{\partial T}{\partial \lambda} \end{cases} \tag{9.15}$$

便可得地球外空扰动引力三分量 $\{\delta_r, \delta_\varphi, \delta_\lambda\}$，但传统上，总是以 ψ 和 α 代替 φ 与 λ，以便于应用，即

$$\begin{cases} \delta_r = \dfrac{R}{4\pi}\iint_\sigma \Delta g \dfrac{\partial S(r,\psi)}{\partial r} d\sigma \\ \delta_\varphi = -\dfrac{R}{4\pi}\iint_\sigma \Delta g \dfrac{\partial S(r,\psi)}{\partial \psi} \cos\alpha d\sigma \\ \delta_\lambda = -\dfrac{R}{4\pi r}\iint_\sigma \Delta g \dfrac{\partial S(r,\psi)}{\partial \psi} \sin\alpha d\sigma \end{cases} \tag{9.16}$$

式中

$$\frac{\partial S(r,\psi)}{\partial r} = -\frac{t^2}{R}\left[\frac{1-t^2}{D^3}+\frac{4}{D}+1-6D-t\cos\psi\left(13+6\ln\frac{1-t\cos\psi+D}{2}\right)\right] \tag{9.17}$$

$$\frac{\partial S(r,\psi)}{\partial \psi} = -t^2\sin\psi\left[\frac{2}{D^3}+\frac{6}{D}-8-3\frac{1-t\cos\psi-D}{D\sin^2\psi}-3\ln\frac{1-t\cos\psi+D}{2}\right] \tag{9.18}$$

$$t = \frac{R}{r} \tag{9.19}$$

$$D = \frac{\rho}{r} = \sqrt{1-2t\cos\psi+t^2} \tag{9.20}$$

$$\tan\alpha = \frac{\cos\varphi'\sin(\lambda-\lambda')}{\cos\varphi\sin\varphi'-\sin\varphi\cos\varphi'\cos(\lambda-\lambda')} \tag{9.21}$$

式（9.16）就是外空扰动引力场的直接法赋值模式。实际赋值时，习惯上将全球分成远近两部分，近区按式（9.16）实施数值积分，远区以球谐函数逼近。

由式（9.17）可以看出，式（9.16）的核函数，当计算点接近地面且流动点趋近于计算点时，$\rho \to 0$，即 $D \to 0$，从而使得式（9.16）积分奇异。这种奇异性对高空扰动引力场赋值时，影响不甚明显，但对低空场而言，尤其是流动点流动到计算点周围时，ρ 较小，故而奇异性增强，所求结果极不稳定。因此，经典的直接法赋值模式在低空场中的应用将受到限制。

9.1.2.2 非奇异的直接法赋值模式

将球近似下的物理大地测量基本微分方程为

$$\Delta g = -\frac{\partial T}{\partial r} - \frac{2}{r}T \tag{9.22}$$

两边同乘以 $-r^2$，则有

$$r^2\frac{\partial T}{\partial r} + 2rT = -r^2\Delta g \tag{9.23}$$

即

$$\frac{\partial}{\partial r}(r^2 T) = -r^2\Delta g \tag{9.24}$$

将式（9.24）在 ∞ 至 r 区间进行积分，并顾及 $\lim\limits_{r \to \infty}(r^2 T) = 0$，可得

$$r^2 T = -\int_{\infty}^{r} r^2 \Delta g(r)\,\mathrm{d}r \tag{9.25}$$

利用重力异常的向上延拓公式，则有

$$r^2 \Delta g = \frac{R^2}{4\pi}\iint_{\sigma}\left(\frac{r^3 - rR^2}{\rho^3} - 1 - \frac{3R}{r}\cos\psi\right)\Delta g\,\mathrm{d}\sigma \tag{9.26}$$

令

$$F(r) = -r^2 \Delta g(r) = \frac{R^2}{4\pi}\iint_{\sigma}\left(-\frac{r^3 - rR^2}{\rho^3} + 1 + \frac{3R}{r}\cos\psi\right)\Delta g\,\mathrm{d}\sigma \tag{9.27}$$

并将之代入式（9.25），有

$$r^2 T = \int_{\infty}^{r} F(r)\,\mathrm{d}r \tag{9.28}$$

即

$$T = \frac{1}{r^2}\int_{\infty}^{r} F(r)\,dr \tag{9.29}$$

因此，扰动重力的径向分量为

$$\delta_r = \frac{\partial T}{\partial r} = \frac{1}{r^2}F(r) - \frac{2}{r^3}\int_{\infty}^{r} F(t)\,dt \tag{9.30}$$

对式（9.27）进行数值积分，即

$$\begin{aligned} F(r) &= \frac{R^2}{4\pi}\int_0^{\pi}\int_0^{2\pi}\left(-\frac{r^3 - rR^2}{\rho^3} + 1 + \frac{3R}{r}\cos\psi\right)\Delta g\sin\psi\,d\alpha\,d\psi \\ &= \frac{R^2}{4\pi}\sum_i\sum_j \overline{\Delta g}_{ij}\int_{\psi_i}^{\psi_{i+1}}\int_{\alpha_j}^{\alpha_{j+1}}\left(-\frac{r^3 - rR^2}{\rho^3} + 1 + \frac{3R}{r}\cos\psi\right)\sin\psi\,d\psi\,d\alpha \\ &= \sum_i\sum_j F_{ij}\,\overline{\Delta g}_{ij} \end{aligned}$$

$$\tag{9.31}$$

式中

$$\begin{aligned} F_{ij} &= \frac{R^2}{4\pi}\int_{\psi_i}^{\psi_{i+1}}\int_{\alpha_j}^{\alpha_{j+1}}\left(-\frac{r^3 - rR^2}{\rho^3} + 1 + \frac{3R}{r}\cos\psi\right)\sin\psi\,d\psi\,d\alpha \\ &= \frac{R^2(\alpha_{j+1} - \alpha_j)}{4\pi}\left[\frac{r^2 - R^2}{R\rho} + \frac{3R}{2r}\sin^2\psi - \cos\psi\right]_{\psi_i}^{\psi_{i+1}} \end{aligned} \tag{9.32}$$

因此，有

$$\int_{\infty}^{r} F(r)\,dr = \sum_i\sum_j \int_{\infty}^{r} F_{ij}(r)\,\overline{\Delta g}_{ij}\,dr = \sum_i\sum_j K_{ij}\,\overline{\Delta g}_{ij} \tag{9.33}$$

式中

$$\begin{aligned} K_{ij} &= \int_{\infty}^{r} F_{ij}(r)\,dr = \frac{R^2(\alpha_{j+1} - \alpha_j)}{4\pi}\int_{\infty}^{r}\left[\frac{r^2 - R^2}{R\rho} + \frac{3R}{2r}\sin^2\psi - \cos\psi\right]_{\psi_i}^{\psi_{i+1}}dr \\ &= \frac{R^2(\alpha_{j+1} - \alpha_j)}{4\pi}\left\{\left[u(r,\psi)\right]_{\psi_i}^{\psi_{i+1}}\right\}_{\infty}^{r} \end{aligned}$$

$$\tag{9.34}$$

$$u(r,\psi) = \frac{\rho}{2R}(r + 3R\cos\psi) - \frac{3R}{2}\sin^2\psi\ln\frac{r - R\cos\psi + \rho}{r} - r\cos\psi$$

对于很大的 r 值，有

$$\rho = (r^2+R^2-2rR\cos\psi)^{1/2} = r\left(1-\frac{R}{r}\cos\psi+\frac{1}{r^2}O+\cdots\right)$$

当 $r\to\infty$ 时，有

$$\rho = r-R\cos\psi, \qquad u(r,\psi) = \frac{r^2}{2R}-\frac{3}{2}R\cos^2\psi-\frac{3}{2}R\sin^2\psi\ln 2$$

从而式（9.34）定积分的极限值为

$$K_{ij} = \frac{R^2(\alpha_{j+1}-\alpha_j)}{4\pi}\left[\frac{\rho}{2R}(r+3R\cos\psi)-\frac{3}{2}R\sin^2\psi\ln\frac{r-R\cos\psi+\rho}{2r}-r\cos\psi+\frac{3}{2}R\cos^2\psi\right]_{\psi_i}^{\psi_{i+1}}$$

（9.35）

式中已顾及 $\left[\frac{r^2}{2R}\right]_{\psi_i}^{\psi_{i+1}} = 0$。

将式（9.31）~式（9.35）代入式（9.30），整理后可得

$$\delta_r = \frac{R^2}{4\pi r^2}\sum_i\sum_j\overline{\Delta g}_{ij}(\alpha_{j+1}-\alpha_i)\left[\frac{(r+R)H}{R\rho}-\frac{\rho}{rR}(r+3R\cos\psi)+\cos\psi+\frac{3R}{r}\sin^2\psi\ln\frac{r-R\cos\psi+\rho}{2r}+\frac{9R}{2r}\sin^2\psi\right]_{\psi_i}^{\psi_{i+1}}$$

（9.36）

式中：$H=r-R$。

式（9.36）即为扰动重力径向分量的严密计算公式。由该式可以看出，于地面点上，$\psi=0, \rho=H$，$\lim\limits_{\psi\to 0}\sin^2\psi\ln\frac{r-R\cos\psi+\rho}{2r}=0$，因此，式（9.36）在计算点不存在奇异问题，而且从理论上讲，不会包含积分离散误差。

一方面，对于扰动重力的水平分量 δ_φ 和 δ_λ，当 $\psi\to 0, H\to 0$ 时，核函数 $\partial S(r,\psi)/\partial\psi$ 也是奇异的，但由于有 $\cos\alpha$ 和 $\sin\alpha$ 的作用，故其奇异性较之径向分量要弱得多；另一方面，对于计算点所在的中心块，可以认为重力异常 Δg_0 是一常数，因此，中心块的影响为

$$\delta_\varphi^0 = -\frac{R}{4\pi r}\Delta g_0\iint_0^{\psi_0}\int_0^{2\pi}\frac{\partial S(r,\psi)}{\partial\psi}\sin\psi\,d\alpha\,d\psi = 0, \quad \forall\psi_0=0$$

事实上，在实际计算时，中心块的影响可以舍去，从而避开了 $\partial S(r,\psi)/\partial\psi$ 的奇异点。

为了提高精度，减小离散误差的影响，将水平分量表示成

$$\delta_\varphi = \frac{R}{4\pi r} \sum_i \sum_j \overline{\Delta g_{ij}} \int_{\psi_i}^{\psi_{i+1}} \frac{\partial S(r,\psi)}{\partial \psi} \sin\psi \mathrm{d}\psi \int_{\alpha_j}^{\alpha_{j+1}} \cos\alpha \mathrm{d}\alpha \quad (9.37)$$

$$= \sum_i \sum_j \overline{\Delta g_{ij}} \cdot A_i (\sin\alpha_j - \sin\alpha_{j+1})$$

$$\delta_\lambda = \sum_i \sum_j \overline{\Delta g_{ij}} \cdot A_i (\cos\alpha_{j+1} - \cos\alpha_j) \quad (9.38)$$

为统一起见，将式（9.36）改写成

$$\delta_r = \sum_i \sum_j \overline{\Delta g_{ij}} \cdot B_{ij} \quad (9.39)$$

式中

$$B_{ij} = \frac{R^2}{4\pi r^2}(\alpha_{j+1}-\alpha_j)\left[\frac{(r+R)H}{R\rho} - \frac{\rho}{rR}(r+3R\cos\psi)+\cos\psi+\right.$$

$$\left.\frac{3R}{r}\sin^2\psi\ln\frac{r-R\cos\psi+\rho}{2r}+\frac{9R}{2r}\sin^2\psi\right]_{\psi_i}^{\psi_{i+1}} \quad (9.40)$$

$$A_{ij} = -\frac{R}{4\pi r}\int_{\psi_i}^{\psi_{i+1}} \frac{\partial S(r,\psi)}{\partial \psi}\sin\psi \mathrm{d}\psi \quad (9.41)$$

其中 A_{ij} 用辛普生数值积分法计算。

式（9.37）~式（9.39）即为非奇异的直接法赋值公式，较之经典的直接法赋值模式，主要有两个特点：一是径向分量在中央区不存在奇异性；二是3个分量的计算均减弱了离散误差的影响[2]。

9.1.3 赋值模式比较

虚拟点质量法具有核函数简单、赋值快速的特点，而且边界数据代之以扰动重力时，也可同时输入重力异常和大地水准面高两种信息，因此，虚拟点质量赋值模式成为低空场赋值的首选模式。

直接法是外空扰动场赋值的经典方法，尽管这种方法的赋值模式最为复杂，且远区影响递减缓慢，但它较为经典，亦较为可靠，因此一般将其作为虚拟点质量模式的检核模式。构制的非奇异直接法赋值模式较好地避免了计算点附近的奇异性，提高了赋值精度。

以这两种赋值模式分别计算某点 A 及上空的赋值结果，结果比较于表9.1，所用数据分辨率依次为 $5°\times5°$（或36阶位系数）、$1°\times1°$、$20'\times20'$、$5'\times5'$、$1'\times1'$。可见，两种赋值模式差值的标准差在3个方向均为0.50mGal左右，完全满足赋值精度要求。

表 9.1　A 点两种模式的赋值结果

单位：mGal

高度/km	非奇异直接法			虚拟点质量法			差　值		
	δr	$\delta \varphi$	$\delta \lambda$	δr	$\delta \varphi$	$\delta \lambda$	$\Delta \delta r$	$\Delta \delta \varphi$	$\Delta \delta \lambda$
0	-7.11	1.86	64.22	-6.30	-1.00	65.83	0.81	-2.86	1.61
1	-10.62	-1.16	61.02	-10.70	-2.05	63.52	-0.08	-0.89	2.50
2	-11.24	-2.12	60.49	-11.31	-3.04	62.84	-0.07	-0.92	2.35
4	-11.06	-3.43	60.44	-11.29	-4.38	62.64	-0.23	-0.95	2.20
6	-10.44	-4.08	60.38	-10.88	-5.01	62.48	-0.44	-0.93	2.10
8	-9.68	-4.23	60.10	-10.30	-5.12	62.11	-0.62	-0.89	2.01
10	-8.82	-4.08	59.62	-9.59	-4.93	61.53	-0.77	-0.85	1.91
15	-6.43	-2.94	57.46	-7.43	-3.87	59.53	-1.00	-0.93	2.07
20	-3.98	-2.08	55.78	-5.06	-2.69	57.26	-1.08	-0.61	1.48
25	-1.65	-1.15	53.31	-2.76	-1.67	55.03	-1.11	-0.52	1.72
30	0.45	-0.39	51.77	-0.64	-0.86	52.97	-1.09	-0.47	1.20
35	2.31	0.18	50.00	1.24	-0.24	51.11	-1.07	-0.42	1.11
40	3.92	0.60	48.41	2.89	0.22	49.45	-1.03	-0.38	1.04
45	5.32	0.92	46.98	4.33	0.56	47.97	-0.99	-0.36	0.99
50	6.53	1.14	45.70	5.58	0.80	46.65	-0.95	-0.34	0.95
标准差							0.53	0.59	0.51

9.2　潜载惯性导航系统重力场补偿

9.2.1　扰动重力对惯性导航系统定位影响

9.2.1.1　基本模型

在传统惯性导航解算中，地球重力场通常被假定为正常重力场，该处理方法忽略了实际重力场与正常重力场之间的差异，即扰动重力。该假定条件在惯性器件误差较大时可以忽略不计，但随着惯性器件精度的不断提高，由扰动重力所引起的惯性导航系统（INS）位置误差就成为了重要误差源[3-4]。因此，为了提高潜器的潜伏时间，在惯性导航系统中顾及地球重力场的影响是必需的。这里通过模型推导与仿真计算分析扰动重力对惯性系统位置误差的影响。

以捷联 INS 为分析对象，在北东地坐标系下系统的误差方程为[5]

$$\dot{\boldsymbol{\psi}} = -\boldsymbol{\omega}_{in}^n \times \boldsymbol{\psi} + \delta\boldsymbol{\omega}_{in}^n - \boldsymbol{C}_b^n \delta\boldsymbol{\omega}_{ib}^b \tag{9.42}$$

$$\delta\dot{\boldsymbol{v}} = [\boldsymbol{f}^n \times]\boldsymbol{\psi} - (2\delta\boldsymbol{\omega}_{ie}^n + \delta\boldsymbol{\omega}_{en}^n) \times \boldsymbol{v} + \boldsymbol{C}_b^n \delta\boldsymbol{f}^b - (2\boldsymbol{\omega}_{ie}^n + \boldsymbol{\omega}_{en}^n) \times \delta\boldsymbol{v} + \delta\boldsymbol{g} \tag{9.43}$$

$$\delta\dot{\boldsymbol{p}} = \delta\boldsymbol{v} \tag{9.44}$$

式中：i 为惯性坐标系；n 为导航坐标系；b 为载体坐标系；$\boldsymbol{\omega}$ 为旋转角速率；$\boldsymbol{\psi}$ 为系统姿态角误差矢量；$\boldsymbol{C}_b^n$ 为载体坐标系到导航坐标系的转移矩阵；$\boldsymbol{f}$ 为比力矢量；$\boldsymbol{g}$ 为重力矢量；$\boldsymbol{v}$ 为速度矢量；$\boldsymbol{p}$ 为位置矢量；$\boldsymbol{f}^n\times$ 为比力矢量的叉乘形式，即

$$\boldsymbol{f}^n \times = \begin{bmatrix} 0 & -f_D^n & f_E^n \\ f_D^n & 0 & -f_N^n \\ -f_E^n & f_N^n & 0 \end{bmatrix} \tag{9.45}$$

式中：f_N^n、f_E^n、f_D^n 为导航系下的 3 个比力分量。为了重点分析扰动重力对 INS 位置误差的影响，将系统误差方程中与科里奥利影响有关的项忽略掉，并考虑加速度计的测量误差为零，式（9.43）可简化为

$$\delta\dot{\boldsymbol{v}} = [\boldsymbol{f}^n \times]\boldsymbol{\psi} + \delta\boldsymbol{g} \tag{9.46}$$

由于高精度 INS 姿态误差角 $\boldsymbol{\psi}$ 很小，在式（9.42）中将其与 $\boldsymbol{\omega}_{in}^n$ 的乘积忽略，并考虑陀螺的测量误差为零，式（9.42）可简化为

$$\dot{\boldsymbol{\psi}} = \delta\boldsymbol{\omega}_{in}^n \tag{9.47}$$

式（9.44）~式（9.47）即构成了对本问题进行研究的误差方程组。

纯 INS 中的高度通道是发散的，但是通常在实际应用时，高度通道的误差能够通过其他测高系统进行有效控制[3,6]，因而，本文忽略高度通道的误差及其对水平通道的耦合，仅考虑系统的水平位置误差。将方程组写成各个分量的形式：

$$\begin{cases} \dot{\psi}_x = \delta v_E / R \\ \dot{\psi}_y = -\delta v_N / R \\ \dot{\psi}_z = -\delta v_E \tan\varphi / R \\ \delta\dot{v}_N = -f_D^n \psi_y + f_E^n \psi_z + \delta g_N \\ \delta\dot{v}_E = f_D^n \psi_x - f_N^n \psi_z + \delta g_E \\ \delta\dot{\varphi} = \delta v_N / R \\ \delta\dot{\lambda} = \sec\varphi \cdot \delta v_E / R \end{cases} \tag{9.48}$$

式中：ψ_x、ψ_y、ψ_z 分别为系统 3 个姿态角误差；δv_N、δv_E 分别为北向与东向速度误差；δg_N、δg_E 为扰动重力在北向与东向的水平分量；φ、λ 分别为地理纬度、经度；R 为地球半径（这里假设载体所在的高度为零），进一步可写成状态空间方程的形式：

$$\dot{X} = AX + BU \tag{9.49}$$

式中

$$X = \begin{bmatrix} \psi_x & \psi_y & \psi_z & \delta v_N & \delta v_E & \delta \varphi & \delta \lambda \end{bmatrix}^T$$

$$U = \begin{bmatrix} \delta g_N & \delta g_E \end{bmatrix}^T$$

$$A = \begin{bmatrix} 0 & 0 & 0 & 0 & 1/R & 0 & 0 \\ 0 & 0 & 0 & -1/R & 0 & 0 & 0 \\ 0 & 0 & 0 & 0 & -\tan\varphi/R & 0 & 0 \\ 0 & -f_D^n & f_E^n & 0 & 0 & 0 & 0 \\ f_D^n & 0 & -f_N^n & 0 & 0 & 0 & 0 \\ 0 & 0 & 0 & 1/R & 0 & 0 & 0 \\ 0 & 0 & 0 & 0 & \sec\varphi/R & 0 & 0 \end{bmatrix}$$

$$B = \begin{bmatrix} 0 & 0 & 0 & 1 & 0 & 0 & 0 \\ 0 & 0 & 0 & 0 & 1 & 0 & 0 \end{bmatrix}^T$$

9.2.1.2 零加速度情况下的误差影响计算式

载体处于静止或匀速运动条件下，载体的加速度为零，比力与重力大小相等、方向相反，$f = \begin{bmatrix} f_N^n & f_E^n & f_D^n \end{bmatrix}^T = \begin{bmatrix} 0 & 0 & -g_0 \end{bmatrix}^T$，故式（9.49）可以进一步简化。此时，令系统初始误差为 0，对式（9.49）取拉普拉斯变换，可求得 $X(s) = (sI - A)^{-1} BU(s)$，因而可以导出 δg_N、δg_E 对各误差量影响的传递函数。通过 Matlab 编程求得的结果如表 9.2 所列，表中 $\omega_s = \sqrt{g_0/R}$ 为舒拉频率。

表 9.2 扰动重力水平分量对 INS 各误差量影响的传递函数

	$\delta g_N(s)$	$\delta g_E(s)$
$\psi_x(s)$	0	$-\dfrac{1}{R(s^2+\omega_s^2)}$
$\psi_y(s)$	$\dfrac{1}{R(s^2+\omega_s^2)}$	0

续表

	$\delta g_N(s)$	$\delta g_E(s)$
$\psi_z(s)$	0	$\dfrac{\tan\varphi}{R(s^2+\omega_s^2)}$
$\delta v_N(s)$	$-\dfrac{s}{(s^2+\omega_s^2)}$	0
$\delta v_E(s)$	0	$-\dfrac{s}{(s^2+\omega_s^2)}$
$\delta\varphi(s)$	$-\dfrac{1}{R(s^2+\omega_s^2)}$	0
$\delta\lambda(s)$	0	$-\dfrac{\sec\varphi}{R(s^2+\omega_s^2)}$

由表 9.2 可得

$$\delta\varphi(s)=-\frac{1}{R(s^2+\omega_s^2)}\delta g_N(s) \tag{9.50}$$

$$\delta\lambda(s)=-\frac{\sec\varphi}{R(s^2+\omega_s^2)}\delta g_E(s) \tag{9.51}$$

对以上两式进行拉普拉斯逆变换,可得

$$\delta\varphi(t)=-\frac{1}{\omega_s R}\int_0^t \sin(\omega_s\tau)\delta g_N(t-\tau)\mathrm{d}\tau \tag{9.52}$$

$$\delta\lambda(t)=-\frac{\sec\varphi}{\omega_s R}\int_0^t \sin(\omega_s\tau)\delta g_E(t-\tau)\mathrm{d}\tau \tag{9.53}$$

式 (9.52)、式 (9.53) 即为零加速度情况下以时间为变量的扰动重力水平分量对 INS 位置误差影响的解析计算式。

9.2.1.3 零加速度情况下的误差仿真计算

通过式 (9.52)、式 (9.53) 对匀速运动条件下扰动重力水平分量对 INS 误差影响进行仿真。模拟北纬 30°下由东经 120°~125°约 482km 航程的海面航线,航线上的扰动重力水平分量通过重力场位系数模型 EGM2008 求得,运动载体速度均设为 36km/h;INS 初始对准误差设为 0,不考虑惯性器件的各种测量误差。图 9.1 (a) 所示为航线上的扰动重力水平分量,图 9.1 (b) 所示为由其引起的 INS 位置误差。

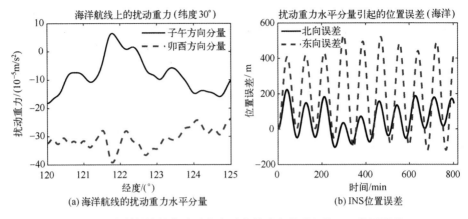

图 9.1 海洋航线的扰动重力水平分量及由其引起的 INS 位置误差

由图 9.1 可见,当扰动重力在有界范围内随机变化时,所引起 INS 的位置误差变化呈现出一定的周期性,在有界范围内震荡;±40mGal 范围内变化的扰动重力约可引起最大超过 500m 的 INS 位置误差[6]。

由此可知,对于未来高精度的潜用 INS 而言,扰动重力进行补偿是非常必要的。通过卫星测高能够以最直接的方式获取海洋重力场变化的观测量,然而,根据目前传统测高模式观测数据得到海洋重力场的精度与分辨率还不能满足包括潜用惯性导航解算在内的诸多应用需求,因而,发展双星跟飞测高等高精度高分辨率模式是必要的。

9.2.2 基于惯性导航解算的扰动重力位置误差影响分析

通过 INS 解算结果比较,也能够得出地球扰动重力场对 INS 位置解算的影响。假设地球重力场为正常重力场,在该条件下设定某运动路径,仿真生成惯性传感器单元的测量数据,通过该数据解算出一条运动轨迹。实际地球重力场包含扰动重力,模拟实际地球重力场环境,则对于相同的运动路径将生成不同的惯性测量数据,运用相同的惯导解算算法将得到与前述解算结果不同的轨迹。将得到的两条轨迹相比较,即得到扰动重力场对 INS 位置解算的影响。

首先模拟两种重力场环境:一种为假设正常重力场为真实重力场的理想重力场环境;另一种为在正常重力场上累加扰动重力水平分量的重力场,其中扰动重力由 EGM2008 重力场位系数模型计算得到。在以上两种重力场环境下分别通过轨迹发生器得到两组惯性测量单元的测量值,对这两组测量值分别使用正常重力计算公式进行惯导解算,通过两种解算结果的比较得到扰动重力水平分量对惯性系统位置误差的影响。

战略、导航、商用3种级别的惯性器件精度水平的划分如表9.3所列[4]。根据表9.3针对INS传感器的精度水平设计3组仿真条件，如表9.4所列，分别对应战略、导航、商用3种级别。在以上3种条件下进行仿真时，INS的3个初始对准失准角分别设为2″、2″、10″，系统的模拟轨迹与运动方式同9.2.1节。

表9.3 3种不同应用的惯性器件精度范围

级别	陀螺		加速度计	
	零偏稳定性/((°)/h)	刻度因子稳定性/10^{-6}	零偏稳定性/(m/s^2)	刻度因子稳定性/10^{-6}
战略级	<0.0001	<50	<10^{-6}	<2
导航级	0.0001~0.1	1~100	1~1000	1~100
商用级	0.1~10000	>100	50~10000	>100

表9.4 惯性传感器仿真条件

条件	陀螺零偏/((°)/h)	陀螺白噪声/((°)/h)	加速度计零偏/(m/s^2)	加速度计白噪声/(m/s^2)
1	0.0005	0.001	5×10^{-6}	10×10^{-6}
2	0.005r	0.01	50×10^{-6}	100×10^{-6}
3	0.05	0.1	500×10^{-6}	1000×10^{-6}

图9.2示出了在仿真条件2下，使用海洋与山区航线上的扰动重力所得到的惯导仿真与公式计算位置误差比较示意图。比较两图中惯导解算所得误差与通过公式计算的误差，如图9.2（b）中的黑色实线与蓝色实线，两种误差的变化情况十分一致。大体上，两种方法所得扰动重力引起的系统位置误差量级基本相当，变化趋势基本相同。

通过比较在3种不同的惯性器件误差条件下所得到的仿真结果，发现当设定的扰动重力相同时，在3种不同条件下进行仿真所得到的扰动重力对INS位置误差的影响几乎一致，说明该误差影响并不因惯性器件精度的变化而变化。

通过以上仿真分析得，扰动重力对INS位置误差的影响与系统运动过程中所受扰动重力的大小有关，与INS传感器的精度水平相关性不大。计算得到的扰动重力对INS位置误差的影响与惯导解算结果不完全一致，但是位置误差的量级非常接近，可以反映出实际INS的位置误差受扰动重力影响的变

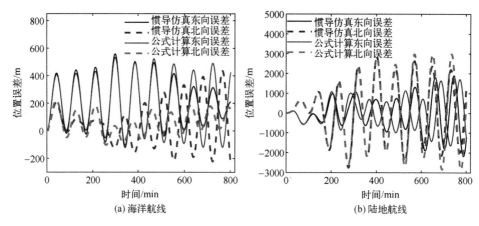

图9.2 惯导仿真与公式计算位置误差比较（见彩图）

化趋势，两种不同方法所得到的结果相互印证，说明了各自的有效性。

9.2.3 惯性导航系统重力场补偿精度需求

随着卫星测高技术的发展，目前，全球海洋 $2'\times2'$ 分辨率及毫伽级精度的海洋重力场分布已可获得，通过新的测高观测技术以及星座测高技术的应用，海洋重力场反演的分辨率有望进一步提高至 $1'\times1'$。针对超高精度惯导系统的应用背景，这里对不同精度 $1'\times1'$ 格网分辨率扰动重力水平分量基准图的补偿效能进行仿真。

不考虑其他器件与惯导系统初始对准误差，仅考虑基准图误差对补偿后惯导系统位置误差的影响。假设载体沿北纬30°纬线，由西向东航行5°，航行速度设为18km/h，航行时间为24h。设 $1'\times1'$ 格网分辨率扰动重力水平分量基准图的精度为 σ，并设 $1'\times1'$ 格网内扰动重力水平分量值不变，即基准图的误差在 $1'\times1'$ 格网内为常值，整个基准图误差值的标准差为 σ。

进行一次仿真的过程是：载体通过 $1'\times1'$ 格网区域的时间约321s，据此随机生成基准图误差值序列 $\delta g_N(t)$ 与 $\delta g_E(t)$，即每321s赋予一个随机生成的误差值，所有误差值的标准差为 σ。将误差值序列 $\delta g_N(t)$ 与 $\delta g_E(t)$ 代入，可计算得 INS 的位置误差。

根据上述仿真过程，当 σ 分别为 0.5mGal、1mGal、2mGal、3mGal 时，典型的补偿后惯导位置误差变化曲线如图9.3所示。

由图9.3可知，当基准图的误差不断增大时，补偿后惯导系统受扰动重力引起的位置误差不断增大。由于对基准图误差的添加，所采用的是随机数

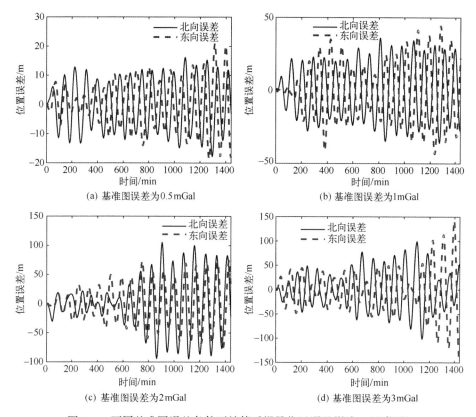

图 9.3 不同基准图误差条件下补偿后惯导位置误差影响（见彩图）

的方法，一次仿真的结果并不能完全具有代表性，因而，对不同基准图误差量级条件下补偿后惯导系统受扰动重力引起的位置误差分别进行了 100 次仿真，并对其中误差绝对值最大值进行了汇总，其结果如图 9.4 所示（其中，黑色实线为南北方向误差，红色虚线为东西方向误差）。

由图 9.4 可知，当基准图的误差在 1mGal 之内时，所得补偿后惯导系统受扰动重力引起的位置误差绝对值基本上控制在 100m 之内。因而，可以初步得出，若需要通过构建 1′格网的基准图，使得补偿后惯导系统受扰动重力引起的位置误差在 100m 之内，则基准图的误差需要控制在 1mGal 之内。

9.2.4 惯性导航系统解算的扰动重力补偿编排

捷联惯性导航系统的惯性敏感器件直接装载在运载体上，加速度计和陀螺仪测量值直接输入与运载体固联的导航计算机进行处理，连续地计算出运载体实时的位置、速度、方位的估计值。惯性导航建立在位置、速度和方位

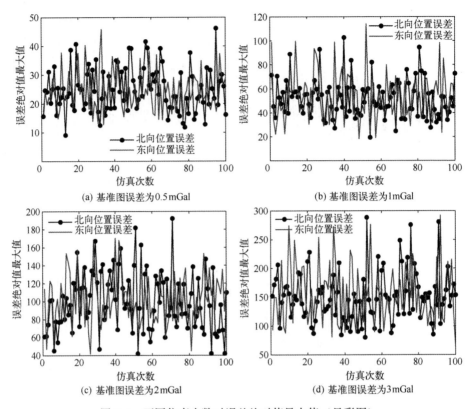

图 9.4 不同仿真次数时误差绝对值最大值（见彩图）

的初始数据上。这是因为它使用的是推算算法，依赖于对初始输入以及随后估计值的不断更新。

惯性解算由姿态、速度和位置更新模型组成，依据惯性测量系统的核心公式进行设计，采用经典四元数算法进行模拟数据的更新解算。

捷联惯导系统的重要特征是用计算机来完成导航平台的功能，即采用所谓的"数学平台"。数学平台就是利用捷联陀螺测量的载体角运动信息来计算载体姿态矩阵，即确定出载体坐标系与地理坐标系之间的变换关系。捷联惯导正是通过在计算机中实时计算姿态矩阵来建立数学平台的，所以姿态更新解算是捷联惯导系统解算的核心，也是影响其精度的主要因素。

描述载体坐标系与地理坐标系之间关系的常用方法有 4 种，即欧拉角法、四元数法、方向余弦法和等效旋转矢量法。其中，四元数法只需求解 4 个未知量的线性微分方程组，计算量小、算法简单、易于操作，是较为实用的工程方法。

设载体在地心惯性坐标系中的位置矢量为 R，则利用矢量的相对导数和

绝对导数的关系，载体位置矢量 $\boldsymbol{R}$ 相对惯性坐标系的导数可表达为

$$\left.\frac{d\boldsymbol{R}}{dt}\right|_i = \left.\frac{d\boldsymbol{R}}{dt}\right|_e + \boldsymbol{\omega}_{ie} \times \boldsymbol{R} \tag{9.54}$$

式中：$\left.\dfrac{d\boldsymbol{R}}{dt}\right|_e$ 为载体相对地球的运动速度；$\boldsymbol{\omega}_{ie}$ 为地球自转角速度。

记 $\boldsymbol{V}_e = \left.\dfrac{d\boldsymbol{R}}{dt}\right|_e$，且将式（9.54）两边在惯性坐标系下求导，可得

$$\begin{aligned}\left.\frac{d^2\boldsymbol{R}}{dt^2}\right|_i &= \left.\frac{d\boldsymbol{V}_e}{dt}\right|_i + \left.\frac{d}{dt}(\boldsymbol{\omega}_{ie} \times \boldsymbol{R})\right|_i \\ &= \left.\frac{d\boldsymbol{V}_e}{dt}\right|_n + \boldsymbol{\omega}_{in} \times \boldsymbol{V}_e + \left.\frac{d\boldsymbol{\omega}_{ie}}{dt}\right|_i \times \boldsymbol{R} + \boldsymbol{\omega}_{ie} \times (\boldsymbol{V}_e + \boldsymbol{\omega}_{ie} \times \boldsymbol{R})\end{aligned} \tag{9.55}$$

将式（9.55）两边向 n 系投影，并考虑 $\left.\dfrac{d\boldsymbol{\omega}_{ie}}{dt}\right|_i = 0$，则

$$\left.\frac{d^2\boldsymbol{R}}{dt^2}\right|_i^n = \dot{\boldsymbol{V}}_e^n + (2\boldsymbol{\omega}_{ie}^n + \boldsymbol{\omega}_{en}^n) \times \boldsymbol{V}_e^n + \boldsymbol{\omega}_{ie}^n \times (\boldsymbol{\omega}_{ie}^n \times \boldsymbol{R}^n) \tag{9.56}$$

由于

$$\left.\frac{d^2\boldsymbol{R}}{dt^2}\right|_i^n = \boldsymbol{f}^n + \boldsymbol{G}^n \tag{9.57}$$

式中：$\boldsymbol{f}^n$ 为比力在 n 系中的投影；$\boldsymbol{G}^n$ 为地球引力加速度在 n 系中的投影。

将式（9.56）代入式（9.55），并考虑重力加速度 $\boldsymbol{g}^n = \boldsymbol{G}^n - \boldsymbol{\omega}_{ie}^n \times (\boldsymbol{\omega}_{ie}^n \times \boldsymbol{R}^n)$，则有

$$\dot{\boldsymbol{V}}_e^n = \boldsymbol{f}^n - (2\boldsymbol{\omega}_{ie}^n + \boldsymbol{\omega}_{en}^n) \times \boldsymbol{V}_e^n + \boldsymbol{g}^n \tag{9.58}$$

式（9.58）即为捷联惯导系统的比力方程，它是惯性导航系统中的基本方程。

实际重力场与理想重力场有区别，其差值即为扰动重力。在精确获知扰动重力矢量的前提下，在式（9.58）的计算中，对 $\boldsymbol{g}^n$ 进行扰动重力矢量 $\delta\boldsymbol{g}$ 的改正，改正后的重力加速度设为 $\tilde{\boldsymbol{g}}^n$，则 $\tilde{\boldsymbol{g}}^n = \boldsymbol{g}^n + \delta\boldsymbol{g}$，将 $\tilde{\boldsymbol{g}}^n$ 替换式（9.58）中的 $\boldsymbol{g}^n$，即实现了为扰动重力在惯性系统解算中的补偿编排，补偿原理如图 9.5 所示。

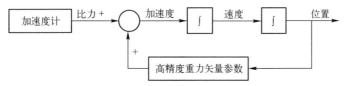

图 9.5 惯性导航系统重力补偿原理图

比力方程更新为

$$\dot{V}_e^n = f^n - (2\omega_{ie}^n + \omega_{en}^n) \times V_e^n + \tilde{g}^n \tag{9.59}$$

进一步可得到速度更新算法：

$$V_m^n = V_{m-1}^n + \Delta V_{\text{sfm}}^n + \Delta V_{g/\text{corm}}^n \tag{9.60}$$

式中

$$\Delta V_{g/\text{corm}}^n = \int_{t_{m-1}}^{t_m} [g^n - (2\omega_{ie}^n + \omega_{en}^n) \times V^n] \mathrm{d}t = (g_{m-1}^n - (2\omega_{ie_{m-1}}^n + \omega_{en_{m-1}}^n) \times V_{m-1}^n) T_m$$

$$\Delta V_{\text{sfm}}^n = \int_{t_{m-1}}^{t_m} C_b^n f_{\text{sf}}^b \mathrm{d}t$$

比力的速度增量为

$$\Delta V_{\text{sfm}}^{b(m-1)} = \Delta V_m + \Delta V_{\text{rotm}} + \Delta V_{\text{sculm}}$$

相应的位置更新公式为

$$\begin{cases} L_k = L_{k-1} + \dfrac{1}{R_M + h} \cdot \dfrac{1}{2}(V_{N(k-1)}^n + V_{Nk}^n)\Delta t \\ \lambda_k = \lambda_{k-1} + \dfrac{1}{(R_N + h)\cos L_k} \cdot \dfrac{1}{2}(V_{E(k-1)}^n + V_{Ek}^n)\Delta t \\ h_k = h_{k-1} + \dfrac{1}{2}(V_{U(k-1)}^n + V_{Uk}^n)\Delta t \end{cases} \tag{9.61}$$

9.3 重力匹配辅助惯性导航

当前最常用的水下导航技术是惯性导航，重力辅助惯性导航，就是利用重力信息修正惯性导航随时间积累的定位误差，以实现水下潜器的精确导航。水下重力辅助惯性导航具有自主性强、隐蔽性好、不受地域和时域限制的优点，又称为重力无源导航。

在水下重力辅助惯性导航中，重力基准图作为先验信息，一般是以规则格网的数字形式事先存储于匹配计算机中，以格网中点重力异常或扰动重力值表征。目前所采用的网格化方法，主要包括最近邻法、自然邻法、最小二乘配置法、贝亚哈马加权法、加权反距离法、克里金法、Shepard方法、径向基函数法等。格网化方法虽然不同的插值精度存在差异，但观测数据本身的质量、分布及疏密程度才是决定重力异常图精度的重要因素。

重力辅助惯性导航的核心是匹配算法，其本质是将实测海洋重力数据与重力基准图进行比较分析，依据一定准则判断两者之间的相似程度，从而确定出最佳匹配序列（点）。双星跟飞模式反演扰动重力数据分辨率和精度的提高，可为构建高精度、高分辨率海洋重力基准图提供数据支撑，进而提升重力辅助惯性导航的精度。

9.3.1 传统重力匹配算法

水下重力辅助惯性导航中最常用的匹配算法有桑地亚惯性地形辅助导航（SITAN）算法、地形轮廓匹配（TERCOM）算法和迭代最近等值线点（ICCP）算法。

TERCOM 算法的基本原理是：在地球陆地表面上任何地点的地理坐标，都可以根据其周围地域的等高线地图或地貌来单值确定，获得的最佳匹配位置是在测得一系列地形高后，通过毫无遗漏地搜索位置不确定区域内的每个网格位置的方法进行的。

ICCP 算法的基本原理如图 9.6 所示。其中 $P_i(i=1,2,\cdots,N)$ 点构成的实线表示的是"INS 指示航迹"，N 为航迹的长度。弯曲实线称为"真实航迹"，由 $X_i(i=1,2,\cdots,N)$ 构成，$C_i(i=1,2,\cdots,N)$ 表示当地实测地形（重力异常）的等值线。由于惯导误差的存在，INS 指示航迹 $\{P_i:i=1,2,\cdots,N\}$ 和真实航迹 $\{X_i:i=1,2,\cdots,N\}$ 之间必定存在误差。ICCP 算法的基本思想是认为 X_i 必定位于 C_i 的等值线上，因此，通过对 P_i 进行刚性变换，找到 C_i 上的最近点 Y_i，近似认为 Y_i 即为需寻求的 X_i，按照未知的点集 $\{X_i\}$ 和刚性变换后的点集 $\{Y_i\}$ 之间的欧几里得空间距离为最小的原则寻找最优解，即

$$\min\left\{\sum_{i=1}^{N}\|Y_i - TP_i\|^2\right\} \tag{9.62}$$

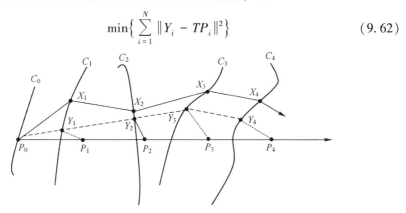

图 9.6 ICCP 匹配算法基本原理

式中：T 为刚性变换，最小化过程通过迭代完成。

SITAN 算法使用了改进的扩展卡尔曼滤波技术，在滤波器算法中对地形进行了局部随机线性化，从而实现从起点到目标点连续不断地对 INS 予以修正。重力辅助惯性导航应用中，SITAN 算法所需的状态量为

$$X = [\delta L, \delta \lambda, \delta v_E, \delta v_N, \phi_E, \phi_N, \phi_U, \varepsilon_E, \varepsilon_N, \varepsilon_U, \nabla_E, \nabla_N]^T \tag{9.63}$$

式中：δL、$\delta \lambda$ 分别为纬度和经度误差；δv_E、δv_N 分别为东向和北向速度误差；ϕ_E、ϕ_N、ϕ_U 为三个方向的姿态角误差；ε_E、ε_N、ε_U 为三个方向的陀螺仪误差；∇_E、∇_N 分别为东向和北向加速度计误差。

系统观测方程为

$$Z = \Delta g_M(L_{INS}, \lambda_{INS}) - \Delta g_m + \Delta W \tag{9.64}$$

式中：L_{INS}、λ_{INS} 为惯性导航指示位置；$\Delta g_M(L_{INS}, \lambda_{INS})$ 为根据惯性导航指示位置从基准图提取的重力异常值；Δg_m 为实时测得的重力异常值；ΔW 为量测噪声。在构建观测方程的基础上，SITAN 算法利用卡尔曼滤波技术进行匹配导航。由于重力异常是状态位置的非线性函数，因此采用扩展卡尔曼滤波技术进行匹配时需对重力异常与状态位置的相关关系进行线性化处理。

9.3.2 序列相关极值匹配算法

序列相关极值匹配算法分为等值点搜索、序列提取和匹配位置确定三个步骤。

1) 等值点搜索

以 INS 指示位置为中心，当前点位置误差的 3 倍（3σ）为置信区间半径搜索等值点。由于重力基准图是网格化的模型，因此实际搜索区域为方形。根据实测重力异常在重力基准图上寻找等值点，由于重力异常实测和重力基准图均存在误差，因此等值点并非绝对意义的等值，而是指二者的差值能够满足预先设置的范围。将第 k 个采样点对应于惯性导航输出点 i 的重力传感器观测输出值 Δg_i^k 与置信区域内的重力异常图上每个网格点的重力数据进行比较，令 Δg_j^k 表示第 k 个采样点惯导置信区间内第 j 个网格点，如果 $|\Delta g_i^k - \Delta g_j^k| \leq \delta$（$\delta$ 为判决阈值，其值依据重力基准图误差及重力传感器测量误差而定），则网格点 j 判定为 INS 输出点 i 的重力等值点。

2) 序列提取

等值点搜索完成后需要提取相应的序列进行匹配，尽管惯性导航系统位置误差随着航行时间的增长而累积，但是惯性导航在较短的时间内的相对漂

移很小，即相邻连续两点间的位移角度及距离与相应惯性导航输出点的位移角度和距离应该相差很小：

$$\begin{cases} |\theta_{k-1}^k(\text{匹配航迹}) - \theta_{k-1}^k(\text{INS})| \leq \varepsilon_\theta \\ |\ell_{k-1}^k(\text{匹配航迹}) - \ell_{k-1}^k(\text{INS})| \leq \varepsilon_\ell \end{cases} \tag{9.65}$$

以式（9.65）为原则提取序列，式中：θ_{k-1}^k 表示第 $k-1$ 个采样点到第 k 个采样点的位移角度；ℓ_{k-1}^k 表示第 $k-1$ 个采样点到第 k 个采样点的位移距离；ε_θ 和 ε_ℓ 分别为位移角度和位移距离阈值，其设定与导航图精度和惯性导航系统误差有关。通过序列提取可能得到多条序列。

3）匹配位置确定

为了得到水下潜器实时位置的最优估计，常用相关分析算法，包括交叉相关算法、平均绝对差相关算法和平均平方差相关算法，下面列出各种算法的评判准则。

交叉相关算法：

$$J_{\text{COR}} = \frac{1}{N} \Delta \boldsymbol{g}_i \cdot \Delta \boldsymbol{g}_j \tag{9.66}$$

平均绝对差相关算法：

$$J_{\text{MAD}} = \frac{1}{N} \| \Delta \boldsymbol{g}_i - \Delta \boldsymbol{g}_j \| \tag{9.67}$$

平均平方差相关算法：

$$J_{\text{MSD}} = \frac{1}{N} (\Delta \boldsymbol{g}_i - \Delta \boldsymbol{g}_j)^{\text{T}} (\Delta \boldsymbol{g}_i - \Delta \boldsymbol{g}_j) \tag{9.68}$$

最优化匹配设计的准则就是使 J_{COR} 取最大值，J_{MAD}、J_{MSD} 取最小值，并以它们所对应的重力异常观测序列的航迹代替惯性导航指示航迹。

9.3.3 改进的序列相关极值匹配算法

三种经典的匹配算法都各自存在优势和弊端，如 TERCOM 匹配算法耗时长、实时性差，ICCP 对初始位置误差敏感，SITAN 算法由于将重力异常与位置的关系近似为线性关系导致算法模型存在误差等。本节给出一种改进的序列相关极值匹配算法。

由于 INS 指示位置的初始误差较小，随着时间偏移误差逐渐增加，而基于匹配算法的重力辅助导航与时间偏移关系影响不大，基于此，可在航器运行初始阶段导航位置以 INS 指示位置为主，随着航器运行时间增长，逐渐增加重力匹配位置的权重。重力匹配位置权重设置如下：

$$\alpha_{\text{match}} = \begin{cases} \dfrac{1}{2}\cos\left[\dfrac{\pi}{\mu}(n-\mu)\right]+\dfrac{1}{2}, & 0 \leqslant n < k' \\ 1, & n > k' \end{cases} \quad (9.69)$$

式中：k' 为 INS 指示位置可信最大采样点，超过 k' 的采样点位置估值将不再考虑 INS 指示位置。相应地，INS 指示位置权重为 $1-\alpha_{\text{match}}$。

最终确认的采样点处位置估值为

$$\begin{pmatrix} \delta \hat{L}_k \\ \delta \hat{\lambda}_k \end{pmatrix} = \sum_{m=1}^{M}\left[\alpha_{\text{match}}\begin{pmatrix} \delta L_m \\ \delta \lambda_m \end{pmatrix}\overline{P_{km}} + (1-\alpha_{\text{match}})\begin{pmatrix} \delta L_{\text{INS}} \\ \delta \lambda_{\text{INS}} \end{pmatrix}\right] \quad (9.70)$$

式中：$(\delta \hat{L}_k, \delta \hat{\lambda}_k)^{\text{T}}$ 为第 k 个采样点纬度和经度的最优估值；M 为第 k 个采样点中可匹配点的总数；$\overline{P_{km}}$ 为第 k 个采样点中第 m 个可匹配点的相对概率，其算法为

$$\overline{P_{km}} = P_{km} \bigg/ \sum_{m=1}^{M} P_{km} \quad (9.71)$$

式中：绝对概率 P_{km} 的计算公式为

$$P_{km} = \alpha_1 \frac{\Delta_{\theta}^{km}}{\varepsilon_{\theta}} + \alpha_2 \frac{\Delta_{\ell}^{km}}{\varepsilon_{\ell}} + \alpha_3 \frac{J_{\Delta g}^{km}}{k \cdot \varepsilon_{\Delta g}} \quad (9.72)$$

式中：α_1、α_2、α_3 分别为位移角度、位移距离、序列重力异常累积差异（该差异的算法即为 9.3.2 节设定的选取准则）的权重；Δ_{θ}^{km}、Δ_{ℓ}^{km}、$J_{\Delta g}^{km}$ 分别为第 k 个采样点中第 m 个可匹配点的位移角度、位移距离、序列重力异常累积差异。该概率的定义相比于传统定义，既考虑了空间约束（与上一匹配节点的位移角度和位移距离），又考虑了重力数值的影响。

与传统的序列相关极值匹配算法相比，改进法的主要优点有：

(1) 由于 INS 指示位置初始误差很小，因此在匹配初始阶段，位置估值中考虑了 INS 指示位置，其权值随着航行时间增长逐渐减小；

(2) 在选择最优序列时，改进算法给出的位置估值包含了由于受干扰误差的影响所有可能出现的正确位置，增加了算法的稳健性，与传统相关极值算法选择的唯一位置相比更可能接近实际的真实位置。

9.3.4 重力基准图质量对重力辅助惯性导航精度的贡献

为了验证海洋重力场模型对重力辅助导航精度的贡献，利用改进的序列

相关极值匹配算法进行水下重力辅助惯性导航实验。仿真条件是：水下潜器航速10节，初始平台姿态校准误差6″，东向、北向位置初始误差0.1′，陀螺东向、北向常值漂移0.01(°)/h，重力加速度计精度$0.5\times10^{-5}\text{m/s}^2$，加速度计北向和东向零位偏移为$10^{-4}g$，序列采样周期取12min，航行12h（即共有60个采样点数据）。

实验区范围为11°~13°N，111°~113°E近海海域，重力异常数据由2190阶的EIGEN-6C模型计算获得。2′×2′分辨率重力异常取值范围为-37.04~38.17mGal，其均值为-0.68mGal，均方差为11.56mGal。实验区重力异常分布如图9.7所示。

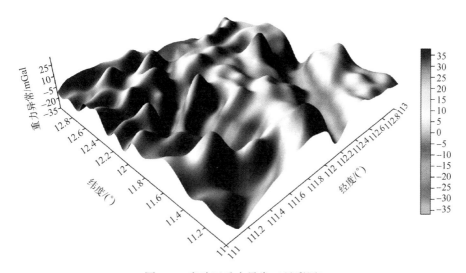

图9.7　实验区重力异常（见彩图）

从图9.7可见，实验区重力异常起伏变化相对平缓，这符合海洋重力异常的一般变化特征，也与实用要求相一致。理论上，重力异常变化越剧烈，重力场特征越明显，重力辅助导航的匹配精度越高，但这种匹配区实用中不易选择，也不宜使用。因此，为了能够更好地说明匹配精度，实验区域不宜选在变化剧烈的区域。首先，基于该2′×2′分辨率的重力基准图开展重力匹配实验，将重力基准图数据增加均方差为3mGal的随机误差。图9.8所示为INS指示航迹前60个采样点的纬度误差和经度误差图。

从图9.8可看出，随着航行时间增长，纬度误差和经度误差呈现整体增大、局部区域小幅波动的趋势，且经度误差比纬度误差大。图9.9所示为INS航迹的位置误差。

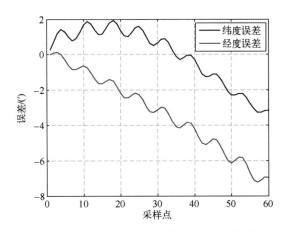

图 9.8　INS 指示航迹的纬度误差与经度误差

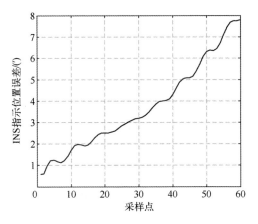

图 9.9　INS 指示航迹的位置误差

从图 9.9 可清楚得看出，INS 指示航迹的位置误差随着航行时间呈增长趋势，因此需要进行重力辅助导航以提高水下导航的精度。将航行区域 INS 航迹重力异常与实测重力异常示于图 9.10 中。

从图 9.10 可以看出，INS 航迹重力异常与实测重力异常差异较大，差异的取值范围为 $-26.17 \sim 31.19$ mGal，均值为 -2.05 mGal，均方差为 15.11mGal。INS 航迹重力异常与实测重力异常之间明显的差异，说明实验区重力数据特征明显，用重力数据进行辅助导航是可行的。

重力基准图的质量包括精度和分辨率两部分，为了验证重力基准图对重力辅助导航精度的贡献，基于不同分辨率和精度的基准图进行重力辅助导航仿真实验。重力基准图分辨率分别取 $1' \times 1'$ 与 $2' \times 2'$，重力基准图误差分别取

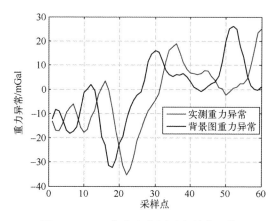

图 9.10 INS 航迹和实测重力异常比较

为 7mGal、6mGal、5mGal、4mGal、3mGal，取水下潜器航行 2h 进行匹配实验，平均匹配误差（误差的绝对值的平均值）统计于表 9.5。

表 9.5 匹配平均误差

分辨率	7mGal	6mGal	5mGal	4mGal	3mGal
1′×1′	0.74′	0.72′	0.60′	0.58′	0.47′
2′×2′	0.84′	0.80′	0.76′	0.73′	0.65′

从表 9.5 可看出，重力辅助惯性导航精度较 INS 导航（该时段的 INS 指示航迹的平均位置误差为 1.26′）有了较大提高。基准图精度越高、匹配精度越高，而 1′×1′分辨率的重力基准图的匹配精度较 2′×2′分辨率有明显的提高，其中基于 2′×2′分辨率、3mGal 误差的重力基准图进行匹配导航的位置误差为 0.65′，基于 1′×1′分辨率、3mGal 误差的重力基准图进行匹配导航的位置误差可改善到 0.47′，较 2′×2′分辨率的匹配精度改善了 27.69%，较 INS 指示航迹精度改善了 62.70%。为了更直观地体现使用不同误差的重力基准图的匹配精度，将表 9.5 的平均匹配误差绘于图 9.11。

通过本仿真实验可得知，在设置的实验条件下，若采用 1′×1′分辨率、3mGal 精度的重力数据，预期将会使实验区重力辅助惯性导航精度达到 0.47′，较 2′×2′分辨率、3mGal 误差的重力基准图的匹配导航精度改善 27.69%，较 INS 指示航迹精度改善 62.70%。

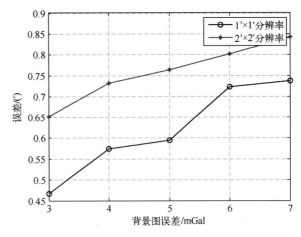

图 9.11　平均匹配误差

9.4　全球高程基准统一

高斯于 1828 年提出了大地水准面的初步设想[8]，斯托克斯于 1849 年提出了以大地水准面为边界面的边值问题[9]，李斯廷 1873 年引入大地水准面的定义[10]。在物理大地测量学中，大地水准面定义为一个水准面，该面在海洋上与静止的海水面重合并向大陆内部延伸形成一个封闭的曲面。大地水准面是一个重力等位面，但是随着测量精度的提升和实际研究的需要，大地水准面的定义也产生了多个"版本"，如满足全球高程基准上的海面地形的均值为零、全球海洋上等面积样本的海面地形的均值为零等[11]。还有学者提出大地水准面的时刻性和有效期等问题，这些充分说明了大地水准面在发展中面临着很多新的问题。

大地水准面具有几何和物理两个属性，其几何属性描述了大地水准面相对于参考椭球的起伏即大地水准面高，其物理属性即重力位常数 W_0。大地水准面及其重力位的确定和精化是大地测量和地球重力场研究的重要内容之一，对于大地坐标系统建立及研究全球环境变化有重要意义和作用，W_0 同时也被国际天文学会采纳作为相对论原子时尺度实现的常参数[11]。

进入新世纪以来，随着卫星测高技术、卫星重力测量技术的发展和成熟，全球海面高、海面地形以及地球引力位模型的精度有了大幅度的提高，这使得大地水准面及其重力位 W_0 的确定逐渐从理论走向实践，其重要意义也逐步突显出来，具体表现在以下几个方面。

（1）大地水准面是建立全球高程基准的重要起算面。建立全球统一的高程基准一直是国内外学者的研究热点，传统的基于区域验潮站数据的构建方法已经不能满足高程基准"全球性"的要求。地球表面约70%被海洋覆盖，选择与全球平均海水面接近的大地水准面作为高程基准面既顾及了地球表面地形的实际情况，又能够满足大部分的科学研究需要。理论上大地水准面是唯一的，其重力位W_0也是唯一的，因此W_0可以作为全球高程基准的一种定义，在欧洲垂直参考框架2000（EVRF2000）的定义中，W_0就是其重要参数和组成部分。一旦W_0确定，则高程基准将不依赖于其他的测量手段或受其他因素（如潮汐）影响，这将有助于全球高程基准的建立、实现和维持[12-15]。

（2）W_0对于各个区域高程基准的统一和转换具有重要作用。目前，全球各国及区域的高程基准各不相同，若已知某国或区域高程基准点相对于W_0的位差，则该点相对于大地水准面的高度即被确定，因此各个国家和地区的高程基准可以统一到以大地水准面为参考面的全球高程基准，各个区域高程基准也可以相互转换，这将有助于全球地理要素、地形图、海图的统一描述和相互转换。

（3）W_0有望成为新的大地坐标系统基本常参数。W_0是国际地球自转参考系统服务（IERS）规范中的常参数之一，现有的大地坐标系统，如WGS84、GRS80等与高程基准都没有直接的联系，这些坐标系统中的常参数，如椭球长半轴a、椭球扁率f、2阶带谐系数J_2等在不同的潮汐系统（如零潮汐、平均潮汐、无潮汐）中有着不同的数值，而W_0及重力位尺度因子R_0则不依赖于任何潮汐系统[12]。如果将W_0作为新的基本常参数，则现有的坐标系统将具有明确的高程基准即大地水准面，这样的坐标系统真正具备了描述地球空间点几何（几何位置）和物理（正高）信息的功能，与此同时传统的椭球长半轴参数a则有望被取代。

（4）研究W_0及其变化将有助于分析全球尺度的地球物理特征变化。随着全球社会、经济、文化的快速发展以及卫星监测手段的进步，人们越来越重视研究全球范围内的地球物理特征变化，如地壳运动、海平面变化、冰后回弹以及与之相关的生态环境、自然灾害等问题。全球大地水准面在这些问题的研究中不仅可以作为全球尺度研究的参考面，而且其重力位W_0的变化也是以上地球物理现象变化的间接表现，因此通过研究W_0的变化将有助于分析全球范围内的地壳运动、海平面变化等热点问题。

文献［16］利用1994—1996年3年的Topex/Poseidon测高卫星数据以及EGM96引力位模型、POCM4B海面地形模型确定了大地水准面重力位W_0值为62636855.72m^2/s^2，同时分析了1994—1996年3年期间W_0的月变化。随后利用1993—1998年共6年Topex/Poseidon测高卫星数据以及EGM96引力位模型重新确定了W_0值为62636856.0±0.5m^2/s^2，并以此获得了北美高程基准、澳大利亚高程基准、芬兰高程基准与大地水准面的垂直偏差[17-20]。

文献［21］利用椭球谐引力位模型以及波罗的海区域1990年、1993年、1997年的GPS水准数据确定了大地水准面重力位W_0值为62636855.75±0.21m^2/s^2，W_0的变化率为-0.0099$m^2/(s·年)$。文献［22］利用11年（1992—2003）Topex/Poseidon测高卫星数据分析了W_0的年变化。文献［14］从重力位角度探讨了高程基准的统一问题，并获得了伊朗相对于大地水准面（W_0=62636855.8m^2/s^2）的垂直偏差为-0.09m。

大地水准面重力位不仅具有全球高程基准的作用，对于每个国家的高程基准转换也具有重要意义。我国学者利用GPS水准数据计算了我国1985高程基准的重力位并得到了与大地水准面（W_0=62636856.0±0.5m^2/s^2）的垂直偏差值为0.26±0.05m[23]，利用虚拟压缩恢复法探讨了大地水准面重力位常数漂移的确定方法[24]，利用EGM2008地球重力场模型和我国均匀分布的936个GPS水准点数据计算出我国青岛大港验潮站的重力位为62636852.85±0.07m^2/s^2，进而得到我国1985高程基准相对大地水准面的垂直偏差为0.32m[25]。

尽管国际上有学者给出了W_0的数值，但W_0的确定在理论和实践中仍然有很多问题需要进行深入的研究，具体表现在以下几个方面。

(1) 现有确定方法存在诸多局限性。首先多数学者从重力位差的角度进行计算，计算中引入了重力场模型以计算某一点的重力位，而重力场模型的局限性使得W_0的计算不够严密。此外，多数方法仅采用海面地形或沿海GPS水准数据，对于重力数据（包括重力异常和扰动重力）及垂线偏差数据等则无法使用。因此需要从基础理论出发探索利用实际重力等相关观测量推求大地水准面重力位的严密公式。其次理论上每一个观测数据都可以获得一个W_0值，而大多在处理观测数据时采用简单的取平均或经验赋权进行数据处理，显然没有充分考虑到观测数据本身的误差特性，更不能有效去除观测数据中的异常值。目前地球物理数据日益丰富，而现有方法并不能充分有效地利用来自航空、卫星、船测以及陆地的重力、地形等数据，因此，构建能够满足多源测量数据的严密公式将是提高 W_0 精度的关键因素。

（2）W_0 约束准则需要进一步探讨。大地水准面概念的提出虽然有上百年的历史，但国内外学者在不同领域对其定义有着不同的理解，特别是在计算过程中，由于使用数据和处理方式的不同，使得 W_0 的确定在理论和实践上面临不同的约束准则。如当利用卫星测高数据确定 W_0 时，选择全球海洋上等面积样本的海面地形的平均值为零这一基本准则进行约束。因此就大地测量领域而言，尤其是从国家测高基准角度如何具体定义大地水准面重力位以及如何给出其具体的约束和赋权准则还需要深入研究和分析。

（3）使用数据缺乏现势性。现有方法计算中采用的重力场模型及卫星测高等数据缺乏现势性，其精度较低，这进一步限制了 W_0 的确定精度，因此在计算数据方面有必要利用目前最新的模型和地球物理资料。

9.4.1 大地水准面重力位确定

在物理大地测量的经典理论中推导斯托克斯公式时，引入的假设条件是大地水准面的重力位与对应的参考椭球的正常重力位是相等的，即 $W_0 = U_0$。而参考椭球的重力位可由下式确定。

$$U_0 = \frac{GM}{b}\left(1 - \frac{1}{3}e'^2 + \frac{1}{5}e'^4\right) + \frac{1}{3}\omega^2 a^2 \tag{9.73}$$

由式（9.73）可以看到，参考椭球的重力位可通过参考椭球的几何参数以及 GM 常数确定，但实际上，地球的真实质量是不断精化的过程，参考椭球的质量不可能与实际质量完全一致。此外，从长周期来看，全球海平面也在发生变化，这也势必会引起大地水准面的变化，因此，W_0 本身也是一个随时间变化的量，目前利用实测数据确定 W_0 仍然具有较强的实践意义。

9.4.1.1 重力位差法

假设大地水准面的重力位为 W_0，又已知 p 点的重力位 W_p，该点到大地水准面的实际重力平均值为 $\bar{g}_p$，则由正高系统的定义可得该点的正高为

$$H_p = \frac{W_0 - W_p}{\bar{g}_p} \tag{9.74}$$

进而得到

$$W_0 = H_p \bar{g}_p + W_p \tag{9.75}$$

从式（9.75）可以看出制约求解 W_0 准确性的因素主要有计算点的正高、

重力位以及实际重力平均值。显然，这三个参数的获取是以大地水准面为基础的，其确定过程必然存在一定的误差，因此，W_0 的求解和大地水准面形状的确定一样是一个不断迭代和精化的过程。正高是以测量为基础获得的，而重力位目前可由两种方法确定，一是由球谐函数的级数展开形式得到，p 点的重力位 W_p 用下式计算：

$$W_p = V_p + \Phi_p \tag{9.76}$$

式中：V_p 表示 p 点的引力位，且

$$V_p = \frac{GM}{\rho}\left[1 + \sum_{n=0}^{n_{\max}}\left(\frac{a}{\rho}\right)^n \sum_{m=0}^{n}(\overline{C}_{nm}\cos m\lambda + \overline{S}_{nm}\sin m\lambda)\overline{P}_{nm}(\sin\varphi)\right] \tag{9.77}$$

式中：ρ 表示 p 点的地心向径；φ 表示地心纬度；a 表示参考椭球长半轴；$\overline{C}_{nm}$、$\overline{S}_{nm}$ 表示完全正常化的球谐系数；$\overline{P}_{nm}(\sin\varphi)$ 表示完全正常化的勒让德多项式。

Φ_p 表示 p 点的离心力位，用下式计算：

$$\Phi_p = \frac{\omega^2}{2}(x^2 + y^2) = \frac{1}{2}\omega^2\rho^2\cos^2\varphi \tag{9.78}$$

式中：ω 为地球自转角速度；x、y 为 p 点的空间直角坐标。

二是利用实测数据，如果获取了一点的大地水准面高 N_p，则

$$\frac{T_p}{\gamma_p} = N_p \tag{9.79}$$

γ_p 位于参考椭球面。则

$$W_p = T_p + U_p = N_p\gamma_p + U_p \tag{9.80}$$

$$U_p = \frac{GM}{r}\left[1 + \sum_{n=1}^{\infty} C_{2n}\left(\frac{a}{r}\right)^{2n} P_{2n}(\cos\theta)\right] + \Phi_p \tag{9.81}$$

$\overline{g}_p$ 的计算公式如下：

$$\overline{g}_p = g_p - \left(\frac{1}{2}\frac{\partial \gamma}{\partial H} + 2\pi G\rho\right)H \tag{9.82}$$

式中：ρ 为计算点到大地水准面的物质的密度；$\partial\gamma/\partial H$ 为正常重力的垂直梯度，且

$$\frac{\partial \gamma}{\partial H} = -0.3086 \tag{9.83}$$

考虑重力在铅垂线上的梯度为

$$\frac{\partial g}{\partial H} = \frac{\partial \gamma}{\partial H} + 4\pi G\rho \tag{9.84}$$

若已知大地水准面上的重力异常为 Δg_p，考虑到

$$g_p = \Delta g_p + \gamma_0 - \left(\frac{\partial g}{\partial H}\right)H \tag{9.85}$$

则

$$\begin{aligned}\overline{g}_p &= \Delta g_p + \gamma_0 - \left(\frac{\partial g}{\partial H}\right)H - \left(\frac{1}{2}\frac{\partial \gamma}{\partial H} + 2\pi G\rho\right)H \\ &= \Delta g_p + \gamma_0 - \frac{3}{2}(-0.3086 + 4\pi G\rho)H\end{aligned} \tag{9.86}$$

式中：γ_0 为椭球面上的正常重力。假设有 n 个计算点，则每一个计算点都可以得到一个 W_{0i}，$i=1,2,\cdots,n$，假设每个观测点的权为 P_{pi}，则利用最小二乘平差可得到 W_0 的估值。

$$\overline{W_0} = \frac{\sum_{i=1}^{n} P_{pi} \cdot W_{0i}}{\sum_{i=1}^{n} P_{pi}} \tag{9.87}$$

9.4.1.2 重力位延拓法

将一点重力位 W_p 关于大地水准面处的向径 ρ 进行泰勒级数展开，得

$$W_p = W_0 + \frac{\partial W_p}{\partial \rho}(\rho - \rho_0) + \frac{1}{2}\frac{\partial^2 W_p}{\partial \rho^2}(\rho - \rho_0)^2 + o((\rho - \rho_0)^3) \tag{9.88}$$

式（9.88）中 W_0 为大地水准面的重力位，$\partial W_p/\partial \rho$ 的推导如下：

$$\frac{\partial W_p}{\partial \rho} = \frac{\partial V_p}{\partial \rho} + \frac{\partial \Phi_p}{\partial \rho} \tag{9.89}$$

$$\frac{\partial V_p}{\partial \rho} = -\frac{GM}{\rho^2} - \frac{GM}{\rho^2}\sum_{n=2}^{n_{\max}}\left(\frac{a}{\rho}\right)^n(n+1)\sum_{m=0}^{n}(\overline{C}_{nm}\cos m\lambda + \overline{S}_{nm}\sin m\lambda)\overline{P}_{nm}(\sin\varphi) \tag{9.90}$$

$$\frac{\partial \Phi_p}{\partial \rho} = \omega^2 \rho \cos^2\varphi \tag{9.91}$$

由于海洋上的正高量级很小，忽略径向和正高方向的差异，可得到

$$\rho - \rho_0 = H_p \tag{9.92}$$

综上所述得到重力位的一阶导数如下：

$$\frac{\partial W_p}{\partial \rho} = -\frac{GM}{\rho^2} - \frac{GM}{\rho^2}\sum_{n=2}^{n_{\max}}\left(\frac{a}{\rho}\right)^n (n+1)\sum_{m=0}^{n}(\overline{C}_{nm}\cos m\lambda + \overline{S}_{nm}\sin m\lambda)\overline{P}_{nm}(\sin\varphi) + \omega^2 \rho \cos^2\varphi$$

(9.93)

进而得到二阶导数如下：

$$\frac{\partial^2 W_p}{\partial \rho^2} = \frac{2GM}{\rho^3} + \frac{GM}{\rho^3}\sum_{n=2}^{n_{\max}}\left(\frac{a}{\rho}\right)^n (n+2)(n+1)\sum_{m=0}^{n}(\overline{C}_{nm}\cos m\lambda + \overline{S}_{nm}\sin m\lambda)\overline{P}_{nm}(\sin\varphi) + \omega^2 \cos^2\varphi$$

(9.94)

忽略二阶以上小项得到大地水准面重力位如下：

$$W_0 = W_p - \left[-\frac{GM}{\rho^2} - \frac{GM}{\rho^2}\sum_{n=2}^{n_{\max}}\left(\frac{a}{\rho}\right)^n (n+1)\sum_{m=0}^{n}(\overline{C}_{nm}\cos m\lambda + \overline{S}_{nm}\sin m\lambda)\overline{P}_{nm}(\sin\varphi) + \omega^2 \rho \cos^2\varphi\right]H_p - \frac{1}{2}\left[\frac{2GM}{\rho^3} + \frac{GM}{\rho^3}\sum_{n=2}^{n_{\max}}\left(\frac{a}{\rho}\right)^n (n+2)(n+1)\sum_{m=0}^{n}(\overline{C}_{nm}\cos m\lambda + \overline{S}_{nm}\sin m\lambda)\overline{P}_{nm}(\sin\varphi) + \omega^2 \cos^2\varphi\right]H_p^2$$

(9.95)

9.4.2 局部区域大地水准面重力位确定

试验采用波罗的海水准测量工程（1997.4）中的 GPS 测站数据（包括地心坐标和正高），测站数据位于 ITRF96 参考框架，正高数据依据测量年代和处理方法的不同分为 5 组，见表 9.6~表 9.10，每组的测站数量不尽相同，但所有测站地心坐标保持不变。试验中发现高于 150 阶的重力场模型（采用 EGM2008 计算）系数对最终 W_0 值的影响可以忽略（图 9.12），考虑到与文献 [21] 所用 360 阶椭球谐模型进行比较，因此计算中采用了前 360 阶的 EGM2008 模型。

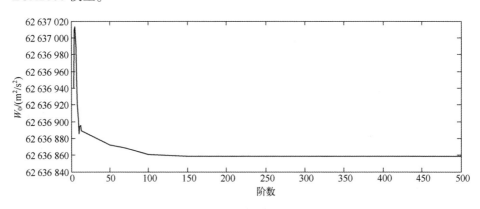

图 9.12 W_0 随阶数的变化

计算中参考椭球采用与重力场模型一致的 WGS84 椭球，重力位级数展开取至 2 阶项，通过计算得到 1 阶改正量、2 阶改正量及 W_0 值，具体数据见表 9.6~表 9.10。对以上五组实测数据获得的 W_0 值分别取平均获得每组的平均值及标准差见表 9.11。

文献 [21] 利用 WGD2000 椭球谐模型及相同的 5 组观测数据得到了 5 组 W_0 值及一阶改正量，最终统计结果结果见表 9.11 后两列，WGD2000 椭球的长半轴为 6378136.701m。

将表 9.6~表 9.10 的计算结果与文献 [21] 结果进行比较发现，两种计算方法得到的一阶改正项相差在 10^{-3} 左右。表 9.11 可见，两种计算方法在 5 组不同数据得到的 W_0 的变化趋势一致，但考虑到两种重力场模型的差异以及 EGM2008 模型参考椭球长半轴比文献 [21] 所用 WGD2000 椭球约长 0.3m，因此此处计算得到的结果普遍偏大约 $1m^2/s^2$。

表 9.6　第一组 GPS 测站数据计算获得的 W_0 值

站名	正高	一阶改正量	二阶改正量	$W_0/(m^2/s^2)$
Borkum	4.574	−44.887	0.00003	62636857.085
Degerby	2.825	−27.737	0.00001	62636853.815
Furuogrund	10.972	−107.772	0.00019	62636857.192
Hamina	1.631	−16.015	0.00000	62636857.069
Hanko	5.118	−50.253	0.00004	62636854.587
Helgoland	4.531	−44.467	0.00003	62636857.403
Helsinki	6.420	−63.038	0.00006	62636857.616
Kemi	7.092	−69.665	0.00008	62636857.824
Klagshamn	2.038	−20.003	0.00001	62636854.426
List	4.155	−40.782	0.00003	62636857.944
Molas	4.577	−44.925	0.00003	62636855.709
Olands	4.127	−40.513	0.00003	62636858.166
Raahe	3.528	−34.652	0.00002	62636855.768
Ratan	1.535	−15.076	0.00000	62636858.584
Spikarna	1.924	−18.894	0.00001	62636856.691
Stockholm	11.905	−116.887	0.00022	62636856.119
Ustka	1.528	−14.996	0.00000	62636851.837
Vaasa	1.180	−11.588	0.00000	62636857.208
Visby	1.992	−19.555	0.00001	62636856.191
Warnemunde	11.319	−111.088	0.00020	62636855.917

表 9.7　第 2 组 GPS 测站计算获得的 W_0 值

站　名	正　高	一阶改正量	二阶改正量	$W_0/(\mathrm{m}^2/\mathrm{s}^2)$
Borkum	4.405	−43.228	0.00003	62636855.426
Degerby	2.877	−28.248	0.00001	62636854.325
Furuogrund	11.108	−109.108	0.00019	62636858.528
Hamina	1.697	−16.663	0.00000	62636857.717
Hanko	5.173	−50.793	0.00004	62636855.127
Helsinki	6.455	−63.382	0.00006	62636857.960
Kemi	7.185	−70.578	0.00008	62636858.737
Klagshamn	2.099	−20.602	0.00001	62636855.025
List	3.916	−38.436	0.00002	62636855.598
Olands	3.917	−38.452	0.00002	62636856.115
Raahe	3.607	−35.428	0.00002	62636856.544
Ratan	1.691	−16.609	0.00000	62636860.127
Spikarna	2.390	−23.471	0.00001	62636861.267
Stockholm	12.027	−118.085	0.00022	62636857.326
Swinoujscie	6.681	−65.567	0.00007	62636857.159
Vaasa	1.275	−12.521	0.00000	62636858.141
Visby	1.771	−17.386	0.00000	62636854.024

表 9.8　第 3 组 GPS 测站计算获得的 W_0 值

站　名	正　高	一阶改正量	二阶改正量	$W_0/(\mathrm{m}^2/\mathrm{s}^2)$
Degerby	2.960	−29.063	0.00001	62636855.140
Furuogrund	11.052	−108.558	0.00019	62636857.978
Hamina	1.680	−16.496	0.00000	62636857.551
Hanko	5.212	−51.176	0.00004	62636855.510
Helsinki	6.464	−63.470	0.00006	62636858.048
Kemi	7.272	−71.433	0.00008	62636859.592
Klagshamn	1.717	−16.852	0.00000	62636851.275
Olands	4.138	−40.621	0.00003	62636858.274
Raahe	3.648	−35.831	0.00002	62636856.946
Ratan	1.598	−15.695	0.00000	62636859.203
Spikarna	2.055	−20.181	0.00001	62636857.977
Stockholm	12.115	−118.949	0.00023	62636858.181
Swinoujscie	6.320	−62.024	0.00006	62636853.616
Ustka	1.181	−11.591	0.00000	62636848.432
Vaasa	1.219	−11.971	0.00000	62636857.591
Visby	2.040	−20.027	0.00001	62636856.662
Warnemunde	11.089	−108.830	0.00019	62636853.660

表 9.9　第 4 组 GPS 测站计算获得的 W_0 值

站　名	正　高	一阶改正量	二阶改正量	$W_0/(\mathrm{m}^2/\mathrm{s}^2)$
Borkum	4.712	−46.241	0.00003	62636858.439
Degerby	2.914	−28.611	0.00001	62636854.688
Furuogrund	11.155	−109.569	0.00019	62636858.990
Hamina	1.805	−17.723	0.00001	62636858.778
Hanko	5.275	−51.794	0.00004	62636856.128
Helgoland	4.610	−45.242	0.00003	62636858.178
Helsinki	6.573	−64.541	0.00007	62636859.119
Kemi	7.392	−72.612	0.00008	62636860.770
Klagshamn	2.191	−21.505	0.00001	62636855.928
List	4.185	−41.076	0.00003	62636858.239
Molas	4.679	−45.926	0.00003	62636856.711
Olands	4.241	−41.632	0.00003	62636859.285
Raahe	3.805	−37.373	0.00002	62636858.489
Ratan	1.729	−16.982	0.00000	62636860.490
Spikarna	2.088	−20.505	0.00001	62636858.301
Stockholm	12.069	−118.497	0.00022	62636857.729
Swinoujscie	6.629	−65.057	0.00007	62636856.649
Ustka	1.515	−14.869	0.00000	62636851.710
Vaasa	1.401	−13.759	0.00000	62636859.378
Visby	2.061	−20.233	0.00001	62636856.868
Warnemunde	11.310	−110.999	0.00020	62636855.828

表 9.10　第 5 组 GPS 测站计算获得的 W_0 值

站　名	正　高	一阶改正量	二阶改正量	$W_0/(\mathrm{m}^2/\mathrm{s}^2)$
Borkum	4.846	−47.556	0.00004	62636859.754
Degerby	3.075	−30.192	0.00001	62636856.269
Furuogrund	11.342	−111.406	0.00020	62636860.826
Hamina	1.969	−19.333	0.00001	62636860.388
Hanko	5.435	−53.366	0.00005	62636857.700
Helgoland	4.735	−46.469	0.00003	62636859.405
Helsinki	6.735	−66.131	0.00007	62636860.709
Kemi	7.572	−74.380	0.00009	62636862.539
Klagshamn	2.325	−22.820	0.00001	62636857.243
List	4.316	−42.362	0.00003	62636859.524
Molas	4.814	−47.251	0.00004	62636858.036
Olands	4.386	−43.056	0.00003	62636860.709
Raahe	3.991	−39.200	0.00002	62636860.315
Ratan	1.912	−18.779	0.00001	62636862.287
Spikarna	2.262	−22.214	0.00001	62636860.010
Stockholm	12.226	−120.039	0.00023	62636859.271
Swinoujscie	6.753	−66.274	0.00007	62636857.866
Ustka	1.643	−16.125	0.00000	62636852.966
Vaasa	1.599	−15.703	0.00000	62636861.323
Visby	2.208	−21.676	0.00001	62636858.312
Warnemunde	11.435	−112.226	0.00020	62636857.055

表9.11 对应五组数据的 W_0 平均值及标准差

单位：(m^2/s^2)

数 据	本节方法		文献 [21] 方法	
	W_0 平均值	W_0 标准差	W_0 平均值	W_0 标准差
第1组数据	62636856.35	0.36	62636855.11	0.32
第2组数据	62636857.00	0.47	62636855.64	0.43
第3组数据	62636856.21	0.70	62636855.38	0.51
第4组数据	62636857.65	0.44	62636856.62	0.30
第5组数据	62636859.16	0.47	62636857.96	0.36
平均值	62636857.23	0.48	62636856.14	0.47

9.4.3 全球大地水准面重力位确定

9.4.3.1 重力位差法试验

卫星测高技术可获得全球高精度平均海平面、海面地形和海洋重力异常，为计算大地水准面重力位提供了良好条件。首先利用 EGM2008 重力场模型（取至2159阶）计算全球海平面的重力位，其次由海面地形模型获得平均海面到大地水准面的正高数据，同时利用海洋重力异常数据计算平均重力值，计算过程中还使用了平均海面高数据。海面地形和海洋重力数据分别采用丹麦国家空间中心发布的 DNSC08MDT 和 DNSC08GRA，数据覆盖整个海洋区域，分辨率为2′，该数据采用了8颗测高卫星12年（1993—2004年）的测高数据。海面地形模型 DNSC08MDT 由全球平均海面高数据模型 DNSC08MSS 模型的平均海平面减去 EGM2008 模型计算的大地水准面得到，因此 DNSC08MSS、DNSC08MDT、EGM2008 三个模型互相兼容和自洽。为减少计算量同时又不失一般性，将所有数据分别格网化为5°分辨率。

而后以平均海面的格网中心点为计算点，计算范围为全球北纬80°～南纬80°的海洋区域（包括个别大型湖泊），海水密度取为 $1.03g/cm^3$，计算中选用的参考椭球为 WGS84 椭球，最后计算得到全球海域5°分辨率的大地水准面重力位，最终将结果中大于3倍中误差的值去除并取平均后得到大地水准面重力位的值 $W_0=62636857.28\pm0.32m^2/s^2$。

9.4.3.2 延拓法试验

利用延拓法进行计算，需要利用 EGM2008 模型计算获得一点的重力位，同时分别利用海面地形模型和平均海平面模型获得该点的正高和地心向径,使用的数据同样格网化为5°分辨率,计算中发现重力位的二阶导数值在海洋区域非常小,可以完全忽略。最终将延拓法获得的全球海域大地水准面重力位大于 3 倍中误差的值去除并取平均后得到大地水准面重力位的值为 $62636857.83\pm0.31\mathrm{m}^2/\mathrm{s}^2$。

通过比较可以发现,两种方法得到的数值整体变化趋势一致且数值接近。两种方法使用的基础数据基本相同,但重力位差法使用了全球海洋重力异常数据,其准确性较之延拓法更高。

参考文献

[1] 吴晓平. 局部重力场的点质量模型 [J]. 测绘学报, 1984, 13 (4): 11-20.

[2] 黄谟涛, 刘敏, 邓凯亮, 等. 海域流动点外部扰动引力无奇异计算模型 [J]. 地球物理学报, 2019, 62 (7): 2394-2404.

[3] JEKELI C, LEE J K, KWON J H. Modeling errors in upward continuation for INS gravity compensation [J]. Journal of Geodesy, 2007, 81 (5): 297-309.

[4] JEKELI C. Inertial Navigation Systems with Geodetic Applications [M]. Berlin, Boston: De Gruyter, 2012.

[5] TITTERTON D, WESTON J L. Strapdown inertial navigation technology [M]. London: Institution of Engineering and Technology, 2004.

[6] 管斌, 孙中苗, 吴富梅, 等. 扰动重力水平分量对惯导系统的位置误差影响 [J]. 武汉大学学报 (信息科学版), 2017, 42 (10): 1474-1481.

[7] 李姗姗. 水下重力辅助惯性导航的理论与方法研究 [D]. 郑州: 解放军信息工程大学, 2010.

[8] GAUSS C F. Bestimmung des Breitenunterschiedes zwischen den Sternwarten von Göttingen und Altona: durch Beobachtungen am Ramsdenschen Zenithsector [M]. Goettingen: Vandenhoeck und Ruprecht, 1828.

[9] STOKES G G. On the variation of gravity on the surface of the Earth [J]. Trans. Camb. Phil. Soc., 1849, 8: 672-695.

[10] LISTING J B. Über unsere jetzige Kenntniss von der Gestalt und Grösse der Erde [J]. Nachrichten von der Königlich Gesellschaft der Wissenschaften und der Georg-Augusts-Universität zu Göttingen, 1873, 1873 (3): 33-98.

[11] BURŠA A M, KENYON S, KOUBA J, et al. The geopotential value W_0 for specifying the

relativistic atomic time scale and a global vertical reference system [J]. Journal of Geodesy, 2007, 81 (2): 103-110.

[12] GROTEN E. Fundamental parameters and current best estimates of the parameters of common relevance to astronomy, geodesy, and geodynamics [J]. Journal of Geodesy, 2004, 77 (10): 724-731.

[13] 陈俊勇. 大地坐标框架理论和实践的进展 [J]. 大地测量与地球动力学, 2007, 27 (1): 1-5.

[14] ARDALAN A A, SAFARI A. Global height datum unification: a new approach in gravity potential space [J]. Journal of Geodesy, 2005, 79 (9): 512-523.

[15] 张赤军. 全球垂直基准在全球变化研究中的作用 [J]. 地学前缘, 2002, 9 (2): 393-397.

[16] BURŠA M, KOUBA J, RADĚJ K, et al. Monitoring geoidal potential on the basis of TOPEX/POSEIDON altimeter data and EGM96 [M] //Geodesy on the Move. Berlin, Heidelberg: Springer, 1998: 352-358.

[17] BURŠA M, KOUBA J, KUMAR M, et al. Geoidal geopotential and world height system [J]. Studia Geophysica et Geodaetica, 1999, 43 (4): 327-337.

[18] BURŠA M, KOUBA J, RADĚJ K, et al. Mean Earth's equipotential surface from TOPEX/POSEIDON altimetry [J]. Studia Geophysica et Geodaetica, 1998, 42 (4): 459-466.

[19] BURŠA M, KOUBA J, MÜLLER A, et al. Determination of geopotential differences between local vertical datums and realization of a world height system [J]. Studia Geophysica et Geodaetica, 2001, 45 (2): 127-132.

[20] BURŠA M, KENYON S, KOUBA J, et al. A global vertical reference frame based on four regional vertical datums [J]. Studia Geophysica et Geodaetica, 2004, 48 (3): 493-502.

[21] ARDALAN A, GRAFAREND E, KAKKURI J. National height datum, the Gauss-Listing geoid level value W_0 and its time variation $\dot{w}_0$ [J]. Journal of Geodesy, 2002, 76 (1): 1-28.

[22] ARDALAN A A, HASHEMI H. A new estimate for gravity potential value of geoid w_0, SST, and global geoid based on 11 years of Topex/Poseidon satellite altimetry data [C] // Geophysical Research Abstracts. 2004, 6: 00663.

[23] 焦文海, 魏子卿, 马欣, 等. 1985 国家高程基准相对于大地水准面的垂直偏差 [J]. 测绘学报, 2002, 31 (3): 196-200.

[24] 申文斌, 田伟, 宁津生, 等. 虚拟压缩恢复法在确定位常数漂移中的应用 [J]. 大地测量与地球动力学, 2006, 26 (1): 105-108+114.

[25] 翟振和, 魏子卿, 吴富梅, 等. 利用 EGM2008 位模型计算我国高程基准与大地水准面间的垂直偏差 [J]. 大地测量与地球动力学, 2011, 31 (4): 116-119.

图1.8 JASON-3卫星示意图

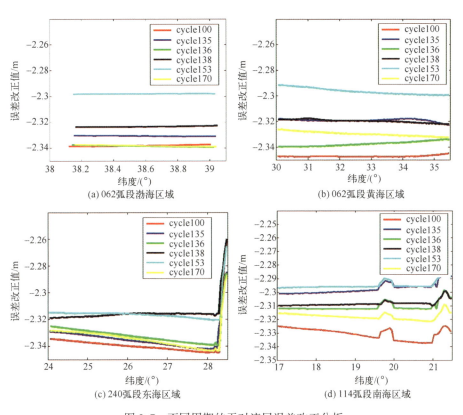

(a) 062弧段渤海区域

(b) 062弧段黄海区域

(c) 240弧段东海区域

(d) 114弧段南海区域

图2.7 不同周期的干对流层误差改正分析

彩1

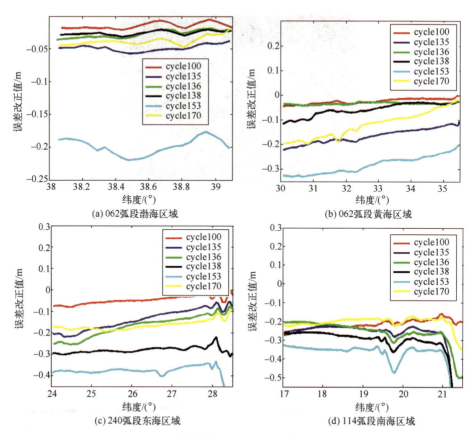

图 2.8 不同周期的湿对流层误差改正分析

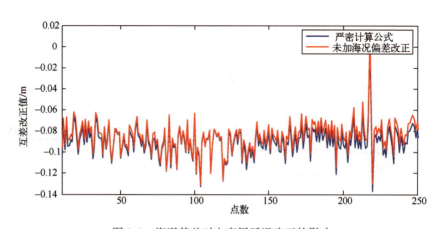

图 2.9 海况偏差对电离层延迟改正的影响

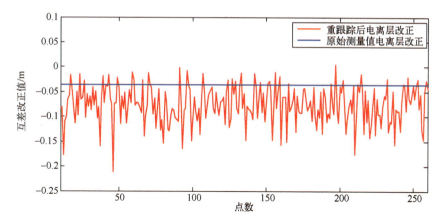

图 2.10 波形重跟踪对电离层延迟改正的影响

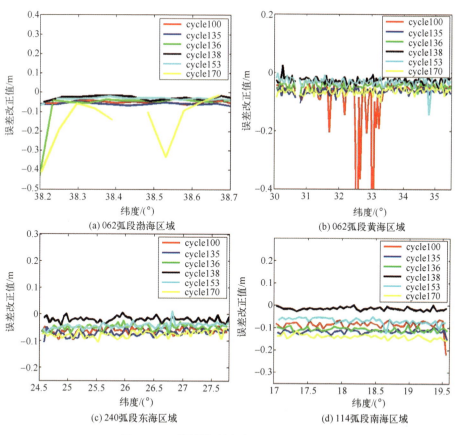

图 2.11 不同周期的电离层误差改正分析

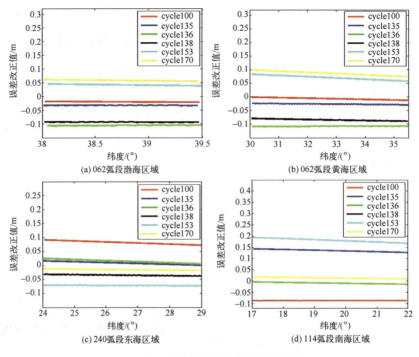

图 2.12 不同周期的固体潮改正分析

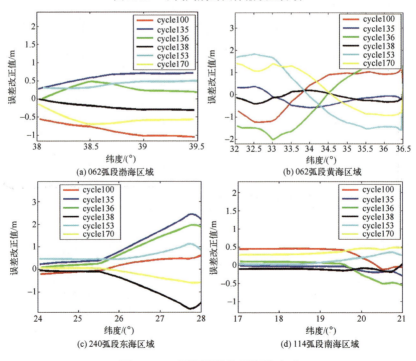

图 2.13 不同周期的海洋潮汐改正

彩 4

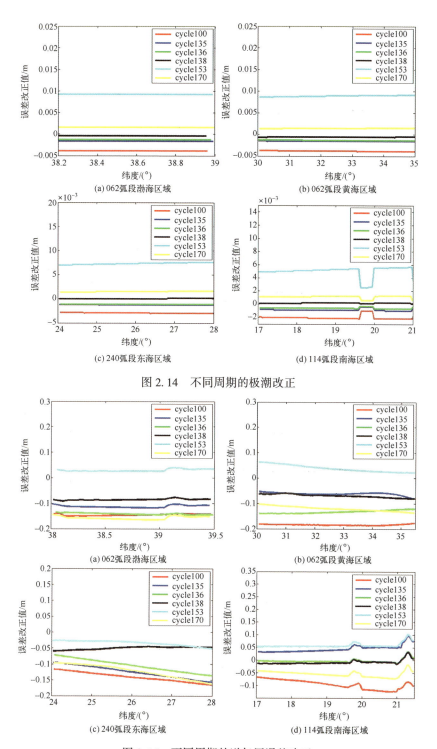

图 2.14 不同周期的极潮改正

图 2.15 不同周期的逆气压误差改正

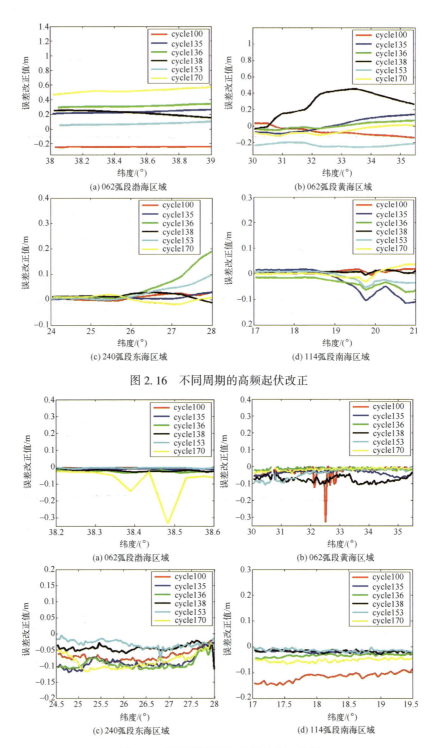

图 2.16 不同周期的高频起伏改正

图 2.17 不同周期的海况偏差改正分析

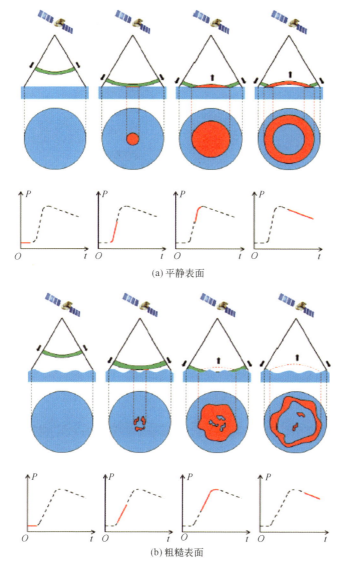

(a) 平静表面

(b) 粗糙表面

图 3.4 测高波形形成

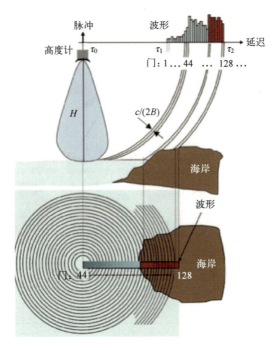

图 3.7　海岸测高回波结构示意图

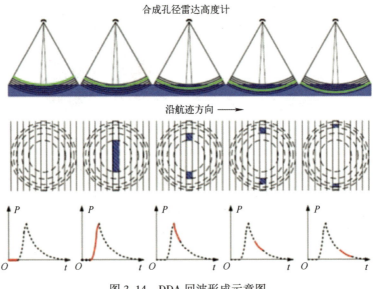

图 3.14　DDA 回波形成示意图

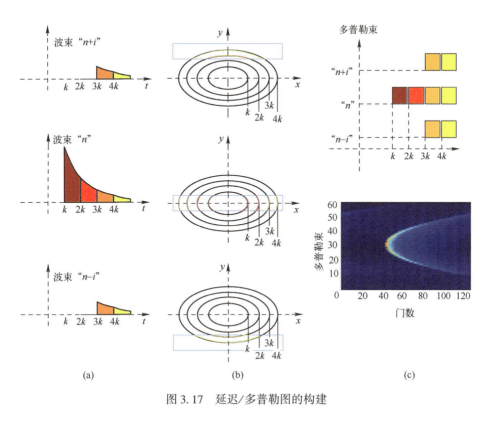

图 3.17 延迟/多普勒图的构建

(a) 多普勒图　(b) 偏移信号　(c) 多视波形

图 3.18 延迟补偿后的延迟/多普勒图、所有多普勒波束的偏移信号和相应多视波形

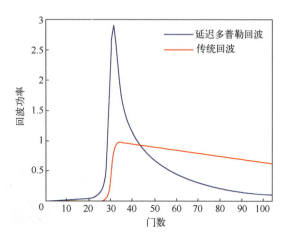

图 3.19 相同高度参数下的延迟/多普勒和传统回波（$P_u=1$，$\tau=31$ 门，SWH=2m）。

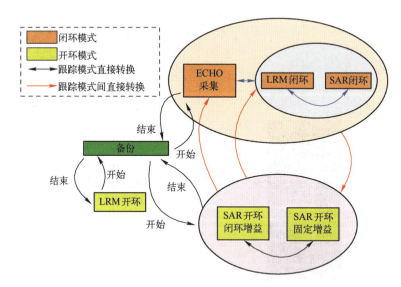

图 3.27 SRAL 测量模式和模式间转换选项概览

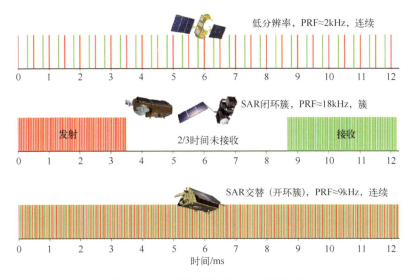

图 3.30 卫星雷达高度计时序图比较

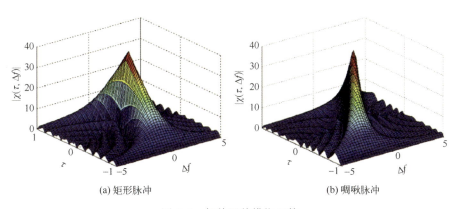

(a) 矩形脉冲　　(b) 啁啾脉冲

图 4.6 伍德沃德模糊函数

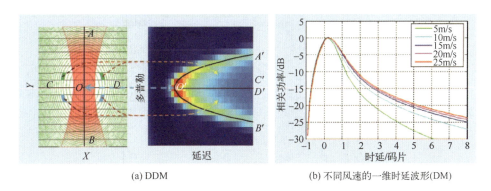

(a) DDM　　(b) 不同风速的一维时延波形(DM)

图 4.8 DDM 和一维时延波形

彩11

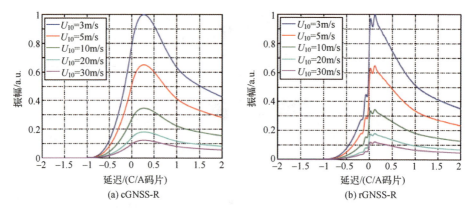

图 4.12　$h=700\text{km}$ 和 $\theta_i=0°$ 时，不同风速（归一化至 3m/s）对应的归一化功率波形

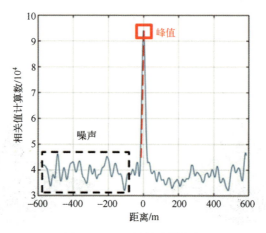

图 4.20　DM 原始采样信息

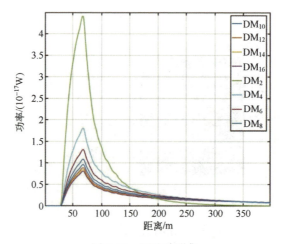

图 4.21　理论波形集

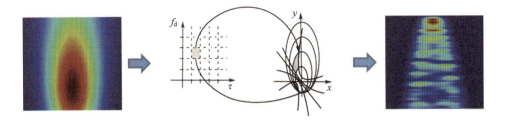

图 4.22 积分过程

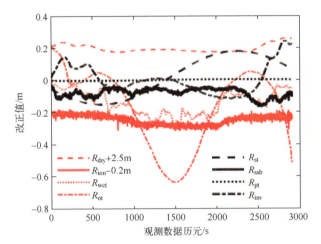

图 5.3 各误差改正项时序变化图

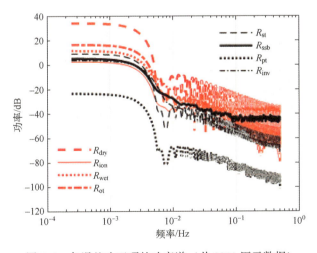

图 5.4 各误差改正项的功率谱（共 2911 历元数据）

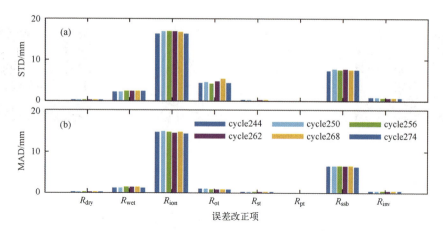

图 5.5 各误差改正项差分序列统计结果

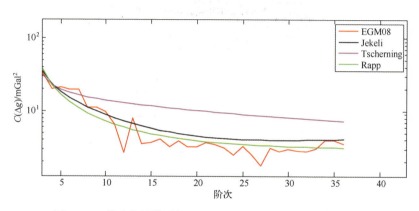

图 5.9 3 种阶方差模型与 EGM2008 位模型在 3~36 阶的比较

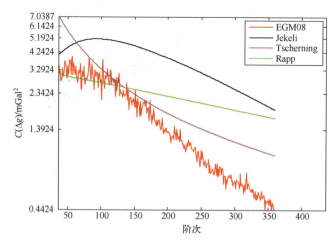

图 5.10 3 种阶方差模型与 EGM2008 位模型在 37~360 阶的比较

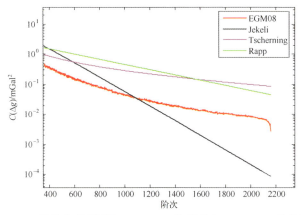

图 5.11 3 种阶方差模型与 EGM2008 位模型在 361~2160 阶的比较

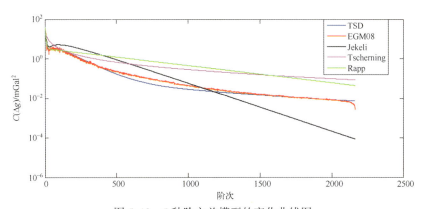

图 5.12 5 种阶方差模型的变化曲线图

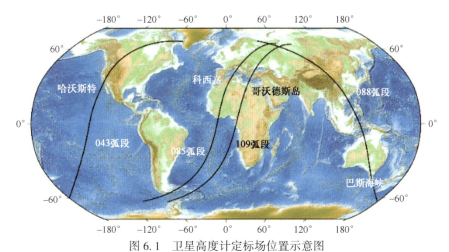

图 6.1 卫星高度计定标场位置示意图

彩15

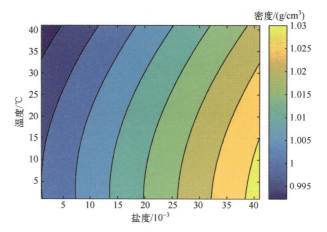

图 6.11 水体密度受温度、盐度影响变化示意图

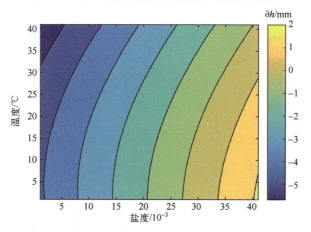

图 6.12 浮标天线参考点高随温度、盐度的变化值

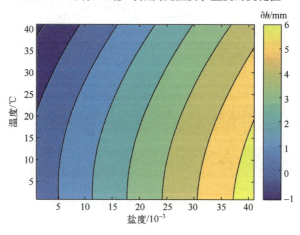

图 6.13 相对于 20℃ 淡水条件下浮标变化值 ∂h

彩16

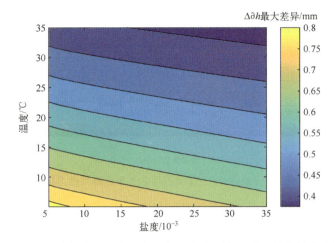

图 6.14 近岸与布设区域温度盐度差异引起的 ∂h 改正量的最大差异

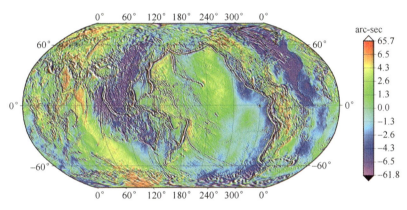

图 7.3 全球垂线偏差卯酉分量

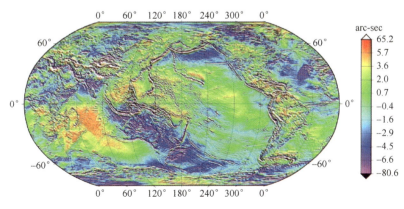

图 7.4 全球垂线偏差子午分量

彩 17

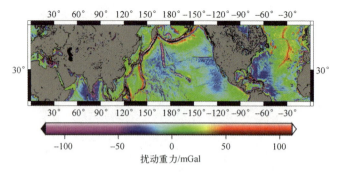

图 7.7 Jason-1 卫星数据反演北半球海域重力场

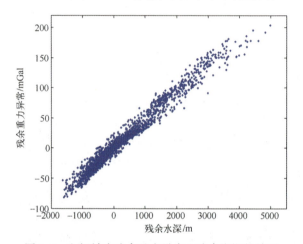

图 8.8 空间域内残余重力异常和残余海深的关系

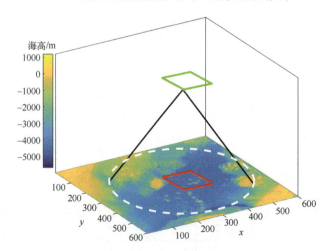

图 8.14 正演模型原理示意图（绿色矩形表示观测到的垂直重力梯度范围，红色矩形标记的正下方区域是有待估算的未知海底深度，红色矩形的深度值来自 SIO 全球地形模型，称为填充区，白色虚线圆圈标记为近区域，半径是截断距离）

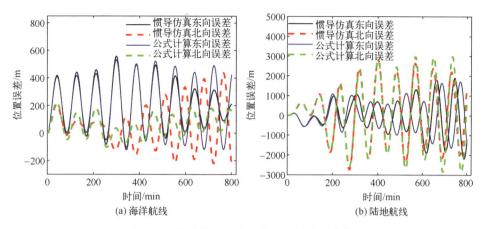

图9.2 惯导仿真与公式计算位置误差比较

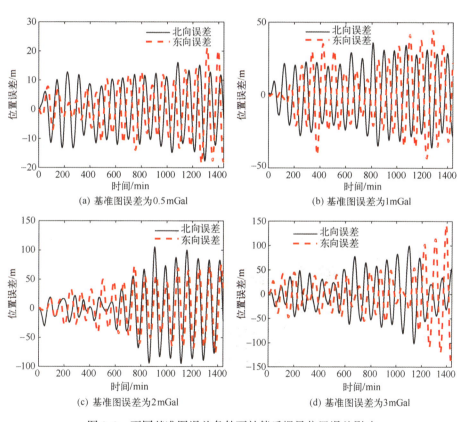

图9.3 不同基准图误差条件下补偿后惯导位置误差影响

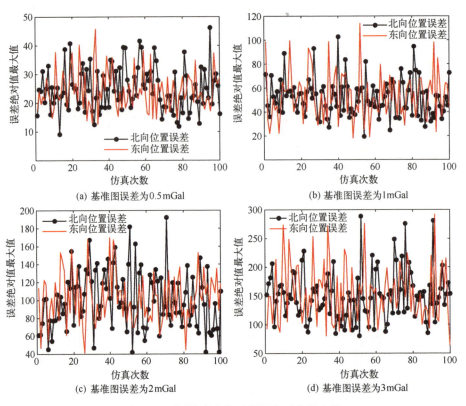

图 9.4 不同仿真次数时误差绝对值最大值

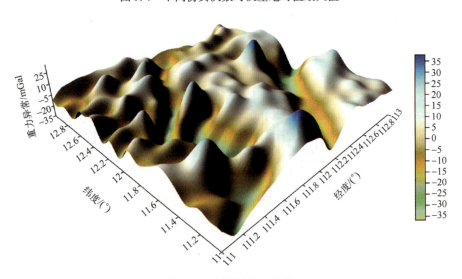

图 9.7 实验区重力异常